普通高等教育铁道部规划教材

牵引电机

沈本荫　主　编
姬惠刚　主　审

中国铁道出版社有限公司

2020年·北　京

内 容 简 介

本书为普通高等教育铁道部规划教材，全书共分十一章，主要介绍了牵引电动机的结构原理以及特性分析和控制方法等内容。主要内容包括直流牵引电动机的结构、换向以及特性、脉流牵引电动机、异步牵引电动机、晶闸管同步牵引电动机、永磁同步牵引电动机、牵引电动机的发热和通风冷却、牵引电动机的试验、牵引电动机的绝缘及绝缘试验等内容。

本书为高等学校铁道机车辆类电力牵引传动与控制专业的本、专科教材，也可作为高等职业教育相关专业教学用书，也可供相关专业工程技术人员参考用书。

图书在版编目(CIP)数据

牵引电机/沈本荫主编.—北京：中国铁道出版社，2010.8(2020.3 重印)
普通高等教育铁道部规划教材
ISBN 978-7-113-11771-9

Ⅰ.①牵… Ⅱ.①沈… Ⅲ.①牵引电机-高等学校-教材 Ⅳ.①TM922.71

中国版本图书馆 CIP 数据核字(2004)第 153438 号

书　　名：**牵引电机**
作　　者：沈本荫

责任编辑：阚济存　电话：010-51873133　电子信箱：td51873133@163.com
编辑助理：张　博
封面设计：崔丽芳
责任校对：孙　玫
责任印制：陆　宁

出版发行：中国铁道出版社有限公司（100054，北京市西城区右安门西街 8 号）
网　　址：http：//www.tdpress.com
印　　刷：三河市兴博印务有限公司
版　　次：2010 年 12 月第 1 版　2020 年 3 月第 3 次印刷
开　　本：787 mm×1 092 mm　1/16　印张：19　字数：464 千
印　　数：3 501～4 500 册
书　　号：ISBN 978-7-113-11771-9
定　　价：48.00 元

前　言

本书是普通高等教育铁道部规划教材，是由铁道部教材开发领导小组组织编写，并经铁道部相关业务部门审定，适用于高等铁路特色教学及铁路专业技术人员使用，本书为铁道机车车辆类系列教材之一。

牵引电机是电力牵引传动系统中的关键设备，其运行特性直接影响机车车辆的牵引性能及经济技术指标。随着现在铁路的高速发展，牵引电机在现在高速铁路中的应用越来越重要。

本教材是为了适应教学改革和学科发展而编写的。教材在1991年版《牵引电机》教材的基础上进行了删减和补充，从而完成了本书的重新编写。

教材共分三部分，全面介绍各种类型牵引电动机的原理、结构、试验、特性分析、控制方法、设计思路等一些专门问题。

第一部分为直流与脉流牵引电动机，共四章，第二、三、四章分别介绍了直流牵引电动机的基本结构、牵引特性和换向理论，特别对"换向"的工程技术问题作了深入的讨论。第五章介绍了脉流牵引电动机的电磁特点和有关换向的特殊问题。

第二部分为交流牵引电动机，共三章。分别介绍了异步牵引电动机的基本原理、调节性能、特性分析、数学建模和近代变频调速系统的控制方法；晶闸管同步牵引电动机的电磁关系和工作特性；永磁同步牵引电动机的结构特点、电路理论以及牵引传动系统的控制方法。

第三部分为牵引电动机试验及绝缘。分别介绍牵引电动机的发热及通风冷却；直流、脉流及交流牵引电动机工业试验的内容、线路及方法；牵引电动机的绝缘性能及绝缘结构。

与1991年版《牵引电机》相比较本书具有以下特点：

(1)直流、脉流牵引电动机仍作为本书的基本内容，并以电机的"换向"理论和实践为教材的主线。

(2)第六章中，在改编原有异步牵引电动机变频调速的基本原理和线路、异步电动机的结构、异步电动机的设计特点等内容的基础上，增写了异步牵引电动机控制方法一节。详细介绍了变频电路、异步牵引电动机的结构、设计特点及在交流传动机车上广泛采用的转差频率控制、磁场定向控制及直接力矩控制系统，以便在全面了解基本电磁理论和特性分析的基础上，通过数学建模，初步掌握异步牵引电动机变频调速的现代控制技术。

(3)增加了永磁同步牵引电动机内容，重点介绍了电磁理论、工作特性及控制方式。这种类型牵引电动机无论在传动方面或是在经济技术指标方面，都有许多优点，使其在电力牵引传动领域有诱人的发展前景。

(4)将原牵引电机绝缘及绝缘结构内容独立出来作为一章。从理论和应用两个方面对牵引电机绝缘材料发展、绝缘性能选择和绝缘结构设计都作了进一步论述，特别对近代变频调速系统在高压脉冲电源作用下绝缘的破坏机理作了较为深入的分析。

(5)在牵引电动机试验一章中，增加了变频调速异步电动机试验。介绍了能量平衡原理、反馈试验线路及工业设计试验方法。

本书在编写过程中，力争做到内容充实、阐述清晰、突出牵引特色，并从工程技术的角度对一些专门问题进行深入的分析。

本书由西南交通大学沈本荫主编，永济电机厂姬惠刚主审。参加本教材编写工作的有：沈本荫(绪论、第二、三、五、七、九章和第六章第六节、第八节、第九节、第十节)；刘黎(第八章、第六章第二节)；吴广宁(第十一章)；熊成林(第十章第八节)等。在编写的过程中刘黎负责对出版社的联系沟通工作并对全书进行了大量的整理工作，在此表示特别感谢。另外，对于参加 1991 版的《牵引电机》编写的廖凡、易友祥、骆开源等表示诚挚的感谢。

限于作者水平，书中错误或不当之处在所难免，希望读者批评指正。

目　　录

第一章 绪论

各种电力传动机车车辆上所用的牵引发电机、牵引电动机与辅助电机一起统称为牵引电机。

牵引电动机是驱动电力机车、内燃机车、电动车辆、工矿机车、地下铁道车辆、城市电车及公路车辆等运行的主电动机，它的运行性能直接影响机车车辆的牵引性能及经济技术指标，是电传动机车上的关键设备。

牵引电动机有许多类型，诸如直流牵引电动机、脉流牵引电动机、变频交流异步牵电动机、晶闸管同步牵引电动机以及永磁同步牵引电动机等。目前我国电传动机车仍广泛采用脉流串励牵引电动机，但其最高转速和功率等级已达到了技术极限。由于交流电动机具有结构简单、运行可靠、单位功率体积重量小等优点，特别是大功率变频装置及其控制技术的不断完善，应用交流电动机作为机车牵引已成为牵引传动发展的一个重要方向。

由于牵引电动机有某些设计特性和特殊的结构形式，故被列为电机的一个单独类别。

第一节 电力牵引系统与牵引电动机

现代的电传动机车车辆按照所采用的电流制不同可分为：直-直传动系统；交-直传动系统；交-直-交传动系统和交-交传动系统。

直-直传动系统是最早应用于机车牵引的一种传动方式。它是由直流电源（电网或热机发电机组）直接供给直流牵引电动机来驱动机车运行的，如图 1—1 所示。

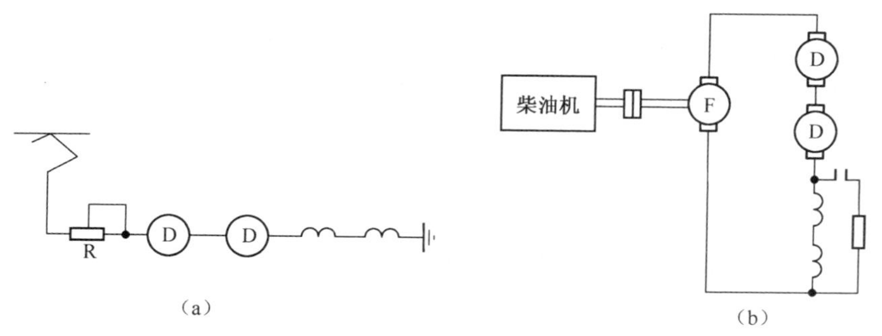

图 1—1 直-直传动系统原理

直流牵引电动机主要是做成串励的。它具有良好的牵引性能，系统简单、调速方便、技术可靠。但受接触网或直流发电机的电压及容量所限，这种传动系统已不适应现代大功率电传动干线机车和重型矿用机车的需要。

如果直-直传动系统采用半导体斩波器对电动机的电压进行连续平滑的调节,改善起动性能和减少能耗,这种系统仍然是现有工矿电力机车和城市电车技术发展和改进的方向之一。

交-直传动系统是将交流电源(来自接触网或交流牵引发电机)经过半导体供给整流器直流牵引电动机驱动机车的传动系统,如图 1—2 所示。

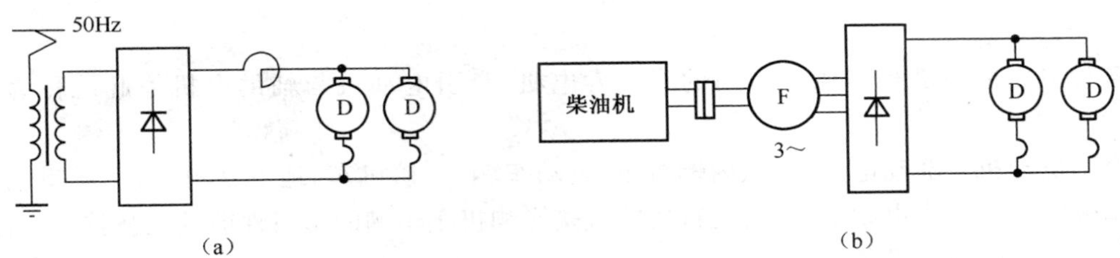

图 1—2　交—直传动系统原理

自 21 世纪 50 年代世界各国采用单相工频 25kV 交流制以来,我国交—直传动系统机车的发展,经历了三个阶段:

随着电力电子工业的发展,大功率极管进入实用阶段,我国第一代有级调压、硅整流器整流的交—直系统电力机车——韶山$_1$(SS_1)型电力机车于 1968 年试制成功。

交—直传动的优点是系统简单,技术可靠,电网功率因数高,谐波干扰小,成本低。20 世纪 70 年代,有级调压的硅整流器电力机车在世界许多国家为主型机车。

可控型器件——晶闸管的出现,使机车电传动技术跨上了一个新台阶。1978 年具有晶闸管相控调压的第二代交-直传动电力机车——韶山$_3$(SS_3)型电力机车相应发展起来。相控调压电力机车省去大量有触点电器,机车自动化控制程度高,能实现平滑起动、无级调速,能进行恒流、恒压控制。另外,机车黏着利用好,机车能发挥最大可能的牵引力。

晶闸管相控机车与硅整流器机车相比,会给电气化铁道供电系统带来一些不利的影响。例如:电网功率因数降低和谐波电流增加,因而增加了变电站的设备容量以及对通讯信号系统产生干扰。

为了改善功率因数和减小干扰,世界各国铁道电力牵引部门相继对相控交-直机车的整流电路及控制方式进行了深入的理论分析,提出了多段整流桥和"经济"多段整流桥晶闸管相控机车。试验结果表明:相控整流桥段数增加,谐波分量减小,但是大功率电子器件数目相应增多。若采用所谓的"经济"整流桥,即将变压器抽头采用不对称分段,就可在不增加变压器抽头和硅元件情况下,达到更多段桥的效果。

随着大功率晶闸管性能的提高,多段桥相控交-直电力机车已被许多国家采用。1985 年我国设计制造的韶山$_4$(SS_4)型电力机车,采用了这一方案,其主电路为不对称四段经济半控桥式整流电路。机车牵引时,具有恒压、恒流双重控制,能获得良好的黏着性能;在电阻制动工况下,采用恒速或恒励磁电流控制,具有宽速度域的制动特性。该机车是 8 轴重载货运电力机车,是我国交—直型相控机车的"代表作",成为 20 世纪后期我国干线主型机车,并与后续开发的 SS_5、SS_6、SS_7、SS_8 及 SS_9 型电力机车一起,在牵引用途(客、货)、轴式、功率等级、运行速度等方面,构成我国晶闸管相控调压、交-直传动机车的独立系列。

无论是硅整流或晶闸管相控交-直电力机车，加在牵引电动机两端的电压实际上都是一个脉动电压，相应地流过电动机的电流是一个脉动电流，由这种方式供电的牵引电动机称为脉流牵引电动机。脉流牵引电动机在结构上和电磁关系方面基本上和直流牵引电动机一样。为了获得良好的牵引特性，大多数脉流牵引电动机采用串励型。由于电子调节技术的发展，也有采用他励型电动机作为牵引电动机的，其主要优点是：可采用晶闸管控制代替有触点的反向器和牵引制动转换开关；能实现无级磁场削弱和负荷分配，使机车具有"面"形的牵引性。但是，他励电动机传动系统具有较复杂的电子控制电路，且在脉流供电下比串励电动机有较困难的换向。

我国生产的和韶山型电力机车配套的ZD系列脉流牵引电动机，形成了系列产品，功率等级为700 kW、800 kW、900 kW、1 000 kW，端电压分为高压(1 500～1 600 V)和中压(900～1 100 V)两类。为保证换向可靠和减轻重量、电机极数和电压等级进行合理搭配，有四极和六极两种结构。为减小脉动电流改善脉流下电动机的"换向"，在机车主电路上串接了平波电抗器并在电机的主极绕组上并联了固定分路电阻。经过几十年的发展，相控交—直型机车及其配套的脉流牵引电动机，技术上已经成熟，在我国广阔的电气化铁道上，仍然承担着繁重的运输任务。

近20多年来，由于大功率电力电子器件及微电子技术的发展、控制理论和控制技术的完善以及变频系统研究技术的成熟，三相交流电传动系统重新引起人们的广泛重视，在技术上取得了关键性突破，并在机车牵引应用中获得了极为飞速的发展。

交-直-交和交-交传动系统原理图如图1—3和图1—4所示。

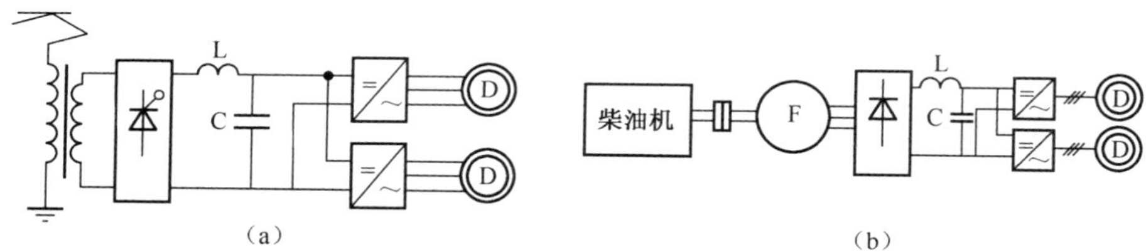

图1—3 交-直-交传动系统原理

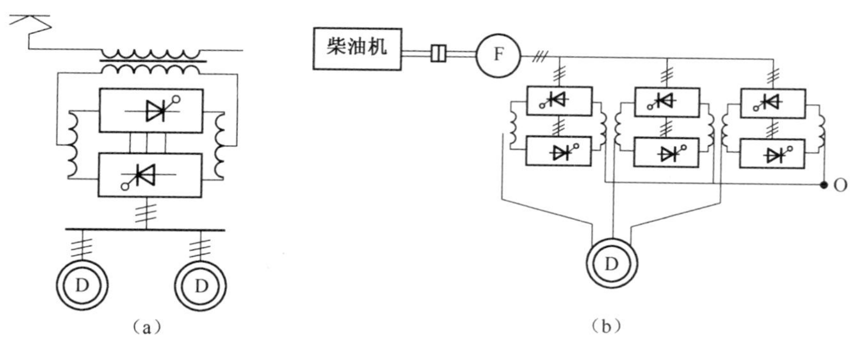

图1—4 交-交传动系统原理

三相交流传动的交-直-交系统是先把电源频率一定的交流电整流为直流，经过中间环节的直流电路，再经逆变器变为频率可调的三相交流电，供给三相交流电动机驱动。中间直流回路两侧的变流器必须在互不干扰的情况下工作，因此电路中需设有电容或电感作为储能元件。若中间环节并联大电容作为储能元件，它能大大降低电源侧的阻抗，从而可视为一个电压源。如果中间环节串联大的电抗器作为储能元件，它能大大增加电源阻抗，从而可视为一个电流源。因此，交-直-交传动系统随着中间环节储能元件的性质和接法的不同，可分为电压型和电流型逆变系统。

三相交流系统中的交-交传动，是没有中间直流环节的直接变换装置。它将单相或三相交流电一次变换为频率可调的三相交流电，直接供给异步型或同步型牵引电动机，如图 1－4 所示。在电路结构上，交-交变频系统是由接到同一交流电源上若干个相控整流器所组成，按照一定的规律控制各个相控整流器的相控角，在输出端就可以得到由多相整流波叠加而形成的包络线所组成的交流电。

交-交变频系统只有一次功率变换，借助电源电压和电机的感应电势实现所谓自然换流，故线路简单、损耗小、效率高。此外，该系统很容易控制能量传递方向，能快速地实现系统的四象限运行。

三相交流传动用于机车牵引上，主要用电压型交-直-交系统，并采用异步牵引电动机驱动。

交-直-交传动许多突出优点。从变流和控制系统看，它具有良好的调节性能和功率利用指标，只要合理地选择调频控制方式，就能使机车有较大的起动牵引力和较宽的恒功运行范围，且具有自然的防空转性能，使黏着利用提高，同时机车牵引和再生工况之间的转换简便。高压电网侧变流器采用四象限变流器，系统能够在较宽的负载范围内使机车的功率因数接近于 1，且对谐波通讯干扰很小。从采用驱动电动机的类型来看，交流电动机可以做到功率大、体积小、重量轻且结构简单、运行可靠。尤其是三相异步牵引电动机，由于没有换向器及电刷装置，可以充分利用机车转向架空间尺寸，其单电机的功率可以提高到 1 500 kW 以上，而交-直机车的脉流牵引电动机，由于受换向、电位条件、机械强度、空间尺寸等因素的限制，其单电机功率很难达到 1 000 kW 以上。

20 世纪 80 年代，德国研制了第一批 E120 型交流传动干线电力机车，经试运行后，证实了三相交流传动机车的一系列重大优点：牵引力大、黏着利用好、制动性能优越、维修量小等。从而掀起了研究三相交流机车的热潮。目前，已有多种型号的电力机车和高速电动车组已在我国和欧州各国铁路线上运行。

在发展的交流传动机车过程中，德国的 E120 型（改型为 E121 型）是技术上较为成熟的一种机车。该型机车为 4 轴型客货两用机车，异步电动机驱动，机车功率 6 400 kW（电机功率 1 600 kW），由 GTO 元件构成的电压型主电路，采用 PWM 控制方式，电源侧为四象限变流器，功率因数能达到 0.99。另一有代表性的是瑞士联邦铁路于 1994 年研制的 Re465 型 4 轴电力机车，机车功率 6 400 kW，最高速度 230 km/h，采用直接力矩控制的异步牵引电动机驱动。

在发展大功率三相交流电力机车的同时，用于高速客运的三相交流传动的电动车组，也获得了极快的发展，如德国生产的 ICE 系列和法国生产的 TGV 系列，其单节机车功率 4 400～4 800 kW，单轴功率 1 100～1 200 kW，最高速度 270～300 km/h。

我国对三相交流传动机车的研究是从 20 世纪 70 年代末开始的，1992 年完成了单机容量

为 1 000 kW 级的“地面试验系统”。在获得试验数据及设计经验的基础上，于 1996 年成功研制了功率为 4 000 kW 的 AC4000 型三相交流电力机车，其主要技术特点是(1)主电路采用电压型交-直-交变流器，电源侧为四象限脉冲整流器，功率因数≥0.98；(2)系统采用小逆变器——大电机设计原则，恒功率调速范围宽(恒功率调速系数达到 2)；(3)采用异步牵引电动机驱动，额定功率 1 025 kW，三相线电压 0～2 200 V，最高转速 2 800 r/min，电机具有陡峭的自然特性，有利提高黏着利用；(4)逆变器采用正弦波中间 60°区的脉宽调制，电压不含偶次谐波，且基波含量大，三相电压对称性较好。

国产交流传动电力机车的研制成功，是我国机车电传动发展中有重大影响的一步，标志着我国交流传动技术正在进入现代高科技领域。随着新一代全控型大功率电力电子器件 GTO、IGBT、IPM 的出现以及先进控制技术(磁场定向矢量控制、直接力矩控制等)的发展，交流传动技术的优越性被完全肯定，促使机车电传动技术由脉流电机传动向三相交流电机传动的根本转变。

2001 年我国和德国西门子公司合作研制了 DJ_1 型交流传动货运电力机车，并独立自主开发了 DJ_2 型交流传动客运电力机车。DJ_1 型轴式为 $2(B_0—B_0)$、机车功率 $P_N=6\ 400$ kW，单电机功率 817 kW、机车最高速度 $v_{max}=120$ km/h，主电路采用 GTO 器件，系统采用磁场定向矢量控制。DJ_2 为 $(B_0—B_0)$ 轴式，机车功率 $P_N=4\ 800$ kW，电机功率为 1 224 kW，$v_{max}=210$ km/h，恒功率运行范围：70～210 km/h，采用水冷 GTO 器件，电机采用 200 级绝缘，系统采用直接力矩控制。

2003 年我国铁道部门根据国民经济发展的需求，提出铁路建设跨越式发展的总体思路，进而提出中国机车车辆装备现代化及装备制造业现代化。在这种形势下，机车交流传动技术进入了快速发展阶段。我国机车车辆制造的骨干企业，通过先进技术引进合作设计生产、创造自主品牌的方式，先后研制了一批交流传动电力机车和高速电动车组。这些机车包括命名为“和谐”型的 HXD_1、HXD_2、HXD_3 的重载货动电力机车及 CRH 系列的高速电动车组。其主技术参数如表 1—1 和表 1—2 所示。

经过 20 余年的发展，我国铁路运输已经迈入速度更快、功率更高的交流传动阶段，并随着相关技术的发展而不断提高到新的水平。

表 1—1　和谐型 HXD 系列交流传动电力机车主要技术参数

车型	HXD_1	HXD_2	HXD_3
用途	重载货运	重载货运	大型货运
轴式	$2(B_0—B_0)$	$2(B_0—B_0)$	$(C_0—C_0)$
机车牵引功率(kW)	9 600	10 000	7 200
机车最高速度(km/h)	120	120	120
电传动方式	交—直—交	交—直—交	交—直—交
电动机功率(kW)	1 224	1 275	1 250
功率电路器件	IGBT	IGBT	IGBT
制造厂商	株洲电力机车有限公司	大同电力机车有限公司	北京二七轨道交通有限责任公司

表 1—2　CRH 系列高速动车组主要技术参数

车型	CRH_1	CRH_2	CRH_3	CRH_5
用途	高速客运	高速客运	高速客运	高速客运
动力配置与车辆编	2(2M+1T)+(1M+1T)	4M+4T	4M+4T	(3M+1T)+(2M+1T)
电传动方式	动力分散	动力分散	动力分散	动力分散
牵引功率(kW)	5 300	4 800	8 800	5 500
机车最高速度(km/h)	200	200	300	200
制造厂商	南车四方机车车辆公司·庞巴迪—鲍尔铁路公司	南车四方机车车辆有限公司	北车唐山轨道客车有限责任公司	北车长春客车轨道有限公司

第二节　牵引电动机制造的主要问题及发展方向

牵引电动机是电传动机车上的关键性设备，其运行性能直接影响机车的性能，是电传动机车发展的基础。根据前节所述，牵引电动机可分为直流、脉流、异步和同步等类型。

直流牵引电动机用于城市电车和内燃机车、电力机车已有近百年历史，脉流牵引电动机的应用也有近五十年的历史。

脉流牵引电动机在结构上和工作特性方面，基本上和直流牵引电动机是一样的。脉流牵引电动机在机车上由牵引变压器次边绕组经过整流器供电，因此在设计时，可以合理地选择电机端电压而不受牵引网电压的限制。这样，电机的结构最紧凑、重量最轻，且具有较好的运行特性。然而脉流牵引电动机由于电流、磁通中存在交流分量，在其换向元件中出现附加的三种交流电势，使本来换向就趋于困难的电机换向更加恶化。为了改善换向，现代大功率脉流牵引电动机在电路系统和结构方面都采取了相应的措施。例如：电路上串接平波电抗器和主极绕组并联电阻分路、电机采用补偿绕组和组合电刷以及采用全叠片或部分叠片机座等。

我国最初设计制造的 ZQ650 型脉流牵引电动机(用于以“韶山”命名的电力机车上)是仿照前苏联同类型电机设计的，该电机采用较高的端电压(1 500 V)和六极结构。由于电压和极数搭配不甚合理，因此该电机重量较重，且换向问题较多。1960 年我国自行设计和研制了 ZQ650-1 型脉流牵引电动机，为了不使机车上其他电气设备有较大的变动，电机电压仍采用 1 500 V，但采用四极结构。此外，该电机装设补偿绕组，并采用叠片换向极和磁桥结构，这些措施不仅提高了电机的换向性能，而且电机重量也显著减轻。电机的小时功率为 700 kW，装在 SS_1 型电力机车上。运行情况表明，电机的换向性能基本上是可靠的。

为了提高机车的牵引性能，1970 年我国开始研制 SS_3 型电力机车，与该型机车配套 ZQ800-1 型脉流牵引电动机于 1978 年试制成功。ZQ800-1 型牵引电动机是在 ZQ650-1 型电机的基础上改进设计而成的，通过适当提高端电压和最大转速，改进电枢对地绝缘结构以增大电机电流以及降低传动比等措施，使电机小时功率增至 800 kW。此外，对电机的速率特性、补偿绕组的结构及其他零部件作了相应的改进。该电机为串励型、端电压 1 550 V、四级结构。

根据我国经济发展和铁路生载运输的需要，我国自 1983 年开始设计、并于 1985 年试制成

功了具有轴式为 $2(B_0-B_0)$ 的八轴 SS_4 型电力机车。该机车的主电机为新型 ZD105 脉流牵引电动机，使我国电力机车功率等级系列的发展和牵引电动机的设计制造水平又大大地向前迈进一步。

ZD105 牵引电动机的小时功率为 860 kW（持续功率为 800 kW）是现代大功率的脉流牵引电动机。由于在研制过程中吸收了国内外成功经验，电机在牵引性能、运行可靠性和技术经济指标等方面均有显著和提高。

ZD105 牵引电动机是我国研制的大功率脉流电机有“代表性”的产品，与后续相继开发的 ZD107、ZD114、ZD111、ZD115 和 ZD118（依次用于 SS_5、SS_6、SS_7、SS_8 及 SS_9 等相控机车上）等一起，构成我国脉流牵引电动机的产品系列。

ZD105 脉流牵引电动机主要参数的确定具有以下特点：

(1)采用 1 010 V 电压等级和六极结构。该等级电压满足了由于片间电压限制和极数的合理搭配关系。另外与此电压相对应的电机电流为 840 A，这样的电流有利于 SS_4 型机车主电路电气部件的设计，也有利于和国内内燃机车、其他型号电力机车电气部件的通用。

(2)选择较大的线负荷和较小的每极磁通量。线负载增大和每极磁通减少，一方面可以减小电机的体积和重量，另一方面，由于每极磁通量较小，可以较为合理地选择磁密，电机的磁路饱和度较低。因而牵引电动机的牵引特性较好（即深削弱磁场下的功率利用和恒功率调速比均较好）。

(3)合理选择换向极气隙、槽尺寸和刷盖系数。其目的主要是限制直流电抗电势，提高脉流牵引电动机的直流换向性能。通过理论分析，ZD105 牵引电动机的直流换向性能比其他牵引电动机有较大的改善。

(4)采用补偿绕组，并选用较大的补偿度，降低最大片间电压，且换向器上布比较均匀，提高了电机换向的稳定性。

(5)采用各种措施，降低换向元件中的各交流附加电势。例如：控制电流脉动系数为0.25、额定磁场削弱系数为 0.96、主极和换向极铁芯均采用 0.5 mm 硅钢片叠成等。

总的来说，随着电气化铁道的发展，我国电力机车牵引电动机的发展是稳步前进的，在改善牵引性能、提高可靠性和经济指标方面均取得了相当明显的成绩。

有关的数据分析表明：近几十年来，脉流牵引电动机的单机容量增大了 1 倍左右，而单位功率的重量约减轻了一半，效率提高了 2%～3%。在有效材料利用方面，单位功率的绕组用铜量减少 1/3 以上，电工钢用量减少 25%，绝缘材料用量减少 30%。牵引电动机运行可靠性不断提高，故障率为 0.6 台次/10 万 km，达到令人满意的程度。

近年来，脉流牵引电动机制造水平所取得的进展，主要体现在以下几个方面：

1. 材料性能的改进和新材料的应用

牵引电动机主要制造材料包括绝缘材料、导磁材料、轴材料和电炭材料。

电机绝缘材料主要起介电作用，但却妨碍轴绕组的散热。绝缘材料及其制造工艺，直接影响电机的经济性能和运行可靠性，一直是设计、制造牵引电动机时需要研究的课题。大容量牵引电动机的绝缘等级已发展到 F 级、H 级和 C 级（电枢导体均已采用 HF 级薄膜导线），采用 *H* 级绝缘（聚酰亚胺、酰胺树脂及耐热薄膜）可以提高电机的允许温升、减小绝缘结构的厚度，从而可以提高单电机的功率（单位重量功率已从 0.144 kW/kg 提高到 0.28 kW/kg）。

电刷的材料和形状对直流、脉流牵引电动机的换向有很大影响，其材质的选择是根据电机的运行工况和电刷的工作条件并经过大量试验来确定的。电刷合格的标准是:结构均匀无斑点颗粒;在运行中换向器表面无损伤、无过多的碳粉存留;电刷本身符合规定的磨耗量。现代牵引电动机通常都采用电化石墨电刷,随着工艺技术的提高,这一类电刷的电阻系数提高到50～70 $\Omega\cdot mm^2/m$,额定电流密度也从过去的10 A/cm^2 提高到16 A/cm^2。在结构方面,开始采用分裂电刷,并在电刷顶部装有缓振橡胶垫。因为分裂电刷增加换向回路的横向电阻,抑制了换向元件的附加电流,从而改善换向条件;缓振橡胶垫能使电刷更紧密地和换向器表面啮合,增加接触点,均匀电枢各支路间的电流分配。

在导磁材料方面,国外已较普遍使用了冷轧硅钢片,这对提高牵引电机性能、减轻电机重量、提高经济指标等都有着重要意义。我国也开始用0.5 mm厚的W18冷轧硅钢片代替D22热轧硅钢片。冷轧钢片的导磁性能较好,能使电机的饱和系数降低,增加电机的功率利用。冷轧钢片的电机铁耗和附加损耗明显减小,能使电机效率提高0.5%～1.0%。冷轧钢片厚度公差小,表面平整度好,能够提高电枢铁芯的叠压质量和叠压系数。

从化学成分的角度来看,铜材料并没有明显的改变,但在表面加工质量、铜线的圆角工艺以及热处理性能方面,都得到明显的改进。这些都对提高电机质量和改善电机性能、起到了良好的保证作用。

2.新结构和新工艺的采用

随着设计理论研究的深入,脉流牵引电动机在制造上也采用了不少新工艺,并在结构上作一些改进。

(1)采用真空压力浸漆

用真空压力浸漆代替常压含浸的浸漆方法,不仅被浸漆的绕组导热性能好,且线圈和铁芯能成为一体,机械强度较高。

(2)电枢绕组和换向片间采用氩弧焊(TIG)工艺

焊接时,钨电极在中性气体的保护下,能阻断周围空气的浸入,使电枢导体和换向器升高片熔为一体,焊接质量高而又不损伤绕组的绝缘材料。

(3)电枢导线采用电泳镀云母(电着云母)工艺,作为导线自身绝缘。电枢线圈和均压线圈经过成型后,放到浸入云母和绝缘漆的混合溶液槽里,在直流电解的作用下,云母和漆的溶体将附着在成型线圈铜导体的表面,再经过水洗、烘干、喷漆等一系列工序,最后在线圈导线表面附着一层约为0.1 mm厚的云母层,代替以往使用的玻璃丝包线或薄膜导线。电泳镀云母线圈的最大优点是绝缘层均匀且较薄,其厚度比绝缘等级相同的其他导线绝缘减少一半。采用这种技术,可以提高牵引电动机的单位功率。

(4)电枢导体在槽内采用平放布置方式

电枢导体在槽内布置方式由过去的竖放或交叉竖放改为平放布置,提高了槽的利用率和减少附加损耗,对改善散热条件和降低电枢温升也起到良好的作用,是提高电机单机功率的有效方法之一。

绕组平放布置在国外的电机上(如德国的GB317/23A及日本的MT-56、MB-530-AVR)已被应用,我国也在SS_6与SS_{4B}的牵引电动机上采用。绕组平放的主要问题是元件和换向片连接时,需将元件压扁或扭转90°,这对铜线的加工和退火工艺要求较严。

(5)采用异槽式绕组

异槽式绕组的特点是元件间存在较好的电磁能量耦合关系,即换向时元件中的部分电磁

能量可以周而往复的传递下去，换向片和电刷断开瞬间释放的能量减小，换向火花的强度减弱，从而达到了改善换向性能的目的。实践表明，采用异槽式牵引电动机的换向火花能降低一级左右。国外一些牵引电动机（如瑞典的 LJE-108、日本的 GDTM533 等）都采用异槽式绕组，换向性能良好，国内也在进行这项研制工作，并取得了预期效果。

(6)采用半叠片或全叠片机座

为改善脉流下电机的换向性能，并提高磁路的均匀性，脉流牵引电动机采用厚度为 1～1.5 mm 钢板叠压的机座，如 ZD107 电机为半叠片机座、ZD115 为全叠片机座。机座叠片组的前、后压紧并焊接成一体。

3.设计理论的研究

在直流、脉流牵引电动机发展的过程中，设计理论的研究和技术方案的分析始终在不间断地进行着，电机的换向火花和环火稳定性问题一直是限制直流、脉流牵引电动机进一步发展的主要因素，换向条件和电位稳定条件随着单位功率的不断增加、功率利用的不断提高而变得愈来愈困难。因此，在理论研究和设计分析方面，首要任务必须是深入研究电机各项参数之间的协调关系，认真分析和利用电机运行时的物理极限，并对设计要求相互矛盾的各种情况进行综合分析，以保证获得有利于解决换向问题的电磁、电路及机械方面的最佳设计方案。

随着电子计算机技术的发展及应用，国内外已开始用计算机对牵引电动机进行方案设计和理论研究。方案设计包括最初阶段用人机对话方式进行的分析计算方式；后来发展到用计算机自动作出判断、考虑各种设计要求自动进行参数调整的综合设计方式；以及近年来采用的目标函数和数学模型，以现代数学导优理论为依据的优化设计方式，并力求在最短的时间内获得最佳的设计方案。理论研究的内容则更为广泛，其中包括对复杂的换向回路进行数值解析；用有限元分析电磁场的方法，正确分析电机内部的磁通分布，进而计算电机的电位特性和各项电磁参数；以及对电机零部件的应力集中、温度场的分布和动态性能进行深入的分析。

三相交流传动系统可使用异步电动机或同步电动机来驱动，在发展初期，除少数国家(法国、前苏联)曾采用同步电动机外，多数国家和我国都采用异步电动机作为主电机驱动。

异步牵引电动机转子上没有换向器及带绝缘的绕组，不存在换向火花和环火稳定性问题，结构简单、运行可靠，可以以更高的圆周速度运转。

这样，能显著减轻电机的重量，以获得较大的单位重量功率。另外，交流电动机充分利用了原直流电机换向器所占的空间，热量沿定子圆周均匀散发，改善电机的冷却效果，明显地增长电机的寿命。

交流异步牵引电动机技术经济指标的优越性，可由表 1—3 所示的两类电机特征参数比较中得到证实。

目前，从国内外统计资料来看，不同类型电机其单位重量功率可达到的比值约为：直流电动机为 0.33 kW/kg，同步电动机为 0.5 kW/kg，异步电动机为 0.68 kW/kg。随着科技的发展，异步电动机的单位重量功率值将越来越高。如我国正在研制的用于高速铁路的 CRH 系列动车组所采用的交流异步牵引电动机的功率达到 300 kW，重 400 kg，单位重量功率可达 0.75 kW/kg。这一经济技术指标，对正在大力发展的高速机车尤为有利。众所周知，高速机车为改善机车和轨道的动力学性能，除了改进机车机械部分结构外，还需减轻簧下重量，而采用单位重量功率大的异步电动机则是一条行之有效的途径。

表 1－3 两类电动机特性参数比较

电机种类	三相异步牵引电动机	脉流牵引电动机	三相异步牵引电动机	脉流牵引电动机
型号	DQG4843	UZ116－64K	ITB2624	ZD105
安装机车型号	BR120	181.2	HXD_1(和谐)	SS_4(韶山)
功率(kW)	1 400	1 360(5min)	1 224	850(1h)
持续功率(kW)	1 400	810	1 224	800
电机电压(V)	2 200	1 050	1 420	1 010
持续电流(A)	360(相)	830	814	840
最大转速(r/min)	3 600	1 860	3 460	1 850
重量(kg)	2 380	3 630	2 500	3 850
单位重量功率(kW/kg)	0.588	0.375	0.49	0.208
制造国家	德国	德国	中国	中国

异步牵引电动机主要由定子和转子两部分组成，定子通常是无机壳叠片形式，铁芯两端装有厚压板，压板间用拉杆或钢板固定，用电焊将压圈、铁芯和柆杆等焊成一个整体。定子压板作为转子轴承支架，通过端盖和压板的止口来固定转子部分。转子通常是鼠笼型，其绕组用铝或铜硅铝合金铸成，容量较大的牵引电动机则采用铜材料制成。由于异步牵引电动机都采用降低频率起动，起动时集肤效应很小，从磁路饱和及结构简单的理由考虑，转子可以采用矩形槽。

考虑到变频异步电动机控制方式复杂和运行条件恶劣，异步牵引电动机结构上有如下特点：

(1)由于异步牵引电动机运行时，需承受来自线路的强烈振动，因此需采用比普通异步电动机较大的气隙(通常为 1.5～2.5 mm)。

(2)定子槽型一般采用开口型，这样可以用成型绕组以获得良好的绝缘性能，增加运行的可靠性。对于选用气隙较小的电机，可在定子槽口开通风槽口。这样可增加通风效果，同时还可以增加电机漏抗，减小谐波电流的影响。

(3)定、转子铁芯冲片选用 0.5 mm 厚的高导磁、低损耗的冷轧硅钢片，要求内、外圆同时落料，以保证气隙的均匀度。转子铁芯内孔与轴用热套固定，取消键槽配合，以满足牵引电机频繁正反起动的要求。

(4)鼠笼转子的导条与端环间的连接用感应加热银铜钎焊，对于最大转速较大的牵引电动机，可在端环外侧热套非磁性护环，以增加强度和刚度。

(5)采用耐热等级高、厚度薄的聚酰亚胺薄膜和云母带作定子主绝缘，并通常选用 C 级绝缘材料作 H 级温升使用，以提高电机的热可靠性。绝缘等级 200 级，可以承受 10 kV/μs 以上的匝间冲击电压。

(6)采用高品质的绝缘轴承，阻止由于三相电流不平衡时产生的轴电流流过轴承，避免轴承受到电腐蚀，保证轴承寿命。轴承密封采用无接触或迷宫结构。轴承需进行寿命计算，一般寿命不少于 200 万 km。

(7)为配合变频调速系统进行转速(差)闭环控制和其他高精度(如磁场定向、直接力矩)控制，在电机内部应考虑装设非接触式转速检测器。并在定子铁芯中安装有温度传感器，用于监

控定子绕组的温度，一方面保证电机安全运行，同时作为运行中修正控制参数之用。

异步牵引电动机的工作条件与工业用的一般异步电动机不同，一般异步电动机是在一定频率、电压和磁通下工作的。而异步牵引电动机却经常工作在变化的频率、电压和磁通下，同时机车牵引的性质要求它在宽广的调速范围内恒功率运行并具有较高的过载能力。异步牵引电动机的工作特点决定了它有如下设计特点：

(1)在设计异步牵引电动机时，仅限于计算某一个工作状态是不够的。因为当变频调节时，电机的机械特性、功率因数及过载能力都会发生变化。另外，当恒功调节时，其恒功特性的获得与调节方式有关，不同的调节要求的牵引电动机尺寸不同。所以异步牵引电动机的设计不能脱离对整个传动系统的技术经济指标。

(2)变频异步牵引电动机由逆变器输出的非正弦电压供电，波形中高次谐波电流的影响使电机的效率、功率因数下降，温升增高。即使采用 PWM 调制，其效率和功率因数约降低1%～2%。另外，谐波电流与谐波磁通相互作用产生各种脉动转矩，使电机在运行中产生振动和噪声。为抑制谐波电流的影响，电动机设计时应适当增加漏抗，可通过调整电磁参数和槽型结构型式的手段来实现。

(3)一般说来，带换向器的牵引电动机的最大传动比受换向器允许的圆周线速度及电抗电势限制，而异步牵引电动机不受上述因素限制，且通常只取决于小齿轮所允许的最小齿数，所以有可能选用较大的传动比。较大的传动比，电机起动转矩小，起动电流小，降低电机的磁场饱和度，有利于控制的稳定性。

(4)当一台逆变器供电给几台牵引电动机运行时，如果电机转矩特性不相同，就会使各电机承受转矩不一致。为避免转矩不平衡，其额定转差率通常设计得比普通电机大。

当几台电机并联运行时，要求各电机的转矩特性尽量接近，而影响异步电动机特性的主要因素是转子电阻。因此，必须选取电阻率分散性小、温度变化率小、截面尺寸均匀的导条材料。

我国研制的用于和谐(HXD_1)型电力机车上的异步电动机，额定功率 1 224 kW，额定电压 1 375 V，额定转速 1 726 r/min，最大转速 3 460 r/min，绝缘等级 200 级，重量 2 500 kg。在设计时遵循了变频异步牵引电动机基本设计原则，有较高的起动转矩(9 337 N·m)、较宽的恒功率范围(1 726～3 305 r/min)、较高的效率(94.5%)和优越的调速特性。

经过近 20 年的发展，我国铁路部门对大功率异步牵引电动机的制造已达到了较高的工程实用水平，对电机多数的优化选择进行了深入的研究，对新材料(如变频电机耐电晕绝缘系统)、新工艺(如转子导条在高温下的机械强度)的研究正在深入地开展，异步牵引电动机将成为我国机车的主型牵引电动机。

同步牵引电动机又称晶闸管无换向器电动机，原则上是由一组晶闸管逆变器、同步电动机、转子位置检测器构成。就整个系统而言，变流电路可以是交-交系统，也可以是交-直-交系统。在交-交系统中，晶闸管均直接接在交流电源上，当电源电压过零、晶闸管两端电压变负时，晶闸管便在一定时间内自行关断，因此这种系统晶闸管的换流问题比较容易解决。在交-直-交系统中，当电动机正常运行时，由于其转子是独立的励磁系统，因此可以利用电机定子绕组产生的交流反电势来实现晶闸管逆变器的换流。但在低速、特别是起动时，由于反电势为零，故需借助特殊手段来实现，与交—交方式相比，它的控制系统复杂一些。

晶闸管无换向电动机转速受控于转子位置检测器，即逆变器的开关频率和相位顺序自动跟踪电机的转速，晶闸管逆变器和转子位置检测器的共同作用代替直流电动机的换向器和电刷装置，因此，就整个系统而言，它类似于直流电动机模型，只要调节励磁就能获得同直流电动机一样的调速特性，并可用直流电动机的一些基本关系来分析晶闸管无换向器电动机的问题。从另一方面来说，晶闸管无换向器电动机又可看作变频调速的同步电动机，在许多场合下，应用同步电机的基本理论，可以很方便地分析它的物理本质。

在设计同步牵引电动机的参数时，除必须考虑系统的运行性能对电机的要求外，其主要问题是电机的电抗参数设计和选择，因为它影响逆变器的换流稳定性。在换流期间，电机有两相绕组串接在换流回路中，由于转子对电枢磁场有相对运动，故转子系统(励磁绕组等)对电枢磁场起阻尼作用，因此，电动机回路中的换流电抗应属于同步电机超瞬变电抗的范畴。为了增加换流能力，应减小换流电抗，可通过在电机磁极上装设阻尼绕组来解决，这也是自调频同步电动机设计中的一个重要特点。

20世纪末，钕铁硼稀土材料在技术上得到突破性发展，使永磁同步电动机再度进入铁路牵引动力的领域。永磁同步电动机是以永久磁铁代替激磁电流产生磁场，它更适合大功率、大转矩的高速和重载铁路机车运输的要求。和异步电机比较，永磁同步电动机有一引明显的优点：(1)它的磁极是用永磁材料——钴、钐(COSM)制成的，有很高的磁能积，对温度变化不敏感。没有激磁电流及其相应的铜耗，电机效率较高。(2)如采用高开关频率的半导体器件构成电路系统，则电机选取较多的极对数。高极数的电机可减小定子磁轭的原度、缩短绕组端部尺寸，增加电机内腔容积，因此可降低电机的体积和重量。(3)永磁同步电动机在端电压恒定时倾覆转矩反比于定子频率，与异步牵引相比，在逆变器恒中间电压情况下有较大的恒功区域。(4)永磁电机采用高极数的结构，在机车牵引系统中可以不用齿轮传动装置而实现直接传动。德国西门子公司曾开必研制了用于高速动车组(ICE3)的直接传动装置，这是一种机电一体化的“动力转向架”，永磁同步牵引电动机是机车转向架集成的一部分。目前，世界各国对永磁同步电机正在大力研究，对运用中存在的问题(如弱磁控制、失压时反电势作用、大极数引起的方波曲线的高频分量影响以及永久磁铁的粉末产生磁污染等)也很关注。随着永磁材料的发展和工艺技术的成熟，永磁同步电机在电牵引领域的应用具有很广阔的发展前景。

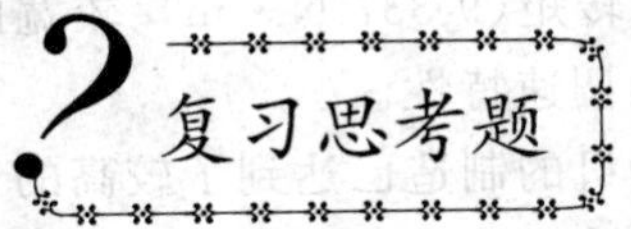

复习思考题

1. 电传动机车车辆按照采用的电流制不同可分为哪几种？
2. 脉流牵引电动机有哪些优缺点？
3. 同步牵引电动机的应用范围有哪些？
4. 异步牵引电动机有哪些设计特点？

第二章 直流牵引电动机的结构

直流牵引电动机的工作原理和普通直流电动机是一致的，其基本结构和普通直流电动机也是相似的，但由于牵引电动机工作条件特殊，因此，牵引电动机的结构具有许多特点。

1. 牵引电动机悬挂在机车转向架上，并借传动装置驱动机车前进，因此牵引电动机在结构上必须考虑传动和悬挂两方面的问题。

2. 牵引电动机安装空间的尺寸受到很大限制，其轴向尺寸受到轨距限制，径向尺寸受动轮直径限制，故要求牵引电动机结构必须紧凑。为此，牵引电动机都采用较高等级的绝缘材料和性能较好的导磁材料。

3. 机车运行时，线路对机车的一切动力影响都传给牵引电动机，使牵引电动机承受很大的冲击振动。动力作用除造成电动机换向恶化外，也容易使电动机的零部件损坏。因此牵引电动机的零部件必须具备较高的机械强度。

4. 牵引电动机的使用环境恶劣，它挂在车体下面，很容易受潮、受污，还经常受到温度、湿度变化的影响。因此，牵引电动机的绝缘材料和绝缘结构应具有较好的防尘、防潮能力，并要求牵引电动机有良好的通风散热条件。

5. 牵引电动机的换向条件比普通直流电动机要困难得多。除机械动力方面的影响外，牵引电动机需经常起动、过载、制动以及在磁场削弱条件下运行，这些情况都会使牵引电动机换向器上产生火花甚至形成环火。因此，牵引电动机在结构和设计方面，必须对换向问题给予特别注意。

6. 在脉动电压下工作的牵引电动机，其发热和换向比直流供电下更为困难。因此，脉流牵引电动机的结构选择，还必须考虑上述方面的特殊问题。

第一节 直流牵引电动机的基本结构

直流牵引电动机主要由静止的定子和旋转的电枢（转子）两大部分组成。定子的作用是产生磁场、提供磁路和作为电机的机械支撑，由主磁极、换向极、机座、端盖及轴承等部件组成。电枢是用来产生感应电势和电磁力矩而实现能量转换的主要部件，其组成部分有电枢铁芯、电枢绕组、换向器和转轴

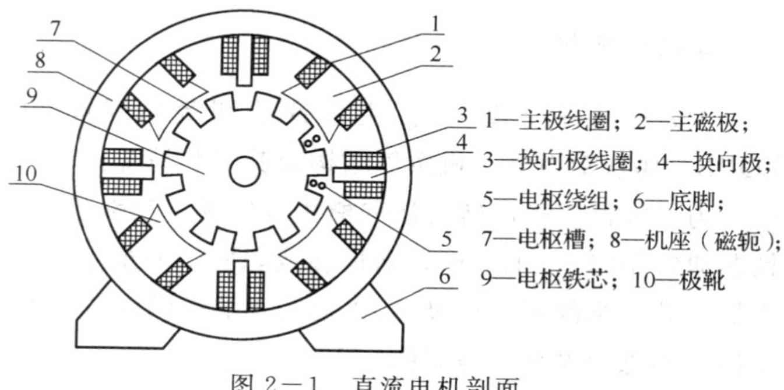

图 2—1　直流电机剖面

等。电枢通过轴承与定子保持相对位置，使两者之间有一个空气隙。此外，直流牵引电动机还有一套电刷装置，电刷和换向器接触，使电枢电路和外电路相连。

图 2－1 和图 2－2 表示直流电机结构原理，图 2－3 画出了 ZQ650-1 型脉流牵引电动机结构纵剖面图。

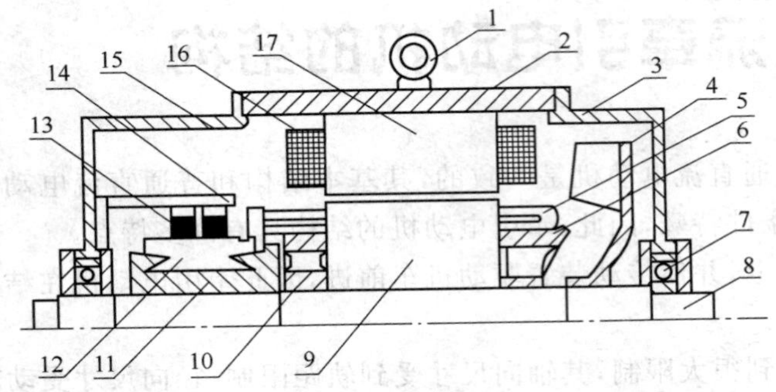

图 2－2 直流电机结构

一、机 座

牵引电动机机座兼起机械支撑与导磁磁路两种作用，既用来作为安装电机所有零件的外壳，又是联系各磁极的导磁铁轭。机座一般由铸钢制成，以保证良好的导磁性能和机械性能。现代脉流牵引电动机，为了改善脉动电流供电下电机的换向，有时也采用叠片磁轭式机座。

牵引电动机机座有圆形和方形两种。抱轴式悬挂的四极电机通常采用方形机座，这种结构可以合理的布置磁极，能较好地利用机车车架下部的空间，但加工工艺比较复杂。六极或极数更多的牵引电动机，采用圆形机座比较合理，虽然圆形机座的空间利用率不如方形机座，但从减轻重量和简化工艺等方面考虑，圆形机座有较多的优点。架承式独立悬挂和容量较小的牵引电动机通常都采用圆形机座。

图 2－4 画出了 ZQDR-410 型牵引电动机座剖面图。机座一侧有悬挂鼻子 3，用来将电机安装在机车转向架上；另一侧有抱轴轴承座 6，以便把电机抱挂在机车动轮上。图中 1 和 2 为安装主极和换向极的凸缘。机座两端装有端盖，靠换向器端为前端盖，另一端为后端盖，前后端盖都装有轴承，电动机转轴就装在两个轴承内。

二、主 磁 极

主磁极简称主极，包括主极铁芯和激磁线圈，用来产生主磁场的。图 2－5 示出了 ZQDR-410型牵引电动机主极结构及其安装情况。

为了降低电枢旋转时齿和槽相对磁场移动引起的磁场脉动在极靴表面的涡流损耗，主极铁芯通常用厚 1～1.5 mm 钢板叠成，铁芯两端用几片钢板焊成的端板压紧，并用铆钉铆紧。主极铁芯较窄的部分称极芯，以便有足够空间安放线圈，扩大的部分称为极靴，其形状决定了主磁通和感应电势在空间的分布波形。

在牵引电动机中，主极下的圆弧面与电枢表面之间的气隙是不均匀的，在主极中心处气隙

最小，在极尖处气隙最大，其目的是为了获得较好的换向条件。

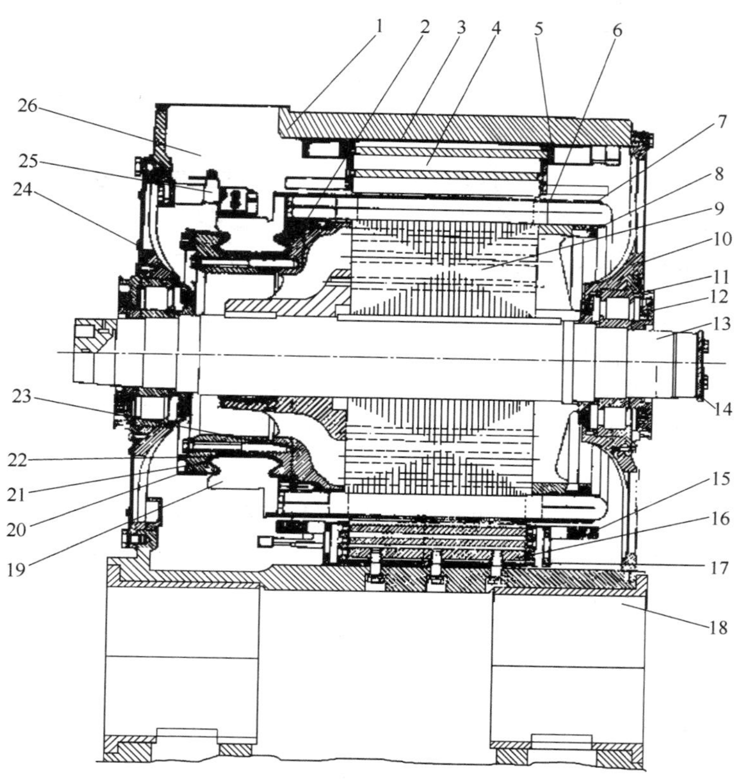

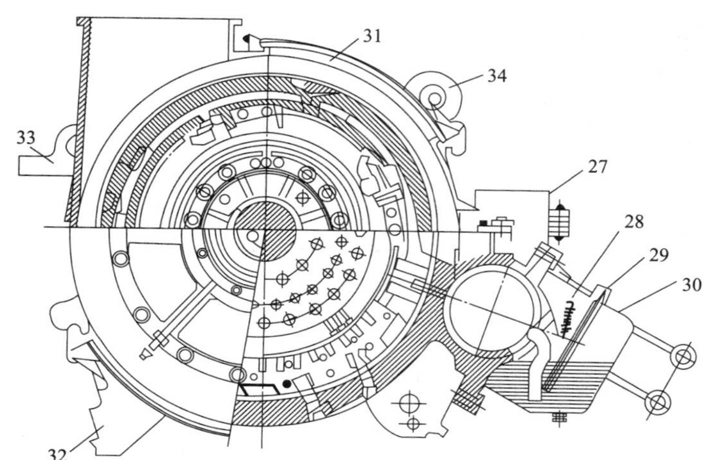

1—机座；2—均压线；3—磁桥垫片；4—主极铁芯；5—主极线圈；6—电枢绕组；7—玻璃丝绑扎带；8—后压圈；9—电枢铁芯；10—后端盖；11—滚柱轴承；12—密封环；13—转轴；14—挡板；15—补偿绕组；16—换向极铁芯；17—换向极线圈；18—抱轴轴承；19—换向器；20—压圈；21—云母环；22—绝缘套筒；23—换向器套筒；24—前端盖；25—电刷装置；26—进风口；27—出线盒；28—毛刷；29—油尺；30—油箱；31—检查孔；32—主悬挂鼻；33—轴悬挂鼻；34—吊耳

图 2—3　ZQ650-1 型脉流牵引电动机结构

主极铁芯是用螺栓 10 固定到机座上的，螺栓拧在预先埋在主极极芯中的磁极拉杆 9 上。固定螺栓不仅承受主极（包括磁极线圈）的重量，而且还要承受电机运行时产生的单边磁拉力和振动引起的惯性力，所以磁极螺栓一般都是用优质钢做成的。

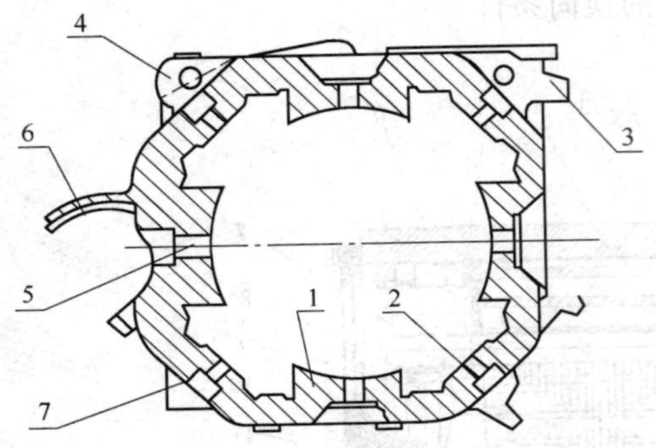

图 2—4　牵引电机机座

1—主极凸缘；2—换向极凸缘；
3—悬挂鼻子；4—吊耳；
5—主极螺栓孔；6—抱轴轴承座；
7—换向极螺栓孔

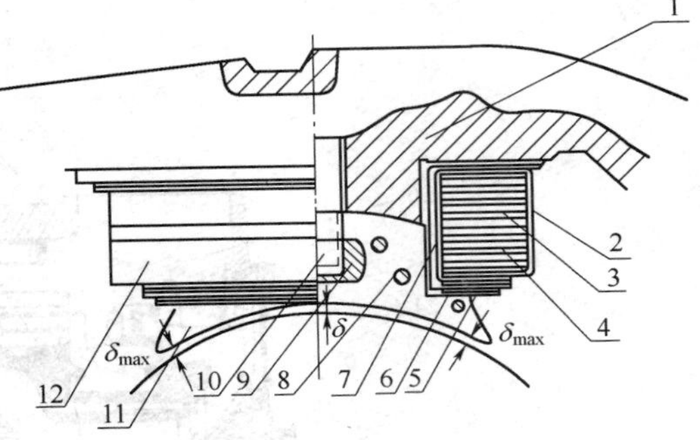

图 2—5　主极结构

1—机座；2—主极线圈外包绝缘；3—主极线匝；
4—匝间绝缘；5—法兰；6—衬垫；7—外包绝缘；
8—铆钉；9—钢杆；10—磁极螺栓；11—极靴；
12—主极线圈

为了抵消电枢反应的影响，减少电机的环火故障，有些牵引电动机安装了补偿绕组。这时主极极靴部分带有齿槽结构，补偿绕组嵌放在极靴表面的槽中，并用特制的槽楔将其固定。有补偿绕组的主极装配图如图 2—6 所示。

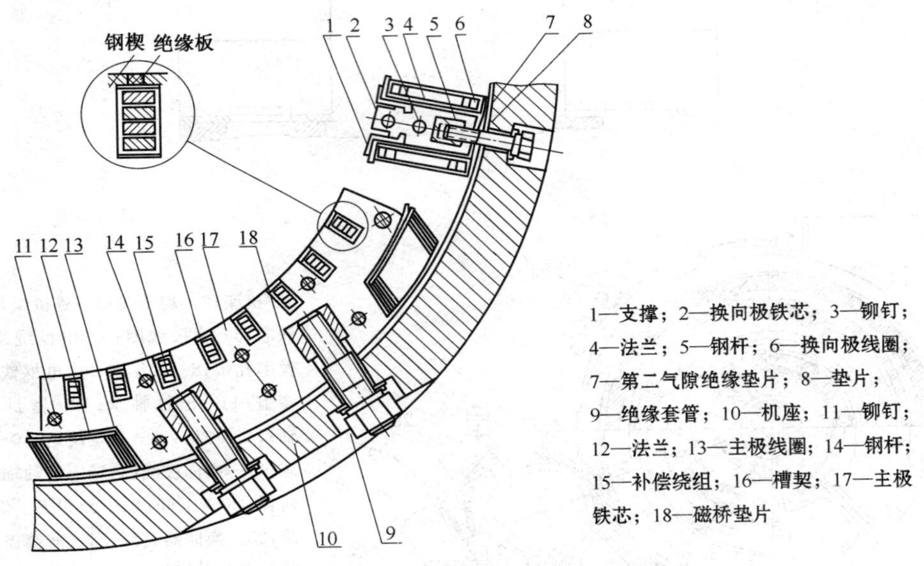

图 2—6　有补偿绕组的主极结构

主极线圈的作用是用以通过直流电流而建立主磁场。在牵引电动机中，主极线圈大都用扁铜线绕制而成，线圈的绕法有平绕和扁绕两种。平绕又称宽边绕法，其特点是绕制方法简单适用于多层多匝线圈，由于这种结构能分层绕制，有利于线圈在机座内布置，使得空间利用较好，平绕线圈如图 2—7 所示。扁绕也称窄边绕法，如图 2—8 所示。这种绕法的特点在于线圈结构紧密，在机械方面比较稳定，而且散热较好，同时，这种绕法可以在专门设备上进行，工艺也比较简单。扁绕主要用于牵引电动机换向极线圈中，在功率较大牵引电动机中，为了改善线

圈散热条件,主极线圈也采用扁绕结构。

主极线圈绝缘结构如图 2—7 所示。在 ZQ650-1 型牵引电动机中,主极线圈匝间用橡胶石棉纸绝缘,整个线圈用粉云母带包扎几次作为对地绝缘,然后用玻璃丝带包扎一次作为外包绝缘。

对于主极线圈的要求,除了结构紧密和空间利用较好之外,还应做到绝缘可靠、散热容易以及具有较高的机械强度。

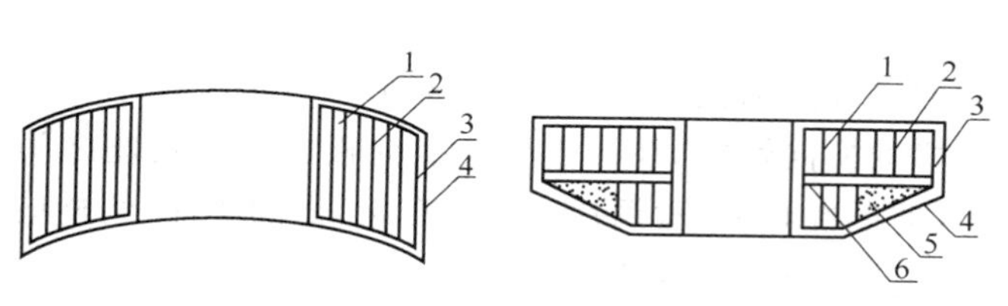

图 2—7　用平绕法的线圈

1—线圈;2—匝间绝缘;3—对地绝缘;

4—外包绝缘;5—填充材料;6—层间绝缘

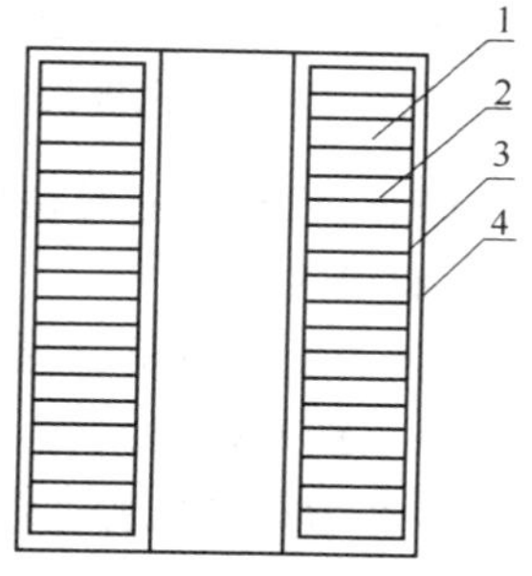

图 2—8　用扁绕法的线圈

1—线圈;2—匝间绝缘;

3—对地绝缘;4—外包绝缘

三、换向极

换向极又称附加极,其作用是产生换向磁场用来改善电机的换向,换向极结构及其安装情况如图 2—9 所示。

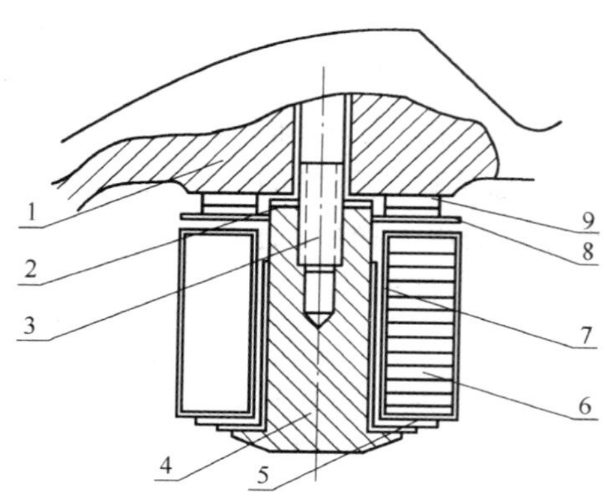

1—机座;2—第二气隙;3—换向极螺钉;4—换向极铁芯;5—外包绝缘;6—换向极线圈;7—绕组支架;8—第二气隙绝缘垫片;9—垫片

图 2—9　换向极结构

换向极由换向极铁芯 4 和换向极线圈 6 组成。极芯的结构比较简单,其截面通常为矩形或 T 形。换向极极芯磁通密度较低,并且形状简单,所以极芯通常用整体锻钢制成,如图 2—10所示。

在脉流牵引电动机中,为了减少换向极磁路的涡流和由此引起的对电机换向的影响,有时也采用由电工钢片叠成的换向极结构,如图 2—11 所示。

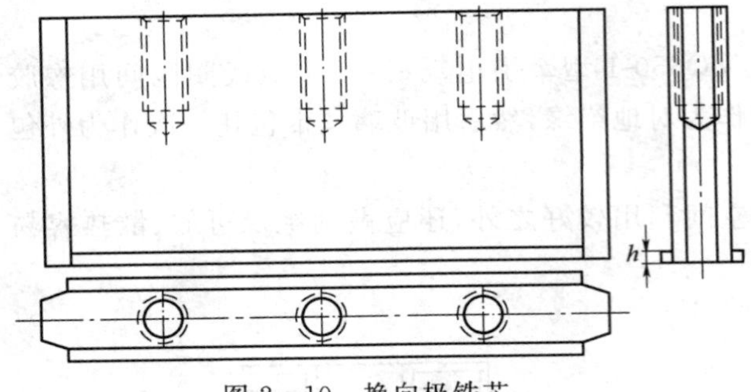

图 2—10 换向极铁芯

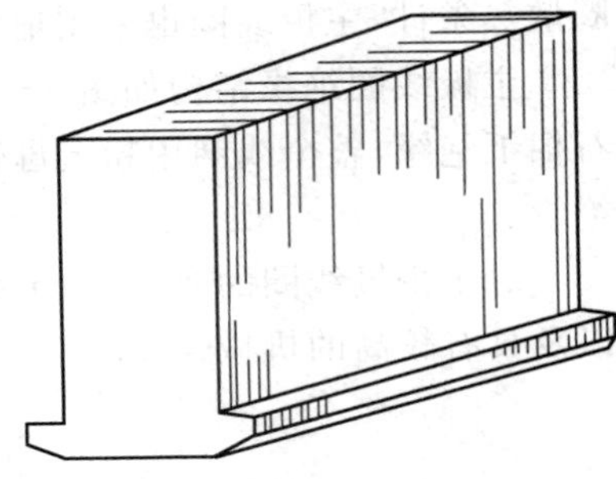

图 2—11 叠片换向极

换向极极靴形状和尺寸是由电机换向要求决定的，其形状决定了换向极磁场的波形，对电机换向性能影响很大。

换向极极靴表面与电枢圆周表面之间的空气隙为换向极气隙，又称第一气隙。在牵引电动机中，为了减小换向极的漏磁，以改善电机的换向性能，往往需要在换向极极芯和机座之间增加一个气隙，称为第二气隙。气隙中垫入非磁性材料（黄铜片或层压布板）做的垫片，调整垫片数量，即可调节第二气隙的大小，以达到调整电机换向性能的目的。

换向极线圈一般都用扁铜线扁绕制成，线圈的匝间、对地及外包绝缘和主极线圈绝缘结构相同。

四、电枢铁芯

电枢铁芯是电动机磁路的一部分，也是承受电磁力作用的部件。在铁芯圆周上均匀开有槽，槽内嵌装电枢绕组，电枢的转矩是由载流的电枢绕组与主磁场相互作用而产生的。

当电枢在磁场中旋转时，在电枢铁芯中将产生涡流和磁滞损耗。为了减小这些损耗的影响，电枢铁芯通常由 0.5 mm 厚的彼此用漆膜绝缘的硅钢片叠成。图 2—12 所示是牵引电动机电枢冲片的一种结构形式。电枢冲片应首先冲好槽、轴孔和通风孔。在牵引电动机中，槽子的形状总是做成开口的矩形，这样可以将预先成型的电枢线圈很方便的嵌入槽中，通风孔构成了电枢铁芯内部的轴向通风沟，铁芯内部能通过足够的风量，以达到良好的散热作用。

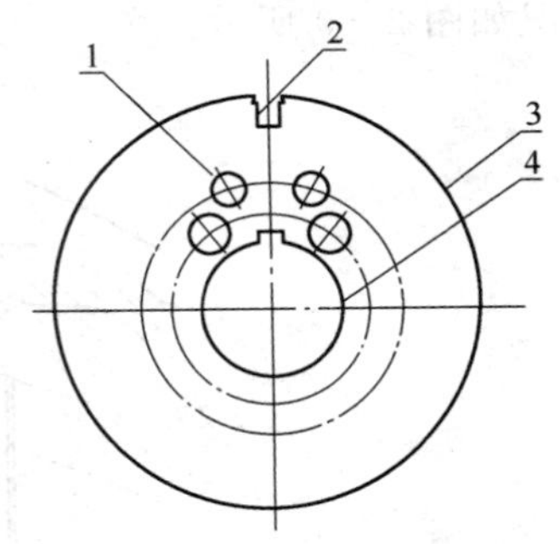

图 2—12 电枢冲片

1—通风孔；2—电枢槽；3—冲片；4—轴孔

电枢铁芯是采用静配合装配在电机转轴上，为了防止铁芯端部的冲片边缘松散，铁芯两端各有一块较厚的电枢端板，它是用数块 1 mm 厚的钢板点焊而成。

装在电枢铁芯两端的压圈（见图 2—3），一方面作为电枢绕组的支架，同时把铁芯冲片压紧，使冲片保持固定的压力，在换向器一端的称为换向器套筒，在换向器相反一端的称为电枢后压圈，它们都是用优质钢铸成的，并用静配合装在电枢转轴上。

五、电枢绕组

电枢线圈嵌放在电枢铁芯的槽中，电枢线圈按一定的规律和换向器连接起来就构成电枢

绕组。

电枢绕组由许多绕组元件组成。绕组元件是指从一个换向片开始到所连接的另一个换向片为止的那一部分导线，它是电枢绕组的一个最基本单元，故称为绕组元件。绕组元件有单匝元件和多匝元件之分。在牵引电动机中，通常都采用单匝式绕组元件，绕组元件由扁铜线制成。为了制造方便，总将几个元件包扎在一起嵌在同一槽中，这就叫做电枢线圈。电枢线圈在嵌线前就成型做好，这样既简化嵌线工艺，也改善了绝缘质量。

绕组元件在槽中的放置分竖放和平放两种，如图 2－13 所示。因为竖放工艺简单，一般都采用竖放。平放对改善电机换向有利，同时可以使绕组中附加损耗减少，其缺点是元件和换向片连接时，需要将元件压扁或扭转 90°，工艺复杂。

电枢绕组的绝缘结构参看图 2－13。

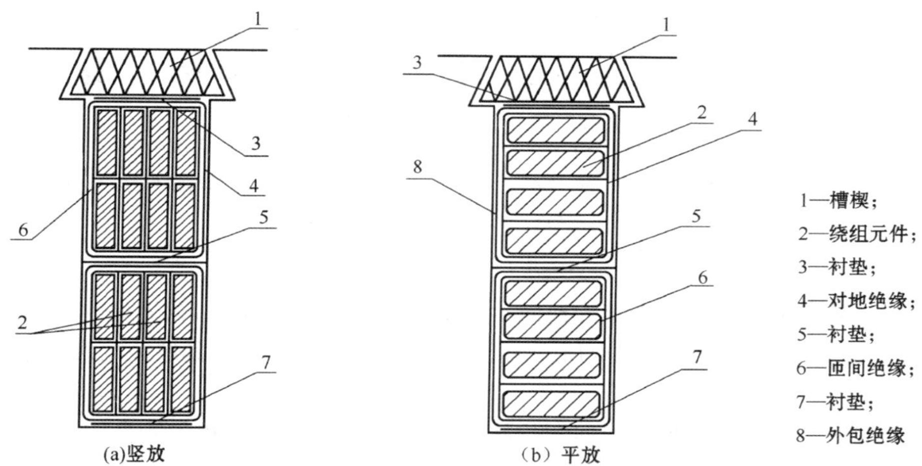

图 2－13　绕组元件在槽内布置

当电枢旋转时，电枢圆周的最大线速度可达到 60 m/s 或更高，因此绕组元件将受到很大的离心力作用，为了防止绕组甩出，电枢绕组在槽内需用槽楔固定，目前采用较多是用环氧酚醛玻璃布板制成的槽楔。绕组的端节部分同样受离心力的作用，必须用扎线来固定。在牵引电动机中，绕组端节部分通常用热固性的无纬玻璃丝带来绑扎。

六、换 向 器

换向器的作用是将电枢绕组中产生的交流电势转换为电刷间的直流电势，是直流电机中比较重要和复杂的部件。电机运行时，换向器既要通过很大的电流，又承受着各种机械应力。换向器工作情况的好坏，直接影响电机的运行性能。

换向器是由很多相互绝缘的换向片组合而成的，它有多种结构形式。在牵引电机中，绝大部分采用拱式换向器，如图 2－14 所示。

换向器的主要部件包括换向片、云母片、V 形云母环、绝缘套筒、换向器套筒、压圈以及组装螺杆等。所有零部件全部固定在换向器套筒上，然后将套筒装配在电枢轴上。

换向片是由含少量银的梯形铜排制成的，对其机械强度及硬度有一定的要求。

相邻换向片片间用云母片绝缘，云母片厚度为 0.8～1.5 mm，形状和换向片相同。为了保证换向器尺寸的精确性，要求云母片只能含少量的胶质，在温度为 20 ℃、压力为 6×10^{7} Pa 的作用下，收缩率不大于 7%。因为换向器铜片磨损比云母快，故在组装好的电机的换向器上，还必须将云母片下刻 0.8～1.5 mm，同时换向片两侧进行倒角（如图 2－15 所示），以保证电机运行时电刷和换向器接触良好。

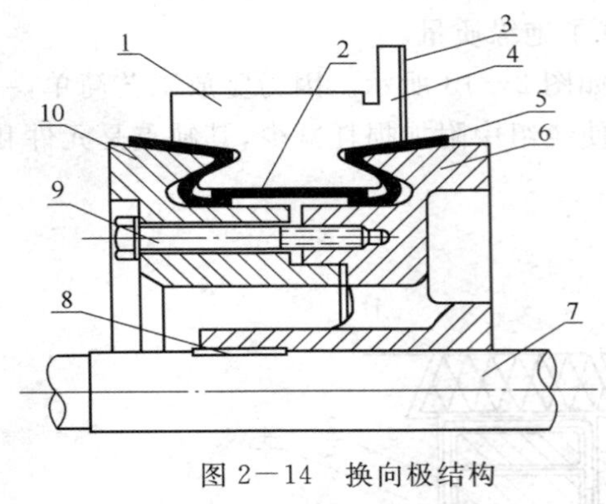

图 2－14　换向极结构

1—换向片；2—绝缘套筒；3—云母片；4—升高片；5—V 形环；6—换向器套筒；7—电枢轴；8—键；9—换向器螺栓；10—压圈

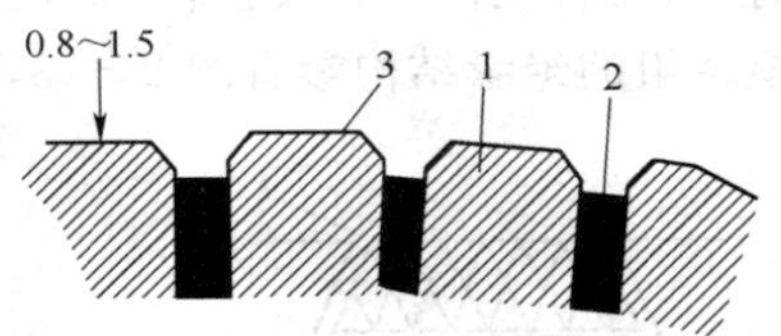

图 2－15　换向片倒角及云母下刻要求

1—换向片；2—云母片；3—倒角

V 形云母环和绝缘套筒用来作为换向器对电机接地部分的绝缘，通常是由塑性云母板压制而成，并在高温高压下用压模压成所需的形状（如图 2－16 所示），其厚度取决于牵引电动机的电压等级。

换向器套筒与压圈应当保证换向器片间产生必要的压力，在采用拱式换向器情况下，换向器依靠旋紧换向器螺栓来紧固，使换向器套筒和压圈压在换向器燕尾部分。该压紧力将换向器压向中心，并使换向片与云母片的侧面产生摩擦力而得到紧固，其受力作用示意图如图 2－17所示。

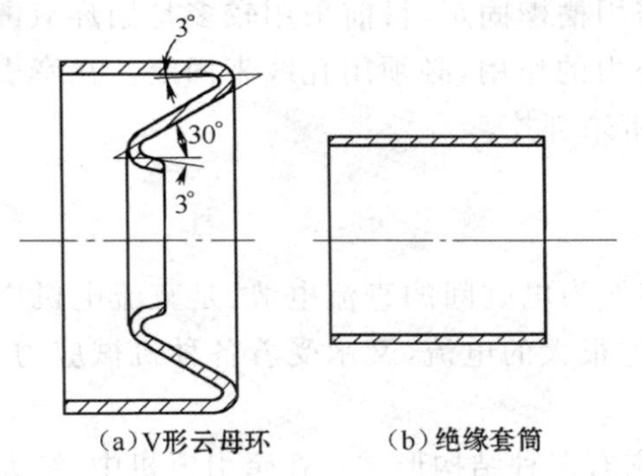

图 2－16　V 形云母环和绝缘套筒

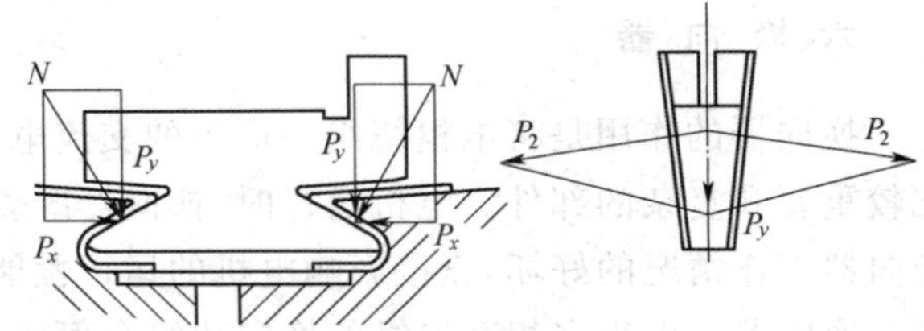

图 2－17　换向器受力分析

大部分牵引电动机换向器都是采用长螺栓紧固，螺栓用优质钢制成，这是因为它的弹性好，能够利用其弹性变形来抵消换向片由于通过电流而引起的热膨胀。

换向器的制造工艺对换向器的运行质量影响很大。为了使换向器在实际运行中经得住温度和转速不断变化的考验，装配好的换向器需要经过动平衡、耐压和超速试验，以保证运行时

状态完好。

七、电刷装置

电机的换向器端装有电刷装置，其作用是连接转动的电枢绕组与外电路。电刷装置由电刷、刷握、刷握架和刷杆组成，刷握包括刷盒、弹簧、压指等零件。图2—18为ZQ650-1型牵引电动机电刷装置，其装配情况为：电刷放在刷握的刷盒孔内，压指通过弹簧的作用对电刷施加一个压力，把电刷压在换向器表面上；整个刷握通过螺栓和刷握架相连，刷握架固定在刷杆上，刷杆固定到机座或刷架座圈上，在电刷装置中，刷杆是绝缘体，它既支承刷握，又肩负起刷握与机座之间的绝缘作用。

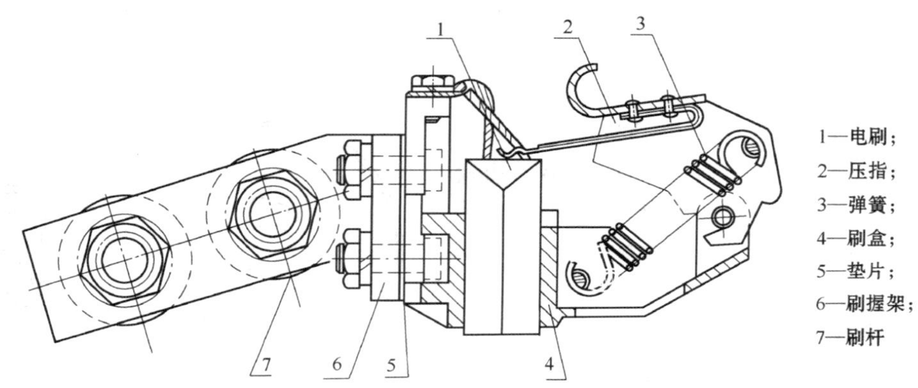

图2—18　牵引电动机的电刷装置

电刷装置的结构和电刷性能对牵引电动机的换向性能影响很大。为了保证良好的换向情况，电刷装置应满足下面的要求：

1. 刷握在换向器轴向、径向和切线方向位置都能调节。轴向调节是为了保证电刷处在换向器中央部位；径向调节是为了保持刷盒底面与换向表面的距离，距离过大会引起电刷跳动；切线方向的调节是为了保证电刷准确地处在主极中性线上。

2. 电刷压力稳定并保持均匀不变。

3. 刷架装置应具有较高的机械强度，并能承受振动和冲击。

4. 刷杆等绝缘零件应有较高的介电强度，不因受潮、受污而造成闪络或飞弧故障。

除上述要求外，在牵引电动机中，对电刷的性能与结构要求也较高，这方面的问题将在第二章中详细讨论。

本节扼要地介绍了牵引电动机主要部件的功用以及它的结构特点，使大家对牵引电动机的主要结构有了初步的了解。至于对牵引电动机的结构分析和结构比较，只有通过对其基本原理和专门问题的学习和参加生产实践之后，才能有更深刻地认识。

第二节　牵引电动机的传动和悬挂

牵引电动机的悬挂和传动，即牵引电动机安装固定及如何将转矩传递到机车轮对上的问题。普通直流电机都是采用底脚和底脚螺钉固定到基础上的。国家统一设计的直流电机，其底脚底面和电枢转轴中心线间距离(中心高)及底脚螺钉孔的安装尺寸都有一定的规格,以便于和其他电机以及机械设备配套互换。牵引电机和一般电机不同,因为它需要悬挂在机车上并且通过齿轮等传动装置来驱动车轮前进,因此,在选择传动和悬挂方式时必须考虑机车的结构特点和运行要求,同时传动和悬挂的形式也决定了牵引电机的总体结构和最大外形尺寸。

传动方式可分为个别传动和组合传动两种。

一、个别传动

个别传动就是一台牵引电动机只驱动一个轮对,它是通过装在电机轴上的小齿轮驱动装在轮轴上的大齿轮来传递力矩的。

个别传动目前应用最广,我国生产和使用的电力机车、内燃机车和其他各种电动车辆都采用个别传动。个别传动的牵引电动机有两种悬挂方式。

(一)抱轴式悬挂

这种悬挂的特点是牵引电动机的一边通过滑动的抱轴轴承支承在轮轴上,电机的另一边通过悬挂装置悬挂在转向架的横梁上,这种悬挂方式有时也叫做半悬挂,其示意图如图 2－19 所示。

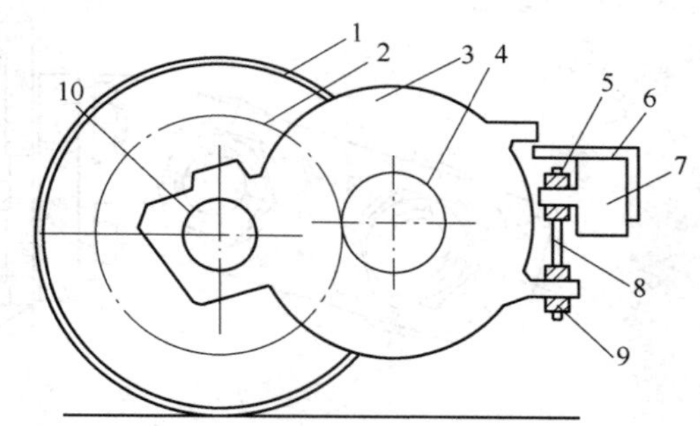

图 2－19　抱轴式悬挂

1—动轮;2—大齿轮;3—牵引电动机;4—小齿轮;5—橡胶件;6—安全托板;7—枕梁;8—拉杆;9—橡胶件;10—车轴

抱轴式悬挂的优点是结构简单,检修方便,成本较低。但是这种悬挂方式的电机其重量约有一半直接压在机车的轮轴上,实际上增加了机车的“簧下重量”,因而增加了机车对铁路的动力作用。同时,钢轨接缝和道岔产生的冲击也将传到电机上,直接影响电动机的工作,特别对牵引电动机的换向产生不利的影响,所以牵引电动机的许多部件(如刷握装置、主极和换向极固定螺钉以及磁极线圈间的连接导线等)都要特别加固。此外,由于电动机和轮轴间的中心距离一定,齿轮传动比受到限制,电机尺寸也不能任意选择,因此机车功率和速度的提高也受到限制。实际上这种悬挂方式只适于结构速度不超过 120 km/h 的客货两用机车。我国 SS_1 型电力机车和 DF_4 型内燃机车,其结构速度分别为 90 km/h 和 120 km/h,牵引电动机均采用抱轴悬挂方式。对于结构速度较高的客运机车和电动车辆,则宜采用另一种悬挂方式——架承式悬挂。

(二)架承式悬挂

架承式悬挂又称作独立悬挂或全悬挂,是将牵引电动机完全固定在转向架上,牵引电动机的全部重量都成为簧上重量,从而避免了抱轴式悬挂的缺点,特别是改善了承受线路的动力作用。由于牵引电机是簧上部分,在行车过程中,牵引电动机的转轴中心线与轮轴中心线会产生较大的移动。这时,小齿轮(主动齿轮)不能再直接装在电机转轴上,而是通过两个滚柱轴承装在齿轮箱上,并与装在轮轴上的大齿轮啮合。因此,牵引电动机的转轴和小齿轮转轴之间必须采用联轴节来传动。

图 2－20 为采用球面齿式联轴节的架承式悬挂。这种传动方式多使用在我国地下铁道电动车辆上。牵引电动机机座的一侧上方伸出两个悬臂,下方有一支承,均用螺钉固定在转向架

的横梁上，呈三点半边悬挂，结构比较简单，电机转轴的传动端与球面齿式联轴节相连。这种传动方式的优点是小齿轮可以和它的轴做成一个整体，从而减少小齿轮的齿数以提高电机转速，在容量相同的情况下它的重量可以减轻。其缺点是联轴节占用了地位，使电机轴向尺寸受到限制。因此，功率大的干线机车就不能采用这种传动结构。

图 2—21 为电动机空心轴传动的架承式悬挂，牵引电动机的电枢轴是做成空心的，在非换向器端，电枢空心轴通过球面齿式联轴节与传动轴相联，传动轴穿过空心轴的空腔，将转矩传给小齿轮。由于利用了电枢空心这个空间，节省了联轴节所占的位置，充分利用了轴向空间尺寸。因此这种悬挂和传动适于大功率高速机车。

个别传动（无论抱轴式还是架承式）的主要优点是，一台电机发生故障时可以单独切除而不影响其他电机工作，同时使安放电气设备的空间得以充分利用，但由于各轮轴间没有机械上的联系，个别轮对容易空转，从而使整台机车的黏着牵引力降低。

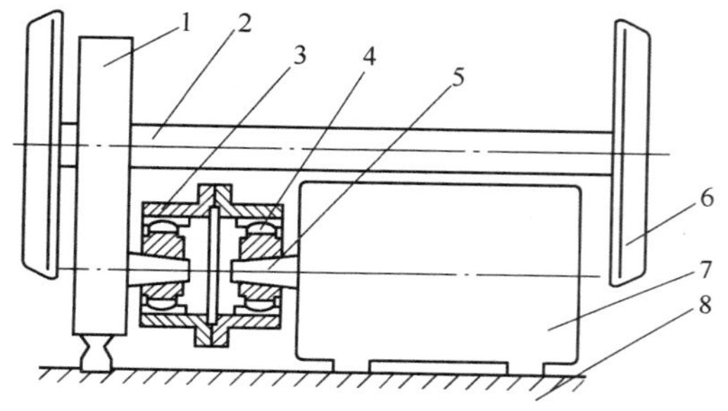

图 2—20　球面齿式联轴节的架承式悬挂

1—齿轮箱；2—车轴；3—内齿圈；4—球面齿轮；5—电机轴；6—动轮；7—电动机；8—转向架

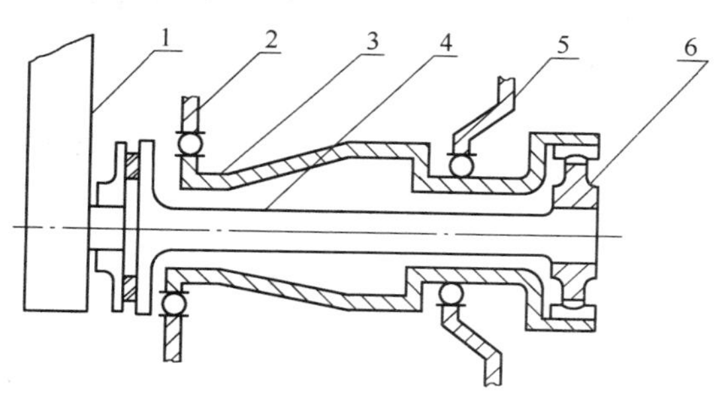

图 2—21　电枢空心轴架承式悬挂

1—传动齿轮箱；2—端盖；3—电枢空心轴；4—传动轴；5—端盖；6—球面齿式联轴节

二、组合传动

组合传动就是一台牵引电动机通过变速装置拖动一个转向架上的两个轮对（两轴转向架时）或三个轮对（三轴转向架时）。这时，一台电机完全固定在一个转向架上，因此组合传动又称为单电机转向架。组合传动和个别传动相比，其传动装置结构比较复杂。由于铁路运输要求拉得多、跑得快，近几年来干线电力机车日益向大功率、高速度发展，这就要求充分利用机车每个轮对的黏着重量，以实现大的黏着牵引力，在这种情况下，就倾向于采用组合传动。采用组合传动的牵引电动机相当于把几个轮对上的较小功率的电机合并为一台大功率的电机，电机功率越大，它的重量指标（每 1 kW 功率的重量）也越低，在相同容量下，电机的造价也将降低。此外，采用组合传动，还可以将传动齿轮进行不同传动比的搭配，这样同一台机车既可以作为高速客运机车，也可以作为低速货运机车，从而使机车和牵引电动机具有通用性。单电机两轴转向架组合传动如图 2—22 所示。

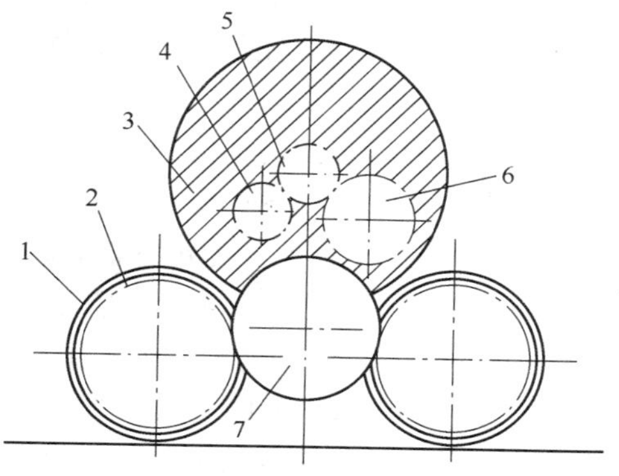

图 2—22　单电机两轴转向架组合传动

1—车轮；2—大齿轮；3—电动机；4、6—变速齿轮；5—电动机上小齿轮；7—中间齿轮

第三节 牵引电动机的动力作用

牵引电动机(特别是抱轴悬挂的电机)在运行过程中,由于受轨道不平(接缝、道岔等处)诸因素的影响,会产生很大的动力作用,如图 2—23 所示。

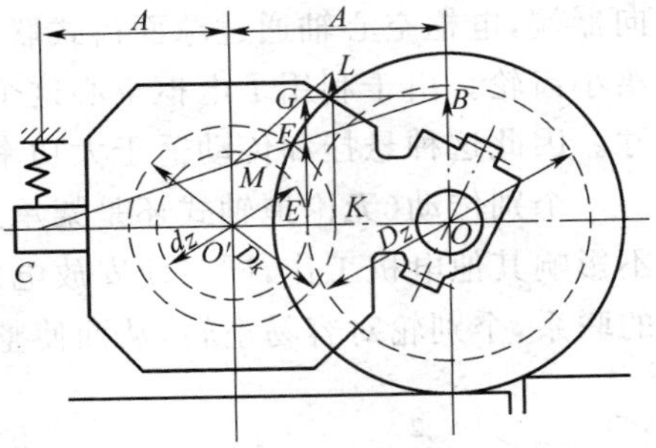

由于钢轨接缝的动力冲击,动轮(大齿轮 z_1)产生加速度 a,显然,在齿轮啮合处 E 点大齿轮得到加速度 $EG(EG=a)$。在作用瞬间 C 点不变,故在啮合处 E 点小齿轮的加速度为 EF。因此,小齿轮以及与它连在一起的电枢得到一个附加加速度 FG。设瞬间 M 点不变,则换向器直径为 D_k 的圆周表面得垂直加速度 KL,考虑到抱轴式悬挂 $OO'\approx CO'=A$,则得换向器表面动力加速度 KL 为

图 2—23 动力加速度

$$KL=HK+HL=\frac{A+\frac{D_k}{2}}{2A}\cdot a+a\left(1-\frac{A+\frac{d_z}{2}}{2A}\right)\frac{D_k}{d_z} \tag{1—1}$$

简化上式,得

$$KL=\frac{a\left(1+\frac{D_k}{d_z}\right)}{2} \tag{1—2}$$

式中 D_k——换向器直径;

d_z——小齿轮直径。

对于电力机车和电传动内燃机车的牵引电动机可取平均比值 $\frac{D_k}{d_z}=2.0$,则换向器表面加速度数值

$$KL\approx 1.5a \tag{1—3}$$

动力加速度 a 是难以预先计算的,因为它和道床结构、机车速度、钢轨接缝距离等许多不定因素有关,且数值变动范围极大。根据资料介绍,动力加速度 a 约为重力加速度的 10~15 倍,即

$$a=(10\sim 15)g$$

传到换向器表面的动力加速度 KL 甚至达到(15~20)g,电枢表面动力作用更大。我国电力机车生产部门以 SS_1 型和 SS_3 型电力机车为对象,对运行中的牵引电动机进行了振动测定,测量是用振动加速计为传感器,通过动态应变仪,由记录波形进行分析的。测量的结果,在一般直线区段,在 80 km/h 运行速度情况下,牵引电动机外壳和抱轴轴承的最大垂直振动加速度约为 7 g;特殊工况(高速通过道岔和高速制停),外壳和抱轴轴承的垂直加速度可达 8.5 g。这样大的动力作用,常常使牵引电动机磁极螺栓松动(折断)、线圈间连线断裂、端盖出现裂纹以及影响电刷和换向器正常接触,甚至会使电刷损坏、换向器表面迅速拉毛,增加换向困难。因此在设计电机时,电机各零部件的结构选择和强度计算必须考虑到线路动力作用的影响。此外,大小齿轮和啮合状态也直接影响电机的振动,尤其是齿轮的阶梯状磨损,其影响更为严重,为此必须提高齿轮表面硬度,严格规定齿轮的磨耗量。

在国内的高速动车组及城轨列车上也有很多的应用。这些各具特色的全悬挂传动装置，大体上可以归结为两类：轮对空心轴传动装置和电机空心轴传动装置。虽然两者结构各不相同，但在考虑降低簧下重量、采用弹性联节传动方面却是相同的。事实证明，采用架承式全悬挂传动方式后，其振动性能大有改善，牵引电动机的垂直加速度可减至 0.5g。同时由于这种悬挂传动方式中都具有弹性联节元件，使振动受到隔离和衰减，因此在设计传动系统电机时，可以加大齿轮传动比，增加电机转速，从而提高电机功率。

第四节　牵引电动机的额定数据

一、定额及额定数据

电机的定额是根据国家技术标准的要求，对电机全部机械量的数值以及运行的持续时间及顺序所作的规定，它表示电机的运行特点和工作能力，是制造厂对电机进行性能分析和验证设计合理性的依据，也是应用部门正确使用电机的依据。按照运行的持续时间和顺序，电机定额分为连续定额、小时定额和断续定额三种，连续定额是指电动机在所规定的电压和磁场的条件下连续运转，而各部件的温升不超过允许的限值时所能承受的电流和其他相应的定额数值；小时定额是指电动机在所规定电压和磁场下，从冷态开始运行一小时后各部件温升不超过允许的限值时所能承受电流和其他相应的定额数值；断续定额是指电机长期运行于一系列完全相同的时间间隔，而温升不超过允许限值时所能承受的电流和其他相应定额数值。

根据机车运行的特点，牵引电动机的负载性质基本上是连续的和短时重复的，因此，牵引电动机规定了两个定额值，即连续定额和小时定额。根据牵引电动机技术标准的规定，连续定额为制造厂设计、制造新电机时的保证值。

在规定定额的情况下，制造厂对电机的每一单个电量或机械量所规定的数值，称为电机的额定数据，如额定功率、额定电压、额定电流、额定转速及额定激磁电流等。

1. 额定小时功率

额定小时功率是指电机在规定的通风条件下，从冷态开始运行 1 h，各部件的温升不超过允许值，电动机轴上输出的机械功率，用符号 P_{Nh} 表示。

2. 额定连续功率

当电动机在连续定额功率下工作，经过较长时间以后，电机温升在允许范围内不再增加，即达到损耗所产生的热量全部传给冷却空气的平衡状态，这个功率称为额定连续功率，用符号 $P_{N\infty}$ 表示，

小时功率和连续功率概念上的区别在于：小时功率主要取决于电动机热容量的大小，即认为电动机在小时功率下工作时，其热量主要被电动机各部件热容量所吸收；而连续功率则取决于电动机的散热能力。显然，通风效果越好，所能散去的热量越多，连续功率也越大。

3. 额定电压

额定电压是指电动机正常工作时加在电动机两端的输入电压，它是设计电动机时的计算电压，用符号 U_N 表示。

由直流接触网直接供电的直流牵引电动机，当其全部并联运行时，电机的额定电压等于接触网的额定电压。

在交流电力机车中，由于采用了变压装置，牵引电动机的额定电压不受接触网电压的限

制，可以根据机车的牵引电动机在设计和运用方面最经济、最可靠的条件来选择。

在电传动内燃机车中，为了充分利用柴油机的功率，牵引电动机的外加电压有一个调节范围，其铭牌上标了两个额定电压(如 ZQDR-410 型牵引电动机的额定电压为 550/770 V)，表示电动机可在这个电压范围内调节使用，但电动机导电部分和机壳的绝缘应以最大电压来计算。

4. 额定电流

额定电流是指电动机运行时允许从电源输入的电流。这里所谓“允许”，是从发热的观点谈的，也就是针对电动机的绝缘等级温升限值说的。

电流的温升限值见表 2－1。

表 2－1 电流的温升限额

绝缘等级	定额	部件	测量方法	允许温升(℃)
E	连续、小时和断续	电枢绕组 定子绕组 换向器	电阻法 电阻法 电温度计法	105 115 105
B	连续、小时和断续	电枢绕组 定子绕组 换向器	电阻法 电阻法 电温度计法	120 130 105
F	连续、小时和断续	电枢绕组 定子绕组 换向器	电阻法 电阻法 电温度计法	140 155 105
H	连续、小时和断续	电枢绕组 定子绕组 换向器	电阻法 电阻法 电温度计法	160 180 105

应该提到，表 2－1 所列的温升限值，是指位于海拔为 0 m、周围空气为 25℃时说的。机车运行时，外界条件不一定符合上述情况，牵引电动机的电流限值可以根据机车运行区段的气温情况进行调整，一般地说，在寒带地区或寒冷季节，牵引电动机的负载电流可以大一些；在炎热地区或炎热季节，牵引电动机的负载电流应该小一些。

在电力机车牵引电动机中，与额定连续功率和额定小时功率相对应的电流称为额定连续电流 $I_{N\infty}$ 和额定小时电流 I_{Nh}，它们和功率(单位为 kW)、电压(单位为 V)的关系为

$$I_{N\infty}=\frac{P_{N\infty}}{U_N\eta_\infty}\cdot 10^3\,(\mathrm{A})$$

及

$$I_{Nh}=\frac{P_{Nh}}{U_N\eta_h}\cdot 10^3\,(\mathrm{A})$$

式中 η_∞ 和 η_h——分别代表连续和小时额定工作状态时的效率。

功率单位为 kW，电压为 V。

在内燃机车牵引电动机中，为了保持牵引发电机恒功率运行，与两个电压相对应的也有两个电流值，即表示牵引电动机电流可以在这个范围内调节运用。

5. 额定转速

额定转速是指电压、电流和功率都为额定值时转子的旋转速度；单位以 r/min 表示。小时

定额和连续定额下的额定转速分别为 n_{NH} 和 $n_{N\infty}$。额定转速为每一电机最有利的转速，在此转速下运行可以保证电机有效材料的充分利用。

除上述几项额定数据外，在牵引电动机铭牌上还有激磁方式、通风量、绝缘等级等数据，这些数据将分别在有关章节中介绍。下面简单介绍一下牵引电机的产品型号。

二、产品型号

我国牵引电机型号是根据第一机械工业部颁发的电工产品型号编制办法统一编制的，由汉语拼音字母和阿拉伯数字组成。

铭牌上的 ZQ 是表示"直"流"牵"引电动机，汉语拼音后面的阿拉伯数字表示功率千瓦数。脉流牵引电动机基本上是按直流牵引电动方法设计的，所以也用 ZQ 表示。电传动内燃机车上，用 ZQFR 表示牵引发电机，ZQDR 表示牵引电动机，"R"表示"热"电机车（内燃机车为热电机车），后面的阿拉伯数表示该电机的功率千瓦数。例如：ZQ76 是地下铁道用的直流牵引电动机，ZQDR410 为 DF_4 型内燃机车上用的牵引电动机，ZQ650-1 为 SS_1 型电力机车上用的脉流牵引电动机等。铭牌格式如下：

脉流牵引电动机

型　　号	ZQ650-1		连续定额	小时定额	最　　大
		功率	630 kW	700 kW	
绝缘等级	定子/电枢 H/B	电压	1 500 V	1 500 V	1 650 V
激磁方式	串激	电流	450 A	500 A	810 A(30s)
额定磁场	95%	转速	900 r/min	875 r/min	1 835 r/min
技术条件		重量	4 000 kg		
序　　号					
			年	月	日

××制造工厂

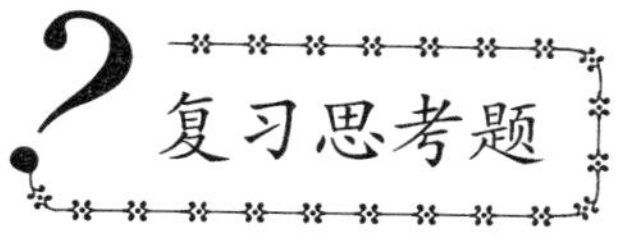

1. 个别传动方式有哪些优缺点？组合传动有哪些优缺点？
2. 为什么说牵引电机的工作条件很恶劣？
3. 什么叫电机的定额？
4. 牵引电机的要求有哪些？
5. 何谓额定数据？牵引电动机有哪些额定数据？

第三章 直流牵引电动机的换向

第一节 火花现象及换向过程的基本概念

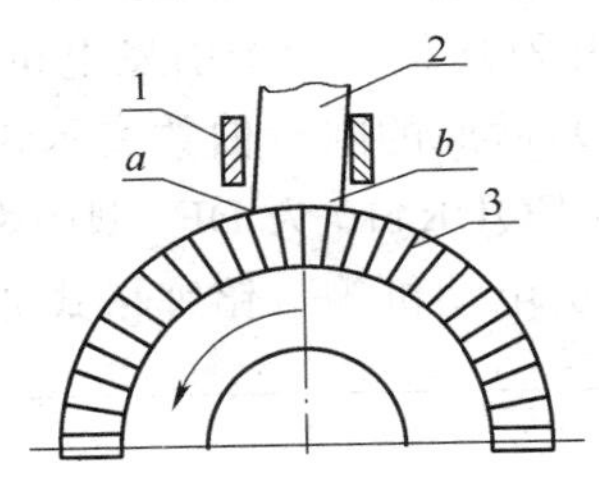

图 3—1 电刷与换向器接触
a—后刷边；b—前刷边；
1—刷架；2—电刷；3—换向器

直流电机在运行时，在电刷和换向器之间常常会发生火花，火花通常是发生在后刷边，前刷边较少，如图 3—1 所示。发生火花是直流电机换向不良的直接表现。如果火花在电刷上范围很小，亮度微弱，呈浅蓝色，则对电机运行并无危害。如果火花在电刷上范围较大，比较明亮，呈白色或红色，则对电机运行造成危害。程度强烈的火花，会将电刷和换向器表面很快烧损，使电机不能正常工作。

火花大小直接反映了直流电机换向的好坏。为了说明火花大小程度及其对电机运行的影响，我国国家标准“电机基本技术要求”，对直流电机换向器上的火花等级做了规定，见表3—1。

表 3—1 直流电机换向器火花等级

火花等级	电刷下火花的特点	换向器及电刷的状态	示意图
1	无火花	换向器上没有黑痕，电刷上没有灼痕	
$1\frac{1}{4}$	电刷边缘仅小部分有微弱的点状火花，或者非放电性的红色小火花		
$1\frac{1}{2}$	电刷边缘大部分或全部有轻微的火花	换向器上有黑痕，但用汽油能除去，同时在电刷上有轻微的灼痕	
2	电刷边缘全部或大部分有强烈的火花	换向器上有黑痕，用汽油不能擦除，同时电刷上有灼痕。如短时出现这个级火花，换向器上不出现灼痕，电刷不被烧焦或损坏	
3	电刷的整个边缘有强烈的火花，同时有大火花飞出	换向器上黑痕相当严重，用汽油不能擦除，同时电刷上有灼痕，如在这个火花等级下短时运行，则换向器上将出现灼痕，同时电刷将被烧焦或损坏	

表中 1 级、$1\frac{1}{4}$级和 $1\frac{1}{2}$级火花，均为持续运行中对换向器和电刷无害的火花。在 2 级火

花作用下，换向器上会出现灰渣和黑色的痕迹，随着运行时间的延长，黑色痕迹逐渐扩展，同时电刷和换向器磨损也显著增加。因此 2 级火花只允许短时间出现。电机运行时是不允许出现 3 级火花的。

根据有关标准规定，牵引电动机运行时的火花等级应限制在下述范围内：在额定磁场和各削弱磁场级上，从额定电流到相应于最大转速的电流之间的所有情况下，火花不应超过 $1\frac{1}{2}$ 级，而在其他情况下（短时冲击负载）不应超过 2 级。

牵引电动机在运行中的火花情况，除使用专门仪器测定外，是很难直接观察到的。因此，通常以换向器及电刷的表面状态作为确定火花等级的依据。

直流电机在运行中产生火花是由电磁、机械和化学等各方面原因造成的，其中机械和化学的原因是外部原因，可以通过严格电机制造工艺和加强运行中维护保养等办法来解决；电磁原因是直流电机产生火花的内部原因，是由于电机换向不良造成的。为了弄清楚这一问题的实质，必须首先弄清楚什么叫换向，怎么会造成电机的换向不良，进而再考虑采取什么措施来改善直流电机的换向。实际上，换向是直流电机一个很复杂又很重要的问题，对于大功率的牵引电动机尤其如此，因为牵引电动机的运行条件非常困难。因此在本章中，除了讨论有关换向问题的一般原理之外，将较深入地谈到有关牵引电动机的换向问题。

当旋转的电枢元件从一条支路经过电刷进入另一条支路时，该元件中的电流就从一个方向变换为另一个方向，这种电流方向的变换，称之为换向。为了了解每个元件电流换向的过程，我们以一个单迭绕组元件为例来进行分析。为简便起见，假设电刷宽度 b_b 等于一个换向片的片距 β_k（如图 3－2 所示），电刷固定不动，换向器以线速度 v_k 向左移动，所讨论的元件用粗线表示。

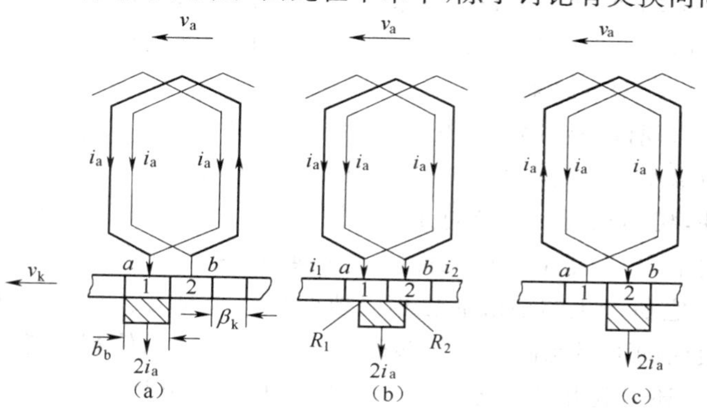

图 3－2　换向元件中的换向过程

换向开始时，电枢转到电刷与换向片 1 相接触的位置[图 3－2(a)]，这时换向元件属于电刷右边的一条电枢绕组支路，元件中流过的电流 i 等于电枢绕组的支路电流 i_a。电枢继续转动，当电刷与换向片 2 开始接触时[图 3－2(b)]，换向元件被电刷短路，这时随着换向器的移动，换向元件中的电流 i 开始减小，当减小到零之后，再反向增加。当电枢继续转到电刷只与换向片 2 接触时[图 3－2(c)]，换向元件则属于左边的一条支路了，这时元件中的电流仍等于电枢绕组的支路电流 i_a，但其方向与原来方向相反。至此，该元件的换向过程结束。

换向元件从换向开始到换向结束所经历的时间，叫做换向周期，以 T_k 表示，T_k 也就是换向过程中换向器在空间移过距离 b_b 所需的时间，所以

$$T_k=\frac{b_b}{v_k} \tag{3-1}$$

换向周期是很短的，通常只有千分之几秒。图 3－3 画出了电枢绕组中的一个元件里电流随时间变化的波形，其中 T 是元件从正电刷到负电刷所经历的时间。

事实上，直流电机的换向过程是很复杂的。在很短的一段时间 T_k 内，换向元件中的电流要从 $+i_a$ 变到 $-i_a$，由于换向元件本身的自感，当电流改变方向时，在换向元件中将产生自感电势，该电势又倾向于阻止电流换向。在弄清换向过程之后，就可以着手分析换向元件内部的电磁关系，以及在什么情况下将引起电机换向不良而产生电磁火花。

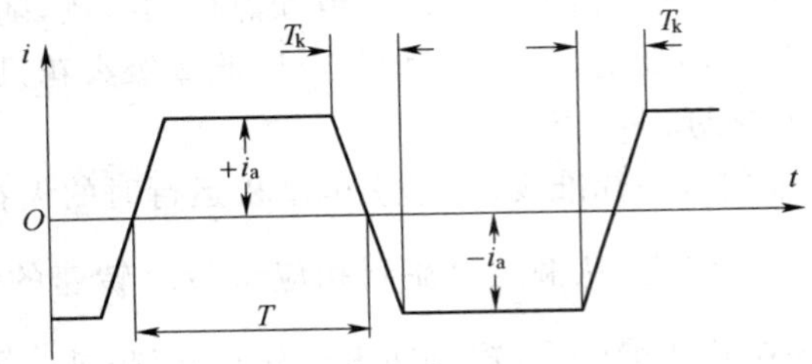

图 3—3　电枢绕组中电流以随时间变化的波形

第二节　换向元件中的电势

在没有换向极的电机中，换向元件由于电流换向和受到电枢磁场的作用，将产生两种电势：电抗电势和电枢反应电势。这两种电势都阻止电流换向，为了抵消它们给换向带来的不利影响，通常直流电机都安装换向极（又称附加极），并使它形成一定极性的磁场。这样，换向元件切割换向极磁场又产生一个电势，称为换向电势。

（一）电抗电势 e_r

现以一台简单电机（单迭绕组、整距、虚槽数等于 1、电刷宽度等于换向片宽度、忽略片间绝缘厚度）为例进行分析，如图 3—4 所示。每一极下只有一个元件在换向。但由于是整距元件，相邻磁极下的换向元件是嵌在同一槽中。因此，所要讨论的那个元件，它的有效边所在的槽中，必定是上下层元件同时在换向。换向元件中的电流在很短的换向周期内由 $+i_a$ 变到 $-i_a$，它所产生的漏磁通也相应地变化。于是在换向元件中产生自感电势 e_L。在槽中同时进行换向的下层元件产生的漏磁通也是和上述元件相交链的，因此，在该元件中除产生自感电势外，还引起互感电势 e_M。自感电势和互感电势之和，称为电抗电势 e_r，即：

$$e_r = e_L + e_M = -L_r \frac{di}{dt} \text{(V)} \tag{3—2}$$

式(3—2)中，L_r 称为换向元件的合成电感，单位为 H，它的物理意义是：当换向元件都通过 1 安培电流时，在被研究的那个元件中所产生的总磁链数（磁链数的单位为 Wb）。$\frac{di}{dt}$ 为电流的变化率，单位是 A/s。

根据电磁感应定律可以判定：电抗电势 e_r 的方向和换向前电流的方向是一致的，即在换向元件中电抗电势的作用是阻碍电流换向的，图 3—4 中画出了电抗电势的方向。

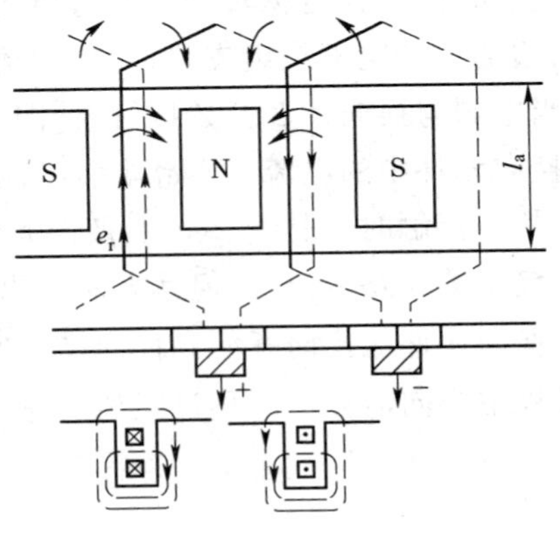

图 3—4　换向元件的漏磁通

由于换向电流随时间变化的规律很复杂，因此电抗电势的瞬时值 $e_r = f(t)$ 很难计算，这里只介绍了简单的物理概念。牵引电动机中常用的电抗电势的计算方法，将在以后讨论。

（二）电枢反应电势 e_a

电枢反应电势是换向元件切割电枢反应磁场所产生的电势。当电机带负载以后，电枢中就有电流，因而电机除了有主磁场外，还存在着电枢磁场，如图 3－5 所示。由图可知，在几何中性线处，主极磁场等于零，但在这儿存在着较强的电枢反应磁场，当电机旋转时，处于几何中性线上的换向元件边，将切割交轴电枢反应磁场而产生电势，这个电势就是电枢反应电势 e_a。根据右手定则可以判定：e_a 的方向和换向电流方向相同，即 e_a 和 e_r 方向一致，因此，这个电势也是阻碍电流换向的。

电枢反应电势 e_a 可以用一般计算旋转电势的方法来计算，即

$$e_a = 2W_s l_a v_a B_a \times 10^{-10}(\mathrm{V}) \qquad (3-3)$$

式中 W_s——换向元件的串联匝数；

l_a——电枢有效长度，cm；

v_a——电枢圆周线速度，m/s；

B_a——电枢反应交轴磁场的磁密，T。

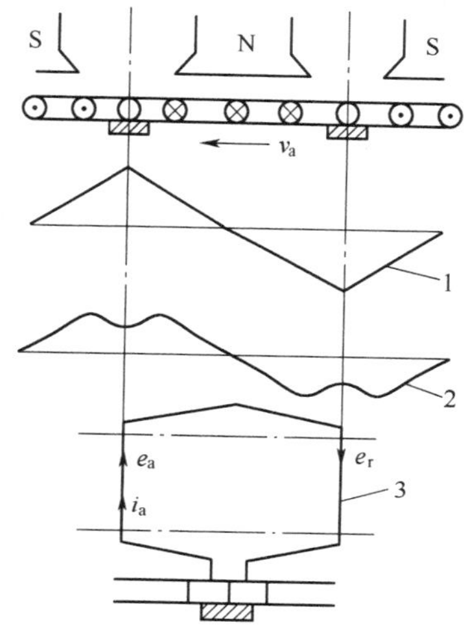

图 3－5 电枢磁场

1—交轴电枢反应磁势；
2—交轴电枢反应磁密；3—换向元件

（三）换向电势 e_k

上面所讨论的两个电势 e_r 和 e_a 是没有换向极的电机中换向元件中的感应电势，不论在电动机或发电机中，e_r 和 e_a 的方向都是阻止电流换向的。因此 e_a 和 e_r 越大，对换向越不利。除功率很小的电机外，一般电机都安装换向极，它装置在几何中性线上。换向极的极性应有适当的配合，以使它的磁势与交轴电枢反应磁势相反，如图 3－6 所示。这样，由换向元件切割换向极磁场产生的换向电势 e_k 方向与 e_r 和 e_a 的方向相反，用来抵消 e_r 和 e_a 对换向的不利影响。

换向电势也是属于旋转电势性质的，也用计算旋转电势的方法来计算。假定换向极磁势单独存在时，换向区（换向元件边所在的一部分电枢表面）的磁密为 B_k，则换向元件切割产生 e_k 为

$$e_k = 2W_s l_a V_a B_k \times 10^{-10}(\mathrm{V}) \qquad (3-4)$$

式中各参数的单位和式（3－3）中所规定的单位相同。

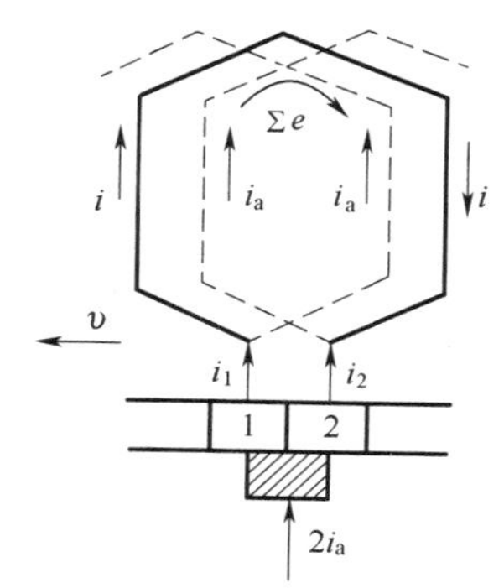

图 3－6 换向回路

综合上面的讨论，可以知道，当电机换向时，在换向元件中存在着三种电势：电抗电势 e_r、电枢反应电势 e_a 和换向电势 e_k。前两种电势是电机在换向时换向元件内部产生的，都倾向于阻止电流换向。后一种电势是元件切割换向极磁场产生的，方向应和前两个电势相反，其目的是为了帮助电流换向。

当换向电势 e_k 选择得合适，使 e_k 与 e_r 和 e_a 恰好可以相互抵消时，换向元件中的合成电势等于零，电机就得到满意的换向。如果换向极磁场的磁密没有配合好，则合成电势就不等于

零，这时在换向元件中将产生附加电流，过大的附加电流会使电机换向恶化。

第三节 经典换向理论

经典换向理论是最早提出的换向理论，只分析换向过程的电磁原因，对其他方面，例如机械、化学以及电位问题都不考虑。经典换向理论在分析换向时，还假定电刷与换向片间的接触电阻是均匀分布的，即接触电阻与接触面积成反比。

根据图 3－6 所示的换向回路，在电刷宽度不大于换向片宽度的情况下，电刷闭合回路的电压关系式，可写出如下形式：

$$i_1 r_1 - i_2 r_2 = e_r - e_\omega \tag{3－5}$$

式中 e_r——换向元件的电抗电势；

e_ω——由换向区外界磁场所感应的电势；

r_1、r_2——换向片 1、2 与电刷的接触电阻。

因为 $i_1 = i_a + i$，而 $i_2 = i_a - i$，则回路方程式为

$$(i_a + i)r_1 - (i_a - i)r_2 = e_r - e_\omega \tag{3－6}$$

解方程式(3－6)，则换向电流 i 为

$$i = i_a \frac{r_2 - r_1}{r_2 + r_1} + \frac{e_r - e_\omega}{r_1 + r_2} = i_n + i_k \tag{3－7}$$

式中 i_n 为直线换向电流，i_k 为附加换向电流。电流 i_n 仅取决于前刷边和后刷边的接触电阻值，而电流 i_k 不仅和这些电阻值有关，而且和电势 e_r 及 e_ω 的大小及其随时间的变化特性有关。

在换向过程中，如果 $e_r - e_\omega = 0$，换向元件中的电流变化为

$$i = i_a \frac{r_2 - r_1}{r_2 + r} = i_a\left(1 - \frac{2r_1}{r_1 + r_2}\right) \tag{3－8}$$

根据经典换向理论的假设，电刷和换向片的接触电阻 r_1、r_2 与接触面积 S_1、S_2 成反比，在换向片滑动的过程中，r_1、r_2 是时间变化的函数，即

$$\frac{r_1}{r_2} = \frac{S_2}{S_1} = \frac{t}{T_k - t} \tag{3－9}$$

式中 t——距开始换向的时间；

T_k——换向周期。

将式(3－9)代入式(3－8)得

$$i = i_a \frac{r_2 - r_1}{r_2 + r} = i_a\left(1 - \frac{2t}{T_k}\right) \tag{3－10}$$

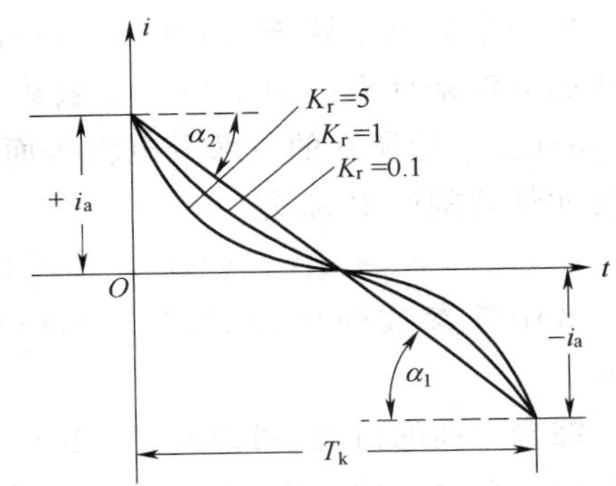

图 3－7 不同元件的换向电流曲线

由式(3－8)和式(3－10)可知，换向电流仅取决于闭合回路的电阻参数，且随时间按直线规律变化，故称为电阻换向或直线换向。

直线换向的特点是电刷与换向片接触面上的电流密度始终不变，即电刷前刷边的电流密度和后刷边的电流密度相等。

如果考虑换向元件本身电阻 r_s 的影响，换向电流 i 可表示为

$$i = i_a \frac{1-\dfrac{2t}{T_k}}{1+\dfrac{r_s}{R_b}\cdot\dfrac{t}{T_k}\left(1-\dfrac{t}{T_k}\right)} \tag{3-11}$$

式中　R_b——整个电刷完全与某一换向片接触时的接触电阻。

在这种情况下，换向电流随时间不再是直线变化。图 3－7 表示不同电阻值换向元件的 $i=f(t)$ 变化曲线。从图中看出，换向元件电阻 r_s 与接触电阻 R_b 的比值 K_r 越大(一般小型直流电机 $K_r=r_s/R_b>4\sim5$)，换向电流 i 偏离直线越多。结果使电刷接触面的电流严重分布不均，前后刷边的电流密度都会增加，这和电刷下电流分布均匀的假设不相符，所以对于小型直流电机在分析其换向时不允许将换向元件电阻忽略不计。对于容量较大的和采用优质电刷的直流电机，一般 K_r 在 0.15～0.2 范围内，这时 $i=f(t)$ 曲线和直线换向特性很接近，换向元件电阻可以忽略。

在实际情况下，换向无件中合成电势不等于零。如果换向区外界磁场较弱，即 $e_r-e_\omega>0$ 时，发生所谓的延迟换向，换向电流方程式为

$$i = i_a\left(1-\frac{2t}{T_k}\right)+\frac{e_r-e_\omega}{r_1+r_2} \tag{3-12}$$

和直线换向不同之处在于除了直线换向电流之外，还多了一个阻止换向电流变化的附加电流。

图 3－8 表示了元件换向电流 i、接触电阻 R_b、附加换向电流 i_k 随时间变化的波形。由于附加换向电流的影响，曲线Ⅱ表示的换向电流 i 由 i_a 变化到零要比曲线Ⅰ直线换向时滞后一个时间。根据前后刷边的电流密度 j_2 和 j_1 分别与 $\tan\alpha_2$ 和 $\tan\alpha_1$ 成正比的关系，由图中看出，当滞后换向时，后刷边的电密 j_1 大于前刷边的电密 j_2。

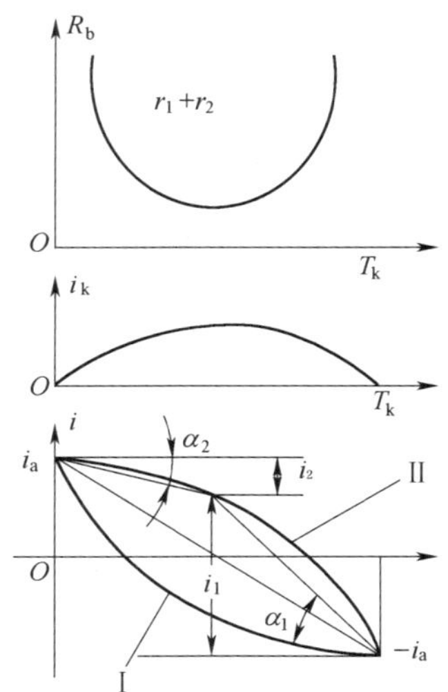

图 3－8　附加换流电流的变化波形

如果换向区外界磁场较强，则 $e_r-e_\omega<0$，换向元件中的附加电流改变了方向，此时使前刷边的电流密度加大，换向元件中的电流变化曲线如图 3－8 曲线Ⅰ所示，其改变方向的时刻比直线换向提前，故称为加速换向，或称超越换向和过补偿换向。

电刷接触层中电流密度的不均匀性取决于附加换向电流 i_k 的变化情况，而 i_k 的变化又取决于换向元件中的合成电势，在这些电势中，既有自感、互感电势，又有旋转切割电势，它们的数值与波形也不完全一样，这样就给分析换向电流带来很大困难。为便于分析，假设换向元件电抗的电势 e_r 仅为自感电势 e_s，则合成电势可写成下面形式

$$\begin{aligned} e_r - e_\omega &= -L_s\frac{di_n}{dt} - L_s\frac{di_k}{dt} - e_\omega \\ &= (e_{sav}-e_\omega) - L_s\frac{di_k}{dt} \end{aligned}$$

$$=\Delta e - L_s \frac{\mathrm{d}i_k}{\mathrm{d}t} \tag{3-13}$$

式中 e_{sav} ——换向周期内自感电势平均值，$e_{sav}=2i_a L_s/T_k$；

Δe —— e_{sav} 和旋转电势 e_ω 合成的剩余电势。

换向附加电流 $i_k=f(t)$最后可给出下列形式

$$i_k=\left(\frac{x}{1-x}\right)^{-A}\frac{\Delta e}{R_b}\int\left[\frac{x}{(1-x)}\right]^A \mathrm{d}x \tag{3-14}$$

式中 $x=t/T_k$；$A=R_b T_k/L_s$

式(3－14)表明，附加换向电流除了取决于剩余电势外，主要与接触电阻 R_b、元件自感 L_s 以及换向周期 T_k 有关，当接触电阻增大，系数 A 增大。系数 A 增大，则附加换向电流减小。由图 3－9 表示的 $i_k=f(t)$曲线看出，当系数 A 减小时，一方面使附加换向电流 i_k 增大，同时使该电流的极大点逐渐接近于 $t=T_k$ 的时刻，这将导致电刷后刷边电流密度过分增大。

研究换向结束时($t=T_k$)的电流密度具有重要意义，因为在换向元件和电刷断开瞬间，由于后刷边电流密度过大，换向元件中的 i_k 以电磁能量的形式释放出来而容易形成火花。

根据对附加换向电流方程式(3－14)的分析可知，当系数 $A\leqslant 1$ 时，在换向结束的瞬间，后刷边的电流密度实际上为无穷大。为了限制后刷边电流密度不致过大，通常需要遵循下列条件

$$A=R_b T_k/L_s>1$$

在任何实际情况下，若能保证 $A>1$，则在电刷接触处，将能保证电机后刷边无火花工作，这就是经典换向理论的主要结论。

经典换向理论所建立的“电刷接触电阻恒定不变”的假设不太符合实际情况，实际上电刷接触电阻不是固定不变的，而是随着电流密度增大而急剧减小的，如图 3－10 所示。通常电刷下的接触负荷可以通过接触面积上电流密度的变化和接触电压的变化来表示，即接触电压取决于电刷的伏安特性，而电刷伏安特性除了受电刷材料、电流密度、电流方向等因素影响外，还受接触面温度、电刷压力、换向器表面线速度以及接触面化学状态等许多因素的影响。

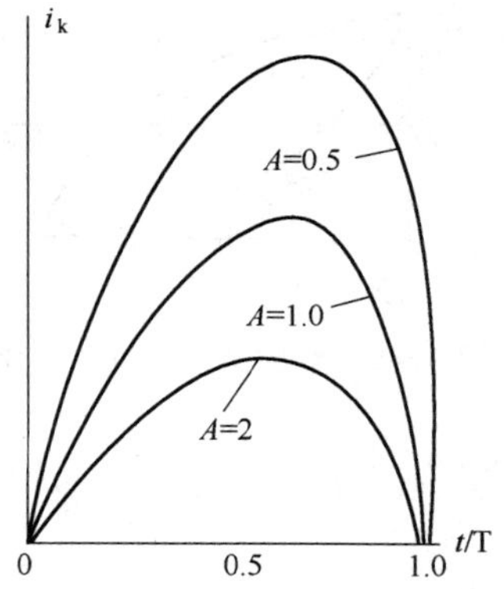

图 3－9 各种系数 A 时附加换向电流的变化曲线

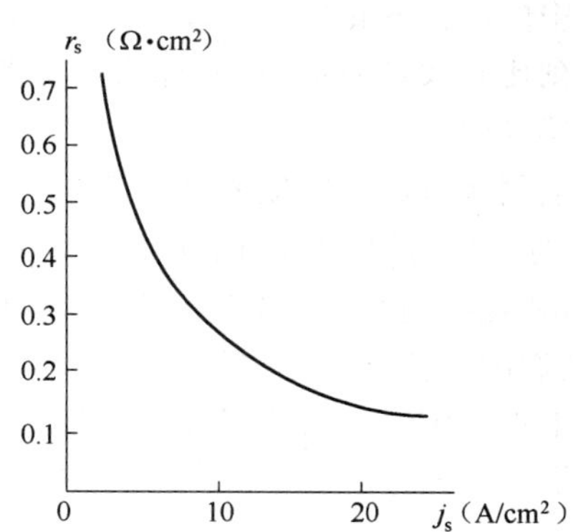

图 3－10 电刷电流密度和接触电阻关系

两种不同型号电刷由静态测量得到的伏安特性如图 3－11 所示，曲线 2 为硬度较高的电

刷，它具有较高的伏安特性，这种电刷通常用在单相整流子电动机上，以克服因变压器电势的存在而造成的换向困难。

由于电刷的伏安特性是非线性的，同时又受诸多因素的影响，因此根据电刷压降随电流密度变化的关系，用数学方法解析换向回路的电流也很困难。近年来，从事换向研究的人们，将电刷伏安特性的非线性关系用折线来解析，或者用指数函数来研究，已获得比较满意的结果。

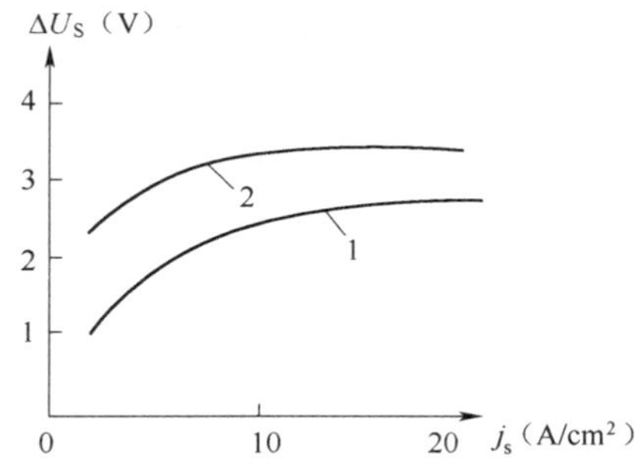

图 3－11　电刷伏安特性

1—硬度较高的电刷；2—硬度较低的电刷

虽然有关电刷压降特性已有了大量的实验结果，但对电刷与换向器滑动接触本质的认识还有待深入。目前关于电刷压降近于常数的假定，是以接触层离子导电学说为基础的。该学说认为电刷与换向器真正接触的点面积很小，当电流密度超过一定限度后，在局部接触面积上能量密度很大，无疑将引起周围气体和炭粒离子化而导电。此时除了发生经典理论所阐述的接触导电外，还发生电刷接触层的离子化传导。结果当电流密度增加时，接触电阻很快降低而保持接触压降近似不变。

第四节　换向强度准则

现代直流电机特别是高度利用的牵引电动机，随着单机容量、转速的增高以及受到界限尺寸的限制，它们在换向方面是非常困难的。加上工作条件恶劣，如动力作用、振动、受污、受潮等，使得牵引电动机的换向问题更为突出。所以在设计电机时，除了用换向的经典理论来满足设计的实际需要外，还应用现代换向理论给出一个恰当评定换向的标准，以便预先估计电机的换向性能。

多年来在直流电机设计中都是以电抗电势 e_r 作为换向的评定标准。因为它包括了电机转速、线负载、磁导率等有关电磁及结构参数。但是，电抗电势计算式的推导通常又是以直线换向为基础的，并且由于准确计算环绕换向元件而变化的漏磁通尚有一定困难，故电抗电势本身的计算还存在一定的近似性。因此，用电抗电势 e_r 来评价换向虽然也能满足实际需要，但仍然存在一定的问题。例如，有些电机电抗电势虽然很大，但它的换向却是满意的；有的电机电抗电势虽然也在所限定的范围内，但其换向性能可能相当恶劣。

除电抗电势评价换向性能外，现代直流牵引电动机已开始采用“换向强度准则”来评价电机的换向性能。

“换向强度准则”是以换向能量理论为基础的，换向能量理论认为：在换向过程中，换向元件储存的电磁能量由一个元件向另一元件传递，当槽内最后一个元件换向时，除了该元件本身的电磁能量外，还有实槽内其他元件换向时传递来的电磁能量。因此，集中于最后元件的电磁能量在电刷下扩散，最终将以火花的形式释放出。

换向强度准则认为：解释换向过程不仅仅是确定换向能量的瞬时值，而且要考虑换向能量对时间的比值，即换向功率 P_k。每对极下的换向功率为

$$P_k = \frac{2\gamma i_a^2 \sum_1^{\gamma} M}{T_k} \ (\mathrm{W}) \tag{3-15}$$

式中 γ——刷盖系数；

i_a——并联支路电流；

$\sum_{1}^{\gamma} M$——元件自感系数与互感系数之和；

T_k——换向周期。

由式(3—15)看出：换向功率取决于支路电流、元件电感以及同时换向的元件数，即取决于换向元件储存的能量。换向能量越大，换向时间越短，能量的传递越困难，产生火花的可能性就越大。小容量的直流电机，由于换向功率较小，小的换向功率在电刷下扩散而不致出现火花。大容量的直流牵引电动机，功率可达数千瓦以上，虽然电机具有换向极补偿，但如此大的换向功率常常使电机换向恶化。

换向功率是在电刷下释放的，其中存在热量的传递和扩散。电刷扩散换向功率的能力应当与电刷的接触面积和接触状态有关。当换向器长度增加时，在一定刷盖系数情况下，电刷面积可以增加，因为单位面积扩散的换向功率减少，故可以增加电刷扩散换向功率的能力，实践证明这样做可以减小火花程度。因此，换向强度准则必须考虑换向功率 P_k 对电刷面积 S_b 的比值，即在评价换向强度时，不仅要考虑绕组参数、有效层几何形状以及电机的工作状态，还必须考虑电刷部件的结构尺寸。另外，电机的换向强度还与电刷接触的动态性能有关。专门试验证明，电刷下扩散换向功率的能力，与电机的转速有关，即在同样的 P_k 和同样 S_b 的情况下，电机低速可能没有火花而高速时可能发生火花。在换向强度准则中引入换向器圆周速度 v_k 以后，才能够满意地解释换向特性。考虑上述因素后，换向强度准则为

$$K_e = P_k v_k / S_b \tag{3—16}$$

换向功率 P_k 可用电抗电势 e_r 的形式表示

$$P_k = \gamma e_r i_a \tag{3—17}$$

将式(3—17)代入式(3—16)得

$$K_e = \frac{\gamma e_r i_a}{S_b} v_k \tag{3—18}$$

一对极的电刷面积 $S_b = 2L_s \gamma \beta_k$，代入式(3—18)得

$$K_e = \frac{e_r i_a v_k}{2\beta_k L_s} [\mathrm{W \cdot m/(s \cdot cm^2)}] \tag{3—19}$$

式中 β_k——换向片片距；

L_s——电刷在换向器上的工作长度。

由式(3—19)看出：减小电抗电势和增加电刷工作长度，可以减小 K_e 值。

准则 K_e 是换向强度的表征，各类型牵引电动机的运行经验证明：当电机在所有状态下运行，准则 $K_e < 2\ 200\ \mathrm{W \cdot m/(s \cdot cm^2)}$ 时，电机换向比较好。实践还证明：准则 P_k/S_b 不超过 $60\ \mathrm{W/cm^2}$ 时，电机也有满意的换向。当电机电刷单位面积上有比较大的换向功率时，为保证 K_e 不超过允许值，必须降低换向器的线速度。

对于我国设计生产和 ZQ650-1 型牵引电动机和 ZQ800 牵引电动机，根据计算，在额定工况下，其换向强度准则 K_e 值均未超过允许范围。实际运行中，这些电机的换向皆为正常。20 世纪 80 年代设计生产的和 SS_4 型电力机车配套的 ZQ850 牵引电动机，其换向参数和换向强度准则均控制在要求的范围之内，电机运行换向情况也良好。根据以上分析和实际运行中的

验证，换向强度准则 K_e 可以作为衡量电机换向优劣的一个标准。

应该提出的是，以上分析是在额定工况下进行的。当电动机运行在高速、深削弱磁场情况下，电机换向参数将发生变化，故必须计算最不利工况下的换向强度。

根据式(3－19)，在高速、深削弱磁场下其换向强度准则为

$$K'_e = \frac{e'_r i'_a v'_k}{2\beta_k L_s} \tag{3-20a}$$

或

$$\frac{K'_e}{K_{eN}} = \frac{e'_r i'_a v'_k}{e_{rN} i_{aN} v_{kN}}$$

因 $e_r \propto i_a v_k$

所以

$$K'_e = \left(\frac{i'_a v'_k}{i_{aN} v_{kN}}\right)^2 K_{eN} \tag{3-20b}$$

根据分析计算，ZQ800 和 ZQ850 牵引电动机在高速、深削磁工况下的 K_e 值都接近或超过允许范围。这也说明这两类型号的电机从换向能量的角度来看，设计容量已达到极限。因为这两类电机皆属试制，还没有取得大量实际运行数据，其高速、深削磁工况下的换向情况还有待实践验证，其中也包括对换向强度准则这一标准的校验。

第五节　火花因数

火花因数也是评价现代直流电机换向品质的一个准则。根据换向特性计算，即使在计算很好并且调整很好的换向极补偿情况下，在电机换向元件中也会产生不平衡的剩余电势。这是由于换向区磁密分布造成的。由图 3－12 可以看出，换向电势 e_k（正比于换向区磁密分布）按平滑曲线分布，而电抗电势 e_r 则按阶梯形分布，阴影部分为剩余电势。电机工作电流越大，不平衡剩余电势也越大。剩余电势经电刷闭合产生附加换向电流，当电刷和换向片断开时，该附加电流在刷下释放能量，因而产生火花。

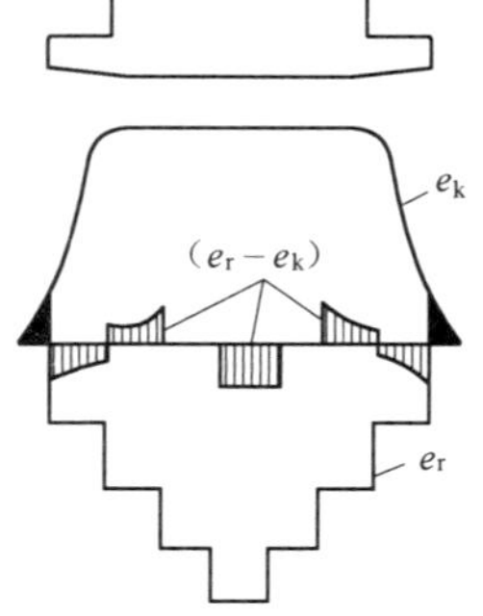

图 3－12　电抗电势补偿

为了判断多大的剩余电势是换向条件所允许的，A. Б 郁飞提出了火花因数 Φ_u 的概念，并用来评价电机的换向强度和计算电机的换向性能。

火花因数的概念是以附加换向电流所释放的能量为基础的。这个理论的观点是把直流电机电刷下产生火花的原因，看作是短路元件从电刷下离开时电路断开的结果。

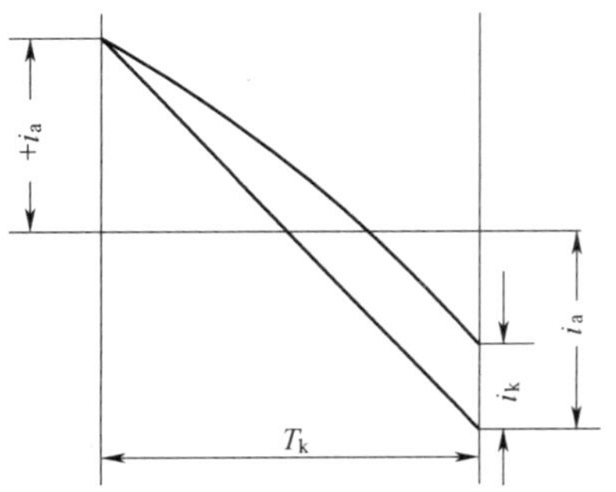

图 3－13　电刷断开时的跃变电流

在换向过程接近终了时，换向元件中的电流 i_a 来不及达到电枢绕组并联支路的电流，而必然在短路元件的电路断开时突然变化，如图 3－13 所示。因此，在电刷断开时，附加短路电流为

$$i_k = \frac{\Delta e}{R_s + r_c} \tag{3-21}$$

式中 Δe——短路元件中的剩余电势；

R_s——电刷和换向器接触电阻；

r_c——换向元件电阻。

元件断开过程的能量为 $L_c i_k^2/2$ 。于是，在电刷单位长度上所释放的功率

$$\Delta P = \frac{L_c i_k^2}{2} \cdot \frac{v_k}{\beta_k L_s} \tag{3-22}$$

式中 L_c——元件的电感，其值

$$L_c = 2 l_a W_s^2 \lambda \times 10^{-8}\ (\mathrm{H}) \tag{3-23}$$

式中 l_a——电枢铁芯长度；

W_s——元件串联匝数；

λ——元件各部分磁导率之和，也称电感系数。

试验研究表明，电刷下的火花与 ΔP 有关，因此，ΔP 具有火花因数的含义，并且有可能用实验的方法来确定火花等级和火花因数数值之间的关系，同时也可以根据火花因数的数值来评定电机的换向品质。

式(3－21)中的电刷和换向器的接触电阻，可用下式确定

$$R_s = \frac{\Delta U}{I_s} \gamma \tag{3-24}$$

式中 ΔU——一对电刷接触电压降，V(可按图 3－14 对电刷电流密度的函数来确定)；

I_s——通入一个刷杆的电流，A；

γ——刷盖系数。

元件电阻 r_c 在大多数情况下可以略去，因为它比 R_s 的小得多。

式(3－21)中的剩余电势 Δe 的确定是比较复杂的，这是因为换向时槽中漏磁场的变化在换向区域内呈阶梯形状，而换向极的换向磁场在换向区内是接近梯形分布的。

对于具体的电机可以根据槽磁场波形图求出 Δe。求 Δe 时可以简化为求剩余电势的面积(图 3－12 中阴影部分)，并将它与变化的槽磁场阶梯形的全部面积相比，同时认为阶梯形曲线面积与电抗电势 e_r 成正比，由此

$$\Delta e \equiv \Delta e_{sq}$$

$$\Delta e_{sq} \equiv e_r$$

因而

$$\Delta e \equiv e_r$$

即剩余电势数值正比于电抗电势数值，因此

$$K_r = \frac{\Delta e}{e_r} = \frac{e_r - e_k}{e_r} \tag{3-25}$$

设计电机时，可以根据换向区磁场的分布图形，精确地求出系数 K_r 的数值。如果只需对 Δe 的值估算，则系数 K_r 的平均值可按表 3－2 的范围选取。表中的数值是根据槽漏磁场与换向磁场的分布求得的。适当调整电机有效层的绕组参数可使 K_r 最小，此时换向情况最好。

因此，未补偿电势 $\Delta e=K_r e_r$。由此看出，即使换向磁场调整得比较好，但当电抗电势 e_r 的绝对值很大时，此未补偿电势实际上也可以在电刷下引起较大的火花，在一般情况下，附加短路电路的表达式又可写成

$$i_k = K_r \frac{\rho}{a} \cdot \frac{e_r}{\left(R_s + \frac{\rho}{a} r_c\right)} \tag{3-26}$$

式中　ρ——电机级对数；

a——并联支路数。

在过载状态下，由于磁路饱和，换向电势不能随电流正比增加，换向元件中的电抗电势不能被换向电势全部补偿，故附加短路电流将会增加。则有

$$i_k = \left(\frac{\rho}{a}\right)\frac{\left[K_r e_r + (e'_r - e'_k)\right]}{\left(R_s + \frac{\rho}{a} r_c\right)} \tag{3-27}$$

式中　e'_r、e'_k——过载状态下的电抗电势及换向电势，其中 e'_k 由换向极磁化特性求出。

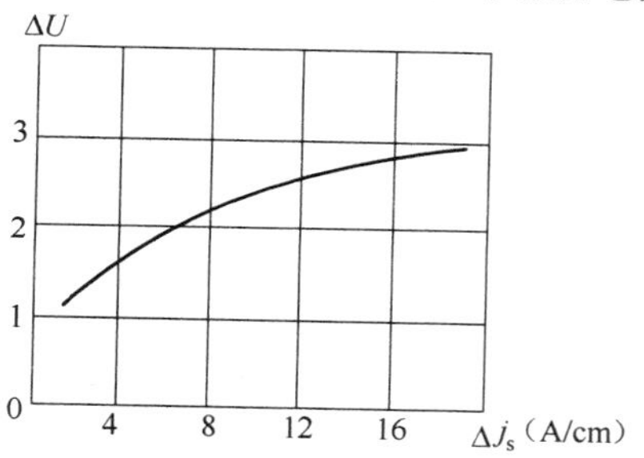

图 3—14　每对电刷下的电压降

表 3—2　系数 Kr 值

每槽虚槽数	系数 Kr	
	迭绕组	波绕组
3,5,7	0.1	0.13
4	0.18	0.18
6	0.18	0.1

根据试验得出的火花等级与火花因数之间的关系表明，在其他条件相同情况下，增加换向器直径 D_k 时，可以减小火花强度等级，因为此时影响电刷接触的机械振动频率减小。根据试验结果得出，火花因数的最后表达式为

$$\Phi_u = \left(\frac{40}{D_k}\right)^{1.5} \times \frac{i_k^2 L_c v_k}{2\beta_k L_s} \tag{3-28}$$

式中　D_k、β_k 单位为 cm，v_k 单位为 cm/s，L_s、L_c 单位为 H。

按上述计算方法，可以求出在额定负载下和过载下的火花因数，再按图 3—15求出火花等级。当 Φ_u 在0.1～0.3范围内，电机运行火花常为 1 级，最多不超过 $1\frac{1}{2}$ 级；当 Φ_u 等于 0.7～2.0 时，电机火花常达 2 级或以上。

但由于附加电流 i_k 的数值很小并且不易计算，因此限制了这一方法在工程上的应用。

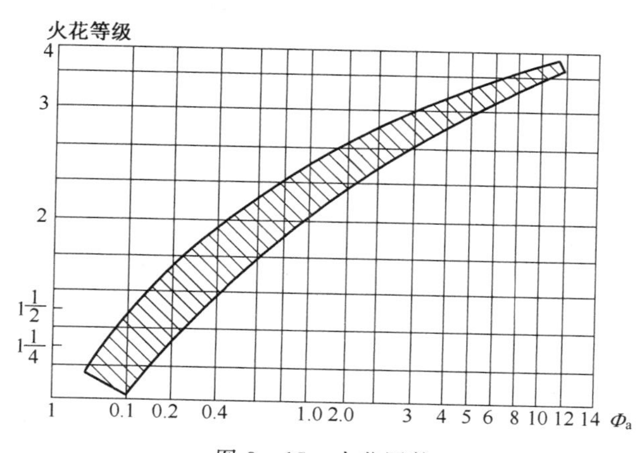

图 3—15　火花因数

第六节　换向的基本解析方法

换向解析方法的基础是借助于换向网络的回路方程，换向网络由图 3－16 所示。图中符号说明如下：

I_n——被研究元件 n 中的电流；

I_f——和元件 n 相邻的一个先换向元件的电流；

I_s——和元件 n 相邻的一个后换向元件的电流；

L_n——元件的自感；

R_s——元件的电阻；

R_r——升高片电阻；

R_{sn}——进入（前）刷边电刷与换向片的接触电阻；

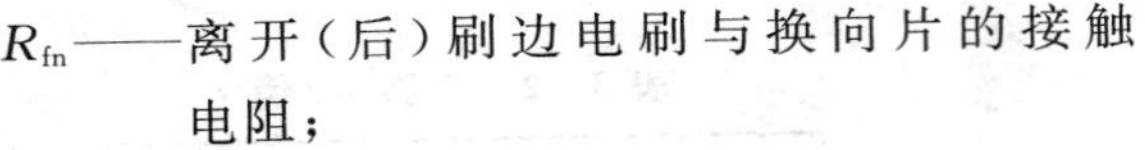

R_{fn}——离开（后）刷边电刷与换向片的接触电阻；

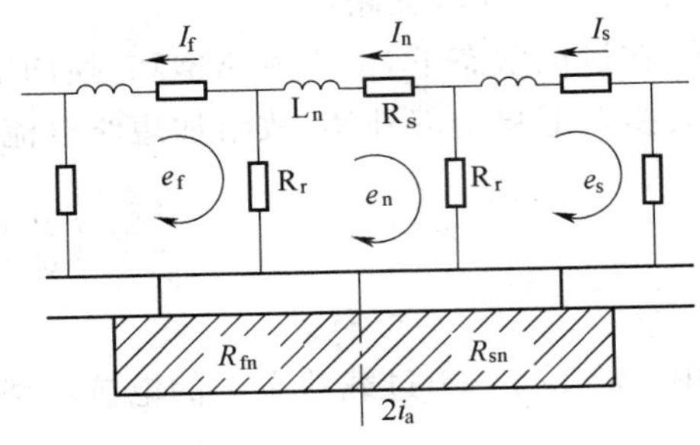

图 3－16　换向网络

e_n——元件 n 产生的换向电势。

在图示的换向网络中，如果着眼于研究元件 n，则回路的电压方程为

$$L_n\dot{I}_n+\sum_k M_{nk}\dot{I}_k+(R_{fn}+R_r)(I_n+I_f)-(R_{sn}+R_r)(I_s-I_n)+R_aI_n+E_n=0 \quad (3-29)$$

式中　$\dot{I}_n=\mathrm{d}I_n/\mathrm{d}t$；

$\sum_k M_{nk}\dot{I}_k$ ——表示 I_n 以外的电流 I_k 的变化 $\mathrm{d}I_k/\mathrm{d}t$ 在元件 n 中产生的互感电势的总和。

如果用矩阵来表示含有自感和互感的项，同时其他各量也用矩阵表示，则换向回路方程为

$$L\dot{I}+(R_f+R_r)(I-I_f)-(R_s+R_r)(I_s-I_f)+R_aI+E=0 \quad (3-30)$$

式中　L——电感方阵；

I——换向电流的列矩阵；

R_f、R_s——相应于各换向时刻接触电阻 R_{fn} 和 R_{sn} 的对角阵；

I_f、I_s——被研究元件相邻的前一个和后一个元件的换流电流的列矩阵；

R_a、R_r——不变的线性电阻的对角矩阵；

E——相应于各元件中换向电势的列矩阵。

解此方程比较困难，因为接触电阻 R_f、R_s 的存在方式很复杂，它与电流密度的关系是非线性的，并且与许多影响因素有关。

假设首先与电刷接触的换向片和电刷间的接触电压为 V_f，后接触的接触电压为 V_s，则接触电压和电流密度的函数关系为

$$V_f=R_f(I-I_f)=K\left(j_r\frac{I}{I_r}\right)^{-\frac{n-m}{mn}}\cdot\left(\frac{I-I_f}{A_f}\right)^{\frac{1}{m}} \quad (3-31)$$

和

$$V_s=R_s(I_s-I)=K\left(j_r\frac{I}{I_r}\right)^{-\frac{n-m}{mn}}\cdot\left(\frac{I_s-I}{A_s}\right)^{\frac{1}{m}} \quad (3-32)$$

式中　I_r——定额时回路直流电流；

A_s、A_f——接触时刻前后刷边和换向片的接触面积；

j_r——I_r 时的电刷电流密度；

m、n——考虑所用电刷材料，引入的非线性参量；

K——系数，$K=V_r \cdot j_r^{-\frac{1}{n}}$；

V_r——I_r 时的电刷压降。

换向回路方程式(3—30)可借助电子计算机用隐式公式迭代法进行数值解。为了求出 $t+\Delta t$ 时刻时线圈电流可写出下式

$$I_{t+\delta t}=I_t+\dot{I}_{t+\delta t}\Delta t \tag{3—33}$$

联立式(3—30)和式(3—33)，在 $t+\Delta t$ 时刻，得

$$L\dot{I}_{t+\delta t}+(R_f+R_r)[(I_t+\dot{I}_{t+\delta t}\Delta t)-(I_{ft}+\dot{I}_{ft+\delta t}\Delta t)]-(R_s+R_r)[(I_{st}+\dot{I}_{st+\delta t}\Delta t)-(I_t+\dot{I}_{t+\delta t}\Delta t)]+R_a(I_t+\dot{I}_{t+\delta t}\Delta t)+E=0 \tag{3—34}$$

式中 I_t、I_{ft} 和 I_{st} 认为是已知，可以假定以线性换向来求出。再根据电刷的静态伏安特性和换向区磁场的有限元计算，则可得 $t+\Delta t$ 时刻的 R_f、R_s 和 E。此外，考虑到 $\dot{I}_{ft+\delta t}$ 和 $\dot{I}_{st+\delta t}$ 都是用 $\dot{I}_{t+\delta t}$ 的形式表示的，所以式(3—33)和式(3—34)成为关于 $\dot{I}_{t+\delta t}$ 的联立的一次方程式。每隔 Δt 时间增量求方程的 $\dot{I}_{t+\delta t}$，再由式(3—33)求 $I_{t+\delta t}$。由电流 I 的第一个增量区间和最后一个增量区间的边界条件以及各区间的连续条件通过数值计算的反复迭代，最终可以求解此换向方程，并求出整个换向区间(即换向周期)的电流值。如果换向方程可解，则换向周期内电刷和换向片之间的接触电压降可用电流密度 j_r 的函数形式来表示，如图 3—17 所示。由图中的函数关系看出，在非直线换向情况下，电刷下接触电压的分布是不均匀的。

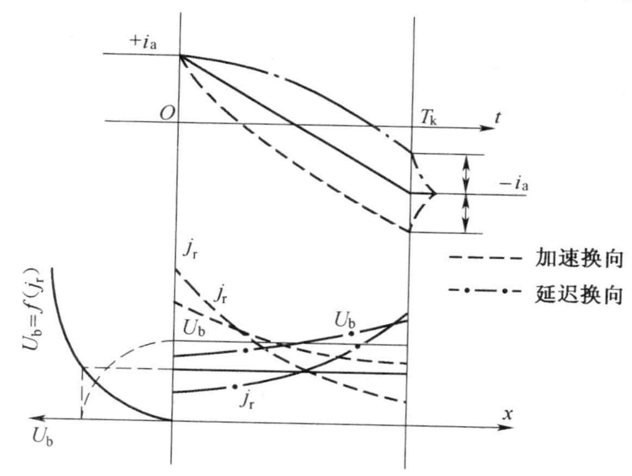

图 3—17 基本换向曲线

由以上分析可以看出，正确解析换向元件在换向电流的变化规律是相当复杂的，且在换向时，由于转子旋转，网络的位置在变化，与网络交链的外界磁场的分布也在变化，再加上电刷接触电阻因电刷材料不同而存在的复杂性，以及线圈在槽内排列和槽口结构形状的多样性，分析这一问题会有很大困难。虽然可以用计算机帮助求解，但仍然需要很多的时间和很高的费用，因此工程上常常用电机的电抗电势来分析电机的换向。

第七节 电抗电势的计算

电抗电势是换向过程中换向元件内产生的感应电势，它是直流电机中一个很重要的物理量。迄今为止，在很多直流电机设计工作中，都以电抗电势作为换向好坏的评定标准。

良好的换向条件，是要求换向极磁通在换向元件中产生的换向电势能正确地补偿电抗电势。因为实际上换向电势是依据电抗电势的数值来计算的，为了两者相互补偿，首先必须正确地计算电抗电势，然后才能够正确地确定换向极其他参数，以保证电机在允许的负载范围内可

靠地换向。

电抗电势的计算大都依据经典换向理论、并以所谓直线换向为基础的。计算电抗电势有许多方法并且有不同的计算公式，因为建立这些方法的出发点不同，考虑的因素也不同，故用不同的方法计算出的结果也是不同的。另外，由于准确计算槽漏磁通尚有一定困难，因而各种方法都有一定的近似程度。但是，根据设计的要求和设计者的经验，再考虑具体情况进行必要的修正，所有这些方法都广泛地用于直流电机的换向设计，大体上都能满足工程设计的要求。

一、电抗电势的简化计算

对于最简单情况，例如每槽虚槽数 $U_s=1$，元件为整距 $y_1=\tau$，电刷宽度等于换向片宽度 $b_b=\beta_k$。图 3－18 即为上述情况的换向过程图。

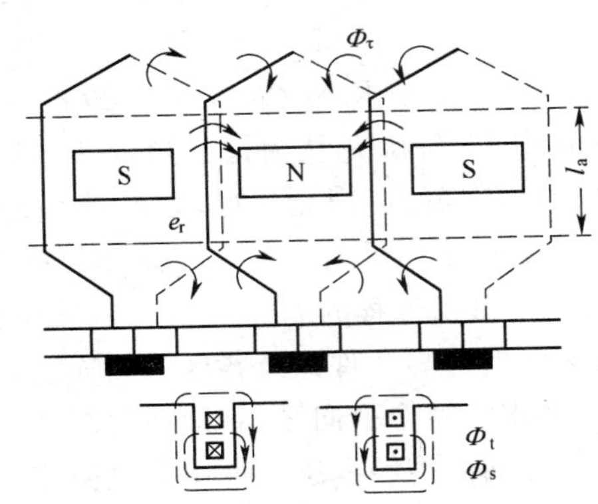

图 3－18 换向元件的漏磁通

假定电机按直线换向，在换向周期 T_k 时间内，换向电流由 $+i_a$ 变到 $-i_a$，则电抗电势的平均值为

$$e_{ra\sigma}=\frac{1}{T_k}\int_{+i_a}^{-i_a}-L_r\frac{di}{dt}=L_r\frac{2i_a}{T_k} \quad (3-35)$$

式中 L_r——合成电感系数。

L_r 定义为：换向元件都通以单位电流，在被研究的换向元件中所交链的总磁链数。它考虑了换向元件全部漏磁通（包括槽漏磁通 Φ_s、齿顶漏磁通 Φ_t 及端部漏磁通 Φ_τ）和同槽换向元件对它交链的漏磁通。合成电感系数常用等效比磁导 $\sum\lambda$ 来代替，$\sum\lambda$ 定义为：$W_s=1$ 的元件中流过 1A 电流产生的总磁链数，其关系为

$$L_r=2W_s^2 l_a\sum\lambda\times10^{-2}(\mathrm{H}) \quad (3-36)$$

换向周期 T_k 为

$$T_k=\frac{b_b}{v_k}=\frac{\beta_k}{v_a\cdot\dfrac{D_k}{D_a}}=\frac{\pi D_a}{v_a k} \quad (3-37)$$

令线负载 $A=2W_sKi_a/\pi D_a$ 及 $W_s=\dfrac{N}{2K}$，得电抗电势的平均值

$$e_{rav}=2W_s v_a l_a\sum\lambda A\times10^{-6}(\mathrm{V}) \quad (3-38)$$

式中 W_s——串联元件匝数；

v_a——电枢圆周线速度，m/s；

l_a——电枢铁芯长度，cm。

式(3－38)是普通直流电机常用的计算电抗电势的公式。得到的结果是电抗电势的平均值。式中比磁导 $\sum\lambda$ 包括槽比磁导 λ_s、齿顶比磁导 λ_t 和端接比磁导 λ_τ，它与电机的槽形尺寸及有效层的参数有关，对于开口矩形槽的直流电机，$\sum\lambda$ 为

$$\sum\lambda=0.6\frac{h}{b_s}+\frac{l_\tau}{l_a}+\frac{500^2}{Al_aW_sv_a}\cdot\frac{a}{\rho} \quad (3-39)$$

式中 l_τ——元件端节长度；

h、b_s——槽高及槽宽；

p、a——极对数和并联支路对数。

严格地说，$\sum\lambda$ 不是一个常数，因在换向过程中，随着电枢位置的转动，齿顶漏磁通的磁路状态即齿顶比磁导 λ_t 会发生变化。同时在大容量的电机中，由于导体在槽中高度方向上的尺寸较大，换向电流因为集肤效应沿导体高度方向呈不均匀分布，结果使槽漏磁通，即槽比磁导 λ_s 也发生变化。当然，要准确计算它们的变化是很复杂的，通常都将 λ_s、λ_t 作为常数来计算。根据设计资料统计，对于小容量、波绕组的直流电机，$\sum\lambda$ 约为 5～7；对于中等容量、迭绕组的直流电机，$\sum\lambda$ 约为 4～6。

由式(3－38)看出，平均电抗电势 e_{rav} 的大小和 v_a、A、W_s 以及 $\sum\lambda$ 成正比。为降低电抗电势，在设计换向困难的直流电机时，应尽可能采用单匝元件并尽可能减小 $\sum\lambda$ 的数值。用式(3－38)计算的电抗电势、只适用 $U_s=1$、$\varepsilon_k=0$ 及 $b_b=\beta_k$ 情况，但实际上许多直流电机特别是直流牵引电动机，通常 $U_s>1$、$b_b>\beta_k$ 及 $\varepsilon_k>0$，这时同一槽中会出几个元件同时换向，对于某一元件除本身的自感电势外，还出现其他元件电流换向时对该元件作用的互感电势。同时换向周期 T_k 也因电刷宽度的加宽而加大，基于简单情况推出的计算公式已无法满足实际情况的需要。

二、电抗电分析计算方法

为了实用的目的，我国电机制造业在设计牵引电动机时通常采用更为简化的分析计算式，以槽换向为出发点，得到的结果实际上是槽换向周期内电抗电势的平均值。该计算式简单，一般能够符合实际情况。用该方法得出的计算公式推导如下：

根据电磁感应定律，首先可将式(3－35)转换成漏磁通对时间的变化关系式

$$e_r=-L\frac{di}{dt}=-W_s\frac{d\Phi_s}{dt} \tag{3－40}$$

根据直线换向理论，在换向周期内，漏磁通由 $+\Phi_s$ 变为 $-\Phi_s$，即变化量 $\Delta\Phi_s=2\Phi_s$。因为元件有效边放置在两个槽中，则与元件交链的漏磁通总变化量 $d\Phi_s=2\Delta\Phi_s=4\Phi_s$。

和换向元件交链的槽漏磁通 Φ_s 包括元件本身换向的自感漏磁通和槽中其他元件换向的互感漏磁通。可以用下式表示

$$\Phi_s=F_s\sum\Lambda l_a \tag{3－41}$$

式中 F_s——槽中电流容量，A；

l_a——电枢铁芯长度，cm；

$\sum\Lambda$——归算到铁芯单位长度上槽及端接部分的磁导率。

当电枢绕组并联支路中电流为 i_a、虚槽数为 U_s 时，则

$$\Phi_s=(i_a 2U_s W_s\sum\Lambda l_a \tag{3－42}$$

因为该方法是求槽电抗电势的平均值，故换向时间应表示为槽换向周期(槽中所有电流换向时间)，则

$$dt=T_{zk}=\frac{b_k}{v_k}=\frac{b_{zk}}{v_a} \tag{3－43}$$

式中 b_k——归算到换向器圆周上的槽换向区，m；

b_{zk}——换向带，为槽中所有导体换向时，在电枢圆周上经过的弧长，m；

v_k、v_a——换向器和电枢圆周速度，m/s。

如图 3—19 所示，对于单叠、短距 ε_k 及每槽有 U_s 虚槽的电枢绕组来说，槽换向周期

$$T_{zk}=\frac{b_k}{v_k}+\frac{\varepsilon_k\beta_k}{v_k}+\frac{(U_s-1)\beta_k}{v_k}=\frac{1}{v_k}\beta_k(\gamma+U_s+\varepsilon_k-1)$$
$$=T'_k+T+(U_s-1)T''_k \tag{3-44}$$

对于单波，短距 ε_k 及虚槽数为 U_s 的电枢绕阻，因为其换向片节距 $y_k=\frac{K-1}{\rho}$ 为整数，当元件移动一个电刷宽度 b_b 时，元件仍继续为两同名电刷所短路，直到该元件再移过 $\left(1-\frac{1}{\rho}\right)\beta_k$ 距离后，换向才告结束，如图 3—20 所示。因而可以推导出槽换向周期为

$$T_{zk}=\frac{b_b}{v_k}+\frac{\left(1-\frac{1}{\rho}\right)\beta_k}{v_k}+\frac{(U_s-1)}{v_k}+\frac{\varepsilon_k\beta_k}{v_k}$$
$$=\frac{1}{v_k}\beta_k\left(\gamma+U_s+\varepsilon_k-\frac{1}{\rho}\right)$$

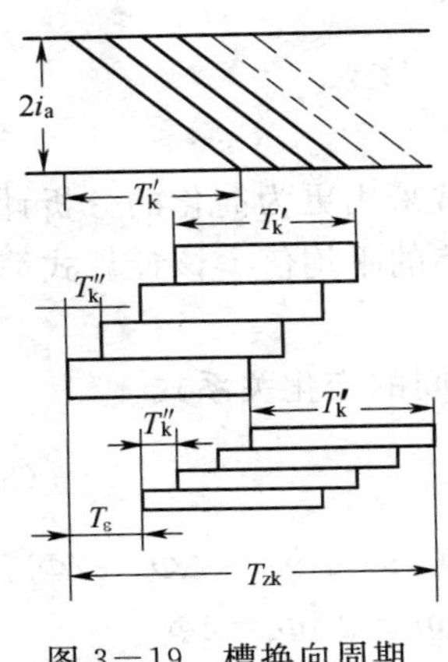

图 3—19　槽换向周期

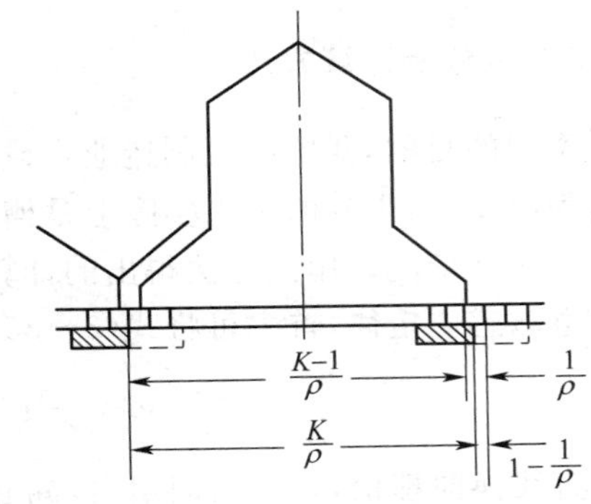

图 3—20　单波绕组换向

综上述两种情况，可以得到槽换向周期的普遍关系式，即

$$T_{zk}=\frac{1}{v_k}\beta_k\left(\gamma+U_s+\varepsilon_k-\frac{a}{\rho}\right) \tag{3-45}$$

将式(3—42)及式(3—45)代入式(3—40)，经整理后得

$$e_r=\frac{8i_aU_sw_s^2\sum\Lambda l_av_k}{\beta_k\left(U_s+\gamma+\varepsilon_k-\frac{a}{\rho}\right)}\times10^{-6} \tag{3-46}$$

式中磁导率 $\sum\Lambda$ 为各部分磁导率之和，即

$$\sum\Lambda=\Lambda_{s1}+\Lambda_{s2}+\Lambda_t+\Lambda_\tau \tag{3-47}$$

$\sum\Lambda_{s1}$ 为槽内导体上面部分的磁导率，其值为

$$\Lambda_{s1}=\mu_0K_\sigma\frac{h_1}{b_s} \tag{3-48}$$

式中　K_σ——由于电枢铁芯上使用磁性绑线而使磁导增加的系数。当采用磁性绑线时，$K_\sigma\approx$ 2；当采用非磁性绑线，或用槽楔固定时，$K_\sigma=1$。

Λ_{s2} 为槽内沿铜高部分的磁导率，其值为

$$\Lambda_{s2}=\mu_0 K_i \frac{h_2}{3b_s} \tag{3-49}$$

式中系数 K_i 是考虑到在换向过程中由于导体沿高度的挤流效应而引起的漏磁通减小系数，可按图 3－21 给出的范围确定。

Λ_t 是齿顶磁导率，其值为

$$\Lambda_t=\mu_0 \frac{b_\omega-b_s}{4K_{\delta\omega}\delta_\omega} \tag{3-50}$$

Λ_τ 是端接部分的磁导率，当采用磁性钢丝绑扎时

$$\Lambda_\tau=0.08\times\mu_0 \frac{\tau^2}{l_a h_z} \tag{3-51}$$

当采用非磁性扎线时

$$\Lambda_\tau=0.37\times\mu_0 \frac{l_\tau}{l_a}\lg\left(1+\frac{\pi\tau}{4h_z}\right) \tag{3-52}$$

上述式中的有关尺寸，参见图 3－22，其中 l_τ 为电枢绕组导体的前、后端部长度，取其等于

$$l_\tau\approx 1.3 l_a \tag{3-53}$$

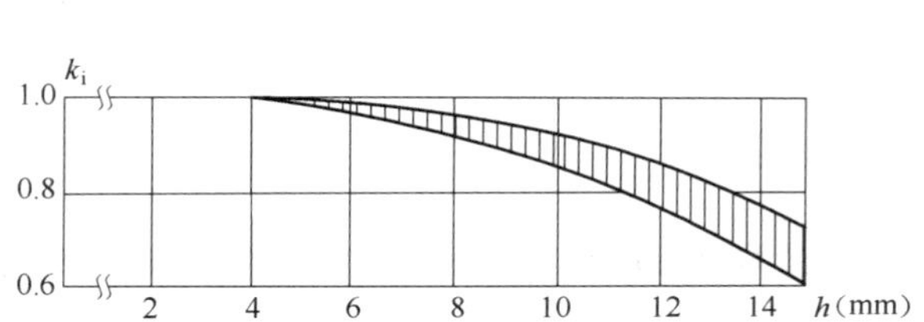

图 3－21　系数 K_i 与导体高度的关系

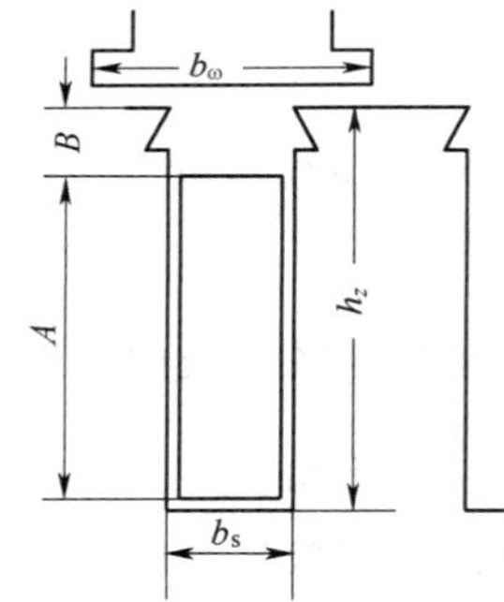

图 3－22　采用非磁性扎线的有关尺寸

分析式(3－46)可知，当电机槽节距 t_1 等于换向带 b_{zk} 时，因为 $b_{zk}=b_k\frac{v_a}{v_k}$ 及 $U_s=\frac{N}{2Z}$，该式可写成

$$e_r=4l_a w_s A\sum\Lambda v_a\times 10^{-6}(\mathrm{V}) \tag{3-54}$$

式中　A——线负载。

该式较清楚地表明了 e_r 与 A、v_a 及 $\sum\Lambda$ 的正比关系。为了降低槽漏磁导率，通常要求 $h_z/b_s\leqslant 3$。同时式(3－54)也说明了线负载和电枢圆周速度不宜取得过高的原因。

上面分别介绍了两种计算电抗电势的方法以及相应的计算公式，此外还有 A. E. АЛЕКСЕЕВ 提出的槽磁场分析方法和 P. РЦХГера-M. Цорна 提出的牵引电动机制造业广泛采用的工程计算方法。这些方法都能反映换向过程的物理本质，表示了电抗电势与电机有效层参数及结构参数之间的关系，并且表现形式都是一致的。但由于建立这些方法的出发点不一样，所以得出的计算结果不尽相同。一般计算方法给出的公式简单明了，计算工作量小，通常用于计算小型（部分中型）直流电机的电抗电势，或用于对换向的近似估算和分析比较。之所以是近似的，因为它没有考虑电刷宽度、绕组短距及端部绑扎材料等因素对电抗电势的影响。对于大容量或经常过载的直流电动机或直流牵引电动机，其电抗电势的计

算必须考虑采用更为精确的计算公式。绘制槽磁导(或电抗电势)波形图的方法,给出了电抗电势波形沿换向周期(或换向带)的变化规律,使分析和设计换向有一个较清晰的物理概念,同时能够根据电抗电势的波形合理地选择换向极极靴形状,但该方法需要花费大量时间,应用起来常嫌复杂。

分析计算法不是以元件而是以槽换向为出发点的,认为在槽换向时间内,槽中 $2U_s$ 个有效导体同时参与换向。得出的结果是槽换向周期内槽电抗电势的平均值。一般认为,其计算结果偏低[系指式(3－46)]。但是,在确定换向极匝数时可以考虑予以适当增大 0.5～1 匝,再加上运行中换向极存在剩磁作用,故该方法一般也能符合实际情况,因而在牵引电动机设计中得到较广泛的应用。根据式(3－46)求得的电抗电势,在额定工况下应该小于 3 V。

第八节　影响换向因素

从前面分析中,我们对产生火花的电磁原因有了初步的认识,即主要是由于换向元件中附加电流 i_k 所引起的,为了改善换向,必须尽可能地减小电流 i_k。

由式(3－7)可以看出,减小附加电流 i_k 可以通过减小换向元件中合成电势 $\sum e$ 和增加 i_k 回路的电阻 $\sum r$ 两条途径来解决,这就涉及如何正确设计换向极磁路系统和正确选择电刷的材料和牌号的问题。

一、换向级磁路系统对换向的影响

为了改善换向,除功率很小的电机外,几乎所有的直流电机都装有换向极。换向极又称附加极,它是装在两个主极之间的几何中心线上,极身上安装换向极线圈,电路上与电枢绕组串联。当电枢绕组有电流时,换向极线圈通过电流的激励产生换向极磁势 F_ω,该磁势与横轴电枢反应磁势 F_{aq} 方向相反,它除了抵消电枢反应磁势外,还剩一个换向磁势 F_k,并在换向区内建立一个换向磁场 B_k。电枢换向元件切割 B_k 并产生一个与电抗电势方向相反的换向电势 e_k,如果 e_k 大小和波形合适,就能达到改善换向的目的。

众所周知,电抗电势是自感电势,正比于电流和转速($e_r \propto In$),而换向电势是速率电势,和换向极磁密以及转速成正比,即 $e_k \propto B_k n$。为了使 e_k 在任何工作情况下都能抵消 e_r,就必须使 $B_k = f(I)$ 成直线关系。由于换向极磁路系统铁磁材料的饱和、漏磁因素的不定,以及主极磁场对换向区的影响等,使 $B_k = f(I)$ 的直线关系不能成立,同时也会使换向极磁场发生畸变,最终使 e_r 不能正确地被补偿。

图 3－23 所示为换向极磁路结构及作用于该磁路的各项磁势的示意图。磁路的磁势包括:换向极激磁磁势 F_ω、补偿绕组磁势 F_{co} 和电枢反应横轴磁势 F_{aq}。磁势 $F_\omega + F_{co}$ 的共同作用与电枢磁势 F_{aq} 相平衡,而其所余部分为换向极气隙磁势 F_k,它在换向区域内建立换向磁密 B_k,并由此获得必须的换向电势 e_k。在所有磁势共同作用下,在磁路系统中作用着两部分磁通:流经换向区的换向磁通 Φ_k 和在两极空间闭合的换向极漏磁通 Φ_σ。换向极磁路结构可以用图 3－24 所示的等效磁路图来表示。

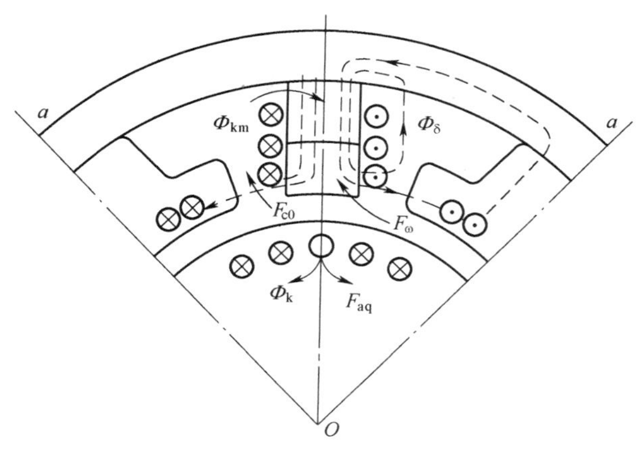

图 3—23 换向极磁路结构

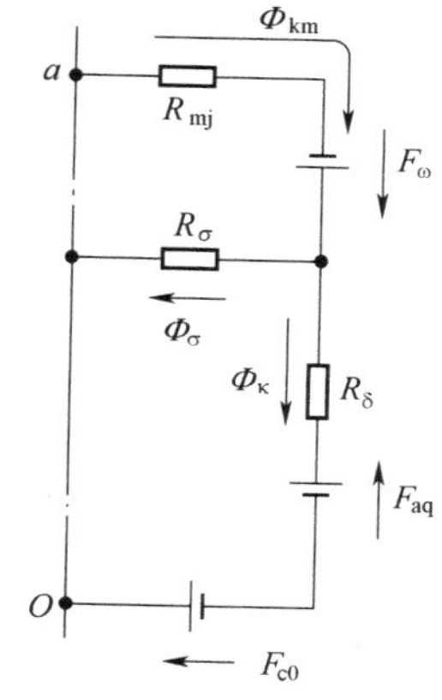

图 3—24 换向极等效磁路

应当指出，虽然换向极和补偿绕组的作用不同，但磁势都是沿着电机横轴作用的。即它们的磁联系仍然是紧密的，因此可作为相互关联的问题来加以计算。

为了研究换向磁通 Φ_k 的变化关系，根据等效磁路图可得下列关系式

$$F_\omega + F_{co} - F_{aq} = F_k = \Phi_{km} R_{mj} + \Phi_k R_\delta \tag{3—55}$$

$$\Phi_{km} = \Phi_k + \Phi_\sigma \tag{3—56}$$

联解式(3—55)和式(3—56)，得

$$\Phi_k = \frac{(F_\omega + F_{co} - F_{aq}) - \Phi_\sigma R_{mj}}{(R_{mj} + R_\delta)} \tag{3—57}$$

式中 F_ω, F_{co}, F_{aq}——换向极激磁磁势、补偿绕组磁势和电枢反应横轴磁势；

R_{mj}——换向极铁芯和机座的磁阻；

R_δ——换向极气隙磁阻。

严格地说，磁路结构不能完全用等效磁路来表示，因为图中代表各部分磁阻的元件，其特性是不一样的。磁阻 R_δ 取决于换向极下气隙的磁阻，因而可以认为它是常数。而磁阻 R_{mj} 和 R_δ 仅在一定限度内可以认为是常数，因为 R_{mj} 和 R_δ 都得考虑换向极和机座轭磁饱和的影响(其中 R_σ 所受影响较小)。当负载变化引起磁通变化较大时，由磁导体的饱和而产生的影响，就非常明显地表现出来。此时，磁路的线性关系就不再成立。因此，用等效磁路的形式表示的磁路系统，仅能适用于在规定负载的情况下。

在式(3—57)中，$(F_\omega + F_{co} - F_{aq})$ 与负载成正比；Φ_σ 也可看作和电流成正比，因为其磁路主要由空气隙组成，受饱和影响很小；R_δ 受饱和影响也很小，可以视为常数。故 Φ_k 随电流的变化关系，可分为两种情况下讨论。

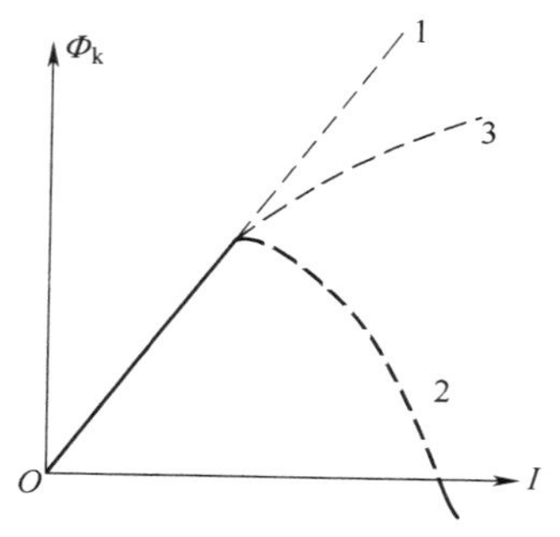

图 3—25 $\Phi_k = f(I)$ 曲线

在磁路不饱和时，也就是当负载电流较小时，磁阻 R_{mj} 可以看作是常数。由式(3—57)可知，Φ_k 正比于负载电流，即 $\Phi_k = f(I)$ 呈直线关系，如图 3—25 中的曲线 1。

当负载很大时，铁芯和机座轭趋于饱和，磁 R_{mj} 显著增加，式(3—57)中 $\Phi_\sigma R_{mj}$ 一项比负载电流、即比$(F_\omega + F_{co} - F_{aq})$增加

得快。结果 $\Phi_k=f(I)$ 曲线开始下降而不再呈直线关系。如果负载电流继续增加，则可能使 $\Phi_\sigma R_{mj}$ 一项等于 $(F_\omega+F_{co}-F_{aq})$，此时 $\Phi_k=0$。当磁路饱和度继续增加，其至会使 $\Phi_\sigma R_{mj}$ 一项大于 $(F_\omega+F_{co}-F_{aq})$，这时 Φ_k 变为负值，换向磁通改变了方向。上述情况如图 3－25 曲线 2 所示。

Φ_k 的反向主要是由于漏磁通 Φ_σ 存在所致，从式(3－57)中看出，若 $\Phi_\sigma=0$，则换向磁通

$$\Phi_k=\Phi_{km}=\frac{(F_\omega+F_{co}-F_{aq})}{(R_{mj}+R_\delta)}$$

此时 Φ_k 不可能出现反向现象，$\Phi_k=f(I)$ 的关系曲线和一般磁化曲线相同，如图 3－25 中曲线 3 所示。Φ_k 反向的物理过程可以这样解释，当负载很大时，漏磁通 Φ_σ 达到很大，换向极磁路被漏磁通所饱和，使磁阻 R_{mj} 变得很大。此时换向极空气隙中，电枢反应磁势占优势，使换向区磁通与电枢磁势方向相同，Φ_k 改变方向。

综上述分析可知，当电动机的负载电流增加到某一极限值时，由换向极磁通产生的换向电势不再随负载增加而增加，而电抗电势与负载电流成正比，因此这时的换向电势 e_k 就不可能与电抗电势 e_r 很好地补偿，电机换向就开始恶化。

为了在运行范围内得到直线或接近直线的磁化特性 $\Phi_k=f(I)$，必须具备两个条件：

1. 换向极磁路系统在负载范围内应该处于低饱和状态；

2. 尽可能减小换向极漏磁通。

对于条件 1 可以通过减小磁导体的磁通密度和增加换向极气隙来达到，这样做必将导致换向极线圈尺寸以及电机重量的增加。如果换向极下空气隙取得过大，也会使沿换向极铁芯闭合的漏磁通增长，促使铁芯进一步饱和，并不能达到降低磁系统饱和度的预期效果，所以单纯增加空气隙的办法也将受到限制。为了解决磁路低饱和和漏磁增加之间的矛盾，在大型直流电动机和牵引电动机中，通常在机座和换向极铁芯间装设第二气隙，以补充第一气隙的作用。如图 3－26 所示，第二气隙垫片为非磁性垫片(铜片或塑料垫片)。

当然，第一气隙也不能取得太小，否则将使齿顶磁导率增加，从而使电抗电势增大。图 3－27画出了换向电势随电流变化的关系曲线 $e_k=f(I)$，曲线 1 没有第二气隙，曲线 2 有第二气隙。由图中看出，有第二气隙的剩余电势 Δe_k 较小。

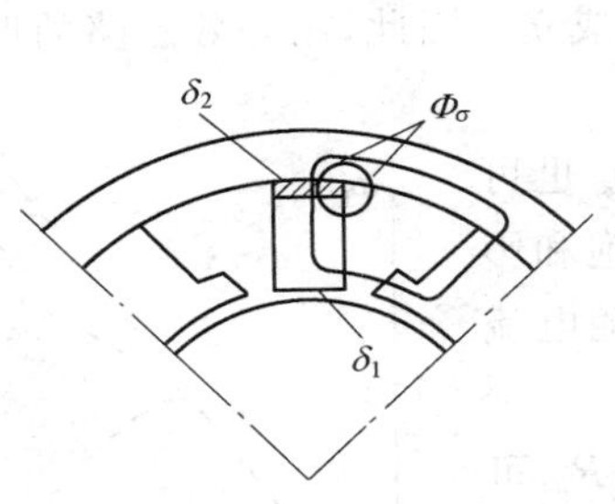

图 3－26　换向极的气隙

δ_1—第一气隙；δ_2—第二气隙；Φ_σ—漏磁

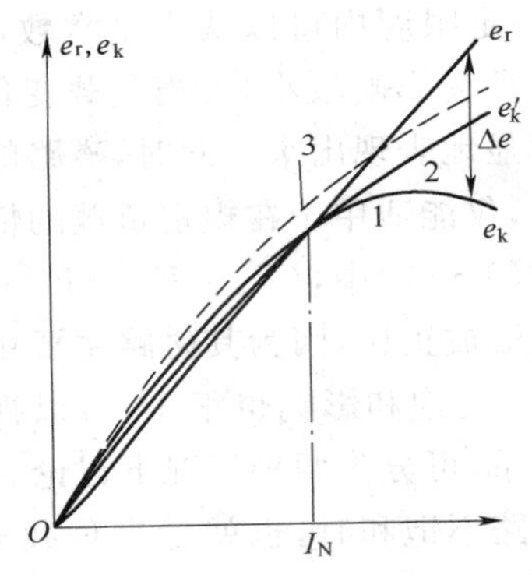

图 3－27　当 n=const 时 e_r 和 e_k 的补偿情况

上述整个情况为纯理论性的分析，为了在初步计算时判断换向极的饱和程度和合适的气隙值，通常必须依据电机设计、制造，特别是运用方面所积累的经验。这里引出一个表示电机

饱和关系的系数 K_ω。由(3－55)式知

$$F_\omega + F_{co} = F_{aq} + F_k \tag{3-58}$$

式(3－58)两边除以 F_{aq} 得

$$K_\omega = \frac{F_\omega + F_{co}}{F_{aq}} = \frac{F_{aq} + F_k}{F_{aq}} = 1 + \frac{F_k}{F_{aq}} \tag{3-59}$$

电枢反应横轴磁势可表示为

$$F_{aq} = \frac{N}{8a\rho} I_a = W_a I_a \tag{3-60}$$

式中　W'_a——归算到每极的电枢绕组匝数。

将 $F_\omega = W_\omega I_a$ 和 $F_{co} = W_{co} I_a$ 等关系以及式(3－60)代入式(3－59)，则式(3－59)可以写为

$$K_\omega = \frac{W_\omega + W_{co}}{W'_a} \tag{3-61}$$

实践证明，系数 K_ω 能够看作预先确定换向极磁特性线性度的一个数据，根据设计及运行经验，在通常采用的线圈匝数沿铁芯高度均匀分布的换向极结构中，该系数大约在下述范围之内：

对于无补偿绕组的电动机，$K_\omega = 1.35 \sim 1.4$；

对于有补偿绕组的电动机，$K_\omega = 1.25 \sim 1.35$。

我国生产的各种型号的牵引电动机，系数 K_ω 约在 1.15～1.25 之间。

如果换向极空间尺寸允许的话，把换向极线圈布置到靠近极靴一端认为是比较合理的，这样可以使漏磁通 Φ_σ 大为减少，同时使线圈匝数减少。采用这样换向极结构的电动机，可以增加其磁特性的线性度。

对于工厂实际计算，如果采用上述分析方法来判断换向极饱和程度，一般能够保证所设计的电机无论在磁化特性方面，还是在其参数及尺寸方面，都将是合理的。

此外，在新电机设计时，除了用降低极芯磁密(一般 $B_{km} < 0.8\text{T}$)，合理选择第一和第二气隙，以及用系数 K_ω 检查磁化特性的线性度之外，还通常使电机在额定状态下处于超前换向，即使 $e_k > e_r$。这样在一定的过载范围内，e_k 和 e_r 的差别将不致太大，如图 3－27 曲线 3 所示。

图 3－28 所示为牵引电动机在机车运行时其电抗电势的补偿情况。由于电机在额定状况下设计成过补偿换向。当机车起动和过载运行时，虽然起动电流 I_{st} 或过载电流大于额定电流 I_N，则会出现不太严重的欠补偿换向。这样，使电机在整个运行范围内，换向元件和剩余电势都不致过大，增加了电机的过载能力，改善了过载时的换向性能。

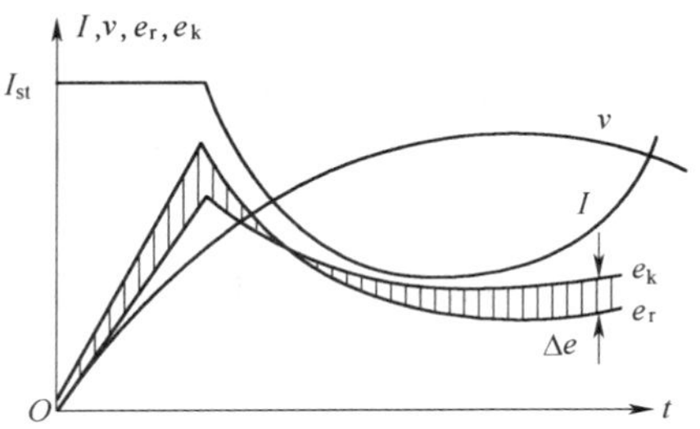

图 3－28　机车运行时电抗电势补偿

另外，为达到电机满意的换向，在设计电机时，希望电抗电势 e_r 尽可能小些，这时抵消电抗电势作用的换向电势 e_k 也就小些。当这两个电势的绝对值都减小以后，合成后的剩余电势 Δe 的相对值也相应减少，这样就改善电机的换向条件。另外，由于减小了电抗电势，相应地换向极磁密也可以减小，在换向极气隙较小的情况

下，也能保证磁路处于低饱和状态，从而使 e_k 在负载变化时随时能抵消 e_r 的作用。

二、电刷对换向的影响

在负载情况下电刷与换向片滑动接触的机理目前尚无定论。事实上，在电刷和换向器组成的滑动接触面上，形成一层由铜一氧化层、石墨层和约为 10^{-2} μm 厚的水膜组成的薄膜，电流通过薄膜，以点的方式在金属导电桥上流通，如图 3－29 所示。在这些点上产生很大的电压降，该电压降主要与电刷材料、电刷电阻率和电刷电流密度有关。不同材料电刷的电压降和电流密度关系如图 3－30 所示。

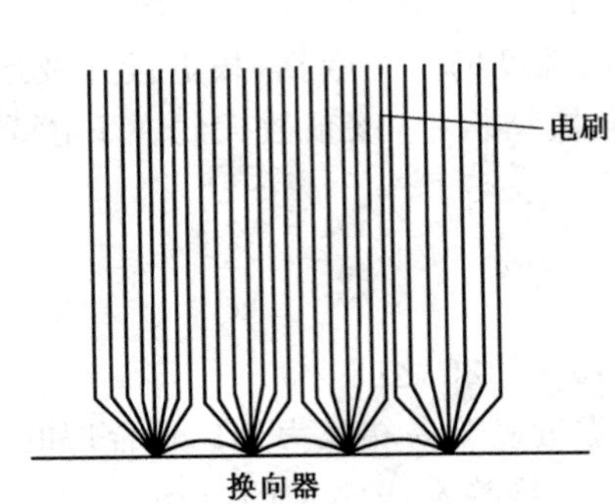

图 3－29　一个电刷电流场

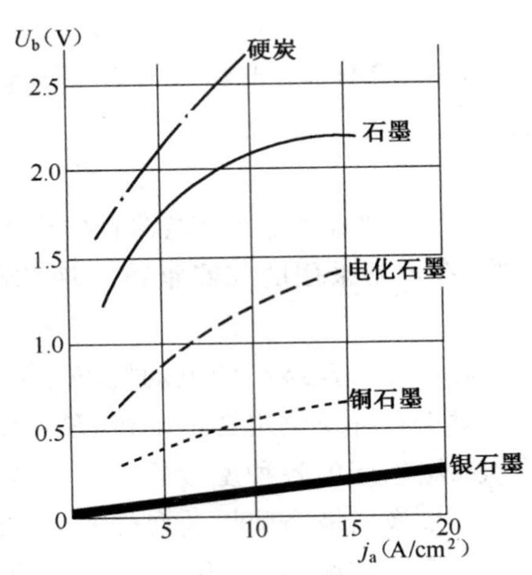

图 3－30　电刷电压降特性曲线

通过适当的选择电刷，可为抑制火花创造条件。从改善换向的角度出发，希望电刷的接触电阻大一些，因为高欧姆电刷能承受较大的电压降而无大的附加电流通过，所以有较好的换向性能。但是，高接触电阻的电刷由于接触电压降大，电刷接触处的损耗加大，发热加剧，因而它不适用于低压电机。同时，因为高接触电阻电刷其伏安特性较陡，因此这种电刷适用于并联支路数较多的电机，致使运行时各电刷下的电流密度相同。通常较软的电刷具有较好的润滑性能，它能承受较高的负荷，且耐振性能好，但比硬电刷磨损得快。在选用电刷时，应根据具体的电机来考虑。对于一般中小型直流电机，采用石墨电刷即可，对于换向比较困难的电机，常采用接触压降较大的硬质电化石墨电刷。电化石墨电刷兼有硬炭刷机械强度好与软石墨电刷承受负荷能力高的优点。对于低电压大电流的电机，采用接触压降 ΔU_b 较小的铜石墨电刷较好。

对于牵引电动机，由于其换向条件比较困难，为了更好的抑制电磁火花，则要求它的电刷材料和结构具有以下特点：

(1)有良好的换向能力；

(2)有足够的机械强度和耐磨性，并且对换向器磨损要小；

(3)有良好的成膜性能，较大的过载能力和高的工作电流密度等。

这些要求既互相影响又相互矛盾。就良好的换向能力而言，要求电刷有较高的电阻率，并且在结构上多孔，而这样就会影响电刷的机械强度和磨损率；就机械强度和磨损率而言，要求

有严实的结构，但又会影响电刷的换向性能。

目前，牵引电动机上广泛采用高接触电阻的电化石墨电刷。我国产生的 ZQ650-1、ZQDR-410 和 ZQ850 牵引电动机皆采用国产 D374B 电刷。该型号电刷电阻率高、多孔、换向性能好、电流容量大，但机械强度差，磨损率大。为了提高电刷的耐磨性能，我国电刷厂和牵引电机制造厂对电刷质量的改进做了许多工作，试制了 D374F 型浸渍电刷，经试用，该型电刷耐磨性较好，平均磨损率约减小（0.3～0.5）mm/10^4 km，但换向性能特别是在表面成膜方面不如 D374B。与此同时，已研制成了两分裂的 D374B4 电刷，实践表明，这种电刷的换向性能和耐磨性都较好。

为了增加换向回路的电阻和改善电刷和换向器的接触，在牵引电动机中广泛地采用分裂式电刷，图 3－31 为双分裂式电刷。这种结构是两块电刷放在同一刷盒中，电刷顶部有一块微孔橡胶垫，由于每片电刷质量小、惯性小，使电刷和换向器接触良好。同时，橡胶垫能吸收一些电刷的振动，改善电刷的换向性能。此外，在两片电刷的接触面上增加了换向回路的横向电阻。实践证明，采用这种电刷结构可以降低电刷下的火花。

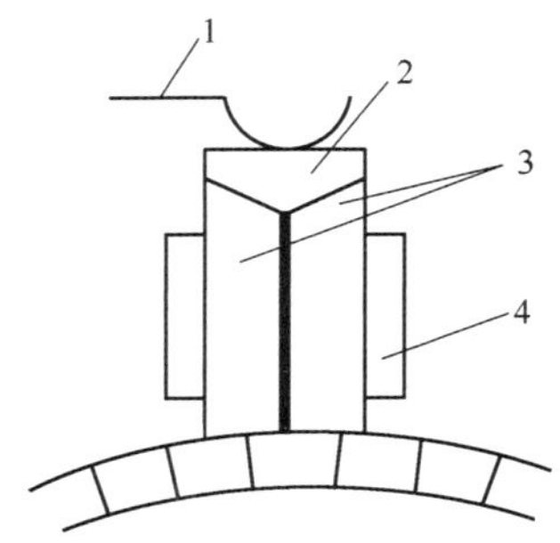

图 3－31　双分裂式电刷

1—压指；2—橡胶压块；
3—电刷；4—刷盒

从上面分析可知，电刷性能和结构对电机换向影响很大，选用电刷也是一个重要的工作，必须根据不同电机的具体情况来考虑。另外，在选用电刷时，还应该注意下面一些要求。

(1)在同一台电机中，必须采用相同牌号的电刷，否则电刷间的负载分配不均，接触电阻小的电刷流过的电流较大，以致过热而使换向恶化；电流密度过低的电刷和换向器接触的轨道上往往不易保持良好的氧化膜，以至于运行时由于电刷振动在换向器表面上拉出条纹。实践表明，不同电刷厂生产的同型号电刷也不得混装于同台电机。

(2)电刷的接触电阻是以接触压降来表示的，接触压降和电流密度有关，当电刷电流密度较小时，随着电流密度的增大，接触压降也相应增大，当电流密度达到一定数值后，接触压降不再增加，这时，换向回路的接触电阻随电流密度增加成反比减少，这是我们所不希望的。因此，电刷的电流密度有一定限制范围。在牵引电动机中，电刷电流密度一般在 12～16 A/cm^2 的范围内选用。

(3)电刷应仔细研磨吻合，保持清洁以及电刷和刷握间有合适的间隙，防止电刷接触面粘铜。同时，也尽可能保持周围环境空气清洁，在多尘埃空气有污染的场合，容易发生铜毛刺和条纹。

(4)在正常使用条件下，温度升高会使电刷的接触压降减小，可能引起换向不良。

(5)电刷上单位面积压力必须合适，压力过大将引起电刷很快磨损，压力过小会使电刷跳动产生火花。对于抱轴式悬挂的牵引电动机，电刷上的单位压力，一般取为 29～39 kPa。

(6)同台电机电刷压力必须均匀，压力不均使电流分配不均，过流的电刷可能产生火花，低电密下滑动的电刷，摩擦系数增大，对换向器磨损有影响。

(7)电流自换向器流到电刷时的接触压降较大（即发电机正电刷接触压降大，电动机负电刷的接触压降也大）。通常所说的压降是指正负电刷下的总压降。

第九节　换向器滑动面的薄膜

直流电机的换向问题是相当复杂的，产生火花的原因也是多种多样的，有时单一的因素起作用，有时几种因素同时作用。这就给分析、处理问题带来了难度。

过去，我们主要是从电磁理论方面来研究换向，目的是减小换向元件的附加电流，采取的措施也是有效的。但实际上电刷和换向片间的接触导电现象是相当复杂的。

在实践的基础上，我们对换向器接触面的性质进行了大量的研究，提出了关于电刷和换向器滑动接触的新概念。这一概念的要点是：在正常情况下，当电机长期运行之后，换向器表面会覆盖一层很薄的薄膜，这层薄膜的形成，使换向回路中的电阻加大，对换向非常有利。

换向器表面薄膜是电刷与换向器接触并在相对运动中逐渐形成的，它由两个主要成分构成：

1. 金属氧化膜，由氧化铜和氧化亚铜的混合物组成；

2. 由微小的炭粒、石墨和其他附着物组成的碳膜。

薄膜形成的过程可以这样解释：由于大气中存有水蒸汽，使电刷和换向器表面都覆盖着一层水膜，当电机工作时，电刷和换向器接触面上流过电流，该电流使水汽发生电解作用，电刷和换向器形成两个极，正极产生氧，负极产生氢。由于换向器的氧化作用，故在换向器表面形成一层氧化铜和氧化亚铜组成的薄膜。同时，在这层金属薄膜上面又吸附着一层非常小的、有黏性的石墨和碳粉组成的薄膜，其结构如图3－32所示。

通过观察研究证明，当电机运行时，上述两个成分的薄膜，各起各的作用：氧化膜本身具有较高的电阻，使电刷和换向器接触电阻加大，从而改善了电机的换向；碳粉附着物在吸收空气中的水分之后将产生良好的润滑作用，减小了电刷与换向器之间的磨擦和磨损，使电刷运行稳定。

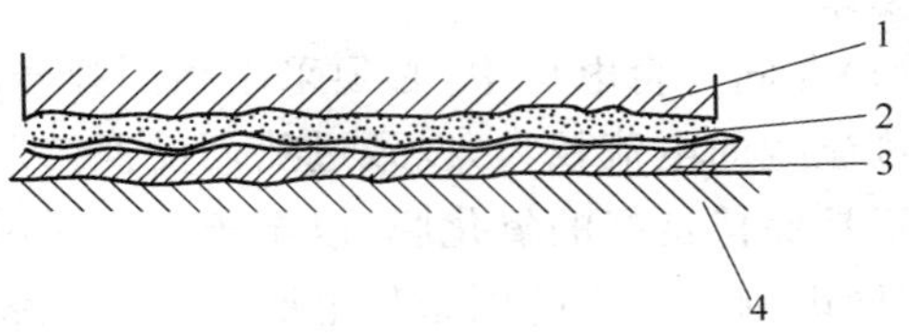

图 3－32　换各器滑动面薄膜

1—电刷；2—石墨碳粉；3—氧化亚铜；4—换向器

一、氧化膜的建立及各种因素的影响

换向器铜表面在空气中慢慢地生成氧化亚铜膜，这是由于铜离子与空气中的氧离子相作用而生成的。开始时铜离子向外运动，遇上氧气生成膜。而铜离子不断穿越开始建立的膜，再次与空气中的氧相遇生产新的膜，这样膜不断加厚。随着膜的不断加厚，新生膜的速率也逐渐减慢，直到膜达到一定厚度为止。在常温下，所生成的氧化膜很薄，是看不见的，且颜色也没有明显的变化。

氧化膜的化学性能比较稳定，它具有良好的润滑性，也具有一定的薄膜电阻（膜本身是P型半导体材料）。由于氧化膜有这样的特性，给电机换向带来很大的好处。润滑性可以减小电刷和换向器磨损，扩大接触面；薄膜电阻增加了换向回路的横向电阻，减少了附加电流，可以抑制火花。可以这样说，对于换向比较困难的直流电机，如果换向器表面未能够建立起氧化薄膜，则电机几乎不能正常使用。

1. 氧化膜生成与温度的关系

在常温下生成氧化膜，其过程是缓慢的，膜的厚度极薄，对改善换向不起多大作用。随着温度增高，铜离子和氧离子的运动增强，氧化膜生成的速度加快，厚度也增大。根据国外的资料得出，氧化膜温度与成膜的关系为

$$\frac{dy}{dt}=\frac{T}{y}$$

式中　y——氧化膜的厚度；

　　T——温度。

由式看出，增加换向器表面温度，将会提高成膜的速率 dy/dt。氧化膜形成与温度的关系如图3—33所示。

氧化膜的厚度不同，其表面的颜色也不同，根据不同颜色的铜表面，可以判断氧化膜的厚度，见表3—3。

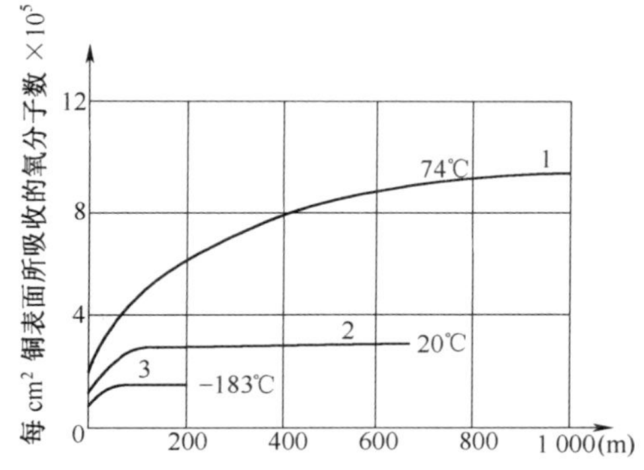

图3—33　氧化膜形成与温度的关系

表3—3　铜表面颜色与膜厚的关系

铜表面颜色	膜厚度(nm)	铜表面颜色	膜厚度(nm)
深棕色	38	灰亮绿	88
红棕色	42	黄绿	97
非常暗的紫色	45	金黄色	98
非常深的紫色	48	古金色	110
深蓝	50	橙	120
灰蓝绿	83	红	126

2. 氧化膜的形成与电刷压力的关系

提高表面温度会增大氧化膜生成的速率，因此适当增加电刷压力是提高换向器表面温度的办法之一。增加电刷压力实际上是增加摩擦力，使换向器表面温度增加进而促使氧化膜生成。若其他条件不变，压力 F 与温度 T 成正比，则压力与成膜速率的关系为

$$\frac{dy}{dt}=\frac{T}{y}=\frac{KF}{y}$$

但应该注意，压力不能过大，否则磨损增大和温度过高，不仅会引起换向器磨损和变形，而且会破坏氧化膜的形成。运行经验表明，牵引电动机的电刷压力可增加一些，这对氧化膜的形成和改善换向是有利的。

3. 空气湿度对换向影响

如果周围环境湿度比较大，空气隙中的水分多，游离的氧离子增多，与铜离子生成氧化亚铜的机会也就增多，这有助于氧化膜的形成。另外，石墨电刷有一个很重要特性，当周围环境湿度增加时，本身的润滑性大大增强，从而摩擦系数大大降低。这种特性对电刷与换向器的滑动接触，对改善电机的换向有好处。这是因为电刷石墨结构中有气孔，当吸收空气中水分后，石墨分子层之间的约束力下降，增加润滑性能。特别是当换向器的氧化膜建立起来以后，更需要电刷具有良好的润滑性能。如果电刷摩擦系数和换向表面的摩擦系数趋于一致，则能达到换向的最佳状态。

二、氧化膜形成—破坏—形成的动平衡

当电机转子旋转时，换向器周期性地经过电刷，建立起的氧化膜在电刷的摩擦下被破坏，但当电流流过时，由于电刷对空气中水分的电解作用，加之湿度较高，以及换向片从刷 A 运动到刷 B 的时间 t_2 远远大于换向片经过刷宽时间(如图 3－34 所示)，因此铜表面又形成新的氧化薄膜。该薄膜不断地形成又不断被破坏，如果破坏的速率小于形成的速率，则氧化膜逐渐建立起来。正常运转的电机会维持氧化膜建立的动态平衡。

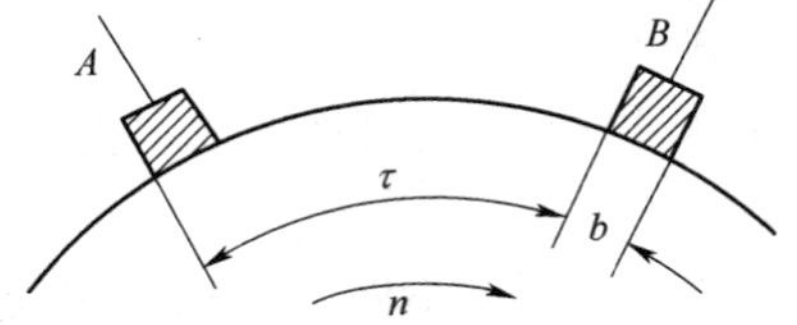

图 3－34　两极电刷间距与电刷宽度比较

薄膜的形成及其颜色，还与电刷的材质和耐磨性、电流密度、换向器表面粗糙度、电机运转时间的长短以及周围环境污染情况等许多因素有关。当电刷性能不合适、电刷压力过大，或者在高原缺氧、缺水以及周围空气中有某种化学气体的环境下，都会使换向器薄膜遭到破坏而引起火花。如果电机运行正常，没有机械的、电化学的和热的因素干扰，薄膜呈现为富有光泽的棕褐色。从运用观点看，只要薄膜是均匀、稳定、光亮和呈棕褐色的，则认为电机的换向是满意的。

当电机正常运用条件被破坏或者电机内部发生故障时，就会引起薄膜形态的破坏。

根据运用经验和对换向器表面状态的实际观察，牵引电动机换向器的不正常状态，主要有以下几种：

1. 在换向器表面出现有规律和无规律分布的黑痕，即是换向器表面存在有害火花的反映。因为当火花达到一定程度时，其热效应使局部接触面产生高温，引起铜和碳的气化，使铜表面变得粗糙，并出现无光泽的黑膜。有规律黑痕的出现，在多数情况下是由于电机定子装配方面的缺陷所引起的，例如：

(1)电刷不在中心线上；

(2)换向极安装不妥造成极下气隙不均匀；

(3)主极和换向极沿定子圆周不等距分布；

(4)换向极线圈有匝间短路以及电枢绕组或均压线与换向片之间某处焊接不好等。

这些原因都会使电抗电势 e_r 得不到很好的补偿而产生火花。

无规律的黑痕和污斑的出现，多数是由于机械方面的因素，使电刷与换向器接触不稳定所引起的。实践证明，在采用带有橡胶垫的分裂电刷后，上述现象将有很大程度的改善。

2. 沿换向器圆周出现条纹

条纹的形状总是沿换向器圆周表面形成的圆环，其宽度是不规则的。条纹的形成是由于电刷接触面上嵌有铜粒子，或者由于薄膜不均匀而引起的电流集中，以及由于电刷的机械摩擦作用，使局部薄膜变薄或消失而造成的。

3. 电刷下的换向器圆周出现轨痕

其主要原因是同一刷握内各并联工作电刷负荷分配不均，它是由电刷各压指压力不均、刷辫和电刷连接不良以及电刷高度相差较大等因素引起的。

4. 换向器薄膜完全消失

这表明电刷和换向片之间有很大的摩擦。这种现象发生在低温、低负荷及低湿度情

况下。例如：在严寒干燥的冬季，当机车高速运行时，换向器薄膜可能完全消失。这时，换向器及电刷的磨损也显著增加，必要时须更换经特殊处理的电刷，使其重新建立换向器薄膜。

总之，在电机运行时，必须经常检查换向器的表面状态，及时察觉薄膜变化情况，一旦发现换向器表面出现异常现象，须及时找出原因并采取措施，以保证电机正常运行。

第十节　换向器上的环火

当剧烈地改变电机的负载或突然发生短路故障时，常常会引起直流电机换向器上发生环火。在高压的直流或脉流牵引电动机中，特别是在磁场削弱情况下，也容易产生环火。所谓环火是指下正、负电刷间被很长的强烈的电弧所短路。在产生环火的瞬间，电机发出巨大的响声，所以环火又叫“放炮”。出现环火时，电弧可能由换向器表面飞跃到换向器前压圈、磁极铁芯或机壳，使电机接地，这种现象称为飞弧。

环火和飞弧，常常给电机造成破坏，轻则烧伤换向器和刷握，使换向器升高片线槽中焊锡熔化，造成甩锡和绕组匝间短路，重则能把电枢绕组烧断、甩出，造成电机“扫膛”和换向器表面烧损事故，甚至在很短的时间内，把电弧所在之处的金属完全熔化，这是电机最严重的故障之一。

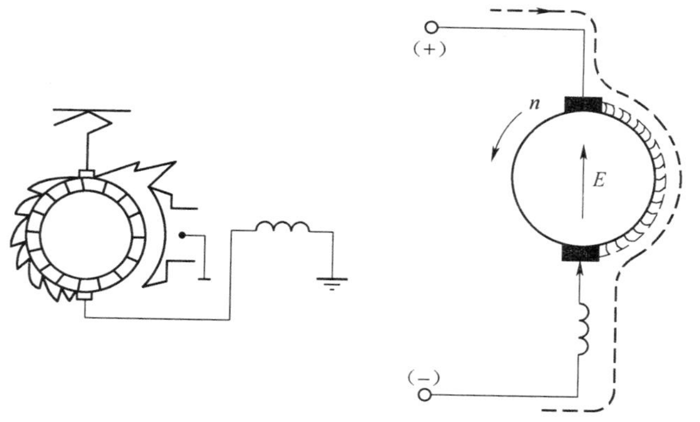

图 3—35　环火　　　图 3—36　环火时电机状态

此外，当电机发生环火时，实际上电动机运行状态将变为发电机运行状态，如图 3—36 所示。这时电源电流经环火电弧直接流入励磁绕组，被加强的励磁磁场使电动机反电势猛增，这个反电势又通过环火电弧而直接短路，使电枢绕组中的电流反向，因此，电机将产生一个很大的制动转矩。如果是电力机车或内燃机车上牵引电动机环火，由于列车惯性很大，环火电机所传动的车轮踏面可能被严重擦伤；如果是电车或其他电动车辆，由于惯性较小，车辆就被猛然减速。因此，研究环火现象，找出产生环火的原因，从而防止电机运行时发生环火，有着重要的实际意义。

运行情况表明，发生环火的原因很多，但就其内部原因来说，主要取决于两个因素：

1. 相邻两换向片的最大片间电压过高；

2. 换向器电位分布特性过陡，即换向器圆周上单位长度的电位差过大。

一、换向器片间电压过高的影响

电机运行时，电刷磨损下来的碳粉和碎片，换向器磨损下来的铜粉以及其他导电杂质和污物，堆积在换向片间的沟槽中，在换向片间形成了所谓的导电桥。当最大片间电压超过允许值时，此导电桥燃烧而在片间形成单元电弧，如图 3—37 所示。此燃烧电弧使周围空气离化，当换向器旋转时，该电弧随换向器一起旋转，并且由于电弧形成的气体的内压力以及作用于电弧上的电动力，使电弧逐渐拉长。

当电弧向前扩展时，它遗留下来的离化气体是导电的，因此电弧将不断伸长，以至最后形成环火。

为了防止环火，最大片间电压应该受到限制。许多工程设计人员提出的最大允许片间电压，其数值都十分相近。图 3－38 所示为当片间绝缘厚度在 0.8～1.5 mm 范围内，最大片间电压的限制范围。

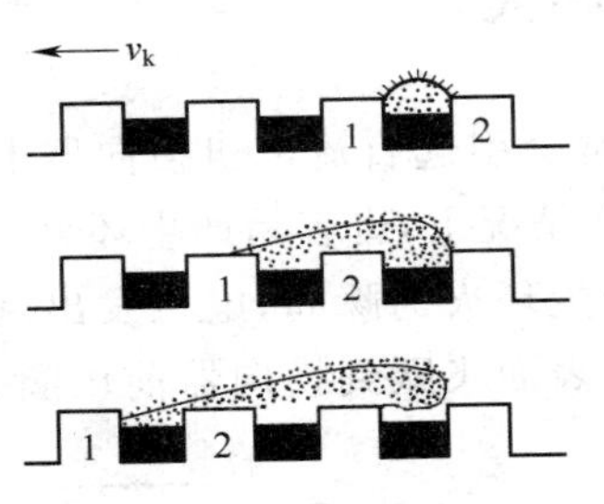

图 3－37　导电桥形成环火

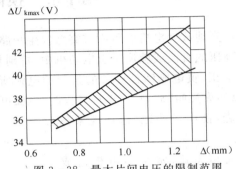

图 3－38　最大片间电压的限制范围

对于容量较小的直流电机或机车上的辅助电动机，由于其电枢绕组元件有较大的电阻和电感，能有效地限制电弧电流，它们导电桥燃烧的闪络较小，由此形成环火的可能性较小，故最大片间电压的限制值可以大一些，有时允许达到 50～60 V。

二、换向器电位特性过陡的影响

由于电磁或机械方面的原因，在电刷下可能发生原始火花。当换向器旋转时，该火花或屡次产生、熄灭，或被机械拉长而形成电弧。被拉长的电弧是否能够继续维持以致形成环火，和换向器上电位特性及电弧燃烧特性有关。

如果电弧燃烧处的换向器上的电位比维持一定的电弧长度和一定的电弧强度所必需的电压数值小时，则电弧就熄灭。否则，拉长的电弧将继续燃烧并向前扩展，以致形成环火。因此，从电位特性的角度来看，产生环火的条件是

$$\sum_{0}^{L_g} \Delta U_k \geqslant U_g(I_g, L_g) \tag{3-62}$$

式中　L_g——电弧长度；

ΔU_k——片间电位；

U_g——维持电弧所需的电压；

I_g——电弧电流。

图 3－39 所示为直流电机的片间电压曲线 $\Delta U_k = f(x)$ 曲线。片间电压 ΔU_k 近似等于该两换向片片间电势，而片间电势又正比于与其相连元件所处置的空气隙磁密 B_δ，因此，片间电压 ΔU_k 和 B_δ 成正比，片间电压分布曲线 $\Delta U_k = f(x)$ 与磁密分布曲线 $B_\delta = f(x)$ 形状相似。

当电机加载后，电枢反应使气隙磁场发生畸变。因此，片间电压曲线也分布不均。

换向器电位是片间电压逐片累加的结果，即电位特性 $U_{kx} = f(x)$ 是由片间电压曲线

$\Delta U_k=f(x)$积分而得。

在图 3－40 中，表示了在一定的电弧电流下，沿换向器圆周长度维持稳定电弧所需的电压值，该曲线称为电弧特性曲线 $U_g=f(I_g,L_g)$。

将电位特性曲线和电弧特性曲线用同一坐标表示，就能够解释由片间闪络形成环火与电位特性之间的关系。

图 3－41 中的曲线 1 表示电机的电位特性$U_{kx}=f(x)$，曲线 3 表示当电弧电流为 I_1 时的电弧特性 $U_g=f(I_1,x)$，两曲线交于 a 点。

当电弧在换向器圆周上（即 x 方向）拉长至 K 点，这时电位电压 U_{k1} 小于电弧燃烧所需电压 U_{g1}，即 $U_{k1}<U_{g1}$，则电弧不足以燃烧而熄灭。

如果初始电弧燃烧至 C 点尚未熄灭，此时 $U_{k2}>U_{g2}$，则电弧将越过 C 点继续燃烧。在 C 点以后燃烧条件将更加充分，以致最后形成环火。交点 a 是当原始电弧电流为 I_1 时，电弧继续燃烧的临界点。当原始电弧电流较大时，在同样的电位特性情况下，交点 a 的电压降低，容易满足燃烧条件，以致更容易产生环火。

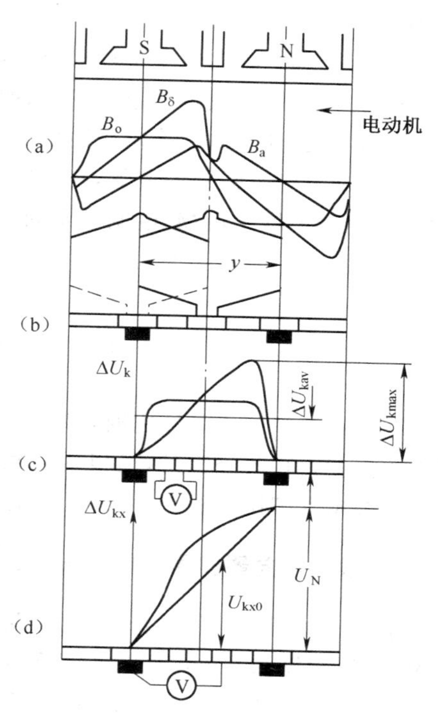

图 3－39 片间电压和电位特性曲线

由图 3－41 中看出，电机的电位特性愈陡（图中虚线所示），交点（a,a'…）离原始火花发生处愈近，$U_k>U_g$ 的条件也愈容易满足，产生环火的趋向也愈大。因此，当电机过载或削弱磁场运行时，由于电枢反应强烈而使电位特性在电动机后刷边处变得更陡，所以产生环火的可能性也愈大。

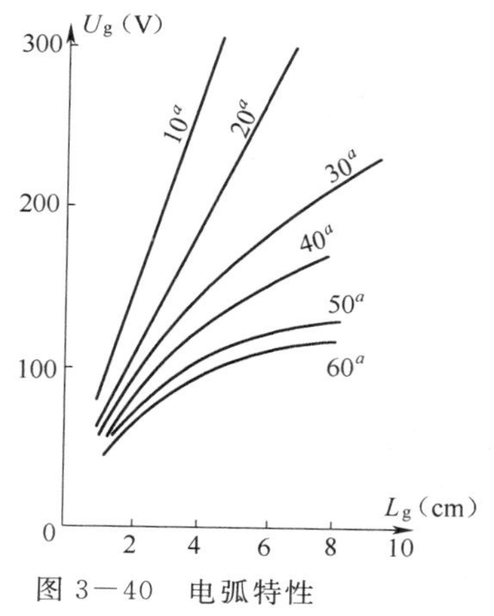

图 3－40 电弧特性

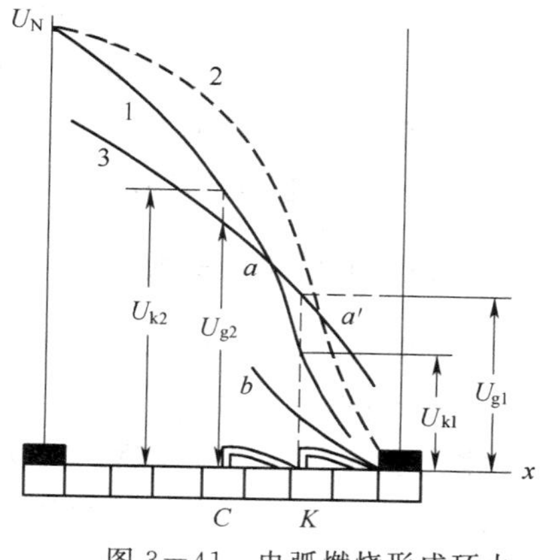

图 3－41 电弧燃烧形成环火

从片间电压曲线 $\Delta U_{kx}=f(x)$上看，对应电位特性曲线交点 a 处的 b 点，为片间电压 ΔU_k 的临界值。根据运行经验，该临界片间电压约为 25～28 V，如电弧拉长至此点而尚未熄灭，则电弧就会继续燃烧下去，形成环火。

上述两方面原因，是电机产生环火的内部因素，在设计电机时必须采取措施来减小形成环火的内部因素。

除上述原因外，电机发生环火还与许多因素有关。例如：牵引电动机突加过高的端电压；磁场削弱过深、过载或电流急剧变化、换向片片间被铜毛刺连接以及列车运行工况被破坏等。当负载剧烈变化时，由于换向极磁极中涡流的影响，使换向电势 e_k 不能及时地补偿电抗电势，因而在电刷下产生强烈的电弧，在一定的内部因素作用下，该电弧可能发展为环火。换向器表面不洁、刷杆上堆积污物、电刷辫子断裂以及由于风雪雨雾的侵袭使电机绝缘损坏等，也常常造成电机发生环火或闪络。

第十一节　防止环火的措施

在分析产生环火的原因时，除了换向器表面状态不良、电机负载电流急剧变化以及电刷下有原始火花存在等外因外，最根本的原因是由于电机具有过高的片间电压和过陡的电位特性。为了从根本上解决电机的环火问题，必须在设计以及电机的结构上采取以下措施。

一、限制换向器圆周上单位长度的电位差和最大片间电压值

牵引电动机运行经验证明，为了防止环火的发生，沿换向器圆周单位长度电位差（称电位梯度）的最大值 ε_{max} 应小于 80～90 V/cm，最大片间电压应不超过下列极限值：

当片间云母厚度为 0.8 mm 时，$U_{kmax} \leqslant 35$ V；

当片间云母厚度为 1.0 mm 时，$U_{kmax} \leqslant 40$ V；

当片间云母厚度为 1.2 mm 时，$U_{kmax} \leqslant 43$ V；

当片间云母厚度为 1.5 mm 时，$U_{kmax} \leqslant 45$ V。

设计计算时要注意，用较大的 U_{kmax} 值时，应考虑选用较小的 ε_{max}。

对于小容量的直流电机或牵引辅助电机，U_{kmax} 允许取得较大一些，有时可达 60～70 V。这是因为小容量电机有较多的元件匝数和较大的元件电阻，当相邻元件被导电桥短路时，能有效限制元件的电流，因此发展成环火的可能性也较小。

上面提到，在削弱磁场情况下，电位特性要发生畸变，为了保证牵引电动机电位稳定，最深削弱磁场的削弱系数 β_{min} 应该有所限制，对于无补偿绕组的牵引电动机，其 β_{min} 能达到 0.3～0.4。对于有补偿绕组的电动机，削弱程度还可以深一些。

二、采用合理形状的主极极靴

为了改善换向器的电位分布，使最大片间电压 ΔU_{kmax} 远离刷边，在大容量无补偿绕组的直流电机中，通常采用不均匀空气隙。这种气隙由主极中部向极弧边缘过渡时气隙逐渐增大，即极尖处的气隙大于极中心处的气隙。这样做的目的是增加横轴电枢反应磁通闭合回路的磁阻，以减小电枢反应对主磁通的畸变作用，从而减小 ΔU_{kmax} 的数值并使其远离刷边，增加电机换向稳定性。

不均匀气隙的形式取决于主极极靴的形状，通常采用的有两种形式——偏心气隙和部分扩张气隙。

不均匀气隙的结构形式，除了用极靴外形轮廓线表示外，还可以用极中心气隙 δ_0 为基值、

极尖处气隙 δ_ρ 和 δ_0 的比值来表示。比值 δ_ρ/δ_0 为某种形式气隙的气隙扩展系数。

1. 偏心气隙

偏心气隙是在与电枢轴线垂直的平面内，以 O_1 为圆心，R_a 为半径画一个电枢圆周；以 O_2 为圆心，R_1 为半径画出极靴表面轮廓，两圆心都位于主极中心线上并相距偏移距 ε，如图 3－42 所示。

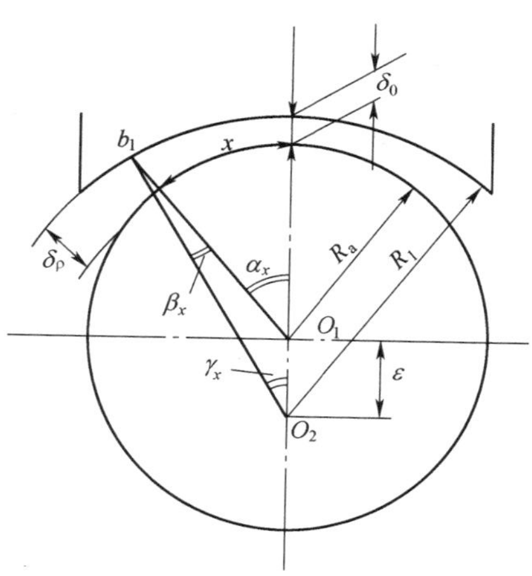

图 3－42　偏心气隙几何关系

设距离主极中心线 x 处的点为 x，则该点的气隙值为 δ_x。由图中看出

$$\delta_x=\overline{O_1b_1}-R_a \tag{3-63}$$

根据 $\Delta O_1b_1O_2$ 所示的关系

$$\overline{O_1b_1}=R_1\frac{\sin\gamma_x}{\sin\alpha_x} \tag{3-64}$$

及

$$\alpha_x=\beta_x+\gamma_x \tag{3-65}$$

因为

$$\frac{\sin\gamma_x}{\sin\alpha_x}=\cos\beta_x-\sin\beta_x\cot\alpha_x \tag{3-66}$$

$$\sin\beta_x=\frac{\varepsilon}{R_1}\sin\alpha_x \tag{3-67}$$

由式(3－63)和式(3－67)给出的关系，可以解得

$$\delta_x=\sqrt{R_1^2-\varepsilon^2\sin\alpha_x}-R_a-\varepsilon\cos\alpha_x \tag{3-68}$$

式中　$R_1=R_a+\delta_0+\varepsilon$

当 $\alpha_x=\alpha$(以角度表示的实际极弧系数)时，$\delta_x=\delta_\rho$ 则以 δ_0 和 δ_ρ 表示的偏心距 ε 的关系式为

$$\varepsilon=\frac{(\delta_\rho-\delta_0)[(R_a+\delta_0)+(R_a+\delta_\rho)]}{2[(R_a+\delta_0)-(R_a+\delta_\rho)\cos\alpha]} \tag{3-69}$$

为简化计算，令 $R_a+\delta_0=R_a+\delta_\rho$，则式(3－69)可变为较简单的形式

$$\varepsilon=\frac{\delta_\rho-\delta_0}{1-\cos\alpha} \tag{3-70}$$

由推导的结果可知，根据选定的极中心气隙 δ_0 与极尖处气隙 δ_ρ，在已知实际极弧系数(以机械角度表示)的情况下，即可求出偏心气隙的偏心距 ε。再根据 ε 和已知的电枢圆周的半径 R_a 可以进一步求出极靴表面轮廓线，最后能画出整个偏心气隙的结构图。

由式(3－68)中看出，如果忽略其中 $\varepsilon^2\sin\alpha_x$ 一项，同时作某些假设并经数学推导，能够得出本章第十二节中给出的计算偏心气隙 δ_x 的公式，即式(3－92)。

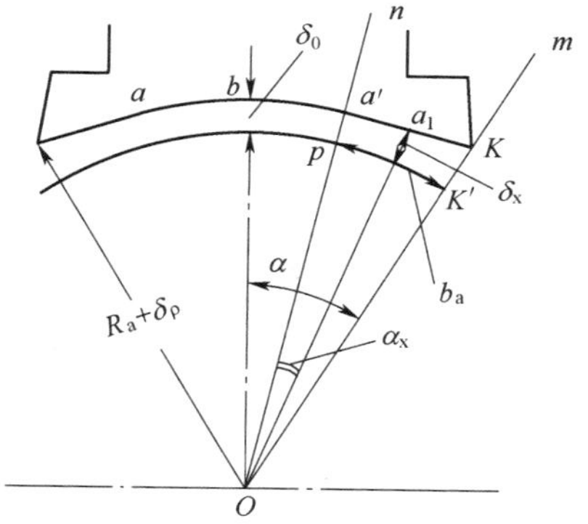

图 3－43　部分扩张气隙几何关系

2. 部分扩张气隙

如图 3－43 所示的是部分扩张气隙，这种形式的气隙，主极极靴由两部分组成：同电枢圆

周同心的主极圆弧部分 $a(a')$ 和由 $a(a')$ 点开始向外延伸的切线部分。第一部分极弧与电枢为同心圆，在这段弧长范围内，气隙是均匀的并且等于 δ_0；第二部分气隙是从 $a(a')$ 点处的气隙 δ_0 开始，向极靴边缘增加到 δ_p 值。极靴这一部分用直线画出，气隙 δ_x 是扩张气隙，这里只讨论一下气隙扩张部分的变化规律。

设距参考点 a 处的某点为 x，则该点的气隙值为

$$\delta_x=\overline{Oa_1}-R_a \tag{3-71}$$

由$\triangle Oaa_1$ 的关系得

$$Oa_1=\frac{R_a+\delta_0}{\cos\alpha_x} \tag{3-72}$$

根据$\triangle ObK$，R_a 可表示为

$$R_a=\frac{\delta_p\cos a-\delta_0}{1-\cos\alpha} \tag{3-73}$$

将式(3－72)和式(3－73)代入式(3－71)，在稍加化简和必要的变换之后，扩张部分的气隙为

$$\delta_x=\delta_0\left[1+\left(\frac{\delta_p}{\delta_0}-1\right)\left(\frac{x}{b_a}\right)^2\right] \tag{3-74}$$

式中　b_a——对应于气隙扩张部分的电枢圆周弧长。

由图 3－43 可以确定

$$b_a=R_a\arccos\left(\frac{R_a+\delta_0}{R_a+\delta_p}\right) \tag{3-75}$$

由上述推导可以看出，部分扩张气隙 δ_x 与基值 δ_0，比值 δ_p/δ_0 以及极弧角 α 有关，并且是位置 x 的函数。

在已知 δ_0，δ_p，R_a 及 α 的情况下，可以很方便地画出部分扩张气隙极靴轮廓图。方法可归纳如下：

画半径为 R_a 的电枢圆；

画半径为($R_a+\delta_0$)的主极均匀气隙部分的极弧；

由 α 引线段$\overline{Om}$，使 $KK'=\delta_p$；

按式(3－75)求出 b_a，并在电枢圆上得 P 点；

经 P 引线段 On，交于主极圆弧 a 点；

连接线段$\overline{aK}$，即为部分扩张气隙的直线部分。

三、安装补偿绕组

为了防止发生环火，对于负载经常急剧变化和经常在削弱磁场下工作的直流牵引电动机来说，最有效的办法是安装补偿绕组。补偿绕组的作用在于尽可能地消除由于电枢反应所引起的气隙磁场的畸变，从而减小最大片间电压的数值和改善电机的电位特性。安装补偿绕组能使最大片间电压在稳态时降低 25％左右，而在过渡状态时降低 40％～50％。为了提高电力机车高速运行时的利用功率，通常认为安装补偿绕组是行之有效的方法。

如图 3－44 所示，补偿绕组装在主极极靴上专门冲制的槽子内，其导线连接使产生的磁场分布在两主极之间。为了在不同负载下都能补偿电枢反应，故把它和电枢绕组串联起来，并使

补偿绕组产生的磁势和电枢磁势方向相反。

图 3—45 绘出的补偿绕组是现代牵引电动机实际采用的一种结构。其特点在于并非把线圈嵌放在主极极靴的径向槽中，而是嵌入在其轴线和槽壁与换向极轴线平行的槽中，线圈布置和连接如图 3—45(b)、(c)所示。

图 3—46 画出了电枢反应和补偿绕组磁势的波形。由图可见，两者基本上能够相补偿。由于在主极之间无法安装补偿绕组，因此补偿绕组磁势呈梯形波。故主极之间的电枢磁势不能全被补偿，留下一个三角形磁势波(阴影部分)，该磁势可由换向极磁势来补偿。

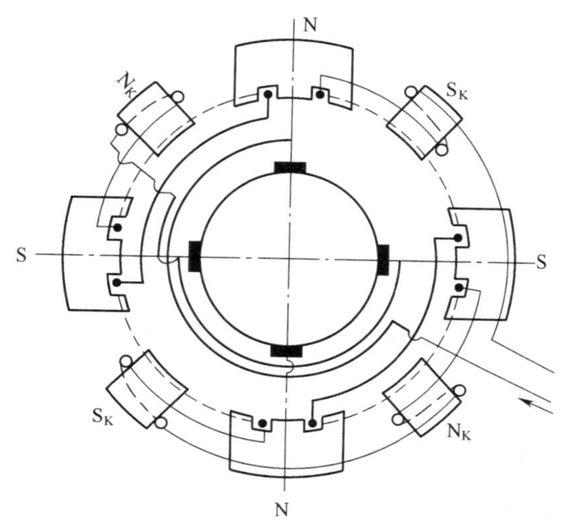

图 3—44　补偿绕组装置及连接法

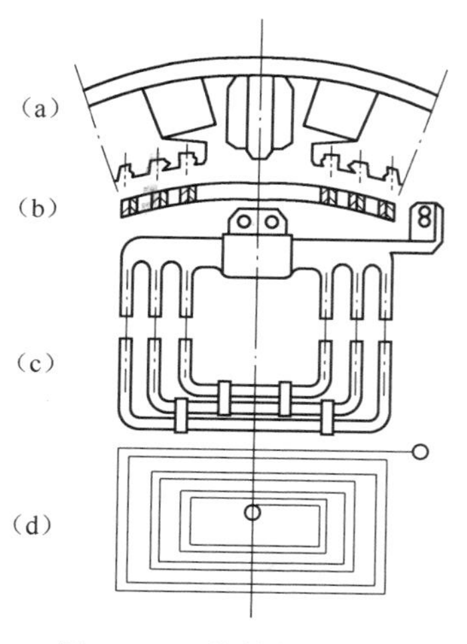

图 3—45　补偿绕组布置

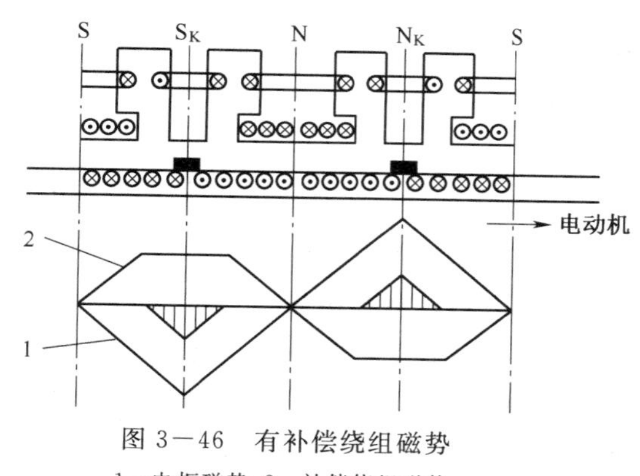

图 3—46　有补偿绕组磁势

1—电枢磁势；2—补偿绕组磁势

补偿绕组所需的磁势值，可根据下述原则计算，补偿绕组磁势＝极弧下电枢反应磁势，即

$$N_K I_a = Aa\tau$$

式中　I_a——电枢电流(等于补偿绕组中电流)；

N_K——补偿绕组每极根数

我国 ZQ650-1，ZQ800-1 和 ZQ850 电机都采用了补偿绕组，这几种电机的最大片间电压和最大电位梯度都比较低，换向器上电位分布也较均匀，因而增加了电位稳定性和抗环火能力。

补偿绕组虽有上述作用，但它使电动机的结构复杂，增加了制造和检修的工作量。

应该提出的是，虽然电机在设计和结构上采取了一定措施来防止环火的产生，但在实际运行中仍不可能消除所有的环火现象。因此，还必须在线路方面采取相应措施，一旦电机发生环火，力求限制它的后果。这些办法是：

(1)线路方面采用快作用保护,一旦电机发生环火,能迅速将电机从电网断开;

(2)对并联工作的电机分别进行保护,以使其中某一台电机发生环火时,不致对另一些电机造成危害;

(3)主极线圈连接于电枢绕组之后,以避免发生环火时,由于故障电流使磁通增加而引起更猛烈的环火。

四、防环火系统

近年来,研究者正在致力于研究一种高效能的防止环火的装置,以便及时发现(检测)环火并使其停留在原始阶段而不致造成严重的后果。

在研究防环火系统之前,首先必须进一步弄清发生环火时整个系统的状态,然后要给出牵引电机抗环火能力的评定准则。

分析指出,当电动机发生环火时,无论此时是全磁场工况还是削磁工况,因电枢绕组电流改变方向,电动机很快过渡到发电机工况。由于电枢磁场反向,则在开始瞬间,换向极绕组两端会出现正极性的电压脉冲,这是总的概念。下面探讨一下换向器上由单一闪络(电位火花)发展为环火电弧的过程。单一电弧在片间电压为26～27 V时可能开始发生,在片间电压超过33 V时很容易发生。

设U_n为可能成为的单一燃弧电压,U_m为最大片间电压,U_g为电弧压降,如果把相邻换向片间电压分布曲线按照电动机换向器圆周速度以时间坐标重新建立,则单一电弧发展过程的微分方程可以写为

$$i_g R_e + L_e \frac{di_g}{dt} = u(t) - U_g \tag{3-76}$$

式中 $u(t)$——片间电压分布曲线;

i_g——单一燃弧电流;

R_e、L_e——分别为电枢绕组内单一燃弧电路的等效电阻和等效电感。

由于$u(t)$项存在,式(3－76)为非线性方程。解算该方程采用有限时间间隔法,在每一时间间隔Δt内,函数$u(t)$采用常值,即等于该时间间隔内的平均电压。解式(3－76)得第一时间间隔内单一燃弧电流为

$$i_{g(n)} = \frac{U_n - U_g - i_{g(n-1)} R_e}{R_e}\left(1 - e^{-\frac{R_e}{L_e}\Delta t}\right) \tag{3-77}$$

式中 $i_{g(n-1)}$——前一时间间隔结束时单一燃弧电流。

时间间隔Δt可以取得相同,并考虑和电动机旋转一个换向片片距相吻合。

根据式(3－77)的计算结果,最大单一电弧电流常达1 500 A以上,这说明直流牵引电动机产生环火的概率是非常大的,即没有一种电机具备绝对的抗环火能力。

在切向,环火的发展速度与换向器圆周速度大致相同,从单一闪络发展成异极性电刷之间环火的时间大约为5～10 ms。在这一时间内电机外部电路的参数对环火电弧的发展不起决定性作用,而主要取决于故障电机的内部参数。根据对环火试验数据的分析估计,环火持续时间一般约为70～80 ms,持续时间越长,对电机危害性越大。为了较准确地判断环火的破坏力,定量地评价防环火系统的效果,合理地选择、设计防环火系统,应该采用环火电弧电流和电

弧存在时间成正比的一种量纲来评定。由于环火电弧电流是不可能检测的，可以借助外电枢电路电流波形来表征，则环火系统效能的评定准数为

$$S = \int_0^{t_k} i_k(t)\,dt \tag{3-78}$$

该准数等于在电流 i_k 的变化曲线，从 0 到 i_{KQ} 的一段纵坐标以及从 0 到 t_k 的一段横坐标描绘的图形面积（当电机从电源上断开时，$t=t_k$，$t_k=0$）。根据大量试验统计数据，推荐 $S=150\text{C}$ 作为选择保护接触器触头的依据。

根据以上分析知：一个完善的防环火系统应分为环火发现（检测）系统和环火熄灭系统。环火发现系统用来获得有关单一闪络发展开始时的信号，以及提供保护装置的驱动信号；环火熄灭系统应保证相当快地熄灭环火电弧，保证接触器有较强的灭弧效能以及确定它本身的快作用值（从线圈获得信号到主触头开始动作的时间）。

对防环火系统的具体要求可以归纳如下：

（1）环火发现系统应具备不低于 3 ms 的快速动作（环火发展开始到向环火熄灭系统发出信号的时间）；

（2）对于灭弧系统，环火时通过主接触器主触头的电量不应超过 105 C；

（3）环火开始时限制外电枢电流，然后使电流值降低，时间不超过 15 ms；

（4）环火总持续时间不得超过 70 ms。

根据以上要求可以设计防环火系统装置。该装置采用换向极绕组两端电压脉冲信号作为环火发生信号。换向极绕组电压脉冲信号有清晰的波形，有陡峭的脉冲上升沿。如果原始闪络只发生在初始几片换向片上面未形成环火，电压脉冲幅值大约只有数十伏。如果闪络扩展成环火，脉冲电压在 3～5 ms 时达最大值，然后保持最大值（约 160～200 V）约 3～6 ms，大约又在 3 ms 后电压脉冲急剧下降。

采用检测换向极绕组电压脉冲信号的防环火装置的原理图如图 3－47 所示。

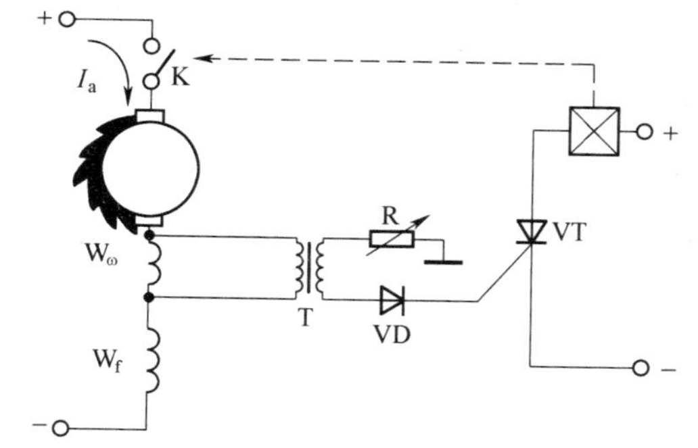

图 3－47　防环火装置

换向极绕组脉冲电压检测由绕组两端引至配电变压器初级，由变压器次极绕组通过二极管和可调电阻向晶闸管 VT 的控制极送触发信号。主回路快作用接触器的控制线圈经晶闸管 VT 接入直流电源。当晶闸管由于换向极取得电压脉冲而导通时，快作用接触器控制极线圈得电，从而快速地切断环火电动机的电路。电路元件参数的选择应该考虑到只有在证明环火已开始发展时晶闸管才能导通。接触器动作后，活动触头应处于断开状态的机械卡锁位置上。

另外，采用火花放电引导闪络（环火）接地的装置也正在研制，并已在国外（如日本的 MB-530-AVR 牵引电动机）一些电机上采用，运行表明，它对防止环火相当有效。该装置是在每个电刷的侧面设置一个小凸台，在其对应的机座上装一个六角头螺栓，调节螺旋使它们之间有一定的放电距离。当电机发生片间闪络时，根据电弧使空气电离的道理，将闪络火花从电制经螺栓引出并接地，从而避免火花在换向器表面拉长、扩展以致形成环火。

第十二节　换向器上电位特性的工程计算

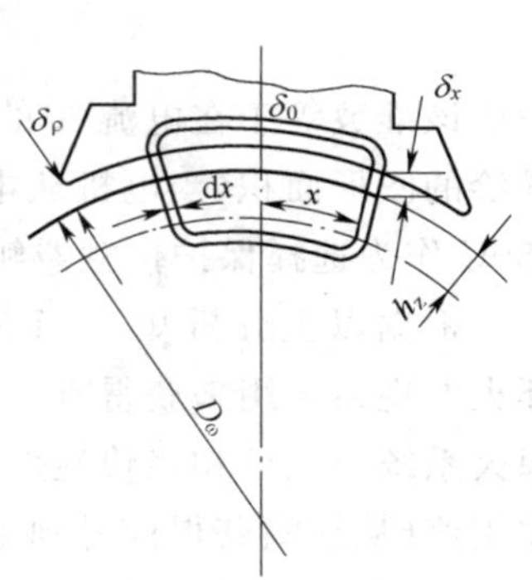

图 3－48　电枢反应等效磁势

如上所述,电机的环火与换向器上片间电压分布及最大片间电压数值有关。为了确定最大片间电压,必须计算换向器片间电压分布曲线 $\Delta U_{k}=f(x)$ 或电位分布曲线 $U_{kx}=f(x)$。

当电机带负载时,在极距范围内分布着空载磁场和电枢反应磁场,它们分别由主极磁势和电枢反应磁势产生。如图 3－48 所示,在极距范围内,气隙中任意一点 x 的磁势可以用下式表示

$$F_{x}=F_{a\delta z}\pm F_{aq}\frac{x}{2\tau} \tag{3－79}$$

式中　$F_{a\delta z}$——气隙、齿层和电枢轭磁势之和($F_{a\delta z}=F_{a}+F_{x}+F_{\delta}$);

F_{aq}——电枢反应横轴磁势;

x——由主极轴线起距讨论点的距离。

在极距范围内对应 x 点的片间电压一般可用下式表示

$$\Delta U_{kx}=2W_{s}B_{x}l_{a}v_{a} \tag{3－80}$$

式中　B_{x}——气隙中距主极轴线 x 点处的气隙磁密。

气隙磁密 B_{x} 是由气隙合成磁势决定的,因此

$$B_{x}\approx\mu_{0}H_{x}=\mu_{0}\frac{F_{x}}{K_{\delta}\delta_{x}} \tag{3－81}$$

式中　H_{x}——距主极轴线为 x 点处的气隙磁场强度;

K_{δ}——气隙系数;

δ_{x}——x 点处的气隙值。

按照式(3－79)～式(3－81)便可确定在某一负载下距 x 点处的片间电压。但是,由于主极尖饱和以及齿层磁势的非线性,使这种计算极其困难而且不够准确。

然而,对于牵引电动机来说,在削弱磁场下的高速运行乃是最容易导致环火的危险工况。在这个状态下,磁场畸变最大,因而决定着有最大的磁通密度和最大的片间电压。但是,在这一工况下的磁路实际上是不饱和的。因此,和气隙磁密对应的任一点的片间电压和该点的气隙磁势成正比,即

$$F_{x}\propto B_{x}\delta_{x}\propto\Delta U_{kx} \tag{3－82}$$

或

$$\Delta U_{kx}\propto F_{x}/\delta_{x} \tag{3－83}$$

式(3－83)中的 F_{x} 和 δ_{x} 皆为距离 x 的函数。为了便于计算,通常将片间电压 ΔU_{kx} 用较为简单的平均片间电压来表示(该值相应于平均磁通密度)。平均片间电压为

$$\Delta U_{kav}=\frac{2\rho U}{K} \tag{3－84}$$

分析图 3－49 可知,曲线 1 表示电枢中没有电流时磁通密度的分布情况,矩形 2 和 3 分别表示在极距范围内的磁通密度 B_{av} 和在极弧范围内折算到均匀等效气隙的磁通密度 B_{e} 的分布波形。这三个波形的面积是相等的,且表示同一个磁通 Φ。因此,可以写成

$$B_{av}\tau = B_e b_i \tag{3-85}$$

由此

$$\frac{B_{av}}{B_e} = \frac{b_i}{\tau} = a_i \tag{3-86}$$

利用式(3－86)给出的比值，在极弧范围内折算到均匀等效气隙情况下的平均片间电压为

$$\Delta U_{ka} = \frac{\Delta U_{kav}}{a_i} \tag{3-87}$$

在略去电枢反应去磁效应的情况下

$$\Delta U_{ka} \propto F_{a\delta z}/\delta_e \tag{3-88}$$

将式(3－83)和式(3－88)进行比较，并利用式(3－79)和式(3－87)给出的结果，最后可得片间电压的计算式为

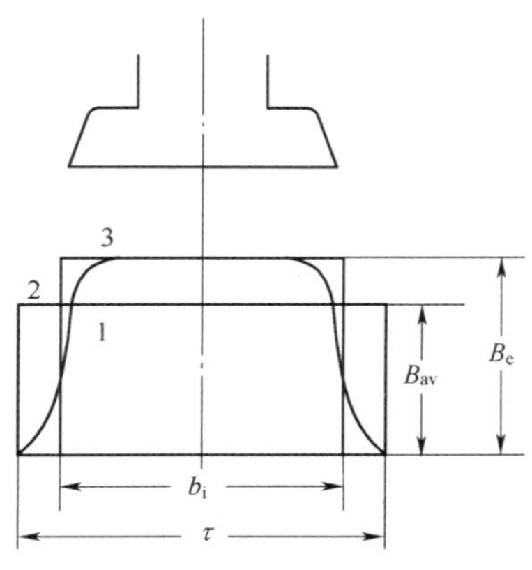

图 3－49 主极磁通分布

$$\Delta U_{ka} = \frac{U_{kav}}{a_i}\left[1 \pm \frac{F_{aq}}{F_{\delta az}}\left(\frac{2x}{\tau}\right)\right]\frac{\delta_e}{\delta_x} \tag{3-89}$$

式中 δ_e——采用不均匀气隙时的等效计算气隙；

δ_x——x 点的实际气隙。

式(3－89)中等效气隙 δ_e 的数值，取决于所采用的不均匀气隙的几何形状，对于经常采用的偏心气隙

$$\delta = k_e \delta_0 \tag{3-90}$$

式中 k_e——由偏心气隙换算到等效均匀气隙的折算系数。

根据折算关系，可以求出折算系数为

$$k_e = \sqrt{\frac{\delta_\rho}{\delta_0} - 1} \Bigg/ \arctan\sqrt{\frac{\delta_\rho}{\delta_0} - 1} \tag{3-91}$$

式中 δ_0——主极极中心空气隙(等效气隙折算的基准气隙)；

δ_ρ——主极极尖处空气隙。

对于偏心气隙，极弧下任一点的实际气隙可以表示为

$$\delta_x = \delta_0\left[1 + \left(\frac{2x}{a\tau}\right)^2\left(\frac{\delta_\rho}{\delta_0} - 1\right)\right] \tag{3-92}$$

根据式(3－89)～式(3－92)，当已知磁势参数和偏心气隙比 δ_ρ/δ_0 时，即可求得极弧下任意一点的片间电压，即可以求得片间电压分布曲线

$$\Delta U_{kx} = f(x)$$

和电位特性曲线，如图 3－50 所示。

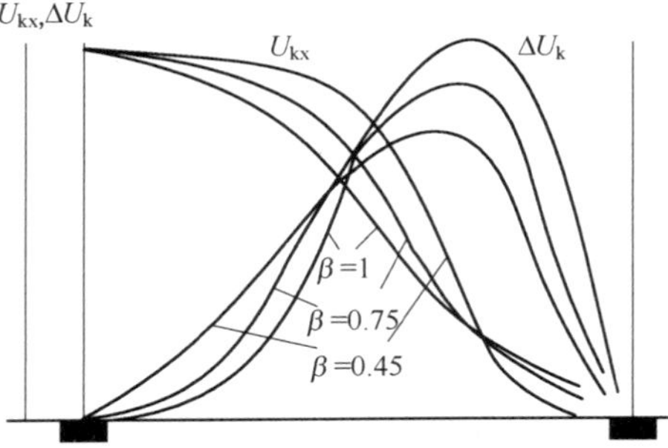

图 3－50 电位特性和片间电压分布

由图 3－50 曲线可以看出，在电动机运行情况下，最大片间电压 ΔU_{kmax} 靠近电刷后刷边。当电机在削弱磁场情况下运行时，励磁磁势按削弱磁场系数 β 的数值减小，式(3－89)可以写

成如下形式

$$\Delta U_{kx}=\frac{\Delta U_{kav}}{a_i}\left[1+\frac{F_{aq}}{\beta F_{\delta az}}\left(\frac{2x}{\tau}\right)\right]\frac{\delta_e}{\delta_x} \tag{3-93}$$

因为削弱磁场系数 $\beta<1$，故此时 ΔU_{kmax} 增加，且靠近后刷边的电位特性变得更陡，这对于防止环火是不利的。因此，削弱磁场降低了电机的电位稳定性。

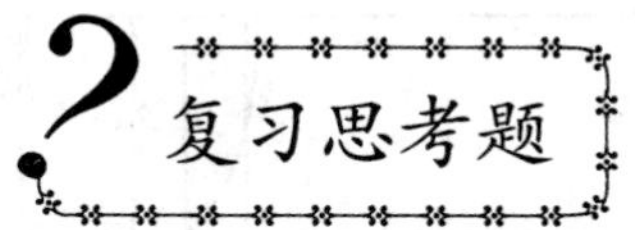

复习思考题

1. 什么叫换向？直流牵引电动机的换向元件在换向过程中产生哪些电动势？各由什么原因引起的？

2. 换向器表面薄膜是怎样形成的？对换向有什么影响？

3. 为什么要采用双分裂式电刷？

4. 换向元件在换向过程中可能出现哪些电动势？是什么原因引起的？对换向各有什么影响？

5. 造成换向不良的主要电磁原因是什么？采取什么措施来改善换向？

6. 换向磁极的作用是什么？它装在哪里？它的绕组如何激磁？

7. 什么叫环火？电机环火的后果是什么？

8. 牵引电动机为了防止环火，在参数和结构上采取了哪些措施？

第四章
直流牵引电动机的特性

根据铁路运输的特点，必须对机车牵引性能提出一定的要求，这些要求是：能产生足够大的起动牵引力；能方便和广泛地调节速度；有较高的过载能力；在速度变化的范围内，能充分发挥机车功率以及应该具备先进的经济技术指标等。

电力传动机车是由牵引电动机直接驱动的，因此机车的牵引及调节性能，实质上取决于牵引电动机的特性。

本章将阐述三个方面的内容：1. 直流串励牵引电动机的工作特性及其与机车牵引特性间的对应关系。2. 牵引电动机在最高转速（即机车最大时速）下，功率的发挥与电机参数选择关系，削弱磁场对于提高牵引电动机功率利用的作用。3. 为分析机车调速系统的动态过程，推导描述牵引电动机在自动调节系统中的动态特性的数学模型。

第一节　牵引电动机的工作特性

牵引电动机的工作特性由以下主要参数来表示：

U——加在电动机上的端电压，V；

I_a——电枢电流，A；

n——电枢转速，r/min；

M——电动机转矩，N·m；

P_2——输出功率，kW；

η——电动机效率，%。

当牵引电动机的电压为恒定值时，电动机的转速、转矩和效率对电枢电流的关系曲线称为牵引电动机的工作特性曲线，即

转速特性曲线 $n=f(I_a)$

转矩特性曲线 $M=f(I_a)$

效率特性曲线 $\eta=f(I_a)$

牵引电动机的工作特性是由电机结构、励磁方式和磁路饱和状态等因素决定的，它代表了电机本身具有的运行性能，故又称这些特性为电机的自然特性。

一、速率特性 $n=f(I_a)$

不论是哪一种励磁方式的电动机，转速 n 对电枢电流 I_a 的变化关系可以根据下面的基本公式求得，即

$$U=E_a+I_a\sum R=\frac{pN}{60a}\Phi n\times10^{-6}+I_a\sum R \tag{4-1}$$

式中 E_a——电动机的反电势,V;

$\sum R$——电动机绕组的电阻,Ω;

N——电构绕组有效导体数;

ρ——电动机磁极对数;

a——电枢绕组的并联电路对数;

Φ——每极磁通,Wb。

从式(4－1)解 n,得

$$n=\frac{U-I_a\sum R}{\frac{\rho N}{60a\times 10^{-6}}\cdot\Phi}=\frac{U-I_a\sum R}{C_e\Phi}(\text{r/min}) \qquad (4-2)$$

式中 $C_e=\frac{\rho N}{60a\times 10^{-6}}$称为电机常数。对于已制成的电机,这个系数是不变的。

如果端电压 U 保持恒定,当负载变化时,式(4－2)中分子这一项变化很小。因此在定性分析问题时,可以近似认为电动机转速是和磁通成反比的。

根据式(4－2)给出的结果,可以很方便地绘出各种激磁方式电动机的转速特性 $n=f(I_a)$。对于他激电动机,当端电压为常数,其转速几乎不随电流变化而变化。对于并激电动机,当端电压为常数时,其转速随电流增加而下降不多。对于串激电动机,当端电压保持不变时,其转速与电流成反比。

二、转矩特性 $M=f(I_a)$

电动机轴上转矩与功率的关系可用下式表示,即

$$P=M\omega$$

式中 M——轴上的转矩,N·m;

ω——电枢的角速度,rad/s。

因为 $\omega=\frac{2\pi n}{60}$则

$$P=M\frac{2\pi n}{60}$$

若电动机功率的单位以 kW 表示时,则

$$P=\frac{Mn}{9.55}\times 10^{-3} \qquad (4-3)$$

式(4－3)为牵引电动机设计和分析问题时常用的公式。

另外,电动机轴上功率如以电流、电压的形式来表示时,则

$$P=UI\eta\times 10^{-3} \qquad (4-4)$$

式中 η——电动机的效率%;

I——电动机输入电流,在串激电动机中也就是电枢电流 I_a。

式(4－3)和式(4－4)都是电动机轴上的输出功率。因此,电动机转矩和电流的关系为

$$M=9.55\frac{UI\eta}{n}(\text{N}\cdot\text{m}) \qquad (4-5)$$

根据转速特性 $n=f(I_a)$ 和式(4－5)所表示的关系,即可求出电动机的力矩特性 $M=f(I_a)$。

三、效率特性 $\eta=f(I_a)$

电机在工作时会产生各种损耗，损耗包括以下几部分：

(1)铜耗 P_{Cu}（又称电损耗）；

(2)铁耗 P_{Fe}（又称磁损耗）；

(3)机械损耗 P_{ω}；

(4)附加损耗 P_{Δ}。

根据负载变化对损耗的影响关系，可将上述损耗分为两类：第一类为铜耗和附加损耗，它们都是随电流变化而变化的，而且和电流平方成正比，这类损耗称为变值损耗，可用比例关系 $K'I^2$ 来表示。第二类为铁耗和机械损耗，它们的总和几乎与负载变化无关，这类损耗称定值损耗，用系数 K 来表示。因此，电机的总损耗可以写成 $K'I^2+K$。

在学习电机基本知识时已知，电机效率可用下式表示

$$\eta=\frac{UI-\sum P}{UI} \tag{4-6}$$

将 $K'I^2+K=\sum P$ 的关系代入上式，则

$$\eta=\frac{UI-(K'I^2+K)}{UI} \tag{4-7}$$

如果把式(4—7)画成曲线，就得到电机效率特性曲线，如图 4—1 中曲线 1 所示。

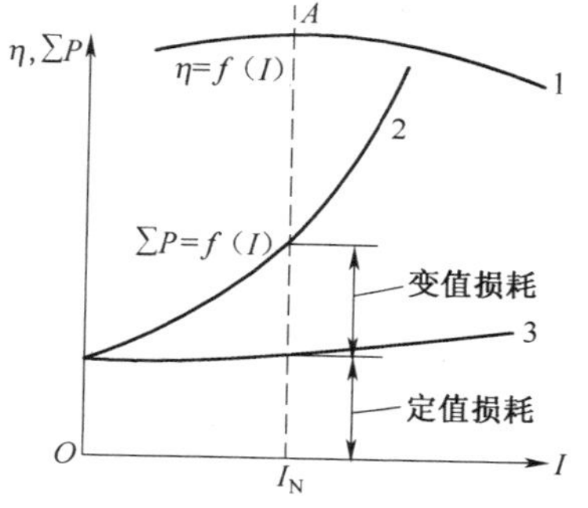

图 4—1　牵引电动机损耗和效率特性曲线

1—$\eta=f(I)$曲线；2—$\sum P=f(I)$曲线；3—定值损耗曲线；A—效率最大值 η_{max}

牵引电动机效率特性曲线的形状取决于定值损耗和变质损耗之间的比例关系。由图 4—1 看出效率曲线有一个最大值 η_{max}，此时

$$\frac{d\eta}{dI}=\frac{UI(U-2K'I)-U(UI-K'I^2-K)}{U^2I^2}=0$$

化简后得

$$K'I^2=K$$

上式说明电机的最大效率是发生在变值损耗和定值损耗相等时。因此，在设计电机时，可以用控制定值损耗和变值损耗比例关系的方法，使电机在额定电流时或者在预定要经常工作电流的附近有最高效率。例如：铜耗的大小取决于电机的电负荷，减小导体的电流密度，可以使铜耗相应地减小。铁耗的大小取决于电机的磁负荷，减小空气隙的磁通密度和齿中的磁通密度，可以使铁耗相应地减小。因此，合理地选择电机的电负荷和磁负荷，用调整定值损耗和变值损耗比例的方法，能够使牵引电动机在负载变化的范围内，获得最优越、最合理的效率。

电机额定状态时的效率与电机额定功率大小有关。一般情况下，额定功率越大的电机，它的效率也越高。例如：额定功率 20 kW 以下的电机，其额定效率约为 70%～80%；100 kW 的电机额定效率约为 85%～90%；200 kW 以上的直流牵引电动机，额定效率大约为 91%～95%。

四、机车的牵引特性

牵引电动机产生的转矩，通过齿轮传动装置传递到机车动轮上，并在动轮缘产生牵引力驱

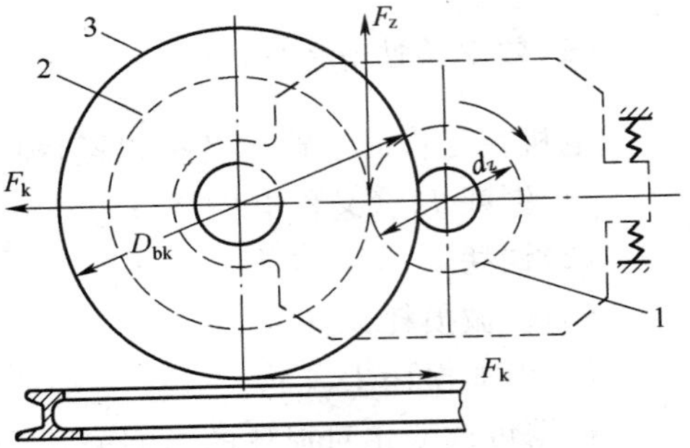

动列车运行，如图 4－2 所示。因此，牵引电动机的基本工作特性直接地决定了机车的工作特性。上面分析了牵引电动机的速率特性 $n=f(I)$ 和转矩特性 $M=f(I)$，只要经过换算即可求出机车的速度特性 $v_k=f(I)$ 和牵引力特性 $F_k=f(I)$，再由机车速度特性和牵引力特性得出机车牵引特性 $F_k=f(v_k)$。

机车轮缘线速度 v_k 与轮对转速 n_k 有下面关系

$$v_k=\frac{\pi D_{bk}n_k}{60} \tag{4-8}$$

图 4－2　牵引电动机力矩传递

1—小齿轮节圆；2—大齿轮节圆；3—轮对

式中　D_{bk}——机车动轮直径。

轮对的转速 n_k 是由电动机的转速 n 决定的。因为装在电机轴上的是小齿轮，而装在轮对上的是大齿轮（如图 4－2 所示），所以其转速之比就是齿轮的传动比，即

$$\mu=\frac{n}{n_k} \tag{4-9}$$

式中　μ——齿轮传动比。

将式(4－9)中的 n_k 值代入式(4－8)，并经过单位的换算，即得

$$v_k=\frac{\pi D_{bk}n}{60\mu}\cdot\frac{3\ 600}{1\ 000}=\frac{D_{bk}n}{5.3\mu} \tag{4-10}$$

式中　D_{bk} 的单位为 m，n 的单位为 r/min。

对于某一机车来说 D_{bk} 和 μ 都为常数，则机车速度 v_k 正比于电机转速 n。因此，欲求机车速度特性，只要在电动机速率特性 $n=f(I)$ 上，改变转速 n 的比例尺（乘以 $\frac{D_{bk}}{5.3\mu}$），就能得到机车的速度特性 $v_k=f(I)$。

电动机轴上产生的转矩 M，被传到轮对轴上，转矩 M（不计传动效率）为

$$M=F_z\frac{d_z}{2} \tag{4-11}$$

式中　F_z——小齿轮齿上所受的力；

d_z——小齿轮节圆直径。

轮对上的转矩（见图 4－2）为

$$M_{bk}=F_k\frac{D_{bk}}{2}=F_z\frac{D_z}{2} \tag{4-12}$$

式中　F_k——轮缘和钢轨接触处所产生的切线牵引力；

D_z——大齿轮节圆直径。

为了求出轮缘牵引力 F_k 和电机转矩的关系，可将式(4－11)的 F_z 代入公式(4－12)，则

$$F_k\frac{D_{bk}}{2}=\frac{2M}{d_z}\cdot\frac{D_z}{2}=M\mu \tag{4-13}$$

考虑到传动装置的效率 η_g（即齿轮传动和电动机悬挂轴承的磨擦损耗），就得到以电动机力矩所表示的轮对牵引力。即

$$F_k=\frac{2M\mu}{D_{bk}}\eta_g \tag{4-14}$$

在采用圆柱齿轮一级传动时，传动效率平均值为 0.97。从式(4－14)看出：由牵引电动机

转矩特性 $M=f(I_a)$，改变 M 的比例尺$\left(\text{乘以}\frac{2\mu\eta_g}{D_{bk}}\right)$，便得到机车牵引力特性 $F_k=f(I_a)$。

给定不同的电流 I_a，通过 $v_k=f(I_a)$ 和 $F_k=f(I_a)$ 曲线，便可得到机车牵引特性 $F_k=f(v_k)$。也可以用牵引电动机输出功率折算到机车轮缘功率的方法，直接求出机车牵引特性的表达式。设每对轮缘上的功率 P_k 等于每对轮缘上牵引力 F_k 与机车轮周线速度 v_k 的乘积，则

$$P_k=\frac{F_k v_k}{3.6}(\text{kW}) \tag{4-15}$$

在抱轴式悬挂的机车上，其每对轮缘上的功率等于每个电动机的输出功率 P_2 乘以传动效率 η_g，则每轴牵引力

$$F_k=3.6\frac{P_2}{v_k}\eta_g(\text{kN}) \tag{4-16}$$

或

$$F_k=0.0036\frac{UI}{v_k}\eta\eta_g(\text{kN}) \tag{4-17}$$

第二节　牵引电动机的磁场削弱

由于机车运行情况比较复杂，经常需要按照线路断面的变化情况来选择合适的行驶速度，因此就要求牵引电动机有足够大的调速范围，因为串激电动机调速性能好故用来作为牵引电动机使用。但串激电动机在额定电压下工作时其自然特性曲线不是一条恒功率曲线，因此随着电力机车速度的提高，串激电动机发出的功率将略有减少。为了扩大机车的调速范围，特别是为了发挥机车高速时牵引电动机的功率，电传动机车上通常都采用磁场削弱的方法来进行调速。

牵引电动机的磁场削弱就是用某种手段将电动机的磁场减小（削弱），从而达到调节速度的目的。

磁场削弱的方法很多，比较常用的一种是，在电动机励磁绕组两端并联一级或数级分路电阻，如图 4－3 所示。当分路电阻上的开关没有闭合时，流过励磁绕组的电流等于电枢电流，这种状态称为“满磁场”。如果分路电阻上的开关已经闭合，则分路电阻对励磁绕组起分路作用，这时，流过励磁绕组的电流总是小于电枢电流，我们把这种状态称为“磁场削弱”。用这种方法来进行磁场削弱比较简单、方便，只要改变分路电阻的数值，就能获得所需要的几个不同的磁场削弱级。

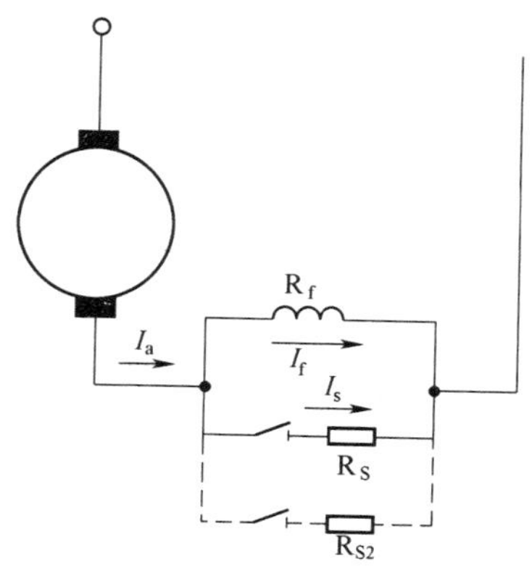

图 4－3　磁场削弱原理

牵引电动机磁场削弱程度可用磁场削弱系数 β 来表示，即

$$\beta=\frac{F_{\omega f}}{F_{ff}} \tag{4-18}$$

式中　$F_{\omega f}$——磁场削弱时励磁绕组的磁势；

F_{ff}——满磁场时励磁绕组的磁势。

因为在削弱磁场时,励磁绕组的匝数不变,因此式(4—18)又可写为

$$\beta=\frac{F_{\omega f}}{F_{ff}}=\frac{I_f W}{I_a W}=\frac{I_f}{I_a}=\frac{I_f}{I_f+I_s} \tag{4—19}$$

式中 I_f——磁场削弱时通过励磁绕组的电流;

I_a——上述情况下的电枢电流;

I_s——在磁场削弱时流过分路电路的电流;

W——励磁绕组匝数。

设励磁电阻为 R_f,分路电阻为 R_s,则

$$I_s R_s=I_f R_f$$

$$R_s=\frac{I_f}{I_s}R_f$$

根据式(4—19)得

$$\beta I_s=(1-\beta)I_f$$

或

$$\frac{I_f}{I_s}=\frac{\beta}{1-\beta}$$

$$R_s=\frac{\beta}{1-\beta}R_f$$

所以

$$\beta=\frac{R_s}{R_f+R_s} \tag{4—20}$$

由式(4—19)和式(4—20)可知,磁场削弱系数 β 值是由分路电阻 R_s 来决定的,而与励磁绕组的匝数无关,如果需要改变磁场削弱系数,只需改变分路电阻即可。

当牵引电动机在某一磁场削弱级运行时,相应地有一条特性曲线,这条特性曲线可以根据满磁场时的特性曲线求得。

设在磁场削弱时,牵引电动机的转速为

$$n'=\frac{U-IR'}{C_e\Phi'} \tag{4—21}$$

式中 n'——磁场削弱后,在电枢电流为 I 时的转速;

Φ'——磁场削弱后,在电枢电流为 I、励磁电流为 βI 时的磁通;

R'——磁场削弱时,电动机的等值电阻。

如果和满磁场的速率特性相比较,在相同的励磁电流下,电枢电流应为 βI(因为满场时励磁电流就是电枢电流),此时的转速为

$$n=\frac{U-\beta IR}{C_e\Phi} \tag{4—22}$$

比较式(4—21)与式(4—22),可得

$$\frac{n'}{n}=\frac{\Phi}{\Phi'}\cdot\frac{U-IR'}{U-\beta IR} \tag{4—23}$$

因为两种情况的励磁电流相等,则彼此所产生的磁通基本上是一样的。同时由于电动机的电阻非常小,压降可以忽略。因此,可以认为

$$n'\approx n$$

这就是说，在磁场削弱的情况下、当电枢电流为 I 时，其转速将近似等于在满磁场情况下、当电流为 βI 时的转速。因此，如果需要求取电动机磁场削弱时的速率特性，可以在满磁场的速率特性曲线上，找出相应于电流为 βI 时的速度，该速度就是磁场削弱后电枢电流为 I 时的速度。用这样的方法，取不同的 I 值，便能作出磁场削弱后的速率特性曲线，如图 4—4 所示。

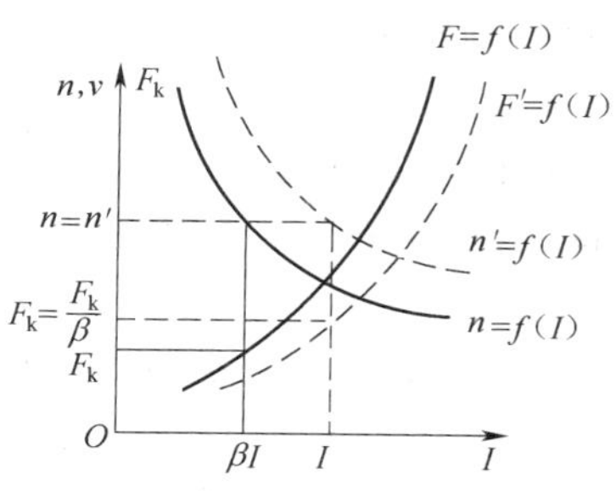

图 4—4　牵引电动机满磁场与削弱磁场时的特性曲线

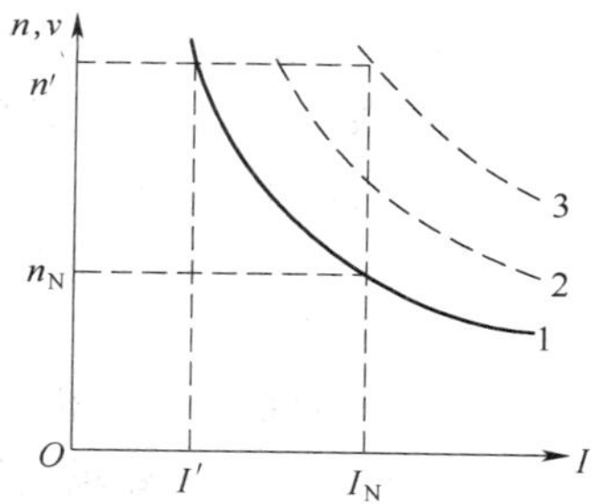

图 4—5　削弱磁场级

由图 4—4 可见，在同样负载电流情况下，磁场削弱后电动机转速比满磁场时增高了。这个结论也可以从速率特性基本公式中看出。通过多级的磁场削弱，可以扩大电动机的调速范围，也就增加了机车的调速范围。

采用削弱磁场调速与采用电枢回路串联电阻调速相比，没有附加调速电阻，因而没有附加电能损耗，电机效率不会降低。所以磁场削弱所获得的速度称为经济速度。图 4—5 中的曲线 2 和曲线 3 皆为经济速度级。

从牵引电动机和机车电路设计来讲，磁场削弱可以在任意端电压下进行，但实际上机车的调速通常都是先调节电动机的，当牵引电动机电压已达额定值还需要提高机车速度时，才用磁场削弱。为了扩大机车的调速范围，一般都用加深磁场削弱的程度来实现，也就是说，选取最深（最小）磁场削弱系数 β_{min}。而 β_{min} 受电动机换向条件限制，由于电枢磁场的作用，过分削弱磁场，会使主磁场畸变太甚，同时电抗电势和最大片间电压都要增加，这不仅使电机的安全换向不能得到保证，甚至会引起电机环火。

当牵引电动机磁场削弱的允许极限（即 β_{min}）选定后，如果采用分级削弱，则决定磁场削弱级数实际上就是决定各级 β 值的问题。解决这一问题的基本原则是：分别画出满磁场和最深磁场削弱时的特性曲线，在满磁场向第一削弱级过渡、第一级向第二级过渡以及向第三级……最深级过渡时，应使机车的牵引力或牵引电动机的电流的波动限制在一定范围内。关于磁场削弱级数的确定，是机车设计中的问题，在此就不作讨论。我国 SS_1 型电力机车有三个磁场削弱级，分别为 70%、54%与 45%。另外，SS_1 型电力机车上用的 ZQ650-1 型牵引电动机是脉流牵引电动机，为了避免脉动电流中交流分量对电机换向的影响（参阅第四章），在主极绕组旁并联一个固定分路电阻，其 β 值为 95%。因为 SS_1 型电力机车上即使在所谓满磁场时，实际上磁场在一定程度上已被削弱。

磁场削弱后，电动机牵引力特性曲线也可以近似地根据满磁场时的牵引力特性曲线换算求得。

在满磁场情况下，当负载电流为 βI，速度为 v 时，牵引力为

$$F_k = 0.003\,6\,\frac{\beta I U \eta \eta_g}{v}\ (\mathrm{kN}) \tag{4—24}$$

在磁场削弱情况下，当负载电流为 I，速度为 v' 时，牵引力为

$$F'_{k}=0.003\,6\frac{IU\eta\eta_{g}}{v'}(\mathrm{kN}) \tag{4-25}$$

如果将这两种情况进行比较，则当 $v\approx v'$ 时，$F_{k}\approx\frac{F_{k}}{\beta}$。也就是说，磁场削弱后，在相同速度下，牵引力将增加为原来的 $1/\beta$ 倍。因此，如果满磁场时的牵引力特性已知，则绘制磁场削弱时的牵引力特性曲线，并不是很复杂的问题。

在图 4－4 中，对应电流 $I\beta$ 的牵引力为满磁场时牵引力 F_{k}，对应电流 I 的牵引力为磁场削弱时的牵引力 $F'_{k}\approx F_{k}/\beta$。根据满磁场时牵引力的特性，只要依据上述对应关系，即可求出磁场削弱时的牵引力特性。

下面分析一下串激牵引电动机在采用磁场削弱时，为什么能够充分发挥它的功率。为了便于说明问题，先分析一下满磁场情况下功率发挥的情况。图 4－5 中曲线 1 是满磁场时的速率特性。当电动机转速由 n_{N} 增加至 n' 时，电动机电流则由 I_{N} 下降至 I'，在端电压一定的情况下，这时电动机发挥的功率相应地减小。因此，在满磁场下工作的牵引电动机，当其转速在高于额定值的范围内运行时，电动机绕组在热效能方面利用不足，也就是电动机的功率没有充分发挥出来。当电动机采用磁场削弱时，如图 4－5 中的曲线 2 和曲线 3 所示的特性曲线。当电动机的转速增至 n' 时，电动机实际上可以在额定电流或接近额定电流下运行，因此，磁场削弱能够充分发挥牵引电动机的功率。然后再进一步分析一下串激牵引电动机在不同的运行条件下，当采用磁场削弱时，其所能发挥的功率有多大。在分析问题时，将直接应用电动机转速、力矩以及它们和功率关系的分析式，并认为磁路是不饱和的。根据机车运行特点，分两种情况来谈。

第一种情况：当机车牵引力矩不变时。

为分析方便起见，列出磁场削弱前后两组分析式，并根据提出的条件来进行比较。

对于满磁场的情况来说

$$\left.\begin{aligned}&I_{f}=I_{a}\\&M=C_{m}\Phi I_{a}=C'_{m}I_{a}^{2}\\&n=\frac{U-I_{a}\sum R}{C_{e}\Phi}=\frac{U-I_{a}\sum R}{C'_{e}I_{a}}\end{aligned}\right\} \tag{4-26}$$

对于磁场削弱来说

$$\left.\begin{aligned}&I'_{f}=\beta I'_{a}\\&M'=C_{M}\Phi' I'_{a}=C'_{m}I'_{f}I'_{a}=C'_{M}\beta(I'_{a})^{2}\\&n'=\frac{U-I'_{a}\sum R}{C_{e}\Phi'}=\frac{U-I'_{a}\sum R}{C'_{e}I'_{f}}\end{aligned}\right\} \tag{4-27}$$

由于磁场削弱前后牵引力矩不变，即

$$M'=M$$

$$C'_{M}\beta(I'_{a})^{2}=C'_{M}I_{a}^{2}$$

因此，磁场削弱后的电枢电流为

$$I'_{a}=\frac{1}{\sqrt{\beta}}I_{a} \tag{4-28}$$

磁场削弱后的电动机转速（忽略电枢压降）为

$$\frac{n'}{n}\approx\frac{\dfrac{U}{C'_{e}I_{f}}}{\dfrac{U}{C'_{e}I_{a}}}=\frac{I_{a}}{I_{f}}=\frac{I_{a}}{\beta I'_{a}}=\frac{I_{a}}{\beta\dfrac{I_{a}}{\sqrt{\beta}}}$$

则

$$n'\approx\frac{n}{\sqrt{\beta}} \tag{4-29}$$

因而磁场削弱后牵引电动机的功率为

$$P'=M'n'=M\frac{n}{\sqrt{\beta}}=\frac{P}{\sqrt{\beta}} \tag{4-30}$$

式(4－30)说明，在阻力不变的情况下进行磁场削弱，牵引电动机的功率相应增加到$\frac{1}{\sqrt{\beta}}$倍。

第二种情况：当机车上坡牵引并维持磁场削弱前的速度时。

此时，磁场削弱前后的速度要求不变，对于牵引电动机来说，即

$$n'=n$$

比较式(4－26)和式(4－27)两组方程式中的转速公式后，近似可得

$$I'_{a}=\frac{I_{a}}{\beta} \tag{4-31}$$

这时

$$M'=C'_{M}\beta(I'_{a})^{2}=C'_{M}\beta\frac{I_{a}^{2}}{\beta^{2}}=C'_{M}\frac{I_{a}^{2}}{\beta}$$

即

$$M'=\frac{M}{\beta} \tag{4-32}$$

因此，磁场削弱后牵引电动机所发挥的功率为

$$P'=M'n'=\frac{M}{\beta}n=\frac{P}{\beta} \tag{4-33}$$

式(4－33)说明在机车保持磁场削弱前的速度爬坡牵引时，如果采用削弱磁场，牵引电动机功率相应增加到 $1/\beta$ 倍。

通过上面的分析可知，磁场削弱不仅能发挥牵引电动机的全功率，甚至能提高机车的利用功率。根据不同的运行条件，磁场削弱所得到的功率增量，既可用来提高机车速度(在牵引力不变的平道上牵引)，也可用来提高牵引力(恒速上坡牵引)。

上述两种情况所获得的功率增量，对于恒压供电的电动机来说，主要是磁场削弱后由于电枢电流增大而得到的，这时电动机将过载运行、发热加剧，同时使机车主电路功率损耗增加，技术经济指标降低。因此，最合理的办法是：根据不同的运行条件，尽可能使磁场削弱后的电枢电流变化不大，在这种情况下，电动机的功率将得到充分利用。

上面所讨论的是电力机车牵引电动机磁场削弱的情况，它是在恒电压下进行磁场削弱的。在电传动内燃机车上也采用磁场削弱，但其牵引电动机是由具有恒功率外特性的牵引发电机供电的，因此牵引电动机是在恒功率下进行磁场削弱的，即磁场削弱是在变电压下进行的。在磁场削弱的瞬间，由于列车的惯性很大，可以认为列车的速度(即牵引电动机的转速)没有改变，由于牵引电动机是按恒功率的条件供电的，可以推知，电动机转矩也没有改变。由于磁场

削弱后的磁通小于满磁场时的磁通，因此电动机电流突然增加，相应地电压突然降低。随着电枢电流的增加，这时如果电机发挥的力矩大于牵引列车所需的力矩，则电机转速开始升高，在转速升高的过程中，电动机反电势紧接着增加，并使电枢电流开始减小，相应地电动机端电压上升，最后，牵引电动机转速在一个新的稳定点运行。如果在同一电枢电流下运行，则磁场削弱后的转速提高到 $1/\beta$ 倍，转矩减小到 $1/\beta$ 倍，磁场削弱后的功率不发生变化。

由上述可见，电力机车和内燃机车采用磁场削弱的目的是相同的，都是充分发挥机车高速时牵引电动机的功率。所不同的是电力机车的磁场削弱是在恒电压下进行的，磁场削弱越深，电动机从电网取得功率越多，而内燃磁场削弱是在变电压下进行的，磁场削弱前后电动机的功率不发生变化。

第三节　牵引电动机功率利用系数及主要调节参数的选择

电传动机车的功率及运行速度，是由牵引电动机的输出功率和转速决定的。根据铁路运输的要求，机车除额定速度外还有最高运行速度。相应于机车的调速范围，牵引电动机就有额定转速和最大转速。如果在额定电压、额定转速下牵引电动机输出额定功率，那么最理想的情况是，在额定电压下，当转速由额定转速向最大转速变化时，牵引电动机的输出功率保持额定值不变。这种情况表明牵引电动机具有绝对恒功率的调速性能，牵引电动机的设计功率的利用最充分。然而实际上这个理想化的要求是达不到的。在额定电压下，随着电动机转速大于额定转速，牵引电动机的输出功率逐渐低于额定功率，最大转速点的输出功率只有额定功率的70%～80%左右。

一、功率利用系数 K_P

用下面的关系式引入牵引电动机功率利用系数 K_P 的概念

$$K_P=\frac{P_{vmax}}{P_N}=\frac{U_N I_{vmax}\eta_{vmax}}{U_N I_N \eta_N} \tag{4-34}$$

式中　U_N——额定电压，V；

I_N——额定电流，A；

I_{vmax}——最大转速时的电流，A；

η_N——额定工况时的效率；

η_{vmax}——最大转速时的效率。

若忽略额定和最大转速两种工况下效率的差值，即令 $\eta_N=\eta_{vmax}$，则

$$K_P=\frac{I_{vmax}}{I_N} \tag{4-35}$$

图4—6示出了串激牵引电动机和具有恒定激磁的他激牵引电动机的转速特性 $n=f(I_a)$，结合式(4—35)的定义可以看出，无论哪种激磁方式的牵引电动机，当转速大于额定转速时，$I_a<I_N$，即功率利用系数 $K_P<1$，两种电动机再作比较，恒定激磁的他激电动机不仅调速范围非常有限，而且当转速稍大于额定值时，输出功率大幅度度下降，故恒定激磁方式不适合牵引电动机。

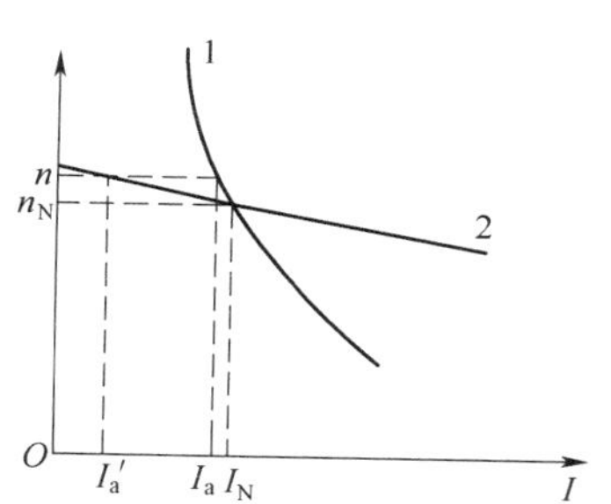

图 4—6　串激电动机与他激电动机功率利用的比较
1—串激电动机；2—他激电动机

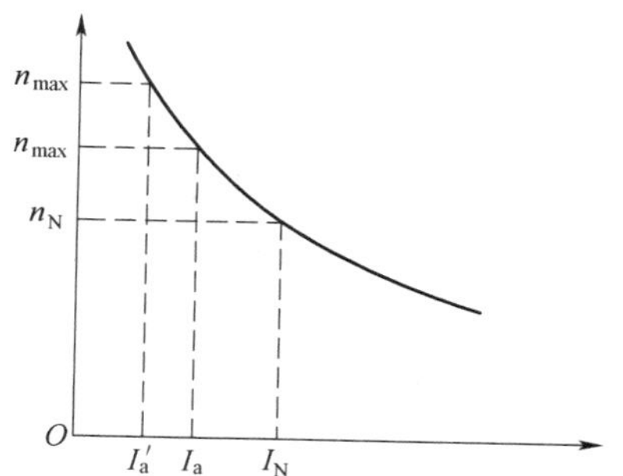

图 4—7　K_v 选择对 K_v 的影响

二、速度调节系数 K_v

定义机车最大运行速度 v_{max} 与额定速度 v_N 之比为速度调节系数 K_v，即

$$K_v=\frac{v_{max}}{v_N} \tag{4—36}$$

折算于牵引电动机轴，则

$$K_v=\frac{n_{max}}{n_N} \tag{4—37}$$

当牵引电动机额定转速 n_N 已定，齿轮传动比也已确定，那么调节 K_v 可以改变牵引电动机功率利用系数，如图 4—7 所示。增大 K_v 则 n_{max} 增大，机车最大速度提高，但 I_{vmax} 则减小，功率利用系数 K_P 降低；反之若取较小的 K_v，牵引电动机功率利用系数 K_P 将提高，但机车的最大运行速度却被限制于较低点。

另一方面，若按机车运行速度范围需要，调整齿轮传动比，使机车最大速度 v_{max} 对应于牵引电动机电枢圆周机械强度所允许的最大转速 n_{max}，则要求有较大的 K_v，由式(4—37)得知，n_N 将较小，在保持额定功率一定的情况下，要求电动机输出转矩较大，这直接导致牵引电动机结构尺寸和重量的增加。

由上述两方面看出，应从机车运行需要和牵引电动机功率利用两方面合理选择速度调节系数 K_v。在现代电力机车上，一般 K_v 选择在 2～2.5 的范围之内。

三、磁饱和系数 K_H

图 4—8 是两台磁路饱和度不同的牵引电动机的速度特性。为了便于比较，两台电机的额定数据（功率、电流和转速）相同，电机 2 的磁路饱和程度比电机 1 低。从图可以看出，从额定速度 v_N 到最大速度 v_{max}，电机 2 的电流 I_2 比电机 1 的电流 I_1 要大。这就是说，磁路较不饱和的牵引电动机，在高速运行时，其功率利用较好，能发挥较大的牵引力。

为了充分利用电机的功率，在设计牵引电动机时，应尽可能使磁路不要过分饱和。但磁路不饱和的电机它的尺寸和重量要大些，这除了给安装带来一些困难外，电机的经济指标（单位重量的千瓦数）也要差些。

牵引电机的饱和程度通常用额定状态下的饱和系数 K_H 来表示，其定义为

$$K_H = \frac{\sum F}{F_\delta} \tag{4-38}$$

式中　$\sum F$——额定状态下主极总磁势；

F_δ——额定状态下空气隙磁势。

K_H 愈小，电机磁路饱和程度愈低，对大功率牵引电机而言，K_H 一般小于 2。如国产 ZQ650-1 脉流牵引电动机 $K_H=1.645$；国产 ZQDR-410 牵引电动机 $K_H=1.712$；我国使用的 6G 机车上的牵引电动机 $K_H=1.575$。$K_H>2$ 的电动机认为是饱和的电动机。

四、磁场削弱系数 β

在本章第二节中对牵引电动机磁场削弱的原理和作用已进行过分析。概括起来，在一定的端电压下，牵引电动机在采用了图 4－3 所示的多级磁场削弱后，其转速和转矩都较削弱前有所增加，即牵引电动机的功率增加了。

通常当使用磁场削弱时，牵引电动机的端电压已升至额定电压，如果削弱前牵引电动机转速大于额定转速，则由前面的分析可知，电机发挥的功率将小于额定功率，磁场削弱后使电机输出功率增加，相当于提高了牵引电动机在大于额定转速工况的功率利用。

下面推导磁场削弱系数 β 和功率利用系数 K_v 的数学关系，推导过程中同时考虑牵引电动机的磁饱和系数 K_H 和速度调节系数 K_v 的影响。

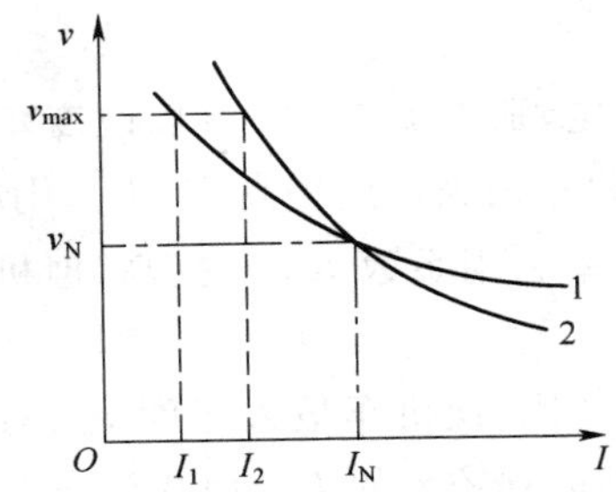

图 4－8　不同磁路饱和程度时电动机的速度特性

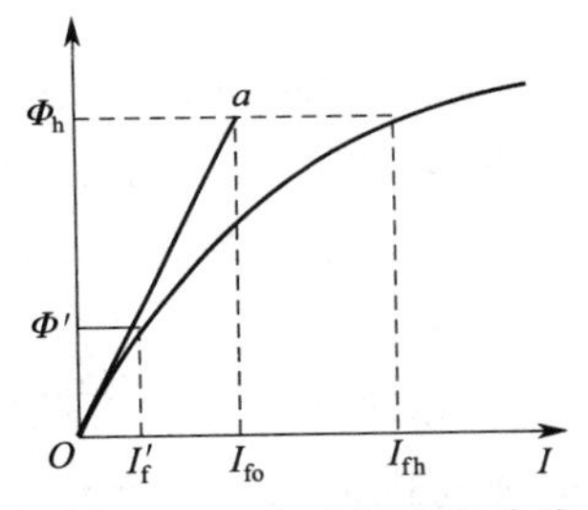

图 4－9　电动机磁化曲线

图 4－9 表示电动机满磁场时的磁化曲线。在小时状态下，其相当的磁通为 Φ_h，励磁电流为 I_{fh}，主极总磁势为 WI_{fh}（W 为主极匝数）。我们从原点 O 作磁化曲线的切线 oa，这时相应于 Φ_h 的励磁电流为 I_{fo}，则 WI_{fo} 为小时状态下空气隙的磁势。

当采用削弱磁场使机车达到最大速度 v_{max} 时，设电动机的磁通为 Φ'，和其相对应的励磁电流为 I'_f，由于这时电机磁路不饱和，所以主极总磁势 WI'_f 可近似认为等于空气隙磁势。因此，可以得出下列比例式，即

$$\frac{\Phi'}{\Phi_h} = \frac{WI'_f}{WI_{fo}} = \frac{I'_f}{I_{fo}} \tag{4-39}$$

根据磁饱和系数 K_H 的定义，则有

$$K_H = \frac{\sum F}{F_\delta} = \frac{WI_{fh}}{WI_{fo}} = \frac{I_{fh}}{I_{fo}} \tag{4-40}$$

将式(4－39)和式(4－40)合并，得

$$\Phi' = \Phi_h \frac{I'_f}{I_{fh}} K_H \tag{4-41}$$

如在 v_{max} 时，磁场削弱系数为 β，则

$$I'_f=\beta I'_a$$

其中　I'_a——在 v_{max}，但磁场削弱系数为 β 时电机的电枢电流；

I'_f——上述情况下的励磁电流。

在小时状态下，磁场不削弱时

$$I_{fh}=I_{ah}$$

将以上两式代入式(4—40)中，则得

$$\Phi'=\Phi_h\frac{\beta I'_a}{I_{ah}}K_H \tag{4—42}$$

式中　I_{ah}——电枢小时状态下的电流。

此外，由速率特性可以引出下面的比例关系，即

$$\frac{\Phi_h}{\Phi'}=\frac{v_{max}}{v_a}=K_v \tag{4—43}$$

式中　v_h——机车小时速度。

将式(4—41)代入式(4—40)后，得

$$I'_a=I_{ah}\frac{1}{\beta K_H K_v} \tag{4—44}$$

由 $I'_a=I_{vmax}$、$I'_{ah}=I_N$，根据式(4—35)可知牵引电动机功率的利用系数为

$$K_P=\frac{I'_a}{I'_{ah}}=\frac{1}{\beta K_H K_v} \tag{4—45}$$

式(4—45)表明，机车在最大速度 v_{max} 运行时，牵引电动机的功率利用系数 K_P 和磁场削弱系数 β 以及调节参数 K_H 和 K_v 的关系。由于 $K_H>1$、$K_v>1$，并且这两个参数不可能作大幅度的调整，而 $\beta<1$ 且可以在较大范围内调节，因此磁场削弱被作为提高串励牵引电动机功率利用的重要手段。

由式(4—45)，从提高功率利用的角度，当然希望磁场削弱系数 β 能充分地小，即要求磁场削弱尽可能地深，但是，磁场削弱系数的最小值 β_{min} 受电动机换向条件限制。当磁场削弱很深时，由于电机转速达到最大，这时电机电抗电势会相应增大。另外，当磁场削弱很深时，由于电枢反应的作用，使气隙磁场发生显著歪扭，这时将使半个极下的磁感应和片间电压增加，而另半个极下磁力线可能反向，以致使电机换向恶化，甚至会造成电机环火。

磁场畸变程度通常用表示电机换向稳定性的稳定系数 K_Y 来衡量，其定义为

$$K_Y=\frac{F_a+F_z+F_\delta}{aF_{aq}} \tag{4—46}$$

式中　F_a——电枢芯磁势；

F_z——齿磁势；

F_δ——空气隙磁势；

F_{aq}——电枢反应交轴磁势；

a——极弧系数。

由式(4—46)可知，K_Y 愈小，则说明电枢磁势对主磁场所起的畸变作用愈大，这时电机产生环火的可能性愈大，换向也愈不稳定。牵引电动机运行经验证明，为了保证电机可靠换向以及允许采用较深的磁场削弱，从而使电机在高速时能发挥较大的功率，满磁场时的 K_Y 值一般

不小于1.5～2。

牵引电动机在最深磁场削强时将出现最小的稳定性系数K_{Ymin}，它和满磁场时K_{Y}的关系为

$$K_{\mathrm{Ymax}} \approx \beta_{\min} K_{\mathrm{Y}} \tag{4-47}$$

根据电力机车牵引电动机制造和运行经验，K_{Ymin}应不小于0.8～0.9。对于内燃机车牵引电动机，为了扩大其恒功率调速范围，K_{Ymin}的限制值可以小一些。

分析式(4－47)可知，如果满磁场时K_{Y}值一定，则磁场削弱时电机的稳定系数将减小，故在磁场削弱时电机换向的稳定性最差。如果既要采用较深的磁场削弱，又要保证磁场削弱后电机换向的稳定性，就必须加大满磁场时的稳定系数。通常加大K_{Y}的方法为加大电动机的空气隙，这时F_{δ}相应增大。但是加大空气隙就必须增加主极的匝数，因而，电机的重量和尺寸都将相应地增大。因此，最深磁场削弱系数$\beta_{\min}$将受电机换向稳定性(稳定系数)限制。如果考虑到牵引电动机在运行中所受到的振动和冲击，最深磁场削弱系数$\beta_{\min}$通常被控制在0.35～0.4范围内。我国ZQ650-1和ZQDR-410牵引电动机，其最深磁场削弱系数分别为45％和40％。

五、他励电动机特性的分析

他励电动机也称他激电动机，其励磁绕组是由单独电源供电的。如果他励电动机的励磁电流不进行调节，则相应于一定励磁电流的速率特性，和并励电动机的速率特性基本上是一样的，是一条下降的曲线。但是，如果人为或自动地调节励磁电流，则相应地可以得出很多条速率特性曲线，如图4－10所示。这个关系也可以从速率特性的基本公式得出。例如：在一定的端电压U下，对应于某一励磁电流I_{f}(即对应于某一磁通Φ)，可以得到一条速率特性曲线$n=f(I)$，调节励磁电流，又可得到另一条特性曲线，当不断调节励磁电流，使磁通Φ连续发生变化时，这条速率特性曲线就连续发生移动，而形成一个“面”。只要我们根据需要对励磁电流进行调节，他励电动机就运行在这个面上的任何一点(如图4－10中虚线所标定的范围内)。和速率特性相对应，他励电动机的转矩特性也可以做到“面”型特性，如图4－11所示。当然，串励电动机也可以通过调节励磁获得许多条特性曲线，但它在功率利用方面不如调节励磁的他励电动机优越。

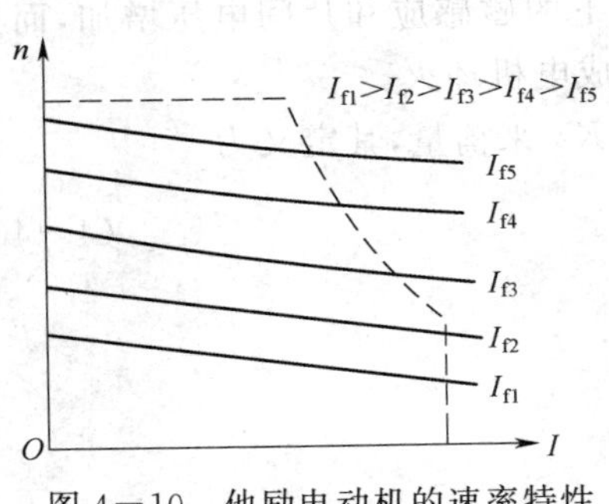

图4－10　他励电动机的速率特性

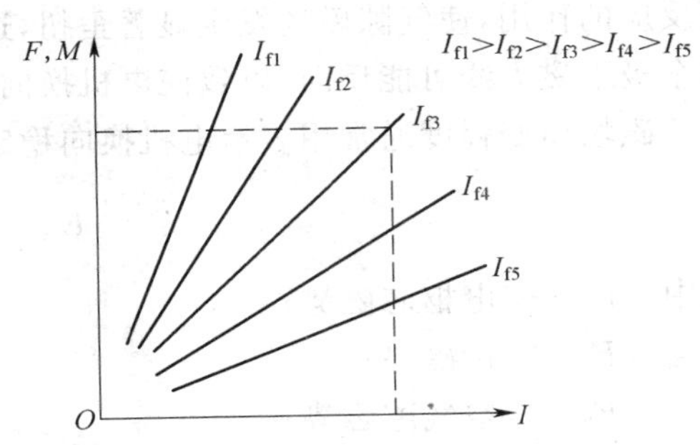

图4－11　他励电动机的力矩特性

我们可以根据机车运行条件的需要，对其励磁进行特殊控制，使机车做到恒转矩起动和恒功率运行。控制磁场调节的他励电动机，不仅能获得最大可能的调速范围，而且能充分发挥电动机的功率。

他励电动机作为牵引电动机运行的另一个显著优点——防止机车动轮打滑的性能。当机

车超载或满载爬坡时，常常发生黏着破坏而使车轮空转。在这种情况下，如果采用他励牵引电动机，由于其速率特性较"硬"，在出现动轮空转打滑时，轮对牵引力随着速度的微小增加而急剧下降，能促使黏着很快恢复。图 4－12 表示了串励电动机和他激电动机的防空转性能。

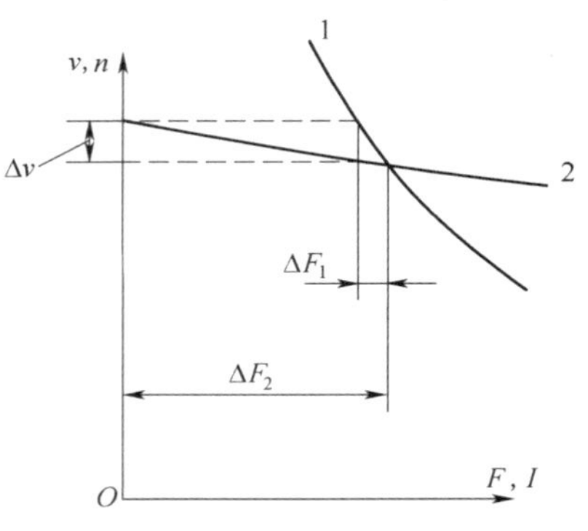

图 4－12　牵引电动机的防空转性能

此外，当机车由牵引状态转入制动状态时，他励电动机立即变为他励发电机工作状态，他励发电机运行稳定，可以平滑的控制制动力矩。

综上所述，采用控制励磁调节的他励电动机作为电传动机车的牵引电动机是有发展前途的。但他励牵引电动机需要一套完善的电子控制设备来进行励磁调节，因此从经济性、可靠性等方面来考虑，他励电动机不如自调性能良好的串励牵引电动机。

第四节　直流牵引电动机在电力机车控制系统中的动态特性

前面叙述直流牵引电动机的各种特性，是规定电动机端电压为某个稳态值 U，其电流 I、磁通 Φ、转速 N、转矩 M 也为稳态值时，它们之间存在的数量关系。由于都是稳态值，故这些特性又可称为静特性；由于是数量关系，所以这些静特性是一些代数方程。

在电力机车控制系统中，牵引电动机是作为被控制对象，对牵引电动机的控制是通过调整其端电压来实现的。

设从时间 t_0 时刻开始，牵引电动机端电压由稳态值 U_0 调至下一个稳态值 U_1，由静特性可知，电流、磁通、转速、转矩便由各自的稳态点 I_0、Φ_0、N_0、M_0 向下一个稳态点 I_1、Φ_1、N_1、M_1 过渡，设到 t_1 时刻所有变量的过渡过程都已完成，那在 $t_0 \sim t_1$ 时间内 u、i、Φ、n、m 瞬时值之间的关系就称为牵引电动机的动态特性。在过渡过程中，所有变量都是时间的函数，所以动态特性不再是简单的数量关系，而是以时间为参变量的动态关系，通常动态特性是以微分方程式来描述的。

在机车控制系统中，牵引电动机是作为一个环节来对待的，该环节的输入是端电压 u_0，如果对输入函数 u 不加限制，这既不符合实际情况，也很难满足它与其他变量间动态变化的准确关系，这是因为牵引电动机的电磁关系是非常复杂的，要求得一个普遍适用的、描述其过渡过程的解析式，几乎是不可能的。

下面推导的牵引电动机的动态特性是指在机车控制系统中的动态特性。牵引电动机环节输入量 u 的变化或者将服从于某种调节规律或者幅度将受到限制。图 4－13 所示为牵引电动机在电流控制系统中的结构原理图，这里牵引电动机环节的输出量是电流 i，它受给定指令 I_0 的控制，我们将求取表示 u、i 间关系的动态特性。

图 4－13 所示为一个以牵引电动机电流为负反馈的电流闭环控制系统，在新型相控电力机车中，这种系统被普遍采用。目前也还有大量的有级调压控制的电力机车，在这种机车中牵引电动机环节是开环控制的，如图 4－14 所示。

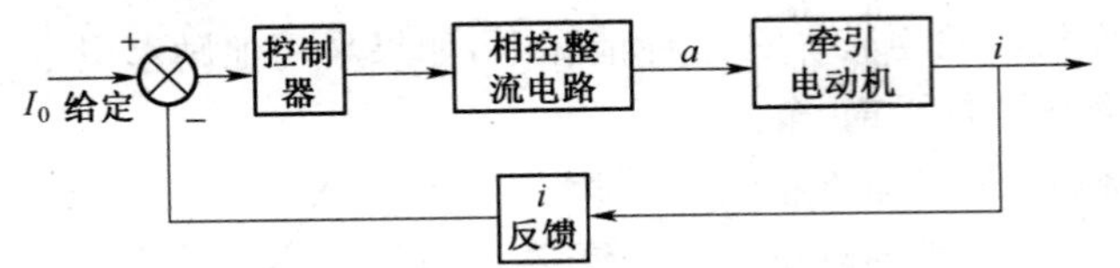

图 4－13 牵引电动机电流控制系统

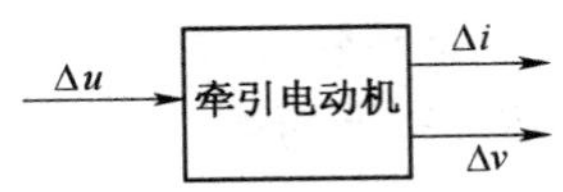

图 4－14 牵引电动机有级调压控制

图 4－14 中的输入 u 被分成若干级，由司机操纵以阶跃变化 Δu 的形式逐级加于牵引电动机。每加减 Δu 时，电流在 Δi 范围内波动，波动范围的大小与司机的操作有关。

研究受控条件下牵引电动机的动态特性时，牵引电机被看作机车系统中的一个环节，那么电动机的转速和转矩都应归算于机车动轮的线速度（即列车运行速度）和轮周牵引力，在第四章第一节中式（4－10）和式（4－14）已经给出了这种归算的公式。此外，开车运行中的阻力，作为牵引电动机的机械负载，也将其归算于轮周，可直接在轮周牵引力中扣除。

一、电流控制系统中牵引电动机的动态特性

牵引电动机电流控制原理图如图 4－15 所示。电动机电流被“电流给定”确定（给定值是可调整的）。电流控制过程中，随机车速度变化，电动机反电势变化，电动机端电压连续调节，以保证电动机电流恒定。控制作用是通过反馈电动机电流与给定值比较产生的，调节器的作用是将比较差值放大并给出满足系统要求的调节规律。

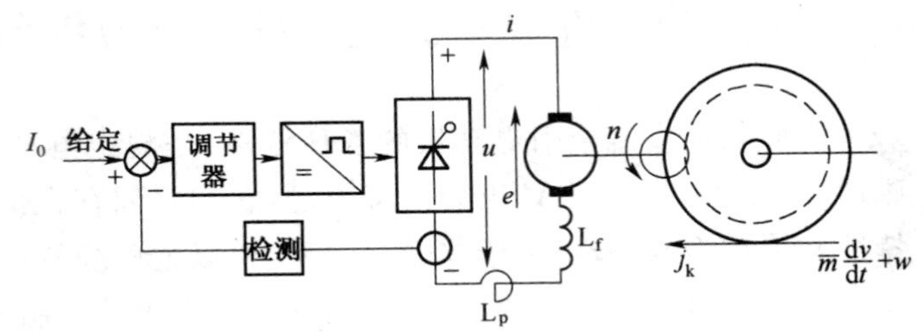

图 4－15 电流控制系统结构原理

当牵引电动机在电流控制下并设给定电流为 I_0 时，电动机电流只在 I_0 附近有小的扰动并被快速地调整，所以如下两点假设是合理的：

(1)当电动机电流（对串励机也即主磁势）在 I_0 附近小范围快速变化时，由于电机磁路的磁滞及涡流引起的磁惯性作用，电动机主磁通将保持 $\Phi=\Phi(I_0)$ 不变。$\Phi(I_0)$ 是串励牵引电动机电流为给定值 I_0 时，由磁化曲线对应的主磁通。

(2)由于列车存在相当大的机械惯性，故通过端电压调整电动机电流的过程远快于列车的加速过程，或者说在列车速度变化前电流的变化已经完成。因此列车运动速度的变化是由 I_0 决定的而与电流的扰动无关。

由上述假设可写出电流控制牵引电动机电压方程为

$$u=L\frac{\mathrm{d}i}{\mathrm{d}t}+Ri+C'_e\Phi(I_0)v$$

$$=L\frac{\mathrm{d}i}{\mathrm{d}t}+Ri+K_{e0}\cdot v \qquad (4-48)$$

式中 L——牵引电动机回路的总电感（包括平波电抗器电感）量；

R——牵引电动机回路的总电阻；

C'_e——反电势常数，$C'_e=\frac{60\mu}{\pi D_{bk}}\cdot C_e$，$C_e$ 为电机电势结构常数；

$K_{e0}=C'_e\Phi(I_0)$，是随给定值 I_0 的不同而不同的，应予注意。

列车运动方程为

$$F_k - W = M_L(1+\gamma)\frac{dv}{dt} = \overline{M}\frac{dv}{dt} \tag{4—49}$$

式中　F_k——机车牵引力；

W——列车总阻力；

M_L——列车质量，$\overline{M}=M_L(1+\gamma)$规算质量；

γ——列车转动部分折算于平动的质量折算系数，一般 $\gamma=0.06$。

如机车有 N 台牵引电动机，则每台牵引电动机的运动方程为

$$f_k - w = \overline{m}\frac{dv}{dt} \tag{4—50}$$

式中　f_k——牵引电动机轮周牵引力；

w——平均于一台牵引电动机下的阻力，$w=\frac{W}{N}$；

$\overline{m}$——平均于一台牵引电动机的列车规算质量，$\overline{m}=\frac{\overline{M}}{N}$。

由式(4—14)和假设(2)可得出，当给定电流为 I_0 时

$$\begin{cases} f_{k0} = \dfrac{2C_M\Phi(I_0)\cdot I_0\mu\eta_g}{D_{BK}} = K_{M0}I_0 \\ K_{M0} = \dfrac{2C_M\Phi(I_0)\mu\eta_g}{D_{bk}} = C'_M\Phi(I_0) \end{cases} \tag{4—51}$$

同 K_{e0} 一样，常数 K_{M0} 的取值也与给定电流 I_0 有关；C_M 是牵引电动机转矩结构常数。

当列车运行于速度不高的起动过程时，设阻力随速度线性变化，即

$$w = A_0 + A_1 v \tag{4—52}$$

式中　A_0——作用于动轮缘的常值阻力；

A_1——速度阻力系数。

当给定电流为 I_0 时，由式(4—50)、式(4—51)和式(4—52)得速度方程为

$$K_{M0}I_0 - A_0 = \overline{m}\frac{dv}{dt} + A_1 v \tag{4—53}$$

就电流控制过渡过程而言，式(4—48)和式(4—53)只表示了电机电流从零到给定值 I_0 的一种情况，如将上两式改写成增量方程的形式，便得到了在不同的稳态点当给定电流调整时的一般表达形式。如假设在给定 I_0 时，$i=I_0$，$v=v_0$，$u=U_0$，已达稳态，则电压方程和速度方程为

$$\begin{cases} U_0 = L\dfrac{dI_0}{dt} + RI_0 + K_{e0}v_0 = RI_0 + K_{e0}v_0 \\ K_{M0}I_0 - A_0 = \overline{m}\dfrac{dv_0}{dt} + A_1 v_0 = A_1 v_0 \end{cases} \tag{4—54}$$

给定电流调至 I_1 后

$$\begin{cases} u = L\dfrac{di}{dt} + Ri + K_{e1}v \\ K_{M1}I_1 - A_0 = \overline{m}\dfrac{dv}{dt} + A_1 v \end{cases} \tag{4—55}$$

式(4—55)和式(4—54)相减得到增量方程

$$\begin{cases} u-U_0=L\dfrac{\mathrm{d}(i-I_0)}{\mathrm{d}t}+R(i-I_0)+K_{e1}v-K_{e0}v_0 \\ K_{M1}I_1-K_{M0}I_0=\overline{m}\dfrac{\mathrm{d}(v-v_0)}{\mathrm{d}t}+A_1(v-v_0) \end{cases} \tag{4-56}$$

令 $\Delta I_g=I_1-I_0$，$\Delta u=u-U_0$，$\Delta i=i-I_0$，$\Delta v=v-v_0$，$\Delta K_e=K_{e1}-K_{e0}$，$\Delta K_M=K_{M1}-K_{M0}$，代入式(4－56)并加以整理得

$$\begin{cases} \Delta u-\Delta K_e\cdot v_0=L\dfrac{\mathrm{d}\Delta i}{\mathrm{d}t}+R\Delta i+K_{e1}\Delta v \\ \Delta I_g+\dfrac{\Delta K_M}{K_{M1}}I_0=\dfrac{1}{K_{M1}}\left(\overline{m}\dfrac{\mathrm{d}\Delta v}{\mathrm{d}t}+A_1\Delta v\right) \end{cases} \tag{4-57}$$

在牵引电动机电流控制系统中，给定电流通常是有限的几个点，牵引电动机被控制在这些点上恒流运行，因此当电机磁化曲线 $\Phi\sim I$ 已知的情况下，各恒流点的 K_e、K_M 是已知的常数，且各点间的 ΔK_e 和 ΔK_M 也是已知的常数。由此可令

$$\Delta E_g=\Delta K_e\cdot v_0$$

$$K_g\cdot\Delta I_g=\frac{\Delta K_M}{K_{M1}}\cdot I_0$$

其中

$$K_g=\frac{\Delta K_M\cdot I_0}{K_{M1}\cdot\Delta I_g}$$

分别将上式代入式(4－58)，得

$$\begin{cases} \Delta u-\Delta E_g=L\dfrac{\mathrm{d}\Delta i}{\mathrm{d}t}+R\Delta i+K_{e1}\Delta v \\ \Delta I_g(1+K_g)=\dfrac{1}{K_{M1}}\left(\overline{m}\dfrac{\mathrm{d}\Delta v}{\mathrm{d}t}+A_1\Delta v\right) \end{cases} \tag{4-58}$$

对式(4－58)进行拉氏变换

$$\begin{cases} \dfrac{\Delta I(s)}{[\Delta U(s)-\Delta E_g(s)]-K_{e1}\Delta v(s)}=\dfrac{1/R}{T_D S+1} \\ \dfrac{\Delta v(s)}{\Delta I_g(s)}=\dfrac{K_{M1}(1+K_g)/A_1}{T_S S+1} \end{cases} \tag{4-59}$$

式中　$T_D=L/R$，为电机的电时间常数；$T_S=\overline{m}/A_1$，为速度时间常数。

式(4－59)是在前述两个基本假设下，在电流控制系统中的牵引电动机的传递函数，其方框图如图(4－16)中的实线部分。

应当指出，式(4－59)仅是将牵引电动机作为电流控制系统中的一个环节的传递函数，离开电流控制的特定方式，它也就失去意义了，但有了牵引电动机环节的传递函数，按照图4－15的结构原理，求得电流控制系统的传递函数方框图将是十分容易的事了，如图 4－16 所示。图中虚线部分是系统的其他环节，加上牵引电动机环节构成完整的系统。

在理想的情况下，由图 4－16 的控制系统可以定性地分析出当电流由 I_0 调节至 I_1 的过渡情况。如图 4－17 所示，当 $t=t_0$ 时，过渡过程开始，输入 $\Delta I_g=I_1-I_0$，该瞬时 $\Delta v=0$，$\Delta i=0$，$\Delta E_g=0$，而 $\Delta u=\Delta u_0=G_1\cdot G_2\cdot\Delta I_g$，电压增量 Δu_0 使 Δi 按指数曲线上升，当按 $\Delta i=\Delta I_g$ 时，可认为电流过渡过程完成；同时由输入 ΔI_g 使 Δv 使增长，反电势 $K_{e1}\cdot\Delta v+\Delta E_g$ 随 Δv 呈指数曲线增长，将使电机电流 Δi 下降，但由电流闭环的作用使电机端电压进一步上升并保持

有 $\Delta u=\Delta u_0+K_{e1}\Delta v+E_g$ 的关系，使电机电流不变；随着速度的升高，轮缘阻力 $\Delta w=A_1\Delta v$ 增加，当 $K_{M1}\cdot\Delta I_g(1+K_g)=A_1\Delta v$ 时，上式(4—59) $\mathrm{d}\Delta v/\mathrm{d}t=0$，速度过渡过程结束。稳态电流为 I_1，速度为 v_1。

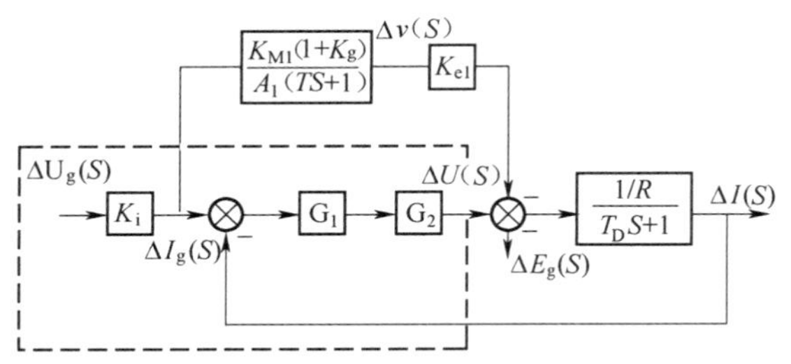

图 4—16　电流控制牵引电动机传递函数方框图

K_i—比例放大环节；G_1—电流调节器；G_2—功率放大环节

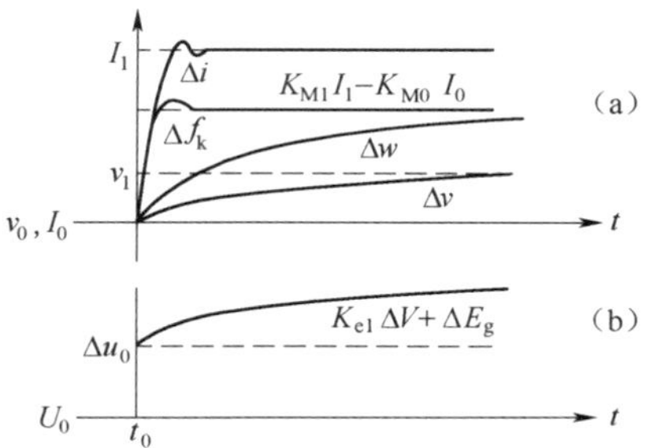

图 4—17　电流控制过渡过程曲线

(a)电流速度曲线；(b)电压曲线

二、有级调压系统中牵引电动机的动态特性

有级调压是对牵引电动机简单的直接控制方式，如我国的 SS_1 型电力机车就是采用调压开关将变压器次边电压逐级加于牵引电动机的。在升高电压过程中，为减小电流冲击，在结构许可的情况下尽量增加电压的级数，以减小级间电压的跳变量 ΔU，SS_1 型电力机车有 33 个电压级。

设进级瞬间牵引电动机端电压为 U_0，且 I_0、Φ_0、v_0 处于相对稳态，当电压进到 $U_0+\Delta U$ 后，过渡过程中 $i=I_0+\Delta i$，$\Phi=\Phi_0+\Delta\Phi$，$v=v_0+\Delta v$，则由电压平衡方程式

$$u=L\frac{\mathrm{d}i}{\mathrm{d}t}+Ri+e$$

取为增量方程的形式

$$\Delta u=L\frac{\mathrm{d}\Delta i}{\mathrm{d}t}+R\cdot\Delta i+C'_e(\Phi_0\cdot\Delta v+v_0\Delta\Phi) \tag{4—60}$$

牵引电动机轮周牵引力的方程为

$$f_k-w=C'_M\Phi i-w=\bar{m}\frac{\mathrm{d}v}{\mathrm{d}t}$$

增量方程为

$$C'_M(\Delta\Phi\cdot I_0+\Phi_0\Delta i)=\bar{m}\frac{\mathrm{d}\Delta v}{\mathrm{d}t}+A_1\Delta v \tag{4—61}$$

将牵引电动机非线性磁化曲线分段线性化，即在 I_0 为起始点的分段上以斜率为 $K_{\Phi0}$ 的直线代替该段磁化曲线，且令

$$\Delta\Phi=K_{\Phi0}\Delta i=\frac{\mathrm{d}\Phi}{\mathrm{d}i}\Big|_{i=I_0}\cdot\Delta i \tag{4—62}$$

显然 $K_{\Phi0}$ 亦是一个与初值电流 I_0 有关的常数，它表示磁化曲线在 I_0 点的切线斜率，如图 4—18 所示。

如图 4—18，如以 $\tan\beta_0=\dfrac{\Phi_0}{I_0}$ 与切线斜率 $K_{\Phi0}=\tan\alpha_0$ 相比较，则

$$k_{b0}=\frac{\tan\alpha_0}{\tan\beta_0}\leqslant 1 \tag{4-63}$$

常数 k_{b0} 确定了 I_0 点的磁饱和程度，当 I_0 在非饱和的直线部分时 $k_{b0}\approx 1$，而 I_0 越在饱和部分，k_{b0} 越小。

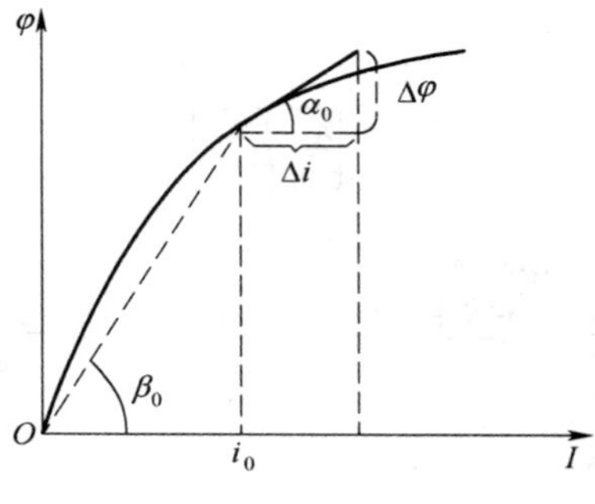

图 4—18 磁化曲线的线性化

由式(4－62)、式(4－63)可实现对式(4－60)、式(4－61)的线性化。

$$\Delta U=L\frac{\mathrm{d}\Delta i}{\mathrm{d}t}+R\Delta i+C'_e(\Phi_0\Delta v+v_0K_{\Phi0}\Delta i)$$

$$=L\frac{\mathrm{d}\Delta i}{\mathrm{d}t}+\left(R+\frac{K_{e0}k_{b0}v_0}{I_0}\right)\Delta i+K_{e0}\Delta v \tag{4-64}$$

$$\overline{m}\frac{\mathrm{d}\Delta v}{\mathrm{d}t}+A_1\Delta v=C'_M(K_{\Phi0}I_0\Delta i+\Phi_0\Delta i)$$

$$=K_{M0}(k_{b0}+1)\Delta i \tag{4-65}$$

上两式中 $\Delta K_{e0}=C'_e\Phi_0$，$\Delta K_{M0}=C'_M\Phi_0$，且令

$$\widetilde{R}_0=R+\frac{K_{e0}k_{b0}v_0}{I_0}$$

$$\widetilde{K}_{M0}=(k_{b0}+1)K_{M0}$$

代入式(4－64)、式(4－65)并进行拉氏变换得

$$\Delta I(S)=\frac{1/\widetilde{R}_0}{T_{D0}S+1}[\Delta U(S)-K_{e0}\Delta v(S)] \tag{4-66}$$

$$\Delta v(S)=\frac{\widetilde{K}_{M0}/A_1}{T_SS+1}\Delta I(S) \tag{4-67}$$

其中 $T_S=\frac{\overline{m}}{A_1}$ 为轮周阻力时间常数，$T_{D0}=\frac{L}{\widetilde{R}_0}$ 为等效电时间常数，与电流控制不同的是，该时间常数与初始状态有关。

由自动控制原理得知，当惯性环节的时间常数很大时，可以将其近似为积分环节，在式(4－67)中 $T_S=\frac{\overline{m}}{A_1}\gg 1$，故式(4－67)可写作

$$\Delta v(S)=\frac{\widetilde{K}_{M0}/A_1}{T_SS}\Delta I(S)=\frac{\widetilde{K}_{M0}}{\overline{m}S}\Delta I(S) \tag{4-68}$$

将式(4－66)与式(4－68)联立可得到以 $\Delta U(S)$ 为输入，以 $\Delta I(S)$ 和 $\Delta v(S)$ 为输出的牵引电动机传递函数。

$$\begin{bmatrix}\Delta I(S)\\ \Delta v(S)\end{bmatrix}=\frac{1}{T_{M0}T_{D0}S^2+T_{M0}S+1}\begin{bmatrix}\dfrac{T_{M0}}{\widetilde{R}_0}\\ \dfrac{1}{K_{e0}}\end{bmatrix}\Delta U(S) \tag{4-69}$$

式中 $T_{M0}=\frac{\overline{m}\cdot\widetilde{R}_0}{K_{e0}\widetilde{K}_{M0}}$ 称为牵引电动机等效机电时间常数，显然它也与初始状态有关。

由式(4－66)和(4－68)可得出有级调压控制下牵引电动机传递函数方框图，如图 4－19 所示。

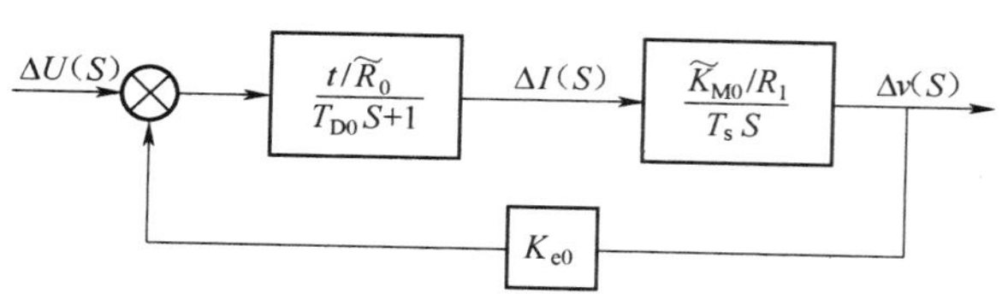

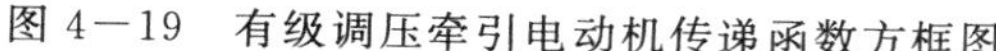

图 4—19　有级调压牵引电动机传递函数方框图

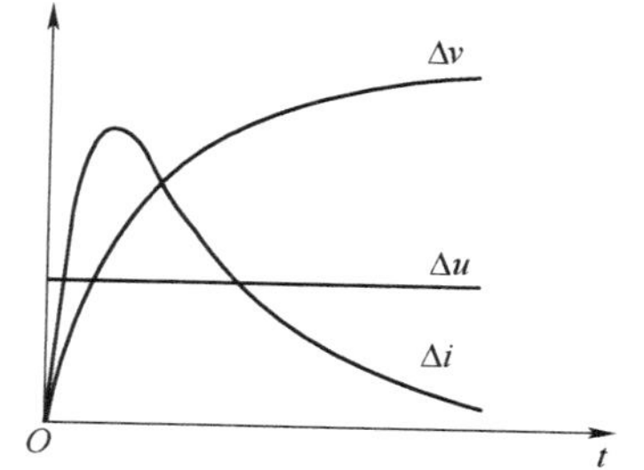

图 4—20　有级调压的过渡过程曲线

当进级时，以阶跃电压增量 ΔU 为输入，求解式(4—69)可得到 Δi 和 Δv 的过渡过程曲线，如图 4—20 所示。

总之，由于串励牵引电动机磁通与电流的变化相关，而且电机磁化曲线的非线性，因此不论是电流控制还是有级调压控制，牵引电动机的动态特性都与初始状态有关。对电流控制，当给定电流 I_0 确定后，$\Phi(I_0)$随之确定，参数 K_{e0}、K_{M0} 也为确定常数；当给定电流变化，参数应随之变化。对有级调压，初始状态是指过渡过程前的相对稳态值 I_0、Φ_0 和 v_0 以及由此而对应的参数 K_{e0}、k_{b0}、$\widetilde{R}_0$ 和 $\widetilde{K}_{M0}$。通常当牵引电动机选定后，其负载磁化曲线为已知，且机车系统结构参数已知，因此所有可能情况的初始状态是可以确定的，再根据牵引系统的控制方式，由图 4—16 在已知系统所有环节条件下求得电流控制牵引电动机各变量的动态关系，或者求解式(4—69)得到有级调压控制牵引电动机的过渡过程。

最后再次强调，本节分析的牵引电动机动态特性是与其控制方式相联系的，如果单独作为直流串励电动机来研究，式(4—59)和式(4—69)是不能描述其动态特性的。

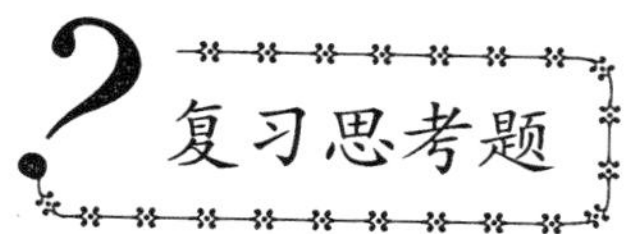

复习思考题

1. 为什么串励牵引电动机在恒压下采用磁场削弱调速可以提高功率利用率？
2. 比较串励和并励牵引电动机的优缺点。
3. 为什么牵引电动机的负载分配一般是不均匀的？
4. 他励电动机作为机车牵引电机有何优缺点？
5. 如何实现直流牵引电机的弱磁调速？磁场削弱的程度取决于什么？

第五章 脉流牵引电动机

在单相交流电网供电的电力机车上，大多采用硅整流器供电给牵引电动机，此时加在牵引电动机上的电压为脉动电压，通过电动机的电流为脉动电流，由这种方式供电的牵引电动机称为脉流牵引电动机。

脉流牵引电动机典型的供电线路如图 5—1 所示。牵引电动机通过单相全波整流器由变压器次边获得电压，在任一瞬刻，整流器 VD_1 或 VD_2 只有一个导通，这时加在牵引电动机 D 两端为脉动电压，相应地流过牵引电动机的电流为脉动电流，如图 5—2 所示。

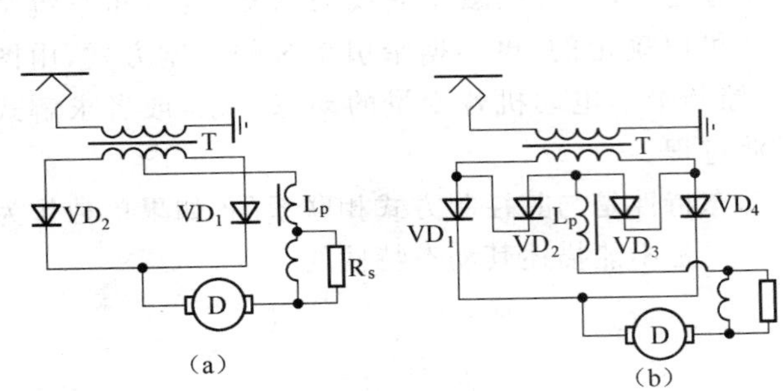

图 5—1 脉流牵引电动机供电线路

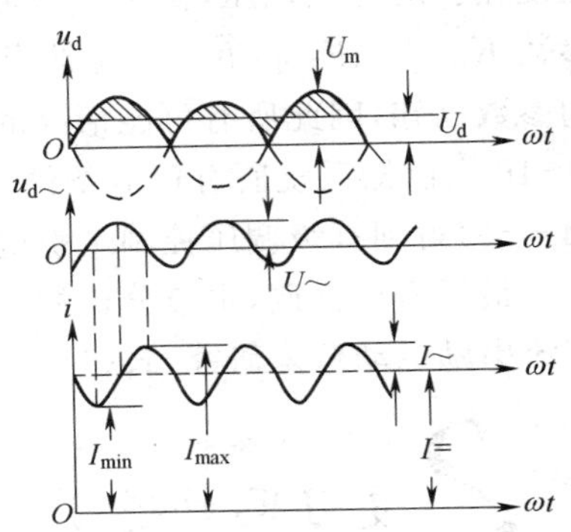

图 5—2 脉动电压和脉动电流波形

图 5—2 所示的图形是这两种电路供电的电压和电流波形。由图中看出，其电压、电流都是脉动的。如采用串励电动机，则由励磁电流产生的电机主磁通也是脉动的。

由图 5—2 看出，脉动电流包括一个直流分量和一个交流分量。直流分量所占的成分是主要的，所以脉流牵引电动机在本质上仍然是直流牵引电动机，无论在结构上还是工作特性方面，基本上和直流牵引电动机是一样的，仍然可以运用前面讲过的直流牵引电动机的知识来认识脉流牵引电动机的各种问题。但是由于电流的交流分量存在，给电动机工作带来了若干新的特点，也构成了脉流牵引电动机本身的特殊问题，这正是本章要讨论的中心内容。

事实上，在其他场合，比如交—直流电传动的内燃机车(DF_4 型)上和硅整流器供电的轧钢机电动机系统中，通过电动机的电流也都是脉流，只是由于整流电路的相数较多，因而电流交流分量的幅值较小，虽然这些电动机一般并不称为脉流电动机，但由电流交流分量引起的一些特点和脉流牵引电动机的特点是相似的。下面我们仅限于讨论电力机车上的脉流串励牵引电动机。

第一节 脉流电动机的电磁特点

为了深入了解脉流牵引电动机的一些专门问题，必须首先讨论一下脉动电流的性质、波

形、数量关系以及在脉动电流作用下电机在电磁方面出现的新特点。

一、电压脉动系数

由整流器输出的整流电压 u_d 是一个脉动电压，它可分解为直流分量 U_d 和交流分量 $u_{d\sim}$ 两部分，即

$$u_d = U_d + u_{d\sim} \tag{5-1}$$

其中直流电压分量

$$U_d = \frac{1}{\pi}\int_0^{\pi} U_m \sin\omega t \, d\omega t = \frac{2}{\pi}U_m \tag{5-2}$$

式中　U_m——脉动电压的幅值。

交流电压分量包括一系列双倍电源频率谐波，具有以下形式

$$U_d = \sum_{n=2}^{\infty} \frac{2U_d}{n^2-1}\cos n\omega t \tag{5-3}$$

式中　$n=2,4,6\cdots$——脉动电压谐波次数；

$\omega = 2\pi f$（f——交流电源频率）。

在交流分量电压中，谐波次数愈高则幅值愈小，为了使问题简化，认为 4 次以上的谐波影响是很微小的并将其略去，这样交流电压分量的波形基本上是二倍电源频率的一次谐波。该谐波电压的幅值为

$$U_{\sim} = \frac{2}{3}U_d = \frac{4}{3\pi}U_m \tag{5-4}$$

式中　U_d——直流分量电压。

电压脉动程度用电压脉动系数来表示，它是交流分量的幅值和直流分量的比值。对于不可控单相全波硅整流线路来说，其电压脉动系数

$$K_u = \frac{U_{\sim}}{U_d} = \frac{2}{3} \approx 0.67 \tag{5-5}$$

K_u 恒等于 0.67。对于半控整流线路，其电压脉动系数不是恒值，而是控制角 α 的函数，当 $\alpha = 65°$时，$K_u = K_{umax} = 0.97$。

二、电流脉动系数

电流脉动程度可以用电流脉动系数来表示。当整流电压 u_d 加于电动机回路时，在忽略回路电阻情况下，可以列出如下方程式

$$u_d = E_a + L\frac{di}{dt} \tag{5-6}$$

式中　E_a——电动机反电势，当 $R_a=0$ 时，$E_a = U_d = \frac{2}{\pi}U_m$；

L——回路总电感（包括电机电感 L_d 和平波电抗器电感 L_p）。

由整流回路电压、电流波形图可以看出：在整流时间 $\omega t_1 \sim \omega t_2$ 的时间间隔里，脉动电流由最小值 i_{amin}变化到最大值 i_{amax}，则电流脉动值

$$\Delta i_{\sim} = i_{amax} - i_{amin} = \frac{1}{\omega L}\int_{\omega t_1}^{\omega t_2}(u_d - E_a)\,d\omega t \tag{5-7}$$

因为 $u_d=U_m\sin\omega t$ 及 $E_a=\frac{2}{\pi}U_m$，代入式(5－7)得

$$\Delta i_{\sim}=\frac{2}{\omega L}\int_{\omega t_1}^{\pi/2}U_m(\sin\omega t-\frac{2}{\pi})\mathrm{d}\omega t$$

$$=\frac{2U_m}{\omega L}(\cos\omega t_1+\frac{2}{\pi}\omega t_1-1) \tag{5-8}$$

由图 5－3 看出，当时间为 ωt_1 时，$U_m\sin\omega t_1=\frac{2}{\pi}U_m$，且 $0<\omega t_1<\pi/2$，代入式(5－8)整理后得

$$\Delta i_{\sim}=0.42\frac{U_m}{\omega L}=0.66\frac{U_d}{\omega L} \tag{5-9}$$

电流脉动系数为交流分量电流幅值 $i_{\sim}$ 与整流电流平均值 I_d 之比，即

$$K_i=\frac{i_{\sim}}{I_d}=\frac{\Delta i_{\sim}/2}{I_d}=1.05\frac{U_d}{I_dL}\times10^{-3} \tag{5-10}$$

国内外脉流牵引电动机制造和运行经验表明，为了改善脉流换向条件，在额定工况下，电流脉动系数一般限制在 20%～30%范围内。

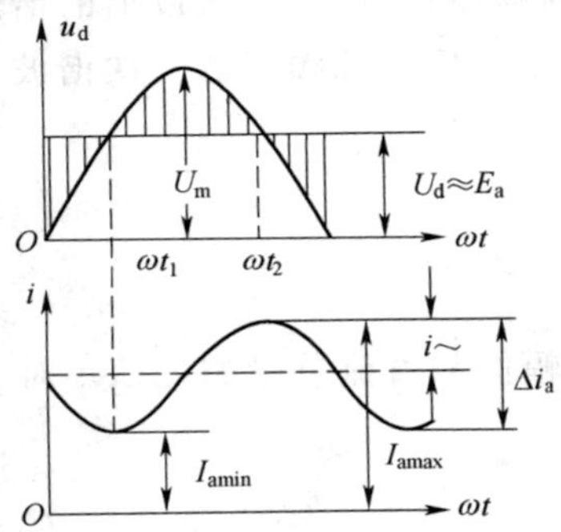

图 5－3 单相整流线路电压和电流波形

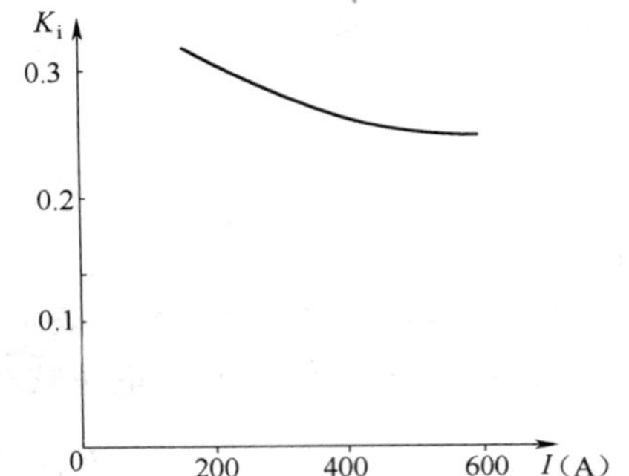

图 5－4 SS_1 型电力机车电流脉动系数曲线

从式(5－10)可知，电流脉动的程度和电动机电路中的电感成反比。为了使脉动电流在额定状态下缓和到容许值($K_i=0.2\sim0.3$)，电动机本身电感是不够的。因此必须串入一个平波电抗器，以增加电路中总电感，对脉动电流起敷平作用。

应该提到的是，牵引电动机和平波电抗器的总电感并不是一个常数，它是随着电流直流分量的大小即磁路饱和程度而变化。因此，在整个负载范围内，电流交流分量也并不是一个常数，它的幅值通常随着直流分量加大而加大。图 5－4 为 SS_1 型电力机车电流脉动系数的变化范围，在额定小时状态下 $K_i\approx0.25$。

现代交—直传动电力机车大多采用多段桥式整流电路为脉流牵引电动机供电，图 5－5 表示多段半控桥整流电路的示意图。该电路的电流脉动系数与整流桥的段数及移相角的大小有关。

设 K——多段桥的段数；n——满开放的段数；α——移相角。

为便于分析计算，将移相角 α 的变化范围作以下五个区域的划分。

$\alpha\leqslant\alpha_1$

$\alpha_1\leqslant\alpha\leqslant\alpha_2$

$\alpha_2 \leqslant \alpha \leqslant \alpha_3$

$\alpha_3 \leqslant \alpha \leqslant \alpha_4$

$\alpha \geqslant \alpha_4$

其中 α_1、α_2、α_3 和 α_4 为临界移相角，其定义如图 5－6 所示。

若假设电源电压为理想正弦，牵引变压器副边电压为 u_2，牵引电动机反电势为 E_d 且没有脉动，u_d 为整流器输出电压；整流总桥数为 K 段，1～n 为满开放，第 $n+1$ 段为部分开放。根据图 5－6 所示，在 α 变化范围中，电流脉动分量 $\Delta i_{\sim}$ 为

$$\Delta i_{\sim}=\frac{1}{\omega L}\int_{\omega t_1}^{\omega t_2}(u_d-E_d)\mathrm{d}\omega t \tag{5－11}$$

式中 u_d 与移相角 α 有关，并与调压段数 n 有关。E_d 也为 $\alpha_1 n$ 的函数。

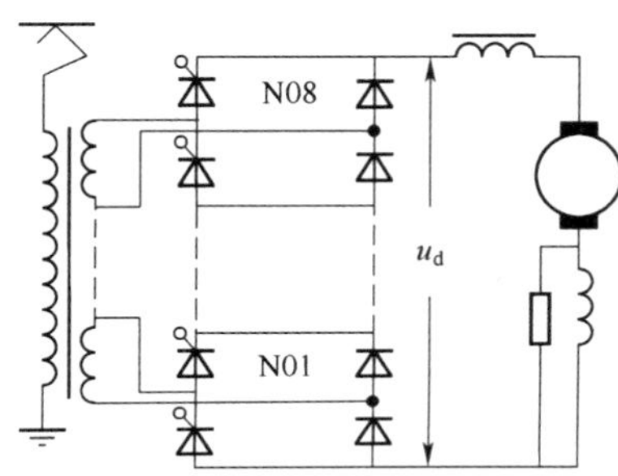

图 5－5 多段半控桥电路

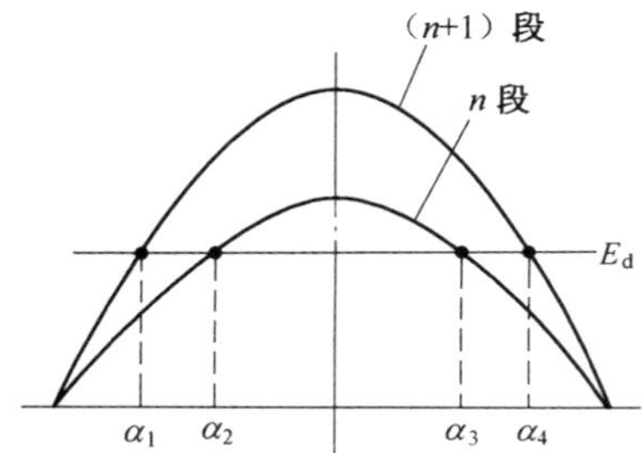

图 5－6 临界角 α_1、α_2、α_3 和 α_4 定义

将式(5－11)写成综合表达式，即

$$\Delta i_{\sim}=\frac{\sqrt{2}u_2}{K\omega L}\cdot f(\alpha,n) \tag{5－12}$$

当 $\alpha \leqslant \alpha_1$ 时

$$f(\alpha,n)=2(n+1)\cos\omega t_1-\frac{2}{\pi}\left(n+\frac{1+\cos\alpha}{2}\right)(\pi-2\omega t_1) \tag{5－13}$$

当 $\alpha_1 \leqslant \alpha \leqslant \alpha_2$

$$f(\alpha,n)=(n+1)(\cos\alpha-\cos\omega t_2)-\frac{2}{\pi}\left(n+\frac{1+\cos\alpha}{2}\right)(\omega t_2-\alpha) \tag{5－14}$$

当 $\alpha_2 \leqslant \alpha \leqslant \alpha_3$

$$f(\alpha,n)=n(\cos\omega t_1-\cos\omega t_2)+(\cos\alpha-\cos\omega t_2)-\frac{2}{\pi}\left(n+\frac{1+\cos}{2}\right)(\omega t_2-\omega t_1) \tag{5－15}$$

计算结果表明：当 $\alpha>90°$ 以后，交流分量明显减小，所以不必计算 $\alpha>\alpha_3$ 及 $\alpha \geqslant \alpha_4$ 的区域。

将以上不同的 α 值分别代入式(5－13)、式(5－14)和式(5－15)，可求出 K 段桥在各种状态下的 $f(\alpha,n)$ 值。

由计算知，对应每一个 n 值，均存在一个最大的 $f(\alpha,n)_{\max}$，即有一个最大电流脉动系数。根据电流脉动系数 K_i 及 $f(\alpha,n)_{\max}$ 可以计算各种电流工况下的平波电抗器电感 L_p。

$$L_p=\frac{\sqrt{2}u_2}{K\omega K_i I_d}f(\alpha,n)_{\max}-L_{De} \tag{5－16}$$

式中　L_{De}——牵引电动机等效电感。

三、磁通脉动系数 K_Φ

当脉动电流流过电机回路时，将作用着脉动磁势和产生相应的脉动磁通。主极磁通脉动会在电枢换向元件中引起相当大的变压器电势而使换向恶化，同时在电机磁路各部分引起附加损耗。脉动磁通也可分解为不变分量和交变分量，其脉动程度也可用磁通脉动系数来表示。即

$$K_\Phi=\frac{\Phi_{\sim}}{\Phi_{=}}\approx\frac{\Phi_{max}-\Phi_{min}}{\Phi_{max}+\Phi_{min}} \tag{5-17}$$

式中　$\Phi_{=}$和$\Phi_{\sim}$——脉动磁通的不变分量和交变分量；

Φ_{max}和Φ_{min}——脉动磁通的最大值和最小值。

直流分量电流与其对应的磁通构成的磁化曲线 $\Phi(I)$ 称为基本磁化曲线（或称静态磁化曲线），如图 5－7 所示。交流分量电流与其对应的磁通沿磁滞回线变化，因为磁滞回线很窄，可以近似认为沿基本磁化曲线切线方向变化，这一部分曲线称为局部磁化曲线或动态磁化曲线。根据图 5－7 所示的磁化曲线，则磁通脉动系数为

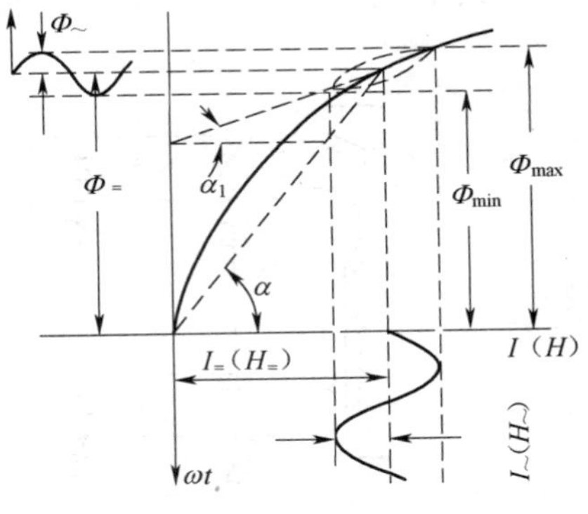

$$K_\Phi\approx K_i\cdot\frac{I}{\Phi}\cdot\frac{d\Phi}{dI} \tag{5-18}$$

图 5－7　静、动态磁化曲线

式中　Φ、I——对应于基本磁化曲线；

$d\Phi$、dI——对应于局部磁化曲线。

由于电动机磁导体中涡流的反磁作用，将使磁通的交变分量幅值降低，考虑这一影响后，则磁通脉动系数为

$$K_\Phi\approx K_B K_i\cdot\frac{I}{\Phi}\cdot\frac{d\Phi}{dI} \tag{5-19}$$

式中　K_B——涡流作用使磁通交变分量幅值减小的系数。

如果电机工作在磁化曲线线性段，则

$$\frac{I}{\Phi}\cdot\frac{d\Phi}{dI}\approx 1, K_\Phi\approx K_B K_i$$

当电机采用叠片磁导体时，

$$K_B\approx 0.5\sim 0.73$$

当电机磁系统为非叠片时，

$$K_B\approx 0.22\sim 0.34$$

由式(5－19)分析表明，如果不采取相应措施，在一定电流脉动系数情况下，磁通脉动系数可能会大于 10％。

为了减小主极磁通脉动，减小变压器电势对换向的影响，通常在主极线圈上并联一个固定分路电阻 R_{s0} 以滤掉电流中大部分交流分量，如图 5－8 所示。

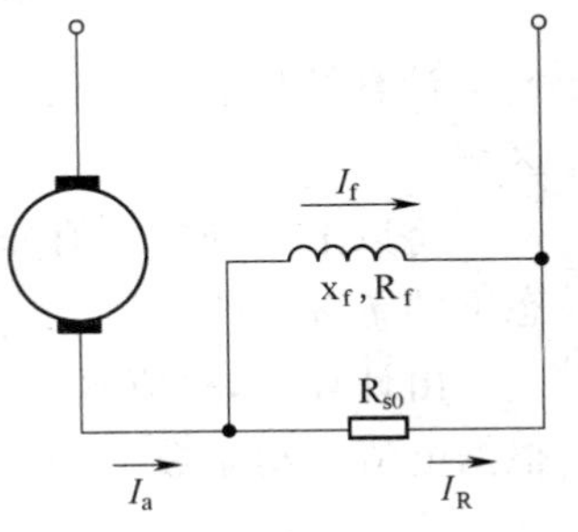

图 5－8　固定磁场削弱

安装固定分路以后，磁场进行了固定削弱，固定削弱系数 β_0 可以根据直流分量励磁电流 $I_{f=}$ 和电枢电流 $I_{a=}$ 的比值来计算，即

$$\beta_0 = \frac{I_{f=}}{I_{a=}} \tag{5-20}$$

或

$$\beta_0 = \frac{R_{s0}}{(R_{s0} + R_f)} \tag{5-21}$$

式中　R_f——励磁线圈有效电阻。

励磁绕组与固定分路电阻间交流分量电流的分配，取决于励磁绕组的阻抗，故交流分量磁场削弱系数

$$\beta_{0\sim} = \frac{R_{s0}}{\sqrt{(R_f + R_{s0})^2 + x_f^2}} \tag{5-22}$$

式中　$x_f = 4\pi f L_f$（L_f——励磁线圈电感）。

由此，采用固定分路电阻后的磁通脉动系数

$$K_\Phi = K_B K_i \frac{I}{\Phi} \cdot \frac{d\Phi}{dI} \cdot \frac{\beta_{0\sim}}{\beta_0} \tag{5-23}$$

式(5－23)是考虑了涡流阻碍作用、磁路饱和作用以及固定分路作用后的磁通脉动系数。由式中看出，这些影响将使磁通脉动量大为降低。

通常固定削弱系数在 $0.85 < \beta_0 < 0.98$ 范围内，如果

$$K_i = 0.25 \sim 0.3$$

则额定状态下磁通脉动系数 $K_\Phi \approx 0.02 \sim 0.03$。

第二节　换向元件中各交流电势

一台直流牵引电动机，如果在设计和结构方面不采取一些措施直接运用在脉动电压下，这台电机的换向性能将恶化，其电刷下会产生较大的换向火花，什么原因呢？这主要是脉动电流中交流电流分量引起的。这一节我们将从脉动电流中存在着交流分量这一基本特点出发，运用前面所学过的直流电动机的换向理论，来分析使脉流牵引电动机换向恶化的种种原因。

在分析直流电动机换向时，当电枢电流通过短路元件进行换向，由于元件电感的作用，在短路元件中产生了一个电抗电势 e_r，它阻碍了换向的正常进行。为了抵消电抗电势的作用，通常是由换向极绕组建立一个磁通，由它在换向元件中感应一个和 e_r 方向相反的换向电势 e_k。如果两者补偿恰当，即元件中合成电势等于零时，则电机就能获得满意的换向。

脉流牵引电动机的换向要复杂得多，在它的换向元件中，除了存在直流电抗电势 $e_{r=}$ 和直流换向电势 $e_{k=}$ 外，由于电流交流分量的作用，还引起了三种附加的交流电势，如图 5－9 所示。

(1)由电枢电流的交流分量引起的交流电抗电势 $e_{r\sim}$；

(2)由换向磁通的交变分量引起的交流换向电势 $e_{k\sim}$；

(3)由主磁通交变分量引起的变压器电势 e_t。

问题不在于这些电势的产生，而在于当电动机定子磁路中的块钢部分通过磁通交变分量时，会产生涡流，阻止磁通的变化，从而使交流换向电势 $e_{k\sim}$ 大大滞后于换向极电流的交流分量，并使交流换向电势不能正确补偿交流电抗电势 $e_{r\sim}$。结果在换向元件中产生了交流剩余电势 $\Delta e_\sim$，它又产生了附加电流，使电刷下发生火花。

为了更好的了解换向元件各种交流电势的性质及它们之间的相互关系，从而找到改善脉流牵引电动机换向的途径，现就下面几个问题加以讨论。首先，假定电流、磁通、磁密的交变分量都按正弦变化，那么，在以下分析中，各正弦物理量均以矢量表示。

一、交流电抗电势

交流电抗电势 $e_{r\sim}$ 是由交流分量电流 $I_{a\sim}$ 换向引起的，为弄清该电势的物理本质，首先了解一下脉动电流的换向过程。

脉流电动机电枢电流的换向过程如图 5－10 所示。图中

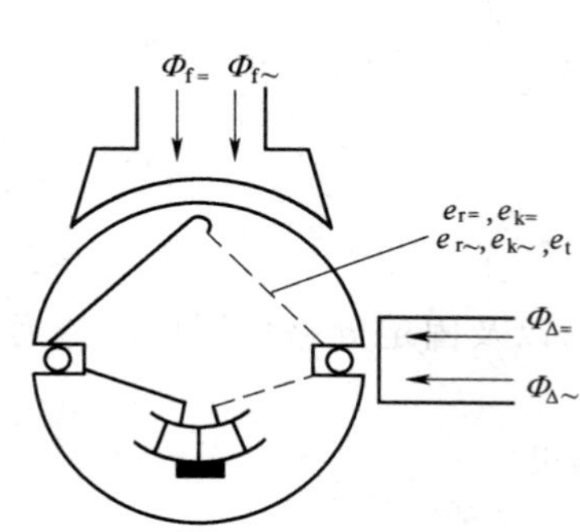

图 5－9 换向元件中各种电势

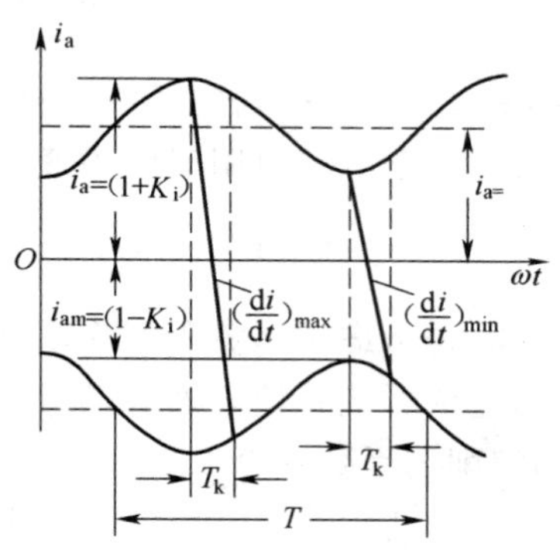

图 5－10 脉动电枢电流换向

T——交流分量电流的变化周期(即 100 Hz)；

T_k——脉动电流的换向周期。

由于电枢电流在 $I_{amax}\sim I_{amin}$ 之间脉动，所以换向电流对时间的变化率 di/dt 不是常数，其变化范围是

$$\left.\begin{aligned}\left(\frac{di}{dt}\right)_{max}&=\frac{2(i_{a=}+i_{a\sim})}{T_k}=\frac{2i_{a=}(1+K_i)}{T_k}\\\left(\frac{di}{dt}\right)_{min}&=\frac{2(i_{a=}-i_{a\sim})}{T_k}=\frac{2i_{a=}(1-K_i)}{T_k}\end{aligned}\right\}\tag{5-24}$$

因为电抗电势正比于电流变化率，所以由脉动电流引起的脉流电抗电势也不是一个常数，而是在最大值和最小值之间脉动。

按照前述的方法分解，脉动电抗电势可分解为直流电抗电势 $e_{r=}$ 和交流电抗电势 $e_{r\sim}$ 之和。由于换向周期 T_k 比交流分量电流的变化周期 T_c 要小得多，可以认为在换向周期内交流分量的幅值是不变的，因此，交流电抗电势和交流电流分量是同相位的，故交流电抗电势的幅值正比于交流分量电流的幅值，即 $e_{r\sim}\propto aI_{a\sim}$。直流电抗电势 $e_{r=}$ 也正比于直流分量电流 $I_{a=}$，所以交流电抗电势和直流电抗电势之间的关系可用下式表示

$$\frac{e_{r\sim}}{e_{r=}}=\frac{I_{a\sim}}{I_{a=}}=\frac{I_{amax}-I_{amin}}{I_{amax}+I_{amin}}=K_i\tag{5-25}$$

即

$$e_{r\sim}=K_i e_{r=}\tag{5-26}$$

式(5－26)说明，在一定的电流脉动系数情况下，交流电抗电势最大值 $e_{r\sim}$ 正比于直流电抗电势 $e_{r=}$，其交变频率和交流分量电流的频率相同。

图 5－11 和图 5－12 表示交流电抗电势的波形及其矢量关系。

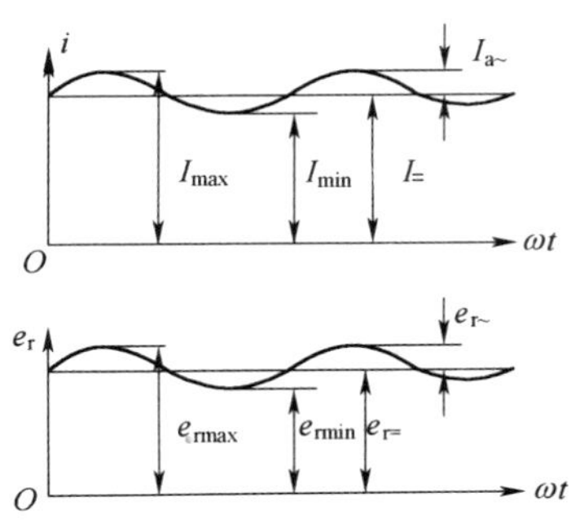

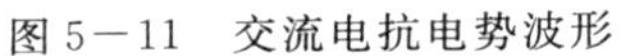
图 5－11　交流电抗电势波形

图 5－12　交流电抗电势矢量

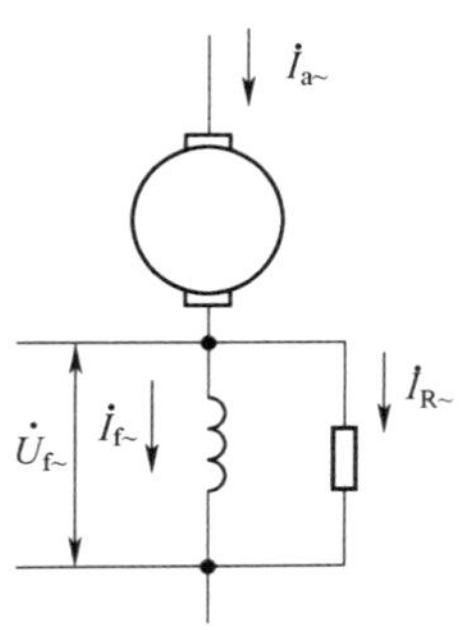

图 5－13　固定分路电阻原理

二、变压器电势 e_t

变压器电势由于主极磁通交变分量 $\Phi_{f\sim}$ 的作用在换向元件上产生的感应电势，其大小取决于主磁通的脉动程度，相位上滞后 $\Phi_{f\sim}$ 90°。其理论表达式为

$$e_t = -W_s \frac{d\Phi_{f\sim}}{dt} \tag{5-27}$$

前节已经指出，为了限制变压器电势对换向的影响，通常采用固定分路电阻，这时，交流分量电流的绝大部分由分路电阻流过而不经过主极线圈，从而减小了主极磁通的交变分量。固定分路电阻的原理图如图 5－13 所示。

现在分析一下，当采用固定电阻分路时，变压器电势的大小和相位关系。

设主极线圈两端交流分量电压为 $U_{f\sim}$，流过分路电阻的交流分量电流为 $I_{R\sim}$，流过主极线圈的交流分量电流为 $I_{f\sim}$，由电路关系知

$I_{R\sim}$ 与 $U_{f\sim}$ 同相位；

$I_{t\sim}$ 滞后 $U_{f\sim}$ 接近 90°；

电枢电流 $I_{a\sim}$ 是 $I_{R\sim}$ 和 $I_{f\sim}$ 的矢量和。

假设取 $I_{a\sim}$ 为参考相量，则 $I_{f\sim}$ 滞后于 $I_{f\sim}$，其相位角为 α_1。

由于磁路的涡流作用，主极磁通交变分量 $\Phi_{f\sim}$ 相对于产生它的励磁电流交流分量 $I_{f\sim}$ 之间有一相位差，即 $\Phi_{f\sim}$ 滞后于 $I_{f\sim}$，其相位角为 α_2。

如果只考虑交变磁通的基波，则换向元件的变压器电势

$$e_t = -W_s \frac{d}{dt}[\Phi_{=} K_{\Phi} \sin(2\omega t + \alpha_2)] \tag{5-28}$$

式中　$\Phi_{=}$——主极磁通的不变分量；

K_{Φ}——磁通的脉动系数；

α_2——$\Phi_{f\sim}$ 和 $I_{f\sim}$ 之间的相位角。

变压器电势的相位关系如图 5－14 所示。相位角 α_1 由分路电阻 R_{s0} 和励磁线圈阻抗决定，减小分路电阻 α_1 将增大。当 $\beta_0 = I_{f=}/I_{a=} = 0.95$ 或更小时，α_1 接近 45°。

相位角 α_2 由主极和机座磁路的涡流作用决定，其大小要看磁系统的结构形式（实心的或叠片的）。当磁路涡流作用较大时，α_2 将增大，α_2 的变化范围约在 30°～50°之间。

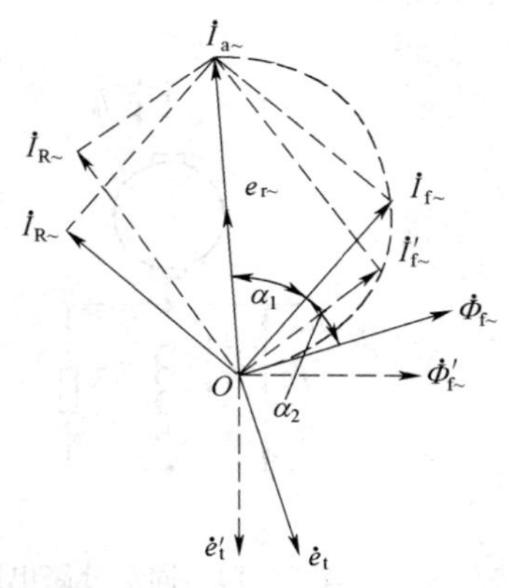

图 5－14　变压器电势矢量

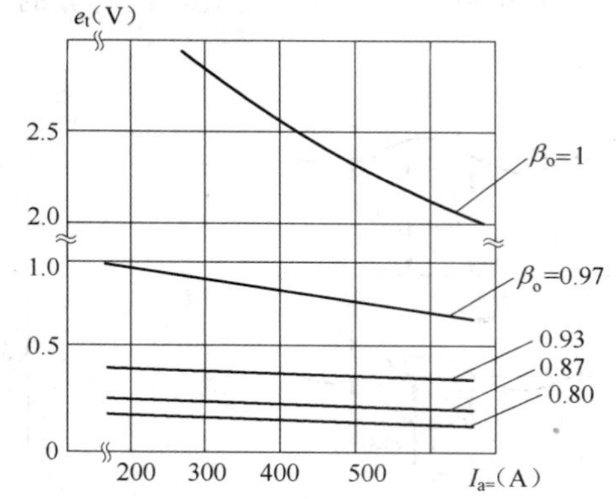

图 5－15　变压器电势曲线

在矢量图中，变压器电势 e_t 滞后 $\Phi_{f\sim}$ 90°。

由图中看出，在采用固定分路及主极磁路涡流作用下，$\Phi_{f\sim}$ 相对于 $I_{a\sim}$ 的相位差接近 90°，而变压器电势 e_t 相位大致与 $I_{a\sim}$ 反方向，也就是说 e_t 大致与交流电抗电势 $e_{r\sim}$ 反相位。

因此，就相位而言，e_t 可以抵消 $e_{r\sim}$，即变压器电势可以用来补偿换向元件中的不平衡交流电势。

图 5－15 表示了前苏联 HБ412-M 型牵引电动机当 $I_{a\sim}$ ＝100 A 时的变压器电势 e_t 与固定削弱系数 β_0 之间的关系。由图可知，如果利用 e_t 来补偿 $e_{r\sim}$，则应使 $\beta_0 \geqslant 0.97$；如果用压低 e_t 来改善换向，应使 $\beta_0 \leqslant 0.95$。

三、交流换向电势 $e_{k\sim}$

现在来讨论交流换向电势 $e_{k\sim}$ 的性质及其相位问题。交流换向电势是换向元件切割换向区交变磁通 $\Phi_{k\sim}$ 而产生的，就其性质而言，它是一个速率电势，其大小取决于换向区合成交变磁通，且相位与其一致。因此，研究 $e_{k\sim}$ 的大小和相位，实际就是研究 $\Phi_{k\sim}$ 的大小和相位。

在换向区的合成交变磁通 $\Phi_{k\sim}$ 的数值和相位问题，是一个重要的问题，因为它对换向条件起着决定作用。同时它又是一个十分复杂的问题，因为它涉及到电机磁路饱和、磁系统的涡流作用、电枢交流磁势的影响以及换向极漏磁等许多因素。这些因素的影响，给分析 $\Phi_{k\sim}$ 的性质和确定其数值都带来困难。

一般情况下，在解释其物理本质的基础上，用交变磁场、交流电势矢量叠加法，可以对 $e_{k\sim}$ 的形成、性质给出一个直观的解释。

图 5－16 画出了一个$\dfrac{1}{4\rho}$的电机的剖面图，图中给出换向区各交变磁通的分布情况及流通的路径。

图中的符号含义为：

$\Phi_{a\sim}$——电枢反应交变磁通；

$\Phi_{\sigma\sim}$——换向极漏磁通的交变分量；

$\Phi_{\Delta\sim}$——换向极铁芯交变磁通；

$\Phi_{\omega\sim}$——换向极作用于换向区的交变磁通；

Φ_{k}——换向区合成交变磁通；

$F_{a\sim}$——电枢磁势交流分量；

$F_{\Delta\sim}$——换向极磁势交流分量。

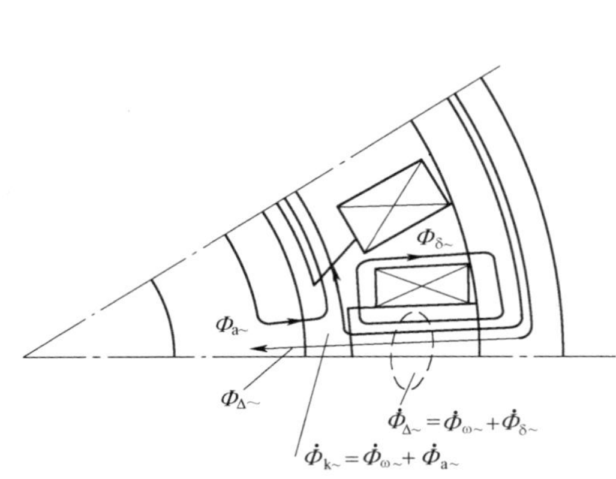

图 5－16 换向区交变磁通分布

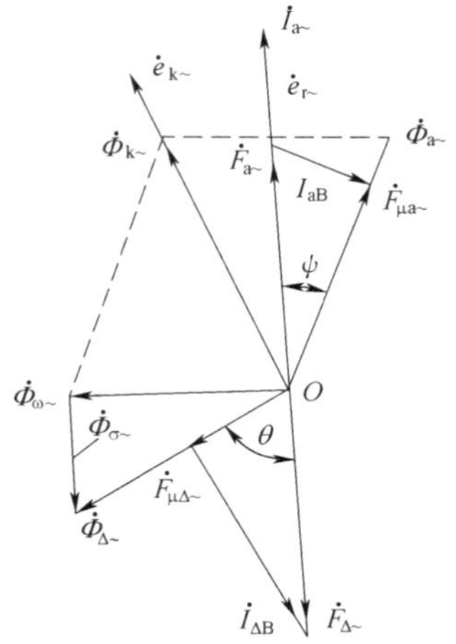

图 5－17 换向极磁势、磁通矢量

换向极磁路系统的磁势、换向区各交变磁通以及换向元件中交流换向电势叠加的矢量图如图 5－17 所示，各相量的相位关系如下：

1. 由电枢交变分量 $F_{a\sim}$ 所建立的交变磁通 $\Phi_{a\sim}$ 通过主极极靴闭合，由于该磁路（钢板或叠片）涡流 I_{aB} 的作用，使 $\Phi_{a\sim}$ 滞后于 $F_{a\sim}$，滞后角度为 ψ。产生 $\Phi_{a\sim}$ 所需的磁势

$$\dot{F}_{\mu a\sim}=\dot{F}_{a\sim}-\dot{I}_{aB}=\frac{1}{2}\dot{A}_{\sim\tau}-\dot{I}_{aB} \tag{5－29}$$

2. 换向极磁势交变分量 $F_{\Delta}\sim$ 与电枢交变磁势 $F_{a\sim}$ 相位相反。由 $F_{\Delta\sim}$ 产生的交变磁通 $\Phi_{\Delta\sim}$ 经过机座实心体闭合，也由于该磁路结构的涡流 $I_{\Delta B}$ 的作用，使得 $\Phi_{\Delta\sim}$ 滞后于 $F_{\Delta\sim}\theta$ 角。由于机座磁路的涡流作用强，它不仅抵消 $F_{\Delta\sim}$ 并使之削弱，使磁通 $\Phi_{\Delta\sim}<\Phi_{a\sim}$；而且使 $\Phi_{\Delta\sim}$ 和 $F_{\Delta\sim}$ 的滞后角大于 $\Phi_{a\sim}$ 对 $F_{a\sim}$ 的滞后角，即 $\theta>\psi$。产生 $\Phi_{\Delta\sim}$ 的交变磁势

$$\dot{F}_{\mu\Delta\sim}=\dot{F}_{\Delta\sim}-\dot{I}_{\Delta B}=-\dot{I}_{a\sim}W_{\omega}-\dot{I}_{\Delta B} \tag{5－30}$$

3. 换向极存在交变漏磁通 $\Phi_{\sigma\sim}$，而且随着磁路饱和度和涡流作用而增加。该磁通大体上和 $F_{\Delta\sim}$ 同方向。这样，使得进入换向区的换向磁通 $\Phi_{\omega\sim}$ 不仅在数值减小，而且在相位上更加滞后。进入换向区的交变磁通其相位关系为

$$\dot{\Phi}_{\omega\sim}=\dot{\Phi}_{\Delta\sim}-\dot{\Phi}_{\sigma\sim} \tag{5－31}$$

当换向极采用叠片结构时，由于极心磁通分布均匀，漏磁通 $\Phi_{\sigma\sim}$ 可以减小。

4. 换向区合成 $\Phi_{K\sim}$ 是由 $\Phi_{\omega\sim}$ 与 $\Phi_{\sigma\sim}$ 叠加而得，在整体机座及实心换向极铁芯的情况下可以有如图 5－17 所示的相位。结果换向区合成磁通交变分量 $\Phi_{k\sim}$ 大体和 $F_{a\sim}$ 同方向而和 $F_{\Delta\sim}$ 反方向，即 $\Phi_{k\sim}$ 发生“倒相”现象。

上述分析说明，由于磁路中的涡流作用、电枢反应交变分量的影响以及交变漏磁通的存在，可能导致换向区磁通 $\Phi_{k\sim}$“倒相”。“倒相”的 $\Phi_{k\sim}$ 将使 $e_{k\sim}$ 和 $e_{r\sim}$ 同相，这对于电机换向是非常不利的，也是脉流电动机换向困难的实质。

$\Phi_{k\sim}$ 倒相的物理本质也可以用磁路的等值电路图来分析，这一方法在分析直流电机换向

磁通时已经论述过，这里只要将等值电路图中的直流参数改成对应交变分量参数即可。

图 5－18 表示一个换向极磁路的等值电路图，图中 $F_{\Delta\sim}$ 和 $F_{a\sim}$ 分别为换向极磁势和电枢磁势的交变分量，二者作用方向相反。$R_{\delta\Delta}$ 为第一气隙磁阻，z_{σ} 为漏磁通 $\Phi_{\sigma\sim}$ 的复磁阻，Z_j 为机座复磁阻。

根据等效电路图可列出如下磁势平衡方程式

$$\dot{F}_{\Delta\sim}-\dot{F}_{a\sim}=\dot{\Phi}_{k\sim}\dot{R}_{\delta\Delta}+\dot{\Phi}_{\Delta\sim}\dot{Z}_j \tag{5-32}$$

$$\dot{\Phi}_{\Delta}=\dot{\Phi}_{k}+\dot{\Phi}_{\sigma\sim} \tag{5-33}$$

由此可得

$$\dot{\Phi}_k=\frac{(\dot{F}_{\Delta\sim}-\dot{F}_{a\sim})-\dot{\Phi}_{\Delta\sim}\dot{Z}_j}{R_{\delta\Delta}}=\frac{(\dot{F}_{\Delta\sim}-\dot{F}_{a\sim})-(\dot{\Phi}_{k\sim}+\dot{\Phi}_{\sigma\sim})\dot{Z}_j}{R_{\delta\Delta}} \tag{5-34}$$

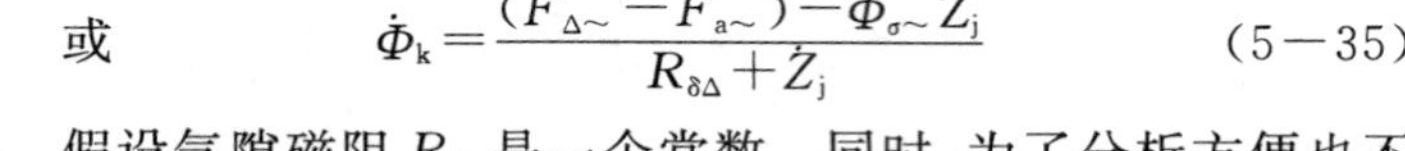

或

$$\dot{\Phi}_k=\frac{(\dot{F}_{\Delta\sim}-\dot{F}_{a\sim})-\dot{\Phi}_{\sigma\sim}\dot{Z}_j}{R_{\delta\Delta}+\dot{Z}_j} \tag{5-35}$$

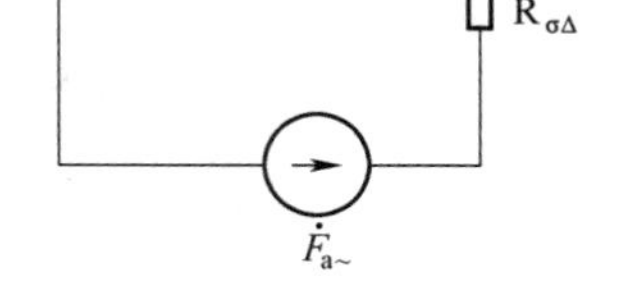

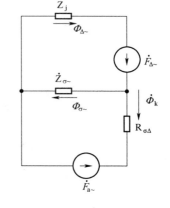

图 5－18 换向极磁路等值电路

假设气隙磁阻 $R_{\delta\Delta}$ 是一个常数。同时，为了分析方便也不考虑复磁阻 $\dot{Z}_j$ 的相位关系。

当电流很小，电机处于不饱和状态时，随着电流增加，$F_{\Delta\sim}$、$F_{a\sim}$ 以及（$F_{\Delta\sim}-F_{a\sim}$）正比电流增加，磁阻 Z_j 不变，$\Phi_{\Delta\sim}$ 也正比电流增加，故 $\Phi_{k\sim}$ 正比电流增加。

当电流继续增加时，换向极磁路开始饱和，Z_j 增加更多。由式(5－34)看出，$\Phi_{k\sim}$ 会开始减小。

当电流增加到一定数值时，开始减小的磁通将过零而变为负值，这时即出现由矢量图分析的结果——“倒相”现象。

出现磁通 $\Phi_{k\sim}$“倒相”的原因，除了饱和及涡流影响之外，另一个重要的原因是漏磁存在。由式(5－35)可看出，假若没有漏磁通 $\Phi_{\sigma\sim}$，则磁通 $\Phi_{k\sim}$ 和电流的关系就是一般磁系统的磁化曲线。

上述理论，无论对于在直流下工作的电机还是在脉流下工作的电机来说都是正确的，其不同之处仅在于电机在脉流情况下，其 $\Phi_{k\sim}$ 和 $e_{k\sim}$ 的“倒相”过程出现的更早且进行得更快。这是因为在脉流情况下，磁路钢质各部分磁阻具有复磁阻的性质，它们的增长不仅是由于直流分量造成的饱和，而且还由于涡流作用所致。涡流作用使产生磁通交变分量的附加磁阻出现，磁通不变分量越大，钢质磁导体越饱和，脉动导磁率 μ' 就越小，这种作用就表现得越明显，导致磁路复磁阻随着直流分量电流和交流分量电流的增长而迅速增加。复磁阻 Z_j 的迅速增加，一方面使 $\dot{\Phi}_{\Delta\sim}\dot{Z}_j$ 数值增加，另外也使 $\dot{\Phi}_{\Delta\sim}$ 对于 $F_{\Delta\sim}$ 相位角更加滞后。由式(5－34)中看出，合成磁势（$F_{\Delta\sim}-\Phi_{\Delta\sim}\dot{Z}_j$）这一项可能小于 $F_{a\sim}$，因而 $\Phi_{k\sim}$ 将发生“倒相”现象。

应该指出，这里列出的是简化了的等值电路，实际磁路所表现的等值电路比它要复杂一些，这一问题将在具体计算 $\Phi_{k\sim}$ 数值时再作详细介绍。

四、换向元件中的交流合成电势 $\Delta e_{\sim}$

将上面得到 $e_{r\sim}$，e_t 及 $e_{k\sim}$ 的相量画在一起，并进行矢量叠加，即可得交流合成电势 $\Delta e_{\sim}$，如图 5－19 所示。若以 $I_{a\sim}$ 为参考相量，则 $e_{r\sim}$ 和 $I_{a\sim}$ 是同相位的。由于采用了固定分路，e_t 大体上与 $e_{r\sim}$ 是反向的。如果采用实心机座和实心换向极铁芯，由于磁路饱和、涡流作用及漏磁影响，$e_{k\sim}$ 和 $e_{r\sim}$ 基本上同相位。

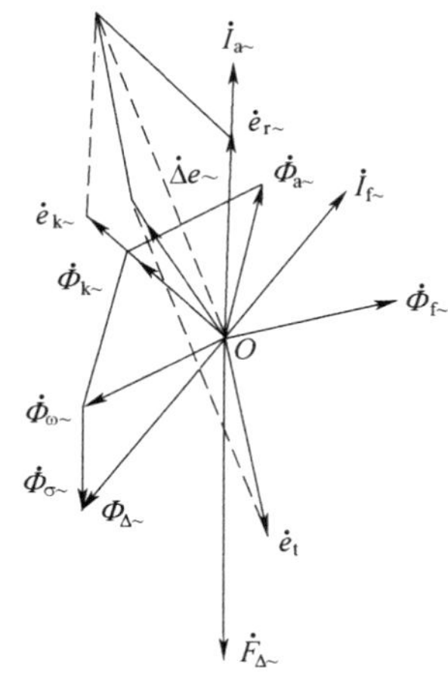

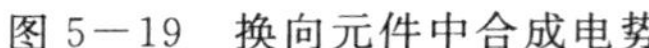
图 5－19　换向元件中合成电势

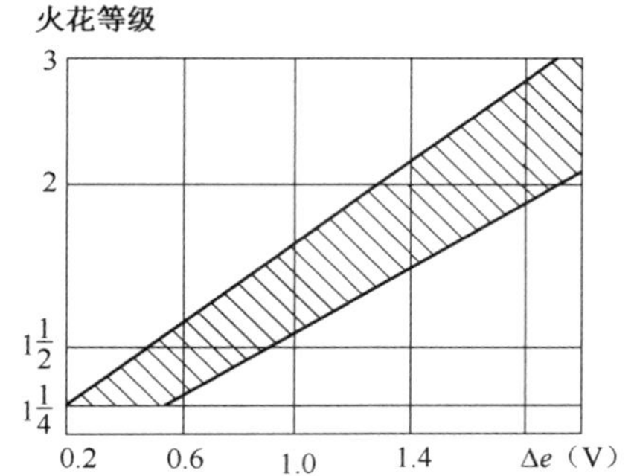

图 5－20　剩余电势与产生火花的关系曲线

上述三个电势叠加的结果，在换向元件中产生较大的交流剩余电势 $\Delta e_{\sim}$。剩余电势 $\Delta e_{\sim}$ 与火花等级的关系，见图 5－20 所示的曲线。

由合成电势矢量图可知，为了改善脉流电动机换向，要尽可能减小交流剩余电势 $\Delta e_{\sim}$。为了减小剩余电势，可以采取以下办法：

1. 分别减小交流电抗电势 $e_{r\sim}$ 和变压器电势 e_t；
2. 采用叠片磁导体作为磁路，以调整 $e_{k\sim}$ 的相位；
3. 利用变压器电势 e_t 来补偿换向元件的不平衡电势；
4. 采用补偿绕组，以减小 Δe 的数值。

第三节　脉流电动机换向的改善

由于脉流电动机的换向比直流电动机困难，为了保证其换向可靠，在设计、制造脉流电动机时必须采取一些措施。

首先应该保证该电机在直流电源运行下换向可靠。为此，必须正确计算直流电抗电势，设计合理的换向极极靴，选用性能良好的分层电刷，提高换向器制造质量以及采取其他使直流换向满意的一系列措施。

此外，还须考虑脉流电动机存在着交变电流和交变磁通以及由此（在换向元件中）而产生的各种交流电势这一特殊问题，有针对性地采取措施，分别减小它们的数值，或者利用它们的内在联系使其相互补偿。下面叙述一下主要的这些办法。

一、减小变压器电势 e_t

由主磁通交变分量 $\Phi_{f\sim}$ 产生的变压器电势 e_t，没有相应的电势和它抵消。如果要减小它的数值，只能用固定磁场分路来使其削弱。固定磁场削弱越深（即 β_0 或 R_{s0} 越小），主磁通交变分量越小，变压器电势越小。

现代大功率牵引电动机，在额定工况及电流脉动系数 $K_i=0.2\sim0.3$ 情况下运行时，若 β_0 选择在 0.85 左右，e_t 实际上只有 0.05 V 左右。

变压器电势完全削弱是不可能的，也是不可取的，因为过深的固定削弱会损失电动机的牵引力矩，同时，当电机处于过渡状态时，冲击电流会急剧增长。

国内外脉流牵引电动机广泛采用压低 e_t 的办法来改善换向，但压低 e_t 应该和压低 e 结合起来考虑，也就是说在采用压低 e_t 的同时应该多加考虑它能够利用的一面。

二、减小交流电抗电势 $e_{r\sim}$

在一定的回路电感和电流脉动系数情况下，减小交流电抗电势实际上就是压低直流电抗电势，因为 $e_{r\sim}=K_i e_{r=}$。脉流电动机 $e_{r=}$ 的计算方法就是直流电动机电抗电势的计算方法。因此，欲减小 $e_{r=}$ 的数值，可以参照减小直流电动机电抗电势的若干方法进行。由式(3—38)可知，减小直流电抗电势有下面方法：

1. 降低换向元件槽漏磁导磁率 λ

要减小导磁率 λ，在设计电机时可以采取减小槽形高度、缩短电枢长度、加大换向极气隙以及采用梯形槽子(图 5—21)等办法来达到。

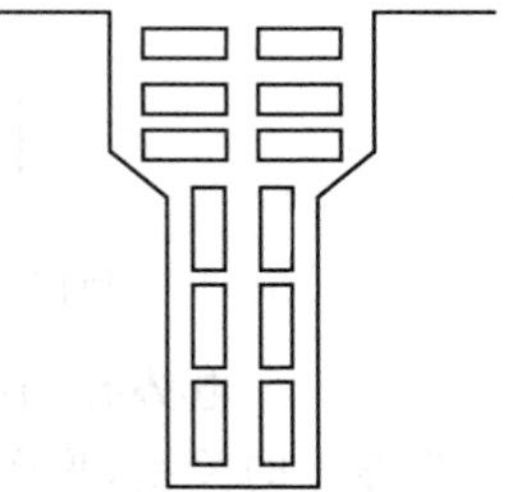
图 5—21　梯形槽

2. 选择合适的刷盖系数 γ，这样能使换向元件中自感电势和互感电势叠加合理，以获得合适的电抗电势波形。

3. 降低电动机转速，这样可以加大换向周期 T_k，因而减小了换向元件中的电流变化率，电抗电势也随之降低。

从 $e_{r\sim}$ 和 e_t 的相位大体反相的关系来看，压低 $e_{r\sim}$ 的办法又可分为两种情况：

1. 压低 $e_{r\sim}$ 和压低 e_t 被同时采用

考虑极限情况，假设 $e_t\approx 0$，再考虑最不利情况，即认为 $e_{k\sim}$ 和 $e_{r\sim}$ 同相位。

根据运行经验，保证换向可靠，剩余电势应该限制在 1.2 V 以内。因此

$$\Delta\dot{e}=\dot{e}_t+\dot{e}_{k\sim}+\dot{e}_{r\sim}\leqslant 1.2\ \text{V} \tag{5—36}$$

即

$$2e_{r\sim}\leqslant 1.2\ \text{V}$$

或

$$e_{r=}=\frac{e_{r\sim}}{K_i}=2\sim 3\ \text{V} \tag{5—37}$$

设计脉流电动机时其直流电抗电势应限制在 3 V 左右。

2. 压低 $e_{r\sim}$ 和利用 e_t 被同时采用

采用压低 $e_{r\sim}$ 和利用 e_t 相结合的方法来改善脉流换向时，合理的固定削弱系数 $\beta_0=0.96\sim 0.98$，这时 $e_{r=}$ 可以限制在 4 V 以内。

应当指出，用压低 $e_{r=}$ 的方法来改善脉流电动机的换向并不是最理想的办法，因为过分压低 $e_{r=}$ 将使电机重量增加，同时电机的其他参数也难以设计得合理。

三、改善交流换向电势的相位

在脉流牵引电动机中，交流换向电势 $e_{k\sim}$ 的相位是不合理的，它不仅不能起到抵消交流电势的作用，反而有可能和 $e_{r\sim}$ 叠加，使换向元件中有较大的剩余电势 $\Delta e_\sim$，造成电机换向困难。$e_{k\sim}$ 不合理的相位，是换向极磁路中涡流作用和漏磁影响造成的。因此，为了改善 $e_{k\sim}$ 的相位，就必须减小换向极磁路的涡流作用且减少换向极的漏磁通。

为了改善 $e_{k\sim}$ 的相位，即将 $e_{k\sim}$ 相位调整到和 $e_{r\sim}$ 相反的方向，通常须在电机结构方面采取以下措施：

1. 采用叠片换向极极心

换向极用硅钢片叠制这样做可以减小换向极磁路的涡流作用，减小该磁路段的复磁阻，增加 $\Phi_{\Delta\sim}$ 的数值以及减小 $\Phi_{\Delta\sim}$ 与 $F_{\Delta\sim}$ 的涡流滞后角 θ，并能使 $\Phi_{\Delta\sim}$ 在数值和相位上较好地和 $\Phi_{\Delta\sim}$ 补偿，最后使 $\Phi_{k\sim}$ 和 $e_{k\sim}$ 相位变得合理。

国内外许多脉流电动机都采用了此种结构。

2. 机座内壁敷设磁桥

磁桥由数片硅钢片叠成，总厚度为 2～3 mm，并在换向极中心线处留 3～4 mm 缺口，如图 5－22 所示。

磁桥的作用是让流经机座的交变磁通 $\Phi_{\Delta\sim}$ 在磁桥中流通，避免实心体机座对该磁通的涡流阻遏作用，使涡流滞后角 θ 减小，能将 $\Phi_{k\sim}$ 和 $e_{k\sim}$ 的相位调整到和 $e_{r\sim}$ 相反的方向。

缺口是一个空气间隙，其作用是使磁通的直流分量（特别是主磁通的直流分量）不易通过磁桥，否则会造成磁桥饱和而使脉动导磁率 μ' 减小。

我国生产的 ZQ650-1 脉流牵引电动机采用了此种结构。运行经验表明，采用磁桥结构，在相同的运行条件下，脉流电动机的火花约降低 0.5 级左右。

3. 减小换向极极身漏磁通

分析表明，漏磁通 $\Phi_{\sigma\sim}$ 的作用对 $\Phi_{k\sim}$ 的相位影响很大。假若 $\Phi_{\sigma\sim}$ 很大，即使在滞后角 θ 不大的情况下，也会使 $\Phi_{k\sim}$ 的相位变得极不合理。

为了减小漏磁通 $\Phi_{\sigma\sim}$，换向极线圈托架应该采用铜质材料或者非磁性材料，这样可以对漏磁通起屏蔽作用，从而减小换向极的漏磁通。

此外，在设计电机时，使极弧系数 α 不要选得太大，并控制刷盖系数 γ 和换向极极靴宽度，以增加主极尖与换向极之间距离，达到减小漏磁通的目的，如图 5－23 所示。

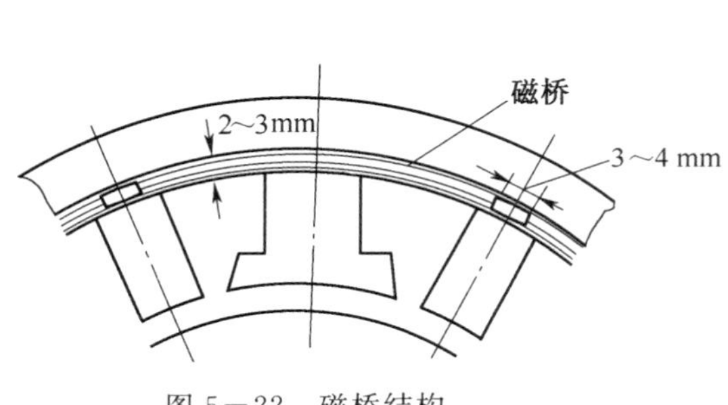

图 5－22　磁桥结构

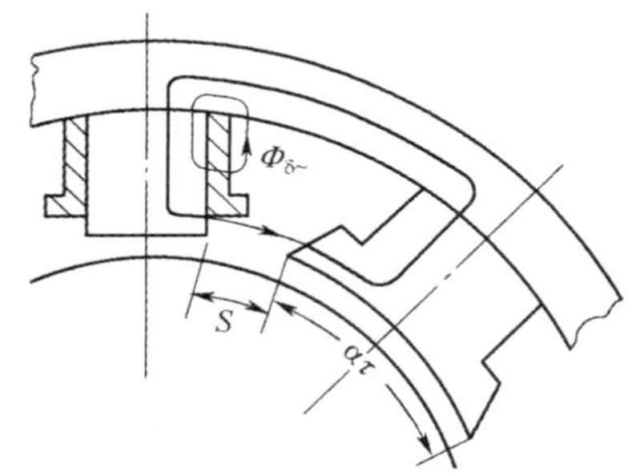

图 5－23　换向极磁路结构

4. 采用全叠片或半叠片机座

当采用全叠片机座时，可以很好地减小涡流的作用，使 $\Phi_{\Delta\sim}$ 数值增加，滞后角 θ 减小，从而改善 $\Phi_{k\sim}$ 的相位。

在一般情况下，$e_{k\sim}$ 对 $F_{\Delta\sim}$ 的滞后角约为 30°～40°，这样使 $e_{k\sim}$ 和 $e_{r\sim}$ 能较好地补偿。

此外，采用叠片机座还有一些优点，例如：磁路不易饱和、磁路特性均匀，使 $\Phi_{k\sim}$ 的数值不受其直流分量的影响等。

但是，当机座采用全叠片后，主极磁路的涡流作用随之减小，使主极磁通 $\Phi_{f\sim}$ 的脉动量加大，因而增加了变压器电势的数值。如果要求变压器电势仍限制在较小的范围内，则必须采用较深的固定削弱系数。这样，又会带来损失牵引力矩、对过渡过程影响较大等方面的问题。当然,全叠片机座的制造工艺也要复杂一些。虽然国外的一些脉流电动机采用了此种结构,但权衡其利弊关系,不仅要从电机本身的经济技术指标考虑,而且还要研究和其有联系的系统电路,才能得出正确的结论。

四、利用变压器电势抵消交流电抗电势

在分析换向元件各交流电势相位关系时得知,变压器电势 e_t 与交流电抗电势 $e_{r\sim}$ 几乎是反相位的,因而提出了利用 e_t 来补偿 $e_{r\sim}$ 的可能性。

为了使 e_t 在数值上和相位上都能和($\dot{e}_{r\sim}+\dot{e}_{k\sim}$)补偿,必须选择合适的固定磁场削弱系数 β_0。

如果 β_0 选得过小,则 $I_{f\sim}$ 减小,$\Phi_{f\sim}$ 减小,使 e_t 减小,结果它在数值上不足以补偿另外两个电势。

反之,若 β_0 选得过大,则励磁电流 $I_{f\sim}$ 和电枢电流 $I_{a\sim}$ 相位角 α_1 减小,虽然 $I_{f\sim}$、$\Phi_{f\sim}$ 和 e_t 的数值都相应增大,但 e_t 的相位又不合适。因此,e_t 的大小和相位对 β_0 的选择提出了相互矛盾的要求。

最合适的 β_0 值,除了多做方案计算求得最佳的理论数值外,最好用换向试验来验证。

根据一些脉流电动机的设计和试验资料来看,在额定工况下,$K_i=0.25$ 时,最合适的 $\beta_0=0.96\sim0.98$。

我国 ZQ650-1 型脉流牵引电动机,因为同时采用了减小 $e_{r\sim}$ 和 e_t 来改善换向,故其 $\beta_0=0.95$。新设计的 ZQ850 型脉流牵引电动机,$\beta_0=0.97$,国外有些脉流电动机,根本不采用固定磁场分路,其目的就是利用 e_t 来补偿换向元件中的不平衡电势。

五、采用感应分路

用固定分路削弱来改善脉流电动机的换向,只能满足一种(额定)运行状态。当电动机削弱磁场运行时,励磁电流交流分量 $I_{f\sim}$、主磁通交变分量 $\Phi_{f\sim}$ 以及变压器电势 e_t 都相应减小,同时相位也发生变化。此外,由于转速增加,$e_{r\sim}$ 数值也发生变化。变化的结果破坏了原有的各交流电势的平衡关系。

为了改善脉流电动机在高转速运行时的换向,通常在削弱磁场的电阻上串联一个电抗,整个磁场分路称之为感应分路,如图 5—24 所示。

采用感应分路后,和仅用电阻分路相比,励磁线圈中交流分量 $I'_{f\sim}$ 在数值上增大了,而它的相位超前了,相应地 $\Phi'_{f\sim}$ 数值增加了,相位超前了。因此,换向元件中的变压器电势 e'_t 也增加了,相位也超前了。这样就解决了仅用电阻削弱时造成 e'_t 减小和相位滞后的后果,使脉流电动机在高速运行时,换向元件中各交流电势也能相互补偿,如图 5—25 所示。

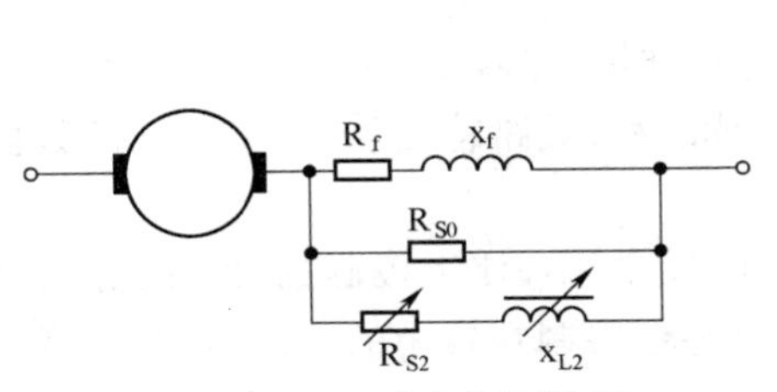

图 5—24　感应分路原理

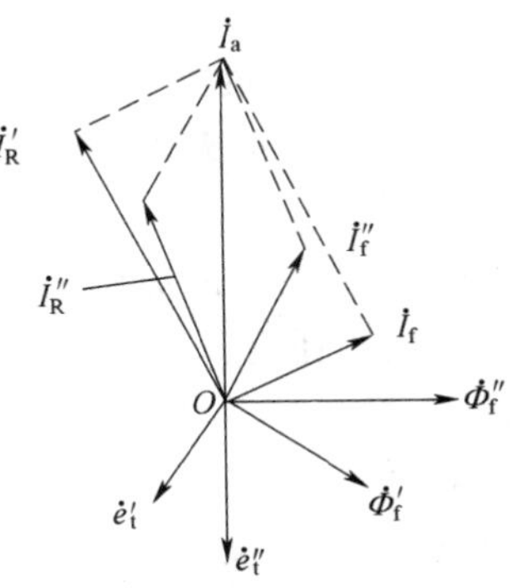

图 5—25　采用感应分路换向元件电势矢量

应该指出，当电机在最深削弱磁场（即最小削弱系数 β_{min}）工况下运行时，其换向最为困难，因为此时交流电抗电势 $e_{r\sim}$ 显著增加，而变压器电势的大小和相位也发生变化。为使最深削磁下换向元件中 Δe 最小，必须确定该状态下 e_t 的最佳数值和最佳方向。

确定 e_t 的最佳值实际上是确定感应分路的最佳参数。其步骤如下：

1. 取感应分路中可调电阻为 R_{s2} 和可调电抗为 x_{L2}，并将它们分别以励磁线圈有效电阻 R_f 和电抗 x_f 的分数形式表示，即

$$b=\frac{R_{s2}}{R_f} \text{和} a=\frac{x_{L2}}{x_f} \tag{5-38}$$

2. 根据最深削弱系数 β_{min}，首先确定 b 值，b 和 β_{min} 的关系为

$$b=\frac{R_{s2}}{R_f}=\frac{\beta_{min}}{1-\beta_{min}} \tag{5-39}$$

然后分别取不同的分路电抗值（一般取 4～5 个值）进行方案比较。电抗 x_{L2} 和 x_f 的比值，可以在以下范围内变化，即

$$a_1=\frac{x_{L2}}{x_f}=0.5 \qquad a_2=\frac{x_{L2}}{x_f}=0.8 \qquad a_3=1.5 \qquad a_4=2.0$$

$$a_5=2.5$$

3. 确定最深削弱磁场下的 $e'_{r\sim}$，因为直流电抗电势与转速和电流成正比，因此在该工况下

$$e'_{r\sim}=K_i e'_{r=}=K_i \frac{n_{max}}{n_N}=K_u e_{r=N} \tag{5-40}$$

式中 n_{max}——电机最深削弱磁场时的转速；

n_N——电机的额定转速；

$e_{r=N}$——额定状态时的电抗电势；

K_u——高速功率利用系数。

4. 根据脉流换向计算求得的 $e_{k\sim}$ 和由项 3 求得的 $e'_{r\sim}$ 的数值绘制矢量图。再将不同电抗分路求得的 e'_t 叠加于 $(e_{k\sim}+e'_{t\sim})$ 矢量图上，便可得到各种电抗分路下剩余电势 $\Delta e_{\sim}$。从而可以确定最小的 $\Delta e_{\sim}$ 的方案，并能够合理地选择感应电路的电阻和电感值。如图 5－26 所示。

研究矢量图 5－26 可以看出，改变感应分路电感参数 a 可使 e_t 和 $\Delta e_{\sim}$ 有很明显的变化，并出现很明显的规律性，e_t 和 $\Delta e_{\sim}$ 相量的末端（点 1、2、3、4 等）随 a 的改变有规律地分布在一定的圆周上。因此，只要先求出该圆的圆心，画出圆周的轨迹，便可画出各种电感参数下的 e'_t 和 $\Delta e'_{\sim}$，进而可以确定最小的 $\Delta e'_{\sim}$ 和最佳的电感参数。

为了简便地判别最小的 $\Delta e'_{\sim}$ 和最合适的分路电感，可以直接将 e'_t 相量末端圆的圆心和参考坐标原点相连，那么在连线上示得的 $\Delta e_{\sim}$ 是理论上的最小值。根据现代大容量脉流牵引电动机提供的计算资料来看合适的 $x_{L2}/x_f=2.5$ 左右。

在额定工况下，根据额定状态的原始数据，分别计算不同固定削弱系数情况下的 e_t 和 $\Delta e_{\sim}$，根据最好的补偿关系，能求出最合适的 β_0。计算方法和上述类似，这里不再赘述。

六、采用补偿绕组

补偿绕组的作用除了能够减小最大片间电压、改善电位特性、增强电机换向稳定性外，对于脉流电动机来说，还能比较有效地减小换向元件中交流剩余电势 $\Delta e_{\sim}$。

图 5－27 给出了具有补偿绕组脉流电动机的电枢交流磁势、补偿绕组交流磁势及换向极

交流磁势的矢量图。

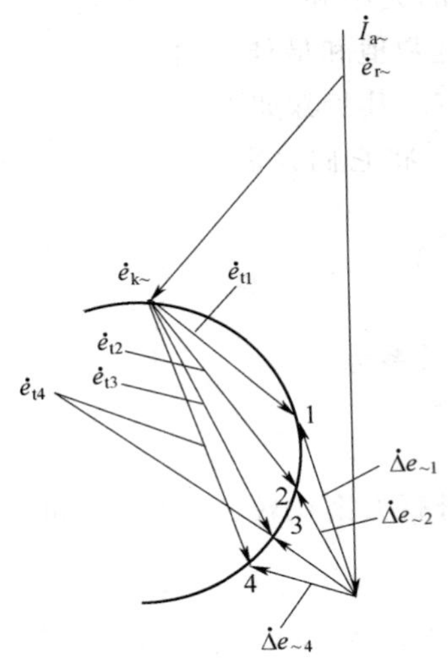

图 5－26　各种感应分路下的剩余电势

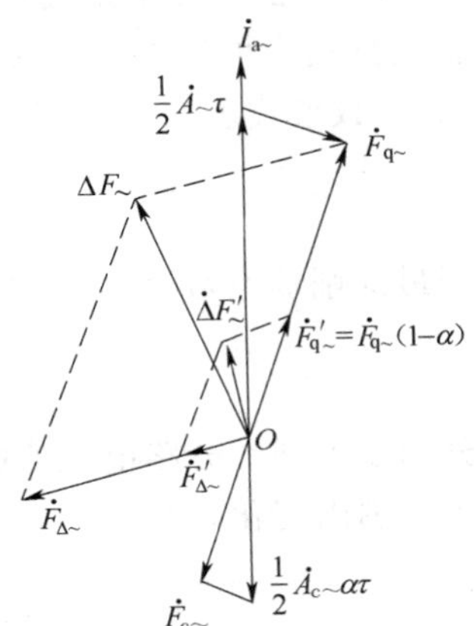

图 5－27　具有补偿绕组交流磁势

图中　$\frac{1}{2}A_{\sim}\tau$ 为电枢交流磁势；

$F_{q\sim}$ 为克服涡流影响后的电枢交流磁势；

$\frac{1}{2}A_{c\sim}\alpha\tau$ 为补偿绕组交流磁势；

$F_{c\sim}$ 为作用在换向区的交流补偿磁势。

当电机具有补偿绕组时，在换向区的剩余电枢交流磁势为

$$\dot{F}'_{q\sim}=\dot{F}_{q\sim}-\dot{F}_{c\sim}\approx\dot{F}_{q\sim}(1-\alpha) \tag{5-41}$$

假若 $A_{c\sim}=A_{\sim}$（补偿绕组线负载交流分量等于电枢线负载交流分量）。在不考虑换向磁通作用的情况下，换向区的剩余磁势为

$$\Delta\dot{F}'_{\sim}\approx\dot{F}_{q\sim}(1-\alpha) \tag{5-42}$$

在换向元件中剩余电势的最大值为

$$\Delta e'_{\sim}\approx e_{q\sim}(1-\alpha)=e_{r\sim}(1-\alpha)$$

通常 $\alpha=0.65\sim0.7$，则

$$\Delta e'_{\sim}\approx(0.3\sim0.35)e_{r=}K_i$$

这个剩余电势能够补充变压器 e_t 的作用，因此，交流换向电势 $e_{k\sim}$ 不会因电枢反应交变磁通的作用而“倒相”，它能很好地补偿交流电抗电势。

七、电枢并联 R、L、C 电路

如前所述，在换向区的交变磁通 $\Phi_{k\sim}$ 是由换向极交变磁通 $\Phi_{\Delta\sim}$ 和电枢交变磁通 $\Phi_{a\sim}$ 叠加而成。$\Phi_{a\sim}$ 由 $F_{a\sim}$ 产生并滞后 $F_{a\sim}$ 角 ψ，而 $\Phi_{\Delta\sim}$ 是 $F_{\Delta\sim}$ 产生且滞后 $F_{\Delta\sim}$ 角 θ。由于各自的涡流作用不同，使换向电势 $e_{k\sim}$ 不能完全补偿电抗电势 $e_{r\sim}$。

如果能够通过外联电路来调整电枢回路的参数，使电枢电流 $I_{a\sim}$ 滞后于换向极线圈电流 $I_{\Delta\sim}$，即用外施办法使换向极磁势 $F_{\Delta\sim}$ 相位前移，就能够使 $\Phi_{k\sim}$ 相位前移到对换向有利的方向

上，也就是使 $\Phi_{k\sim}$ 所产生的 $e_{k\sim}$ 和 $e_{r\sim}$ 方向相反，相互补偿，如图 5－28 所示的情况。

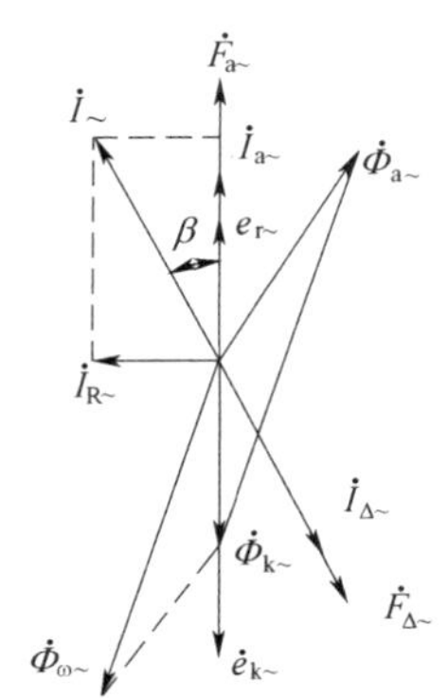

图 5－28 调整 $F_{\Delta\sim}$ 相位

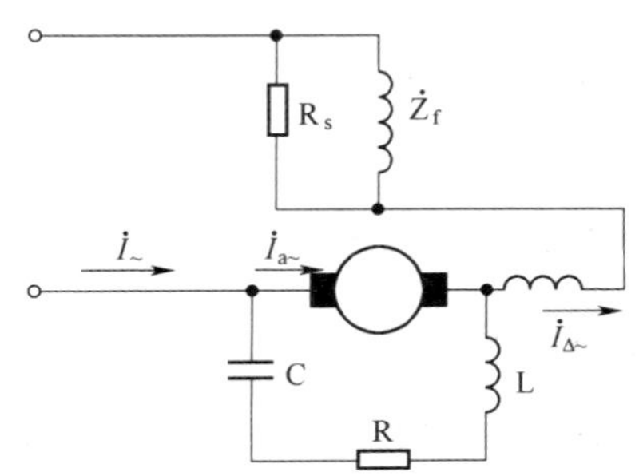

图 5－29 电枢并联 R、L、C 电路

为了调整 $F_{\Delta\sim}$ 的大小和相位，可在电枢两端并联一个包含电阻 R、电感 L 和电容 C 的串联电路，如图 5－29 所示。

如果 R、L 和 C 的选择得合适，可使电枢电流 $I_{a\sim}$ 滞后于外电流 $I_{\sim}$ 一个适当的 β 角。因为电枢和换向极串接，从矢量图上看，换向极电流 $I_{\Delta\sim}$ 和 $I_{\sim}$ 反相位。因此，上述情况就相当于 $I_{\Delta\sim}$ 或 $F_{\Delta\sim}$ 前移一个 β 角。调节并联电路中电阻参数，便可调节 β 角的大小。

由于各自磁路的涡流作用，电枢交变磁通 $\Phi_{a\sim}$ 滞后电枢交变磁势 $F_{a\sim}$ 角 ψ，换向极交变磁通 $\Phi_{\Delta\sim}$ 滞后于换向极交变磁势 $F_{\Delta\sim}$ 角 θ。在矢量图上叠加换向区磁通 $\dot{\Phi}_{k\sim}=\dot{\Phi}_{\Delta\sim}+\dot{\Phi}_{a\sim}$，于是，由 $\dot{\Phi}_{k\sim}$ 产生的 $e_{k\sim}$ 就能够和由 $I_{a\sim}$ 所产生的电抗电势 $e_{r\sim}$ 相位相反，数值上相互抵消。

R、L、C 并联支路对电流的直流分量不起分路作用，这是因为电容 C 使得直流分量不能流通。因此并联支路并不影响 $e_{r=}$ 和 $e_{k=}$ 之间原有的补偿关系。

这种线路对改善脉流电动机换向是有效的，特别是在高速运行下更为有效。此外，分路电阻消耗的功率约占总容量的 1％。

第四节 脉流电动机的电位特性

在脉流电动机中，由于有电流的交流分量和磁通交变分量存在，使电动机换向器上的电位条件比纯直流情况下要差。

如前所述，换向器上的电位条件是以片间电压的数值来表征的。在脉动电压供电下，片间电压的增加是由三方面原因引起的。第一，由主极交变磁通在电枢元件中产生的变压器电势；第二由于电枢反应磁通交变分量的作用，引起气隙磁密幅值的脉动；第三，由于交变漏磁通所引起的电抗压降。

上述三方面的影响，在直流电动机中是不存在的，当它们（以电压的形式）叠加到由直流分量决定的电位特性上时，则将引起换向器上片间电压的增加。

一、变压器电势 C_{tx}

元件的变压器电势 C_{tx} 是由主极磁通交变分量产生的。假设电枢元件为整距，则穿过如图 5－30 所示元件的主极交变分量磁通为

$$\Phi_{fx\sim}=la\int_{-x}^{x}B_{x\sim}\,dx \tag{5-43}$$

式中　$B_{x\sim}$——主极磁通密度的交变分量；

x——从主极中心线起始的距离。

在所研究的电枢元件中其变压器电势为

$$e_{tx}=-\frac{W_s\,d\Phi_{fx\sim}}{dt} \tag{5-44}$$

为改善脉流换向，通常主极线圈采用固定分路，$\Phi_{fx\sim}$将减小很多，因此 e_{tx}可以忽略。

二、电枢反应交变磁通引起的片间电压

电枢电流交流分量的存在，引起电枢反应磁通的脉动。

在图 5－31 中，以实线表示在直流供电下电枢反应磁场，虚线表示脉流供电下的电枢反应磁场。

由图可见，在脉动电流最大值 I_{amax}下，电枢反应的磁通脉动在极边缘下最强，导致换向片片间电压增大。考虑电枢反应交变分量影响后的最大片间电压，可用下述方法计算。

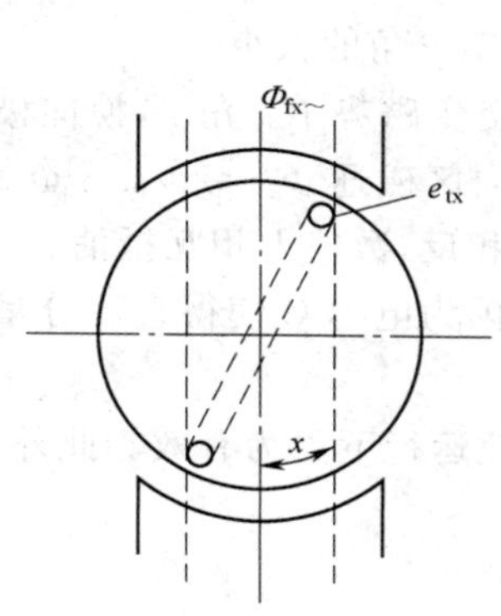

图 5－30　变压器电势的产生

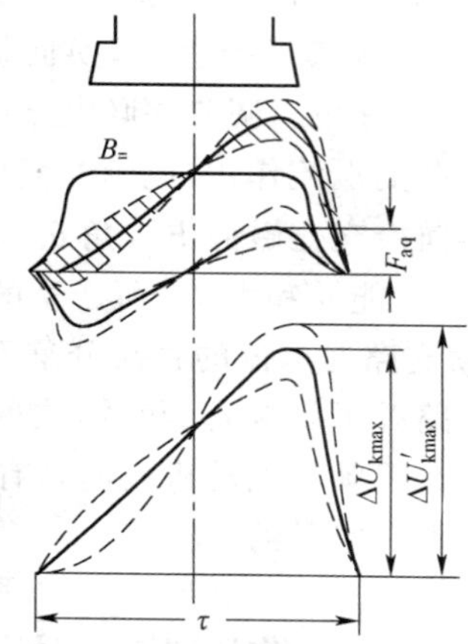

图 5－31　脉动电压下片间电压分布

因为通常采用固定分路电阻，可以认为主极交流磁势 $F_{f\sim}\approx0$。

假设在最大磁场削弱时，电枢齿层磁路为不饱和状态，则主极直流分量磁势为

$$F_{f=}\approx F_{\delta=}+F_{z=}+F_{a=}\,F_{\delta za=} \tag{5-45}$$

电枢反应交流磁势为

$$F_{aq\sim}=K_iF_{aq} \tag{5-46}$$

在均匀气隙情况下，最大片间电压发生在极弧边缘处，该处的脉流电枢反应磁势为

$$F_{\delta aq}=aF_{aq}+aK_iF_{aq} \tag{5-47}$$

设直流情况下最大片间电压为已知，则脉流情况下的最大片间电压为

$$\Delta U'_{kmax}=\Delta U_{kmax}\left[1+\frac{aF_{aq}(1+K_i)}{F_{\delta za}}\right]\Big/\left(1+\frac{aF_{aq}}{F_{\delta za}}\right) \tag{5-48}$$

经变换后得

$$\Delta U'_{kmax}=\Delta U_{kmax}\left(1+\frac{K_i}{K_y+1}\right) \tag{5-49}$$

式中　K_y——磁场稳定系数；

K_i——电流脉动系数。

式(5－49)中的 $K_i/(K_y+1)$ 一项表示为脉动电流所引起的片间电压的增量。当脉动电流增加和电机稳定系数减小时，脉流下的最大片间电压将更多地增加。

通常情况下，电流脉动系数 $K_i=0.2\sim0.3$，若最小稳定系数 K_{ymin} 为 1，则 $\Delta U'_{kmax}=(1.10\sim1.15)\Delta U_{kmax}$。

三、电枢绕组元件中的电抗压降

元件的电抗压降是由与之交链的漏磁通的交变分量所引起的，它也是使换向器电位特性变坏的一个因素。元件电抗电压的计算式为

$$e_{s\sim}=-W_s\frac{d\Phi_{s\sim}}{dt} \tag{5-50}$$

式中　$\Phi_{s\sim}$——与元件交链漏磁通的交变分量。

由式(5－50)可见，元件电抗压降的大小主要由与元件交链的漏磁通交变分量的决定。

在电枢齿层未饱和时，气隙中的磁密正比于电枢的交流分量磁势。当脉流电动机采用非均匀的偏心气隙时，为了简化问题，假设气隙的数值离主极轴线均匀变化，如图 5－32 所示。因此，在离开极轴线 x 距离的气隙为

$$\delta_x=\delta_0+mx \tag{5-51}$$

系数

$$m=\frac{2(\delta_p-\delta_0)}{b_i} \tag{5-52}$$

式中　b_i——计算极弧长度。

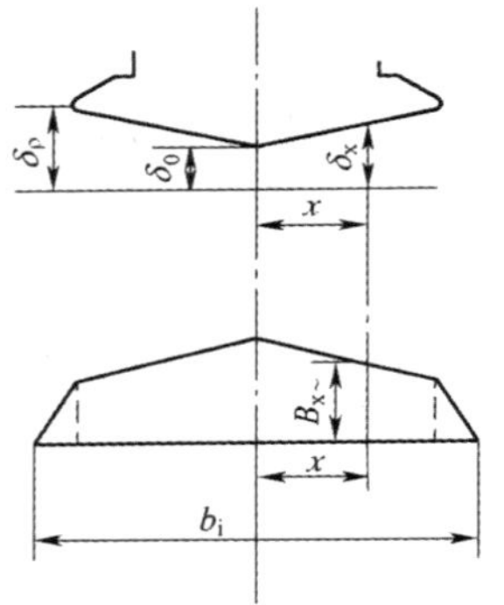

图 5－32　简化的不均匀气隙几何关系

对于所研究的点，由电枢交流磁势分量在气隙中形成的交变磁密分量等于

$$B_{x\sim}=\frac{\mu_0A_\sim x}{\delta_x}=\frac{\mu_0A_\sim x}{\delta_0+mx} \tag{5-53}$$

式中　$A_\sim$——对应于电流交流分量的电枢线负载。

假设所研究的元件边分布在距轴线 x 的距离上，则与该元件交链的电枢交变漏磁通分量为

$$\begin{aligned}\Phi_{x\sim}&=2\mu_0A_\sim l_a\int_x^{\frac{bi}{2}}\frac{x}{\delta_0+mx}dx\\&=\frac{2\mu_0A_\sim l_a}{m}\left(\frac{b_i}{2}-x+\frac{\delta_0}{m}\ln\frac{\delta_0+mx}{\delta_0+m\frac{b_i}{2}}\right)\end{aligned} \tag{5-54}$$

式中

$$A_\sim=\frac{I_\sim N}{2a\pi D_a} \tag{5-55}$$

分析式(5－54)可知，与元件交链的漏磁通交变分量的最大值出现在元件边位于主极中心处。将 $x=0$ 以及式(5－52)和式(5－55)代入式(5－54)，整理得

$$\Phi_{x\sim}=\frac{\mu_0 l_a b_i^2 N}{4(\delta_\rho-\delta_0)a\pi D_a}\left[1-\frac{1}{\frac{\delta_\rho}{\delta_0}-1}\ln\frac{\delta_\rho}{\delta_0}\right]I_\sim=CI_\sim \tag{5-56}$$

式中 $I_\sim$——电枢电流交流分量的瞬时值；

N——电枢绕组导体数；

a——电枢绕组并联支路对数；

l_a——电枢铁芯有效长度；

D_a——电枢直径。

由式(5－56)分析表明，与元件交链的电枢漏磁交变分量取决于元件在极下的位置，当元件在极中心位置时，与之交链的漏磁通最大，当元件边离开极中心向极弧边缘移动时，与之交链的漏磁链越来越小。也就是说，电枢元件中的电抗压降在极中心处最大，其值为距离 x 的函数。因此，由元件电抗压降引起的片间电压增量，在极中心处达到最大。

根据式(5－50)知，元件中电抗压降

$$e_{s\sim}=-W_s C\frac{\mathrm{d}I_\sim}{\mathrm{d}t} \tag{5-57}$$

对于单相整流供电的脉流电动机，通常只考虑交流分量的基波(即频率为 100 Hz 的二次谐波)，其交流分量

$$I_\sim=I_{m\sim}\sin 2\omega t \tag{5-58}$$

式中 $I_{m\sim}$——电流交流分量的幅值。

因此，元件中电抗压降

$$e_{s\sim}=-2W_s C\omega I_{m\sim}\cos 2\omega t \tag{5-59}$$

上面所述的计算电枢绕组电抗压降的方法是假设电枢齿层不存在饱和现象。实际上，电枢齿层总是饱和的，因此计算值将大于实际值。

由于主磁通脉动、电枢磁势脉动以及元件由交流分量引起的电抗压降，从而使电动机换向器上电位分布复杂化了。通常情况下，脉流牵引电动机片间电压比直流电动机片间电压约增大 15%～20%左右。如果脉流电动机在直流情况下的最大片间电压已经达到允许数值，则在脉流情况下将可能导致电动机发生环火。因此，在设计脉流电动机时，其平均片间电压、最大片间电压的直流分量以及换向器上的电位梯度，应该比同类型的直流电动机有更严格的限制。

第五节 脉流电动机的损耗和发热

与普通直流牵引电机相比，脉流牵引电动机在运行时有较大的铜耗和铁耗。除了和直流电动机一样存在着基本损耗和附加损耗之外，由于电流和磁能交变分量的作用，在电机中还引起了一些新的附加损耗。

一、铜 耗

1. 由电流中直流分量产生的铜耗

对电枢绕组来说，除直流电流分量产生的主铜耗外，还包括由于电枢旋转而产生的附加损耗。附加损耗可用附加电阻系数 k_1 来表示。这样，电枢绕组由于电流直流分量引起的总铜

耗为

$$P_{Cu=}=I_{=}^{2}k_{1}r_{a}$$

式中　r_a——电枢绕组的欧姆电阻；

$I_=$——电枢电流的直流分量；

k_1——电枢电流直流分量的附加电阻系数，其大小由电枢导体的安排形式及尺寸等决定。

对于主极和换向极绕组，电流直流分量只引起主铜耗，而没有附加损耗。

2. 由电流中交流分量所产生的铜耗

在电枢绕组中，除了由交流分量产生的主铜耗外，还应考虑由于电流以双倍频率（100 Hz）交变而产生的附加铜耗，以及由于电枢旋转而产生的附加铜耗。这样，电枢绕组由于电流交流分量产生的总铜耗为

$$P_{Cu\sim}=\frac{1}{2}I_{\sim}^{2}k_{2}r_{a} \tag{5-60}$$

式中　$I_\sim$——电枢电流交流分量的最大值；

k_2——电枢电流交流分量的附加电阻系数，其大小由交变频率及旋转频率之比、电枢导体的安排形式、导体尺寸等因素决定，约为1.2～1.3。

在主极和换向极绕组中，电流交流分量除产生主铜耗外，还由于电流以双倍频率交变而产生的附加损耗，但没有因旋转频率而产生的附加损耗。交流分量产生的总铜耗也可以写成式（5－60）的形式。

随着电流脉动系数 K_i 增大，交流分量幅值 $I_\sim$ 增大，由 $I_\sim$ 产生的铜耗也相应增加。如果主极绕组采用固定分路，则这部分损耗可以不予考虑。

二、铁　　耗

为了简化计算，由脉动磁场引起的附加铁耗产生在磁路系统的各分段部件中，如主极绕组采用固定分路电阻，主极绕组中的电流交流分量很小，再加之磁导体中涡流反磁作用，主极磁通交变分量可以忽略不计；在采用了平波电抗器和主极分路电阻后，脉动磁通在定子部分产生的附加损耗很小也可忽略不计。

电枢铁芯和换向极铁芯因脉动电流引起的铁耗应分别计算。而电枢铁芯铁耗又可分成两部分，一部分是由直流主磁场及直流电枢电流所引起的铁耗；另一部分是由电枢中双倍频率的电流分量产生的铁耗。这里只计算磁通交变分量产生的铁耗，至于磁通直流分量在电枢铁芯中产生的损耗，可参考一般电机设计资料。磁通交变分量产生的铁耗，可采用等值磁路为基础来进行计算。首先根据电机磁路材料和结构确定各复磁阻参数，然后根据运行条件和磁路图中的参数，求出磁通的交变分量 $\Phi_\sim$，铁耗可按下式进行。

$$P_{Fe\sim}=p\omega\Phi_{\sim}^{2}Z\sin\psi \tag{5-61}$$

式中　p——电机极对数（因等值磁路中的参数是对于一对极而言的）；

ω——脉动分量的角频率；

Z——计算磁路段的复磁阻；

ψ——由涡流决定的复磁阻的幅角。

对于电枢铁芯，由主极磁通交变分量引起的铁耗可按下式计算

$$P_{Fea\sim}=\rho\omega\Phi_{f\sim}^2(Z_a\sin\psi_a+Z_Z\sin\psi_Z) \tag{5—62}$$

式中　$\Phi_{f\sim}$——主极磁通交变分量幅值；

Z_a、ψ_a——电枢轮部复磁阻的幅值和幅角；

Z_Z、ψ_Z，——电枢齿部复磁阻的幅值和幅角。

当确定换向极铁芯，由于磁通脉动所引起的损耗时，仍用式(5—62)进行计算，式中换向极铁芯中合成磁通的交流分量，由换向磁通的交变分量和换向极总漏磁交变分量叠加而成，并由等值磁路图解出，式中复磁阻和幅角可由试验确定。

根据国外试验资料，可以得出如下结论：

(1)脉动电流引起的最大铜耗来自电枢绕组，换向极线圈采用扁绕布置时，由涡流引起的损耗应该考虑；

(2)磁通交变分量引起的附加铁耗，其主要部分产生在换向极铁芯和机座。如果采用固定电阻分路，则交变磁通在机座中引起的铁耗实际上很小。

(3)脉流时总的附加损耗，近似正比于脉动系数的平方，即$\sum P_{\sim}\approx K_i^2\sum P_{=}$。

(4)根据试验，上述各种附加损耗的总和在数值上约占电机的额定功率的1%左右。

因为脉流牵引电动机的铜耗和铁耗都比直流供电时大，故电动机各绕组的温升也相应增大。表5—1是我国牵引电机制造厂对某台脉流牵引电动机温升试验数据，该数据是在$U_N=$1 500 V、$\beta=90\%$、$K_i=21\%$以及通风量为2 m³/s的情况下测得的。

由表5—1可见，脉流下持续温升较直流下升高了15%以上，且换向极绕组温升增加较多。

表5—1　电动机温升试验数据

供电电流	小时制				持续制			
	电流(A)	电枢(℃)	主极(℃)	换向极(℃)	电流(A)	电枢(℃)	主极(℃)	换向极(℃)
直流	475	98	137	97	425	88	144	98.5
脉流	475	102	141.55	110.5	425	99	167	116
脉流与直流温升百分比	—	104	103	114	—	112.3	116	118

第六节　脉流牵引电动机换向元件中各交流电势的计算

换向的三个交流电势：即交流电抗电势$e_{r\sim}$、变压器电势e_t及交流换向电势$e_{k\sim}$这三个电势的大小和相位，直接影响脉流电动机的换向质量。在本章第二节中已作了定性分析，并着重分析了它们的物理本质及之间的相位关系。本节将介绍这三种电势的计算方法，以便进一步从数量上更精确地来分析脉流电动机的换向问题。

在分析脉流电动机换向时，可以认为脉动电流的交流分量$I_{\sim}$和磁场强度的交变分量$H_{\sim}$是按正弦变化的，由它产生的磁密交变分量$B_{\sim}$及磁通交变分量也可以看成是按正弦变化的。因此，换向元件中各交变电势可以用复数的形式来表示。它们的幅值为

$$\dot{E}_{r\sim}=C_1 I_{a\sim}=K_i E_{r=} \tag{5—63}$$

$$\dot{E}_t=-jC_2\Phi_{f\sim}=-j\omega_2 W_s\Phi_{f\sim} \tag{5—64}$$

$$\dot{E}_{k\sim}=C_3\Phi_{k\sim} \tag{5-65}$$

式中

$$C_1=\frac{E_{r=}}{I_=};K_i=I_{a\sim}/I_=;$$

$$C_2=2\pi fW_s;$$

$$C_3=\frac{2W_s v_a}{b_k};$$

$E_{r=}$——直流电抗电势平均值，V；

$\Phi_{f\sim}$——主极磁通交变分量的幅值，Wb；

$\Phi_{k\sim}$——换向区磁通交变分量的幅值，Wb；

b_k——换向区域宽度，m；

v_a——电枢圆周线速度，m/s。

在换向元件各交流电势中，交流电抗电势 $E_{r\sim}$ 的计算是比较简单的，可以根据直流电抗电势 $E_{r=}$ 与已知的电流脉动系数 K_i 并利用式(5－63)求得。变压器电势 E_t 和交流换向电势 $E_{r\sim}$ 的计算则是比较复杂的，但是都可归结为对主磁通交变分量 $\Phi_{f\sim}$ 和换向区磁通交变分量 $\Phi_{k\sim}$ 的计算。下面将着重讨论 E_t 和 $E_{k\sim}$ 的计算方法。在分析时，取实轴的正方向为向量 $I_{a\sim}$ 的方向，并按通常习惯，＋j 轴相对实轴反时针方向旋转，－j 轴相对实轴顺时针方向旋转。

一、变压器电势的计算

前面讨论过，换向元件中的变压器电势 e_t 是由主极磁通中存在的交变分量引起的，与 $\Phi_{f\sim}$ 成正比。计算变压器电势实际上是计算主磁通的交变分量 $\Phi_{f\sim}$。在已知励磁电流交流分量 $I_{f\sim}$(即磁势交流分量 $F_{f\sim}$)的情况下，欲计算 $\Phi_{f\sim}$，必须求出主极磁回路各部分的磁阻。磁阻的计算是一个复杂的过程，涉及磁路结构形式、磁路各部分材料以及磁路内部涡流作用等许多因素。

(一)主极磁通交变分量的确定

根据图 5－33 所示的线路，在没有固定分路电阻情况下，励磁电流交流分量 $I_{f\sim}$ 的大小和相位与电枢电流交流分量 $I_{a\sim}$ 是一致的，则主极磁势交流分量为

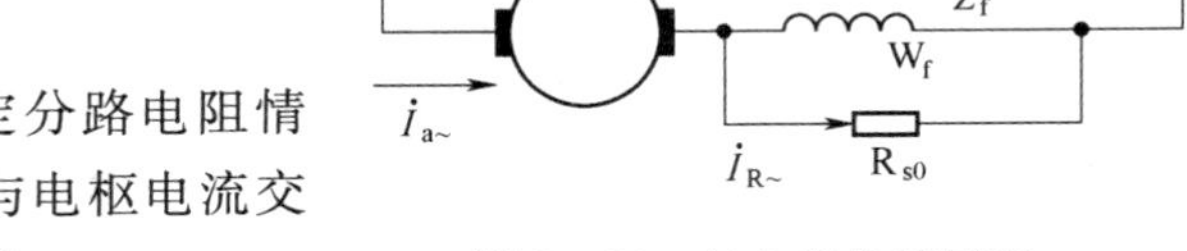

图 5－33　纯电阻分路原理

$$\dot{F}_{f\sim}=W_f\dot{I}_{f\sim}=W_f\dot{I}_{a\sim} \tag{5-66}$$

式中　W_f——主极线圈匝数。

通常情况下，脉流牵引电动机具有固定分路电阻 R_{s0}，因此，在电路中 $\dot{I}_{f\sim}$ 和 $\dot{I}_{a\sim}$ 有一个相位差，则交流分量的磁场削弱系数 $\beta_\sim$ 应该是复数，即

$$\dot{\beta}_\sim=\frac{\dot{I}_{f\sim}}{\dot{I}_{a\sim}}=\frac{R_{s0}}{Z_e+R_{s0}} \tag{5-67}$$

式(5－67)中 Z_e 为激磁线圈总阻抗，包括励磁线圈的复阻抗和线圈本身的有效电阻 R_f，即

$$\dot{Z}_e=2p\dot{Z}_f+R_f \tag{5-68}$$

式中　$\dot{Z}_f$——电动机主极线圈每极复阻抗，是磁回路的等值阻抗。

主极磁势的交流分量为

$$\dot{F}_{f\sim}=W_f\dot{I}_f=W_f\dot{\beta}_\sim\dot{I}_{a\sim} \tag{5-69}$$

在主极磁回路中，主极磁通交变分量和磁势 $F_{f\sim}$ 的关系为

$$\dot{\Phi}_{f\sim}=\frac{\dot{F}_{f\sim}}{\dot{Z}}=\frac{W_f\dot{I}_{f\sim}}{\dot{Z}} \tag{5-70}$$

式中 $\dot{Z}$——主极磁通交变分量磁路的全复磁阻。

当主极所有匝数 W_f 全部与 $\Phi_{f\sim}$ 交链时，$\Phi_{f\sim}$ 在主极线圈中感应电势为

$$\dot{E}_{f\sim}=-\mathrm{j}\omega_2 W_f\dot{\Phi}_{f\sim} \tag{5-71}$$

式中 ω_2——电网二次谐波角频率。

由电路关系知，当主极线圈两端电压交流分量近似认为等于感应电势，即 $\dot{U}_f\approx-\dot{E}_{f\sim}$ 时，则励磁线圈的复阻抗

$$Z_f=\frac{-\dot{E}_{f\sim}}{\dot{I}_{f\sim}} \tag{5-72}$$

将式(5－70)和式(5－71)代入式(5－72)得

$$\dot{Z}_f=\mathrm{j}\omega_2\frac{W_f^2}{\dot{Z}} \tag{5-73}$$

式(5－73)给出了主极线圈每极复阻抗 $\dot{Z}_f$ 与主极磁路复磁阻之间的关系。

由上述分析可知，在已知电枢电流交流分量的情况下，如果根据主极磁路求出复磁阻 $\dot{Z}$，则由式(5－69)和式(5－73)可以求得励磁电流交流分量 $I_{f\sim}$，再依据式(5－70)所给的关系，最后借助于式(5－64)的结果，便可很方便地求出换向元件的变压器电势，即

$$\dot{E}_{t\sim}=-\mathrm{j}\omega_2 W_s W_f\frac{\dot{I}_{f\sim}}{\dot{Z}}=-\mathrm{j}\omega_2\frac{W_s W_f}{\dot{Z}}\dot{\beta}_{\sim}\dot{I}_{a\sim} \tag{5-74}$$

综上可知，换向元件中变压器电势的计算，可以归结为在主极磁势交流分量的作用下，主极磁通交变分量所经磁路全部复磁阻的计算。

在电动机削弱磁场状态下，主极线圈除接入固定分路电阻 R_{s0} 外，还并接了磁场削弱调节电阻和调节电感，线路如图 5－34所示。这时变压器电势的确定可以采用上述方法，但交流磁场削弱系数数 $\dot{\beta}_{\sim}$ 需根据实际电路的参数来确定。

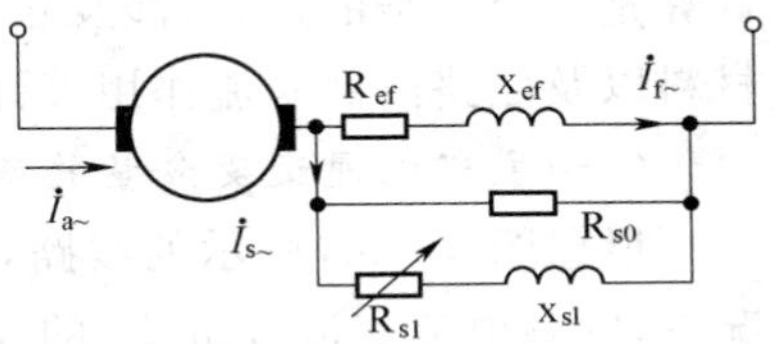

图 5－34　电感分路原理

图中 R_{s0}——固定分路有效电阻；

R_{s1}——削弱磁场调节电阻；

R_f——励磁线圈的有效电阻；

Z_s——整个分路全阻抗；

Z_{s1}——可调节分路全阻抗；

R_{ef}——励磁线圈总的有效电阻(复数 Z_e 的实部)；

x_{ef}——励磁线圈总电抗(复数 Z_e 的虚部)。

考虑到电路关系和有关参数的符号，有

$$\frac{\dot{I}_{f\sim}}{\dot{I}_{s\sim}}=\frac{\dot{Z}_s}{\dot{Z}_e} \tag{5-75}$$

$$\dot{\beta}_{\sim}=\frac{\dot{I}_{f\sim}}{\dot{I}_{a\sim}}=\frac{\dot{I}_{f\sim}}{\dot{I}_{f\sim}+\dot{I}_{s\sim}}=\frac{\dot{Z}_s}{\dot{Z}_e+\dot{Z}_s} \tag{5-76}$$

式中

$$\dot{Z}_e=2p\dot{Z}_f+R_f=R_{ef}+\mathrm{j}x_{ef} \tag{5-77}$$

$$\dot{Z}_s=\frac{R_{s0}\dot{Z}_{s1}}{R_{s0}+\dot{Z}_{s1}}=\frac{R_{s0}(R_{s1}+jx_{s1})}{R_{s0}+R_{s1}+jx_{s1}} \tag{5-78}$$

在已知励磁线圈电阻和磁场分路有效电阻及电感情况下，根据式(5—76)即可求出交流磁场削弱系数 $\dot{\beta}_{\sim}$，也可利用前面所述的方法，求得在磁场削弱情况下、任意负载状态时换向元件的变压器电势。

(二)主极磁通交变分量所经磁路各段复磁阻的计算

为了计算主磁通交变分量磁路的复磁阻，通常必须首先绘出相应的等值磁路图，如不考虑主极漏磁的影响，则等值磁路图如图 5—35 所示。

图中　$\dot{Z}_j$——机座轭复磁阻；

$\dot{Z}_m$——主极铁芯复磁阻；

$\dot{Z}_Z$——电枢齿层复磁阻；

$\dot{R}_\delta$——空气隙磁阻。

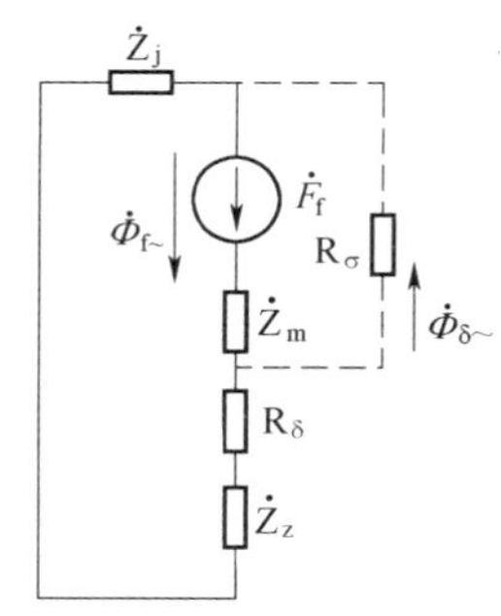

图 5—35　主磁通交变分量等值磁路

因为主磁通的交变分量和直流分量闭合着同一磁路，当计算磁路各部分复磁阻时，必须考虑脉动磁通交变分量的相对导磁率在很大程度取决于我们所计算的磁导体(机座、主极、齿部等)中磁通密度的直流分量。如果考虑主极与机座间的漏磁作用，则主磁通的交变分量应增加漏磁回路，在图 5—35 中用虚线表示，但计算时通常不予考虑。

磁路各部分复磁阻，可按下述方法进行计算。

当进入电机机座的主极交变磁通流经轭部钢体内表面的厚度很小时，可用平面电磁波的理论公式来计算轭部的复磁阻。即

$$\dot{Z}=k\frac{l_H}{l_i}\sqrt{\frac{2\omega\gamma}{\mu}}e^{j\psi} \tag{5-79}$$

式中　l_H——磁路中磁力线的长度；

L_i——磁导体表面涡流回路的长度；

ω——交变磁通角频率；

γ——磁导体的导电系数；

μ——磁导体的导磁率；

k——由试验决定的系数；

ψ——由涡流所决定的复磁阻的幅角。

对于由某种材料做成的磁导体来说，式(5—79)可以写成更为简单的形式，即

$$\dot{Z}=C\frac{l_H}{l_i}e^{j\psi} \tag{5-80}$$

系数 C 及角 ψ 取决于计算区段磁通密度的直流分量，均由试验确定。

对于材料为铸钢的磁导体，在一定的脉动系数($K_i=0.25\sim0.3$)情况下，系数 C 和角 ψ 可按图5—36给出的试验曲线确定。

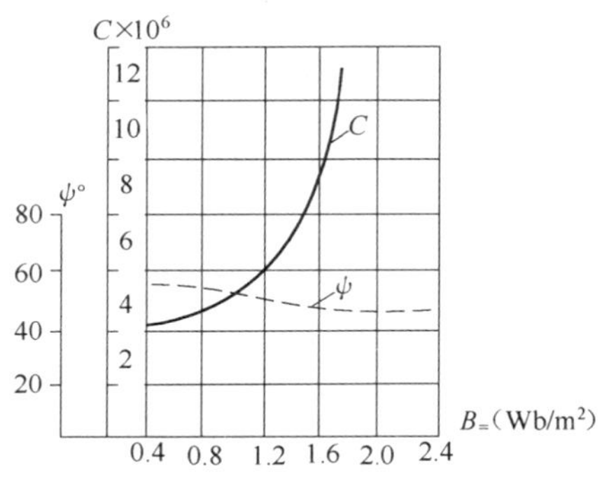

图 5—36　C 和 ψ 与直流磁通密度的关系曲线

对于由厚度为 1.55～2.0 mm 普通钢板叠成的磁

导体，与铸钢导体相比，由于其涡流作用减小，在决定其磁阻时，可应用对整块钢磁导体的公式来计算，但需要引入分层系数 k_δ，k_δ 的值约为 0.35，则有

$$\dot{Z}=0.35\frac{l_H}{l_i}e^{j\psi} \tag{5-81}$$

对于采用硅钢片叠成的磁导体，可采用叠片磁阻的计算公式，当电流脉动系数 $k_i=0.25\sim0.3$ 时，其导磁系数应为脉动导磁系数

$$\mu_n=\mu'_n e^{-j\psi}\times10^{-4} \tag{5-82}$$

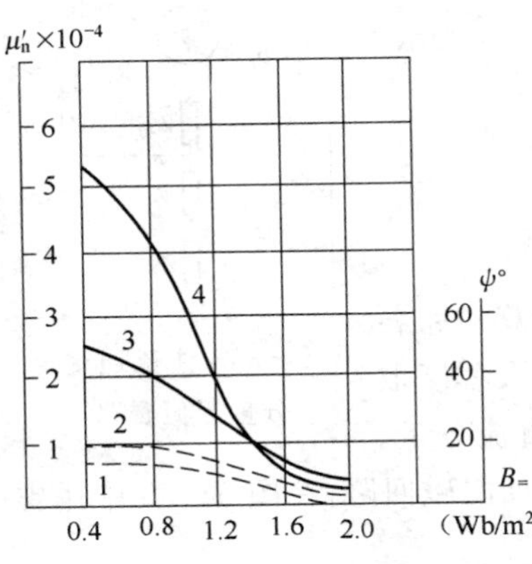

图 5－37 μ'_n 和 ψ 与直流磁通密度关系曲线

脉动导磁系数由图 5－37 所示的试验曲线并结合磁通密度直流分量关系来确定。图中曲线 2 和 3 适用于钢板，1 和 4 适用硅钢片，实线表示 $\mu'_n\times10^{-4}$，虚线表示幅角 ψ。

下面引出各段复磁阻的计算公式。

1. 机座轭复磁阻 Z_j 的计算

考虑到电动机机座具有闭合外壳的特征，且进入机座轭的磁通交变分量只沿其内表面渗漫而渗透的厚度很小，因而每一钢件区段的电磁波可视为平面波，故机座轭复磁阻可用式(5－80)进行计算。但是，当沿机座轭内表面流过磁通的交变分量时，电流线的长度在全部时间内逐渐扩展，因而必须首先确定比值 l_H/l_i 的变化关系。

假设电流单元环绕励磁磁通的磁极且离开主极铁芯表面的距离 x，那么，电流线的长度为 $l_{ix}=2(l_m+b_m)+2\pi x$，磁力线的长度为 dx，如图 5－38 所示。因而

$$\frac{l_H}{l_i}=\int_0^A\frac{dx}{2(l_m+b_m)+2\pi x}=\frac{1}{2\pi}\ln\left(1+\frac{\pi A}{l_m+b_m}\right) \tag{5-83}$$

式中 A——沿机座内表面从主极侧面到换向极轴线的距离，m；

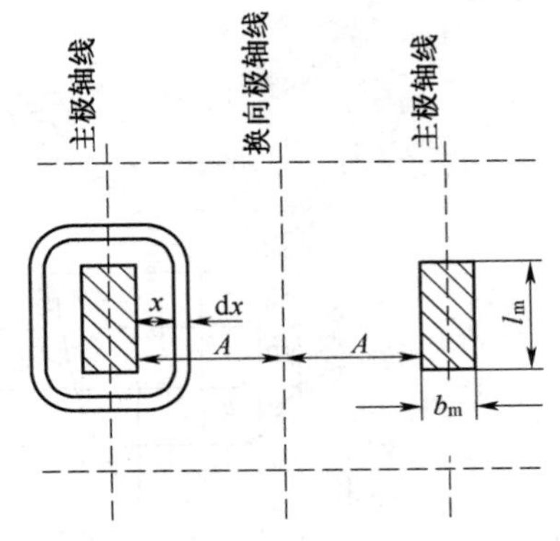

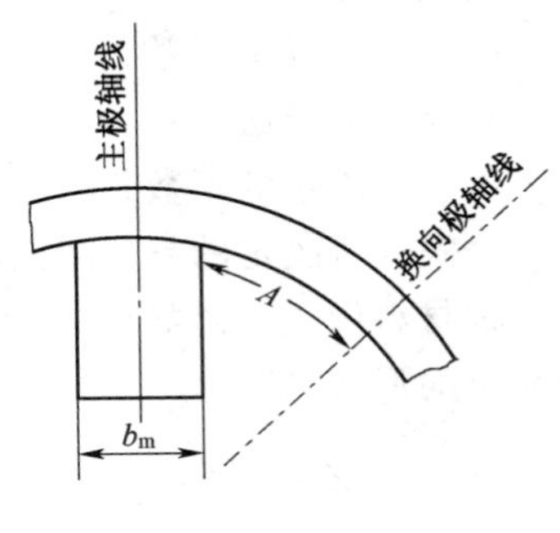

图 5－38 机座轭部交变磁通路径

l_m 和 b_m——相应于主极铁芯的长度和宽度，m。

将式(5－83)代入式(5－80)，并根据计算的磁通密度直流分量找出系数 C 和幅角 ψ，即可求得机座复磁阻 Z_j。

若电机机座轭为部分叠片（又称半叠片）结构（它是在整体铸钢件里面叠压圆环状冲片），如图 5－39 所示。其磁阻由块钢部分磁阻 Z_{jc} 和叠片部分磁阻 Z_{jp} 并联磁阻的等值磁阻组成，即

$$\dot{Z}_{j}=\frac{\dot{Z}_{jc}\dot{Z}_{jp}}{\dot{Z}_{jc}+\dot{Z}_{jp}} \tag{5-84}$$

Z_{jc} 和 Z_{jp} 可用相应的公式计算，分别为

$$\dot{Z}_{jc}=\frac{1}{2\pi}\ln\left(1+\frac{\pi A_{m}}{l_{m}+b_{m}}\right)Ce^{j\psi} \tag{5-85}$$

$$\dot{Z}_{jp}=K\frac{A'_{p}}{2\mu_{n}b_{m}l_{m}\times 0.97} \tag{5-86}$$

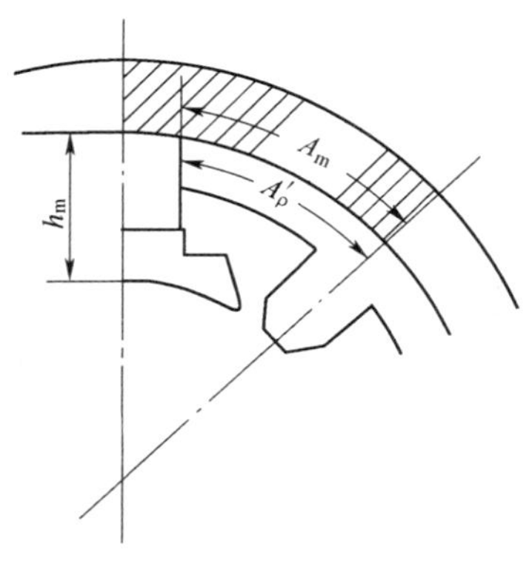

图 5－39　部分叠片机座结构

式中　A_{m}——沿整体部分和叠片部分的分界线，从主极铁芯侧面到换向极轴线的距离，m；

A'_{p}——沿叠片部分中央从主极铁芯侧面到换向极轴线的距离，m。

当机座内装设磁桥结构时，机座轭部总磁阻也可按式（5－84）所表达的并联等值磁阻计算，即

$$\dot{Z}_{j}=\frac{\dot{Z}_{jc}\dot{Z}'_{jp}}{\dot{Z}_{jc}+\dot{Z}'_{jp}} \tag{5-87}$$

磁桥部分的磁阻 Z'_{jp} 应包括磁桥叠片部分的磁阻 Z_{bp} 和换向极铁芯与磁桥间的气隙磁阻 $R_{b\delta}$，即 $Z'_{jp}=Z_{bp}+R_{b\delta}$ Z_{bp} 按式（5－86）确定，而 $R_{b\delta}$ 可根据式（5－93）求出。计算时气隙长度应取气隙缺口长度的一半，如图 5－40 所示。

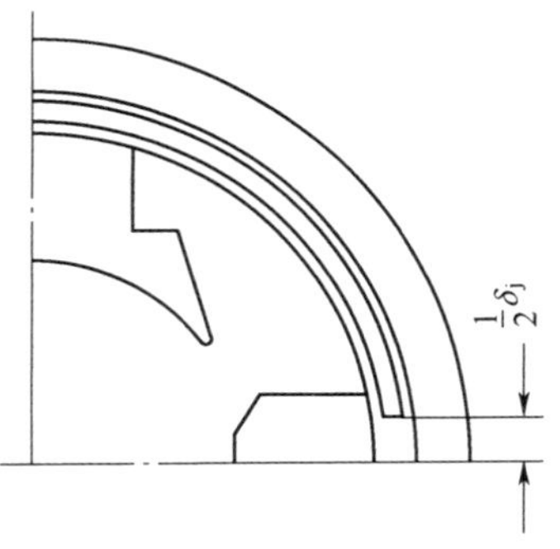

图 5－40　机座装设磁桥结构

2. 主极磁阻 Z_{m} 的计算

主极铁芯复磁阻取决于主极结构形式和所用材料，通常采用如图 5－41 所示的几种形式。

图 5－41(a)为带有凸台和叠片极芯的主极结构，其磁阻为 $Z_{m}=Z_{mq}+Z_{mp}$，Z_{mq} 为凸台部分的复磁阻，可用下式计算

$$\dot{Z}_{mq}=C\frac{h_{q}}{2(l_{q}+b_{q})}e^{j\psi} \tag{5-88}$$

式中　l_{q} 和 b_{q}——凸台部分的长度和宽度，m。

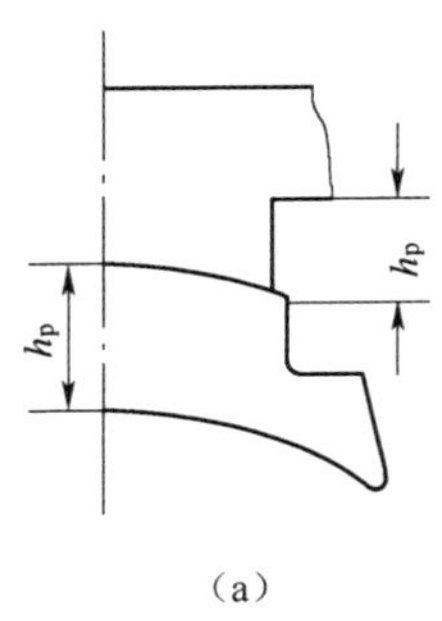

(a)

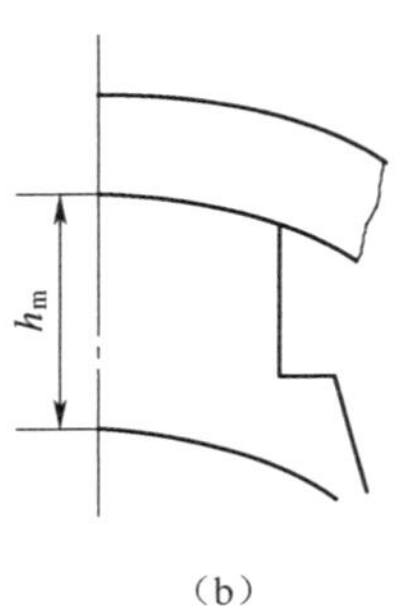

(b)

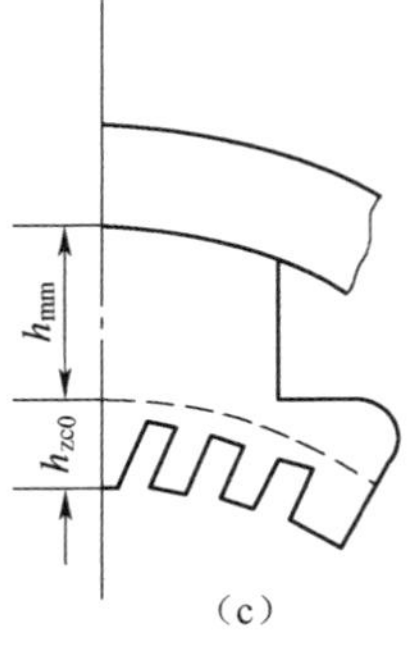

(c)

图 5－41　主极结构形式

这个公式类似于计算整体机座磁阻的公式，凸台部分的电流线长度等于它的周边长度

$2(l_q+b_q)$，而磁力线长度按凸台边缘高度 h_q 计算。

如果极靴部分由厚 1.5～2.0 mm 的普通钢板叠成，其磁阻 Z_{mq} 可按整块导磁体的公式计算。由试验得知，钢板叠片的磁阻约为同一钢磁阻的三分之一，故计算公式引入分层修正系数 0.35，即

$$\dot{Z}_{mq}=0.35C\frac{h_p}{2(l_m+b_m)}e^{j\psi} \tag{5-89}$$

式中　h_p——主极中心处极靴高度，m。

图 5－41(b)所示为全叠片主极结构。假如该主极铁芯由厚 0.5 mm 的硅钢片叠成，则磁阻可按叠片磁导体相应的公式计算。即

$$\dot{Z}_m=\frac{Kh_m}{\mu_n S_m} \tag{5-90}$$

式中　h_m——叠片主极高度，m；

S_m——主极铁芯横截面面积，m^2，$S_m=0.97l_m b_m$；

$K=1.3e^{20}$——修正系数(因涡流而引起的磁阻增加系数)。

图 5－41(c)为装有补偿绕组的主极结构。为了减少由于齿脉动所产生的损耗，这种电机的主极铁芯通常用 0.5 mm 厚的硅钢片叠成。主极磁阻应为两部分磁阻之和，主极极身磁阻为

$$\dot{Z}_{mm}=K\frac{h_{mm}}{\mu_n l_m b_m\times 0.97} \tag{5-91}$$

补偿绕组齿部磁阻为

$$\dot{Z}_{c0}=K\frac{h_{zc0}}{\mu_n S_{zc0}} \tag{5-92}$$

式中　h_{mm} 和 h_{zc0}——相应部分的磁路长度，m；

S_{zc0}——补偿绕组齿部横截面面积，m^2；

3. 空气隙磁阻 R_δ 的计算

交变磁通和不变磁通通过空气隙的磁阻有相同的性质，因此，可以利用一般计算磁阻的公式，即

$$R_\delta=\theta\frac{\delta_e K_\delta}{\mu_0 l_\delta \tau\alpha_i} \tag{5-93}$$

式中　δ_e——有效气隙，m；

K_δ——空气隙系数；

l_δ——气隙截面计算长度，m，$l_\delta=\dfrac{l_a+l_m}{2}$；

τ——沿电枢表面的极距，m；

α_i——计算极弧系数；

μ_0——真空导磁率，$\mu_0=0.4\pi\times10^{-6}$ H/m；

θ——由于主极铁芯和极靴的涡流作用以及极尖饱和引起的磁阻增加系数，约为 1.1～1.25。

当钢板间绝缘较好且极间饱和较低时，θ 可取所给范围内的低限。

4. 电枢齿层和电枢轭的磁阻

由于电枢系用硅钢片叠成，则电枢齿层磁阻和电枢轭的磁阻均可按叠片磁路相应公式计算。它们分别为

$$\dot{Z}_z = K\frac{h_z}{\mu_n S_{z\frac{1}{3}}} \tag{5-94}$$

$$\dot{Z}_a = K\frac{L_a}{2\mu_n S_a} \tag{5-95}$$

式中　h_z——电枢槽高，m；

$S_{z\frac{1}{3}}$——电枢齿层计算截面，m^2；

L_a——电枢轭部磁力线长度，m；

S_a——电枢轭部计算截面，m^2。

上面具体地介绍了主极回路各段复磁阻的计算方法。求出各部分的复磁阻，即可确定主磁通交变分量磁路的全部复磁阻

$$\dot{Z} = \dot{Z}_j + \dot{Z}_m + R_\delta + \dot{Z}_z + \dot{Z}_a \tag{5-96}$$

根据式(5－70)即可求得主磁通交变分量 $\Phi_{f\sim}$，可进一步求出换向元件中的变压器电势。

二、交流换向电势的计算

关于交流换向电势 $e_{k\sim}$ 的计算，首先必须确定换向区交变磁通 $\Phi_{k\sim}$ 的大小和相位，这也是一个比较复杂的问题，因为除了需要考虑换向极磁路各段的结构特点外，还涉及到换向极到主极方向上的漏磁、换向极到机座方向的漏磁以及交流电枢反应在换向区的影响，这些因素无疑地将给计算带来一定的困难。

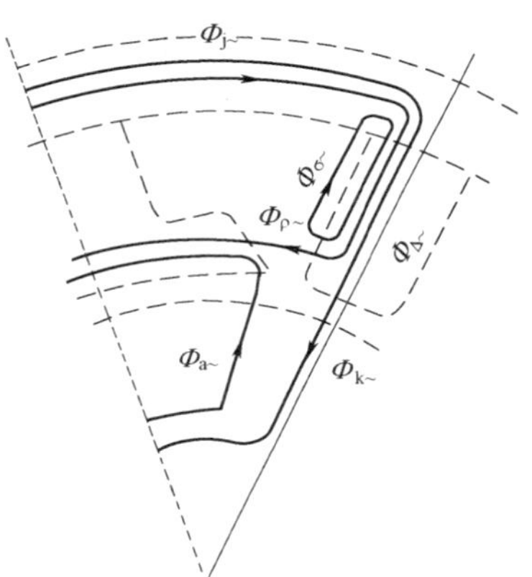

图 5－42　换向极磁路磁通路径

图 5－42 所示为换向极磁路系统各磁通交变分量的分布图。

图中　$\Phi_{k\sim}$——换向磁通的交变分量；

$\Phi_{\rho\sim}$——换向极对主极极靴漏磁通的交变分量；

$\Phi_{\delta\sim}$——换向极对机座漏磁通的交变分量；

$\Phi_{\Delta\sim}$——换向极铁芯合成磁通的交变分量；

$\Phi_{j\sim}$——电机机座轭内的交变磁通；

$\Phi_{a\sim}$——闭合主极极靴的电枢磁通交变分量。

和计算主磁通的交变分量一样，计算换向区交变磁通 $\Phi_{K\sim}$，也需要以换向磁通的等值磁路图作为计算基础。图 5－43所示为根据换向极磁路的换向极等值磁路图。该磁路采用了换向极磁势和电枢磁势作用下得到的磁场叠加的方法，由于在换向区齿层存在低饱和的原因，故图中没有计及铁齿部和铁芯轭部的磁阻。

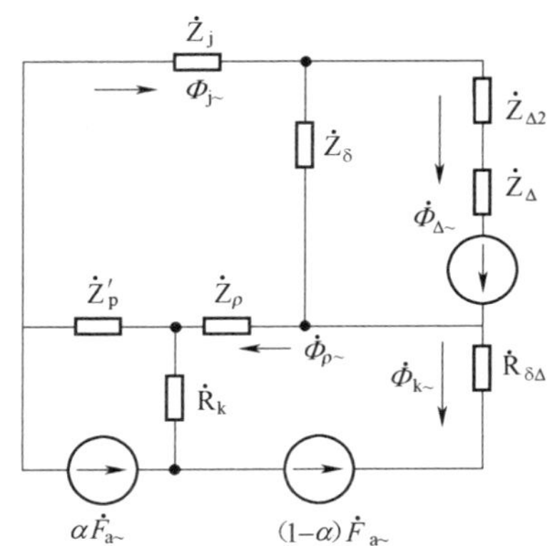

图 5－43　换向极等值磁路

图中　$\dot{F}_{\Delta\sim}$——换向极磁势的交流分量；

$\dot{F}_{a\sim}$——电枢磁势的交流分量；

$\dot{Z}_j$——机座轭复磁阻；

$\dot{Z}_{\Delta2}$——第二气隙磁阻；

$\dot{Z}_\Delta$——换向极铁芯复磁阻；

$R_{\delta\Delta}$——第一气隙磁阻；

$\dot{Z}_\sigma$——对机座轭的漏磁磁阻；

$\dot{Z}_\rho$——主极极靴上沿空气隙的漏磁阻；

$\dot{Z}'_\rho$——主极极靴的复磁阻；

R_k——主极边缘气隙磁阻。

经过空气隙到主极极靴的漏磁阻 $\dot{Z}_\rho$ 以及到机座轭的漏磁阻 $\dot{Z}_\sigma$，在一般情况下是复数。假若略去主极线圈铜的涡流屏蔽作用，可把这部分磁阻看作实数磁阻也不会有很大的误差。

在无补偿绕组的电机中，由主极极弧范围内的电枢磁势 $aF_{a\sim}$ 产生的电枢横向磁通 $\Phi_{a\sim}$，通过主极极靴闭合，其方向与通过主极极靴的漏磁通 $\Phi_{\rho\sim}$ 相同。试验表明，磁通 $\Phi_{a\sim}$ 远比 $\Phi_{\rho\sim}$ 大，因此，a、b 两点的磁位降主要由 $\Phi_{a\sim}$ 造成。考虑上述实际情况，图 5－43 中的电枢磁势分为两个部分，其中一部分 $\alpha F_{a\sim}$ 产生磁通 $\Phi_{a\sim}$，而另一部分磁势 $(1-\alpha)F_{a\sim}$ 则叠加到全部换向极磁势上去。

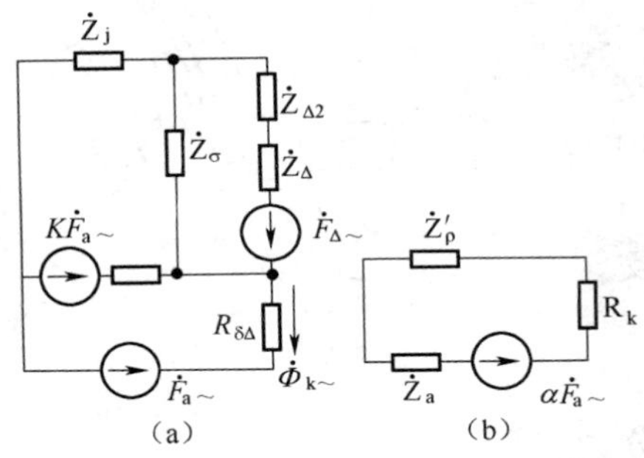

图 5－44 基本等值磁路和辅助等值磁路

为了简化计算，可将图 5－43 分解为两个图形，其中第一个是主要的，如图 5－44(a)所示。该磁路图以 $K\dot{F}_{a\sim}$ 表示 $\Phi_{a\sim}$ 在极靴部分引起的磁位降，方向与漏磁通 $\Phi_{\rho\sim}$ 相反，大小与其无关。而另一个磁路图则是辅助的，它用来确定区段 a、b 间磁势 $K\dot{F}_{a\sim}$，如图 5－44(b)所示。

在有补偿绕组电机中，由于补偿绕组磁势对电枢磁势的补偿作用，主极极靴中的电枢横轴磁通 $\Phi_{a\sim}$ 的数值并不大。因此可认为 $K\dot{F}_{a\sim}=0$，则这一部分磁阻可直接用磁阻 $\dot{Z}'_\rho$ 表示，其等值磁路图如图 5－45 所示。

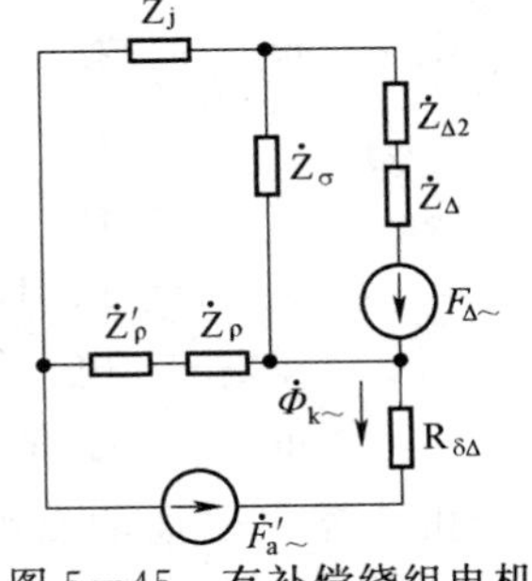

图 5－45 有补偿绕组电机换向极等值磁路

利用磁场叠加原理，并按照求解电路的方法，可求解上述两种情况的等值磁路图。

对于无补偿绕组的电机来说，根据图 5－44(a)所示的等值磁路，可得如下回路方程

$$(R_{\delta\Delta}+\dot{Z}_\rho)\dot{\Phi}_{k\sim}-\dot{Z}_\rho\dot{\Phi}_{\sigma\sim}=\dot{F}_{a\sim}(K-1) \qquad (5-97)$$

$$(\dot{Z}_{\Delta2}+\dot{Z}_\Delta+\dot{Z}_\sigma)\dot{\Phi}_{\Delta\sim}-\dot{Z}_\sigma\dot{\Phi}_{\Delta\sim}=\dot{F}_{\Delta\sim} \qquad (5-98)$$

$$(\dot{Z}_j+\dot{Z}_\sigma+\dot{Z}_\rho)\dot{\Phi}_{\sigma\sim}-\dot{Z}_\rho\dot{\Phi}_{k\sim}-\dot{Z}_\sigma\dot{\Phi}_{\Delta\sim}=-KF_{a\sim} \qquad (5-99)$$

由式(5－98)得

$$\dot{\Phi}_{\Delta\sim}=\frac{\dot{F}_{\Delta\sim}+\dot{Z}_\sigma\dot{\Phi}_{\sigma\sim}}{\dot{Z}_{\Delta2}+\dot{Z}_\Delta+\dot{Z}_\sigma} \qquad (5-100)$$

将式(5－100)代入式(5－99)求得解 $\Phi_{\sigma\sim}$ 为

$$\dot{\Phi}_{\sigma\sim}=\frac{\dot{Z}_\sigma\dot{F}_{\Delta\sim}+\dot{Z}_\rho(\dot{Z}_{\Delta2}+\dot{Z}_\Delta+\dot{Z}_\sigma)\dot{\Phi}_{k\sim}-K(\dot{Z}_{\Delta2}+\dot{Z}_\Delta+\dot{Z}_\sigma)\dot{F}_{a\sim}}{(\dot{Z}_j+\dot{Z}_\sigma+\dot{Z}_\rho)(\dot{Z}_{\Delta2}+\dot{Z}_\Delta+\dot{Z}_\sigma)-Z_\sigma^2} \qquad (5-101)$$

$$令\begin{cases}\dot{H}=\dot{Z}_{\rho}(\dot{Z}_{\Delta2}+\dot{Z}_{\Delta}+\dot{Z}_{\sigma})\\ \dot{G}=(\dot{Z}_{\Delta2}+\dot{Z}_{\Delta}+\dot{Z}_{\sigma})\\ \dot{E}=(\dot{Z}_{j}+\dot{Z}_{\sigma}+\dot{Z}_{\rho})\end{cases}$$

则

$$\dot{\Phi}_{\sigma\sim}=\frac{\dot{H}\dot{\Phi}_{k\sim}+\dot{Z}_{\sigma}\dot{F}_{\Delta\sim}-K\dot{G}\dot{F}_{a\sim}}{\dot{E}\dot{G}-Z_{\sigma}^{2}} \tag{5-102}$$

将式(5－102)代入式(5－97)解得

$$\dot{\Phi}_{k\sim}=\frac{\dot{A}\dot{Z}_{\rho}\dot{F}_{\Delta\sim}+[K(1-\dot{D}\dot{Z}_{\rho})-1]\dot{F}_{a\sim}}{\dot{B}-\dot{C}\dot{Z}_{\rho}} \tag{5-103}$$

式中各辅助参量为

$$\dot{A}=\frac{\dot{Z}_{\sigma}}{\dot{E}\dot{G}-Z_{\sigma}^{2}}$$

$$\dot{B}=\dot{R}_{\delta\Delta}+\dot{Z}_{\rho}$$

$$\dot{C}=\frac{\dot{H}}{\dot{E}\dot{G}-Z_{\sigma}^{2}}$$

$$\dot{D}=\frac{\dot{G}}{\dot{E}\dot{G}-Z_{\sigma}^{2}}$$

对于有补偿绕组的电机，根据图 5－45 所示的等值磁路，并按上述同样方法，也可求得 $\Phi_{k\sim}$。

$$\dot{\Phi}_{k\sim}=\frac{\dot{A}(\dot{Z}_{\rho}+\dot{Z}'_{\rho})\dot{F}_{\Delta\sim}-(\dot{F}_{a\sim}-\dot{F}_{c0})}{\dot{B}-\dot{C}(\dot{Z}_{\rho}+\dot{Z}'_{\rho})} \tag{5-104}$$

式中　$\dot{F}_{c0}$——补偿绕组每极磁势。

各交流磁势可以用各直流磁势求得，即

$$\dot{F}_{\Delta\sim}=K_{i}\dot{F}_{\Delta=} \tag{5-105}$$

$$\dot{F}_{a\sim}=K_{i}\dot{F}_{a=} \tag{5-106}$$

式中　K_i——电流脉动系数。

分析式(5－103)和式(5－104)看出，对于有补偿绕组的电机来说，式(5－103)中系数 $K=0$，故两式有相同的表达形式。

因为通常取 $F_{a\sim}$(或 $I_{a\sim}$)为参考向量，如果求得的 $\Phi_{k\sim}$ 实数部分为正号，则说明交流换向电势 $e_{k\sim}$ 将与交流电抗电势 $e_{r\sim}$ 有相同的方向，即发生所谓的 $e_{k\sim}$“倒相”现象，这是不希望的。如果复数 $\Phi_{k\sim}$ 的实部为负值，则由 $\Phi_{k\sim}$ 感应的 $e_{k\sim}$，其方向将与 $e_{r\sim}$ 相反，在一定程度上使两者得到补偿。

根据式(5－103)或式(5－104)求得的 $\Phi_{k\sim}$，可以进一步求得交流换向电势，即

$$\dot{e}_{k\sim}=\frac{2W_{s}v_{a}}{b_{w}}\dot{\Phi}_{k\sim} \tag{5-107}$$

由式(5－103)～式(5－108)可知，在已知电枢交流磁势 $F_{a\sim}$ 和换向极交流磁势 $F_{\Delta\sim}$ 情况下，换向区交变磁通 $\Phi_{k\sim}$ 以及交流换向电势 $e_{k\sim}$ 的计算也可归结为换向极磁路各段复磁阻的计算。

和计算主磁路各段复磁阻的方法和原则一样，换向极磁路复磁阻的计算，也涉及到换向极各部分磁导体的结构尺寸以及磁力线和电流线的路径。计算时各物理量的单位可以采用国际单位制，即 $\Phi_{k\sim}$(Wb)、v_a(m/s)、$F_{a\sim}$(A)、$Z(\mathrm{H}^{-1})$以及 $e_{k\sim}$(V)。

关于换向极各段复磁阻的计算，可以参考电机设计书籍或专门文献，在这里就不作讨论了。

第七节　他励脉流牵引电动机

近年来，采用他励牵引电动机的电力机车正在逐步被人们所重视。这种电动机的励磁绕组由单独电源供电并进行控制，不仅能获得尽可能大的调速范围，而且具有防止机车车轮打滑的性能，同时便于牵引与制动工况转换，可以平滑地控制制动力矩，充分发挥电动机的功率。

如前所述，他励牵引电动机的自然特性是一条“硬”特性，不符合电力牵引的要求。由于晶闸管及其控制技术的应用对他励牵引电动机的电枢电流和磁场电流进行调节，所以为他励牵引电动机在电力机车上应用创造了条件。

他励脉流牵引电动机励磁绕组原理线路如图 5－46 所示。线圈 L_f 通过单相全波电路由变压器次边获得电压，并通过改变晶闸管控制角 α 来改变输入电压的大小，因 u_2 随励磁电流变化的改变是不大的，可将它近似地看作是一个理想的电压源。励磁线圈在脉动电压激励下产生脉动电流。这一节简要分析一下他励脉流牵引电动机在换向性能上和串励脉流牵引电动机的差别，从而找出改善前者换向的措施。

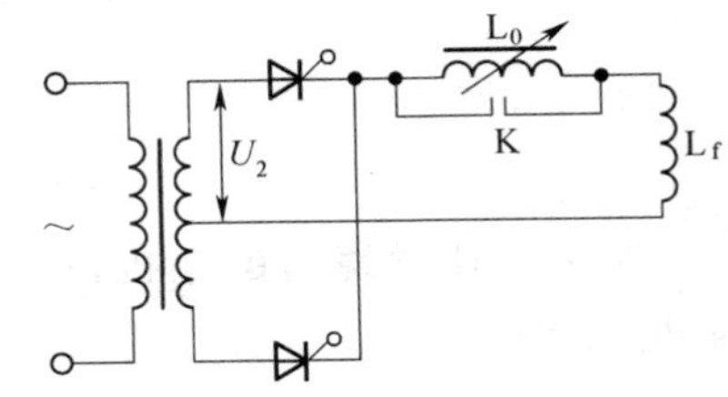

图 5－46　他励电机励磁线路

在分析串励脉流电动机换向问题时曾经指出，由于电流交流分量和磁通交变分量的作用，在电动机的换向元件中引起交流电抗电势 $e_{r\sim}$、变压器电势 e_t 和交流换向电势 $e_{k\sim}$ 三个电势。同时由于换向极磁系统的涡流延迟、换向极漏磁等因素的影响，导致交流换向电势 $e_{k\sim}$ 不能正确补偿交流电抗电势 $e_{r\sim}$，可能使换向恶化。此外，由于采用固定分路电阻以及主磁路的涡流作用，主磁通产生的变压器电势 e_t 可能在交流电抗电势 $e_{r\sim}$ 反相位方向，从而起到补偿剩余电势的作用。

他励脉流牵引电动机的换向元件中也存在这三种交流电势，由于励磁回路由单独的相控电源调节、电枢和励磁回路有各自的电流脉动以及主极不采用固定分路调节、所以换向问题显得更为复杂。

现将两种励磁方式换向元件中的变压器电势作如下分析。

根据本章第六节分析结果，串励脉流牵引电动机的交流电抗电势和变压器电势分别可以用下式表达。

$$\dot{e}_{r\sim}=K_i e_{r=}=\frac{\dot{I}_{a\sim}}{I_{aN}}\frac{n}{n_N}e_{rN} \qquad (5-108)$$

$$\dot{e}_t=-j\omega_2\frac{W_s W_f}{Z}\dot{I}_{f\sim}=-j\omega_2\frac{W_s W_f}{Z}\beta_{\sim}\dot{I}_{a\sim} \qquad (5-109)$$

式中　I_{aN}、n_N、e_{rN}——分别为额定电流、额定转速和额定电抗电势；

n——电机运行状态时的转速；

W_s——电枢串联元件数；

W_f——主极匝数；

ω_2——电网二次谐波角频率；

$\dot{Z}$——主极磁通交变分量磁路的全复磁阻；

$\dot{\beta}_{\sim}$——交流分量的磁场削弱系数。

两者的数值比为

$$\frac{e_t}{e_{r\sim}}=\frac{\omega_2 W_s W_f I_{aN} n_N}{e_{rN}}\dot{\beta}_{\sim}\frac{1}{Zn} \tag{5—110}$$

因为是串励电动机，在同一磁场削弱级下，当负载增加时励磁电流 $I_{f=}$ 也增加，磁路全复磁阻增加。根据式(5—73)和式(5—78)给出的关系，主极线圈总的电阻抗将减小，基波 $\dot{\beta}_{1\sim}=f(I_{f=})$ 是一上升曲线。

由另一方面分析可知，随着负载增加，转速 n 将减小，但由于复磁阻 $\dot{Z}$ 随负载增加而增加较快，故乘积 Zn 将随负载增而增加。综上分析可知，串励脉流电动机在同一削弱磁场级下，当负载改变时，e_t 和 $e_{r\sim}$ 有近似的变化规律，即 e_t 能较好地补偿 $e_{r\sim}$。

此外，在一般情况下串励脉流电动机，励磁线圈总阻抗 $\dot{Z}_e$ 比分路阻抗 $\dot{Z}_s$ 成分要大，因此对于高次谐波电流而言，Z_e 比 Z_s 增加得多。根据交流磁场削弱系数 $\beta_{\sim}$ 的定义，高次谐波的 $\beta_{\sim}$ 将比基波 $\beta_{1\sim}$ 小。也就是说，高次谐波交变磁通产生的变压器电势只有较少的成分。

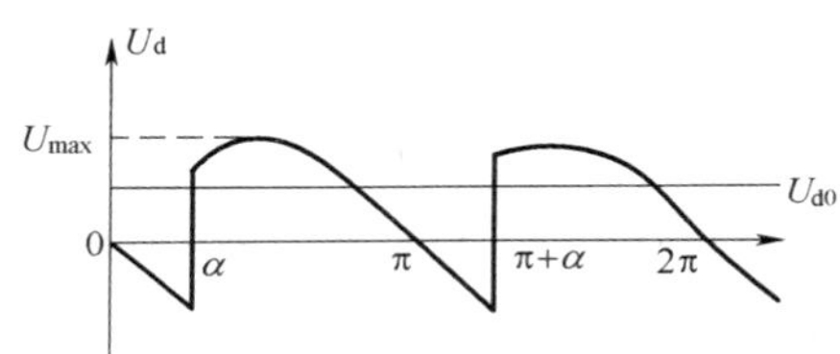

图 5—47　他励线圈整流电压波形

当脉流牵引电动机他励运行时，励磁电流由单相整流电源供给，对于图 5—47 所示的整流电压波形，当负载连续工作时，整流电压可用傅里叶级数来分析。

$$U_d=U_{d0}+\sum_{n=1}^{\infty}c_n\cos(n\omega t-\theta_n) \tag{5—111}$$

式中　第一项是整流电压的直流分量

$$U_{d0}=\frac{1}{\pi}\int_{\alpha}^{\pi+\alpha}\sqrt{2}U_2\sin\omega t\,\mathrm{d}\omega t \tag{5—112}$$

$$=\frac{2\sqrt{2}}{\pi}U_2\cos\alpha$$

而

$$c_n=(a_n^2+b_n^2)^{1/2}$$

$$\theta_n=\alpha\text{rctan}\frac{a_n}{b_n}$$

$$a_n=\frac{1}{\pi}\int_0^{2\pi}U_d\sin n\omega t\,\mathrm{d}\omega t$$

$$=\frac{\sqrt{2}U_2}{2\pi}\left[\frac{\sin(n-1)a}{n-1}-\frac{\sin(n+1)a}{n+1}\right]$$

$$b_n=\frac{1}{\pi}\int_0^{2\pi}U_d\cos n\omega t\,\mathrm{d}\omega t$$

$$=\frac{\sqrt{2}U_2}{2\pi}\left[\frac{\cos(n-1)a}{n-1}-\frac{\cos(n+1)a}{n+1}\right]$$

这种整流波形的基波频率是交流电源频率的两倍，即输出电压的所有谐波次序为 $n=2m$

(其中 m 是整数)。

当 $n=2$,即 100 Hz 交流分量电压的幅值为

$$U_{d2}=c_2=\frac{U_2}{\sqrt{2}\pi}\left[\left(\sin\alpha-\frac{1}{3}\sin3\alpha\right)^2+\left(\cos\alpha-\frac{1}{3}\cos3\alpha\right)^2\right]^{\frac{1}{2}} \tag{5-113}$$

由于励磁线圈承受脉动电压,在线圈中将产生脉动电流,其直流分量为

$$I_{f=}=\frac{U_{d0}}{R_f}=\frac{2\sqrt{2}U_2}{\pi R_f}\cos\alpha \tag{5-114}$$

而基波(100 Hz)电流交流分量的幅值为

$$I_{f1\sim}=\frac{U_{d2}}{\sum Z}=\frac{c_2}{\sum Z} \tag{5-115}$$

式中 $\sum Z$——励磁回路总阻抗。

励磁电流基波分量的脉动系数 K_{if1} 为

$$K_{if1}=\frac{I_{f1\sim}}{I_{f=}}=\frac{\pi R_f}{2\sqrt{2}U_2}\cdot\frac{c_2}{\sum Z\cos\alpha} \tag{5-116}$$

由式(5—116)可知,当变压器次边电压 U_2 一定时,励磁电流直流分量 $I_{f=}$ 是控制角 α 的函数,α 减小时,$I_{f=}$ 增加。

又由式(5—115)分析可知,励磁电流交流分量 $I_{f1\sim}$ 取决于电源电压 U_2 和励磁回路阻抗 $\sum Z$,同时也是控制角 α 的函数。通过计算表明,当控制角减小($I_{f=}$ 增加)时,$I_{f1\sim}$(或基波变压器电势 e_{t1})略为下降,但变化不大。

综上分析,我们可以看到他励脉流电动机的励磁电流交流分量或变压器电势具有两个重要特点,从而显示出它与串励脉流电动机在换向物理概念方面的差别。

1. 当励磁电流 $I_{f=}$ 增加时,$I_{f1\sim}$ 变化不大,故励磁电流脉动系数 K_{if1} 减小。由于 $\beta_{1\sim}=\beta\frac{K_{if1}}{K_{i1}}$,于是当电枢电流脉动系数 K_{i1} 和直流分量磁场削弱系数 $\beta_{\sim}$ 一定时,基波磁场削弱系数 $\beta_{1\sim}=f(I_{f=})$ 是一条下降曲线。因此不同的负载工况,e_{t1} 对 $e_{r1\sim}$ 有不同的补偿情况。

2. 整流电压中高次谐波分量占有很大的比例,当控制角 α 在 60°～90°范围内调节时,二次谐波与基波分量之比约为 40%左右,这意味着励磁电流交流分量和变压器电势有较大的高次谐波成分。

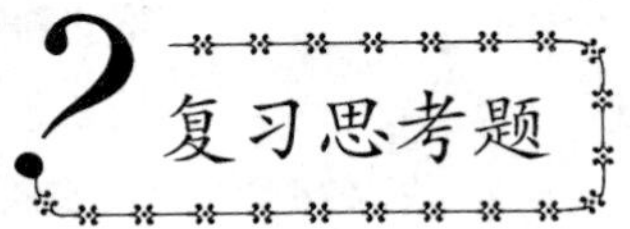

复习思考题

1. 脉流电机有何电磁特点?

2. 改善脉流牵引电动机的换向除采用直流电机正常换向的一系列措施外,还需要采取哪些针对交流电动势的措施?

第六章 异步牵引电动机

第一节 三相交流牵引电动机概述

由于在一切类型的电动机中，三相异步电动机的结构最为简单、牢固，工作可靠，制造成本低廉，单位功率（力矩）的重量最轻，维修最简便，所以早先将它用作铁路机车车辆的牵引电动机，并对它进行了近一个世纪的试验研究。

早在 19 世纪末和 20 纪初，意大利铁路最先建造了 1 200 km 的三相交流电气化铁路，使用了三相异步电动机作为牵引电动机。此后西班牙、法国、瑞士、德国相继采用，但是由于这种系统的接触网和受流器的结构过于复杂（需二根绝缘的接触导线），且电动机的调速性能不能满足牵引要求，致使这些铁路后来都被直流牵引系统所代替。

1932 年匈牙利首先创建了单相 50 Hz 电气化铁路，并制造了较多采用线绕式异步电动机的电力机车。1950 年法国开始大量发展单相 50 Hz 电气化铁路，试制并采用了使用旋转变流机组的连续变频调速的单相—三相电力机车，牵引电动机为三相鼠笼式异步电动机。但是由于旋转变流机组笨重、效率低、成本高等一系列原因而未得到推广。

20 世纪 70 年代末，由于电子技术尤其是大功率晶闸管（可控硅）变流技术的迅速发展，研制出了体积小、重量轻、功率大、效率高的静止变流装置，为三相交流电动机（包括异步电动机和无换向器同步电动机）大范围的平滑速度调节开辟了新的技术途径，才使三相交流电动机在铁路牵引中的应用得到关键性的突破，从而得到极为迅速的发展。这个过程大致是从 1964 年开始，晶闸管变流技术进入交流电动机变频调速的领域，英、美、苏、法、日、德国、瑞士等国都对采用三相交流牵引电动机的内燃机车、电力机车车辆等进行了大量的试验研究，先后试制了不少样机，并投入小批生产和运用。其中德国试制的 E120 型电力机车，采用三相鼠笼式异步电动机作为牵引电动机，较为成功。前苏联则倾向于发展同步型无换向器牵引电动机的机车，以 BJI83 型电力机车为其代表。

E120 型电力机车为客货运两用机车，采用的异步牵引电动机型号为 QD646，该电机最初规定 20 min 的最大功率为 1 400 kW，经试验表明它可以在 155 ℃的温升下以 1 400 kW 的功率长期运行，故以后规定其持续功率即为 1 400 kW。与德国其他几种机车所用的牵引电动机相比，主要技术数据如表 6—1 所示。

由上表可见，三相异步牵引电动机有着显著优越的技术经济指标，其持续功率大而体积小，重量轻。一般说来，采用三相交流牵引电动机具有以下优点：

1. 功率大、体积小、重量轻。与带换向器的电动机相比，在相同的输出功率下，异步电动机、单相整流子电动机和脉（直）流电动机三者的重量比为 1∶2∶1.6。这主要是由于异步电动机没有换向器，可以以更高的圆周速度运转，而不受换向器电机中所谓电抗电势及片间电压等限制。一般说来，带换向器的电动机因上述因素的限制，功率超过 1 000 kW 在制造上已极困难，且在转向架的有限空间内亦难以容纳。而三相交流牵引电动机，由于没有换向器和电刷装置，可以充分利用空间，在相近的重量体积下，其功率则可提高到 1 400～2 000 kW，同时在高速范围内因不受换向条件的限制可输出较大的功率，再生制动时也能输出较大的电功率，这对于发展高速运输十分重要。

表 6—1 几种不同类型牵引电动机的比较

电机种类	单相整流子电动机	直流电动机	三相异步电动机
型 号	WB372	UZ116－64	QD646
安装机车型号	110、111、114、161	181.2	E120
功率(kW)	950	800	1 400
最大转速(r/min)	1 525	2 210	3 600
转子直径(mm)	1 164	950	930
电机电压(V)	585	830	2 200
持续电流(A)	2 250	830	360(相)
重 量(kg)	3 900	3 100	2 300

2. 结构简单、牢固，维修工作量少。因为三相交流牵引电动机没有换向器和电刷装置，故不需要检查换向器和更换电刷，电机的故障率也大大降低。特别是鼠笼式异步电动机，转子无绝缘，除去轴承的润滑之外，几乎不要作经常的维护。

3. 有良好的牵引性能。合理地设计三相交流牵引电动机的调频、调压特性，可实现大范围的平滑调速，充分满足机车运行的需要。同时其硬的机械特性，有自然防空转的性能，使黏着利用率提高。另外，三相交流牵引电动机对瞬时过电压和过电流很不敏感(不存在换向器的环火问题)，它在起动时能在更长的时间内发出大的起动力矩。

4. 在机车上可以节省若干电器，并有利于实现自动控制。三相交流电动机转向的改变以及从牵引到再生制动状态的转换，不需要变换机车的主电路，通过控制系统改变变频器任意两相可控硅元件的触发顺序即可使电动机反转。当机车进入再生状态时，对同步电机来说，转子磁场将引前于定子磁场，此时不必转换主回路，而只需将变频器可控硅元件的触发角与再生状态相适应，不要任何附加装置即可向电网反馈功率。对于异步电机，只是通过控制逆变器的频率，使电机超同步状态运行即实现了再生。以上都是无接点转换，所以原来转换主电路的反向器和牵引制动转换开关就可以省掉，其他接触器、开关等可用固体元件代替。

5. 采用交—直—交传动的单相电力机车，可以采用所谓四象限变流(或控制)器。它可以使电动机从电网所取的电流十分接近于正弦波形，在广泛的负载范围内使机车的功率系数接近于 1(如 E120 型机车即达 0.99)。这将远远超过一般的相控整流器机车，且优于二极管整流器机车，在减小对通讯信号的谐波干扰和充分利用电网的传输功率方面都有很大意义。

以上优点无疑为三相交流电传动机车的发展开辟了极为广阔的前途。但也应指出，即使静止的可控硅变流系统仍然是极为复杂的。相比之下，在换向器电动机功率所及的范围内，换向器电机以其速度调节简单经济的特点，使之仍然具有很大的生命力，并在不同的牵引范围发

挥其独特的作用。概括而言，三相交流牵引电动机大半首先在大功率干线机车和轻型高速动车方面发挥其优越的牵引性能，从而取代换向器牵引电动机。

至于三相交流牵引电动机异步型与同步型的比较问题，二者各有所长，尚难验证定论。20世纪90年代，西欧国家以德国和瑞士为代表重点在发展异步牵引电动机，其代表型机车为DE2500（干线内燃机车）和E120（干线电力机车）。而前苏联则在发展同步型牵引电机，代表型机车为ВЛ83（干线电力机车），所用的牵引电动机型号为НБ-604型，该机车为单电机转向架，电动机的小时功率为1 800 kW。上述两种类型的三相交流牵引电动机，就电机本身而论，异步型电机最为简单牢固，而同步型电机的转子仍需励磁电源的供电，在空间利用、维修和功率因素及谐波干扰方面均不如异步型。但就电力机车的传动系统来说，同步型的变频装置却较异步型的大为简单，它没有明显的直流环节和强迫换流装置，从而节省了大量的可控硅、二极管、电容及电抗器等，因而成本较低。另外同步型传动系统的效率也较高。但是，随着快速大功率控硅性能的进一步提高和成本的降低，并考虑到异步型电动机的结构简单和它对于交直流电网的适应能力及前述的若干优点，采用异步型机车有着较大的吸引力。更深入的比较还需经历一段实践的过程。

本章将主介绍异步牵引电动机变频调速的一些问题，同步型牵引电动机在下一章介绍。

第二节　异步牵引电动机变频调速的基本原理和线路

异步电动机的调速方法早已为人们所熟知，基本上可分为改变转差率调速，改变极对数调速及改变供电频率调速三类。这从下面的异步电动机的转速公式可以明显看出。

$$n=(1-s)n_1=(1-s)\frac{60f_1}{p} \tag{6-1}$$

式中　n——电动机的实际转速，r/min；

n_1——电动机的同步转速；

s——转差率，$s=\frac{n_1-n}{n_1}$；

f_1——供电频率，Hz；

p——极对数。

其中改变转差率的方法又可以通过调节定子电压、转子电阻、转差电压等方法来实现。变频调速的实现方式并非一种，具体如表6－2所示。

表6－2　异步电动机的调速方法

变级调速	变转差率调速	变频调速
适用于鼠笼式异步电动机	1. 调定子电压 2. 调转子电阻——适用于线绕式异步电动机 3. 电磁转差离合器 4. 串级调速（转差电压）——适用于线绕式异步电动机	1. 交一直一交变频 2. 交一交变频

以上方法中改变磁极对数的调速是有级调速，最多只能达到三、四级。改变转差率的调速方法，在调速过程中均不改变异步电动机的同步转速，而仅仅依靠改变转差率来改变电机的速

度，故其调速范围是很有限的。同时在低速时因转差率大，转差损耗大，效率很低(仅串级调速中是用了能量反馈的办法，可提高效率)。因而这些方法均不能适应机车牵引中平滑、宽广的调速要求。变频调速与以上方法着本质的不同，它通过改变定子供电频率来改变同步转速以达到调速目的，且在调速过程中不管在高速或低速时都保持有限的转差率，因而具有效率高、调速范围广、调节精度高等优点，是一种理想的调速方法。但是为了改变异步电动机的供电频率，需要一套变频电源，这在过去采用的是一整套旋转变频机组或离子变流器，设备笨重庞大、可靠性差，故一直未得到推广。

20 世纪 60 年代大功率电子技术的发展和可控硅变频装置的出现，使这种调速方法重新受到人们的极大注意，成为很多生产领域中异步电动机调速的重要方向之一，在铁路机车牵引中更占有独特的地位，有着极为广阔的发展前途。

这里，将变频装置的基本原理、线路作一简要介绍。

一、变频调速系统的分类

铁路机车牵引用变频调速系统有以下几种类型：

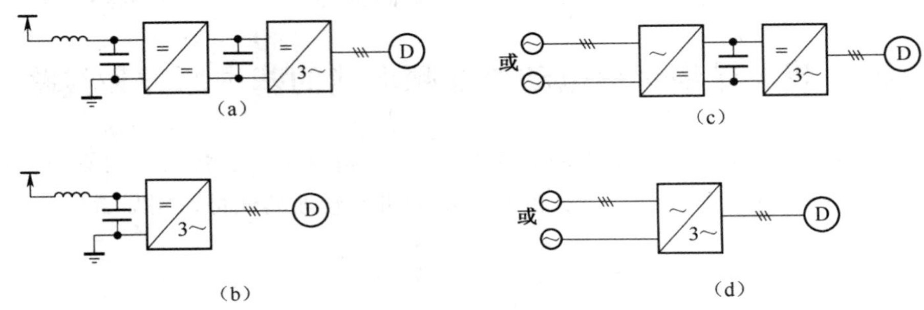

图 6－1　机车变频调速系统的几种类型

1. 直—交系统

这种系统又可分为：

(1)由直流接触网供电，用直流斩波器调节电压并使电压恒定，由逆变器完成直流到三相交流的变换，供给三相异步电动机，如图 6－1(a)所示。

(2)不用直流斩波器而用逆变器一次完成调压调频任务，如图 6－1(b)所示。

2. 交—直—交系统

单相或三相交流电压，经整流变为直流，再由逆变器变为频率可调的三相交流电，供给三相异步电动机，如图 6－1(c)所示。

3. 交—交系统

单相或三相交流电压，不经整流环节，而直接变为频率可调的三相交流电供给同步型或异步型牵引电动机，如图 6－1(d)所示。

三相—三相的变频系统通常适用于有中频电源的燃气轮机车。单相—三相的变频系统适用于单相交流电力机车。

上述的变频调速系统中，实际上可以将直—交系统看成交—直—交系统的特例。所以说变频调速系统实质上可以概括为两大类：交—直—交系统，又称为带直流中间环节的间接变频

系统；交—交系统则称为直接变频系统。该二类系统又可以按照不同的分类方法具体加以区分，如表 6—3、表 6—4 所示。

表 6—3　交—直—交系统的分类

直流中间环节	调压方式
电压型	1. 可控硅相控整流 2. 斩波
电流型	3. 脉冲宽度调制 4. 四象限变流器

表 6—4　交—交系统的分类

相数	联接方式	有无环流
单相—三相	反并联整流电路	有环流
三相—三相	交叉联接整流电路	无环流

二、交—直—交变频电路

逆变与整流乃是相反的变换过程，逆变电路通常即指将直流电变为交流电的电路。异步电动机变频调速中应用最广泛的是三相桥式逆变电路，下面对其工作原理及电流、电压波形作一简要介绍。

(一)三相电压型逆变电路的结构和工作原理

三相逆变电路由 6 个带无功反馈二极管的全控开关构成，如图 6—2 所示，也可以认为它是由三个单相半桥逆变电路组合构成。在控制上，三个半桥间依次相差 1/3 周期。三相负载接在三个半桥的输出端。虽然实际上只需要一个直流电压源，但为了分析方便，可将该电源看成两个电源的串联，并有一个假想的中点“o”。

电路的工作原理如图 6—2 所示。由于电压型逆变电路的输出电压波形只取决于其开关的状态而与负载的性质无关，所以很容易得到各个半桥输出端 u、v、w 对假想的直流电压中点的电压波形图，如图 6—3 所示。它们是 180°的方波交流电压，其幅值为 $U_d/2$。电路工作时开关 $VT_1 \sim VT_5$ 均导通 180°，故这种逆变电路根据其主开关的导电角度被称为 180°导通型逆变电路。由半桥电路的特点及上述的控制规则可得到在该电路中各开关的导通控制顺序，它们依次是：VT_1、VT_2、VT_3→VT_2、VT_3、VT_4→VT_3、VT_4、VT_5→VT_4、VT_5、VT_6→VT_5、VT_6、VT_1→VT_6、VT_1、VT_2，每个状态持续 60°。

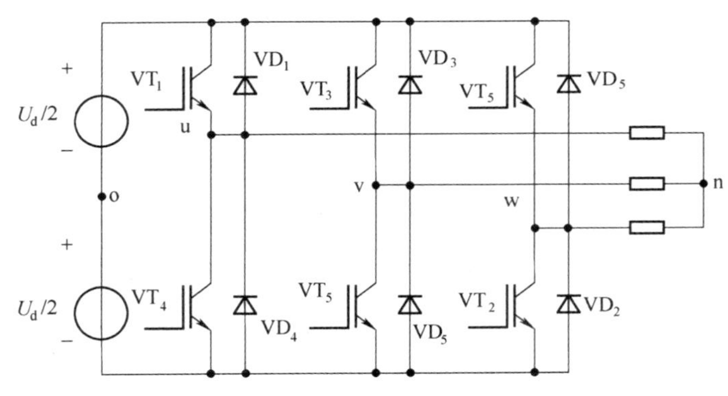

图 6—2　三相 180°电压型逆变电路

由于负载接在半桥输出之间，所以逆变电路的输出线电压可由两个半桥间的电压差得到。

$$
\begin{aligned}
u_{uv} &= u_{uo} - u_{vo} \\
u_{vw} &= u_{vo} - u_{wo} \\
u_{wu} &= u_{wo} - u_{uo}
\end{aligned}
\tag{6—2}
$$

图 6—3(d)给出了 u_{uv} 波形。u_{vw}、u_{wu} 的波形与 u_{uv} 相同，只是相位各相差了 120°。若三相

负载对称、星形连接，根据电路的结构，可得到负载相电压、桥臂输出电压、三相负载的中点 n 与假想的直流电源中点 o 间的电压 u_{no} 三者间的电压平衡方程：

$$\begin{aligned} u_{un} &= u_{uo} - u_{no} \\ u_{vn} &= u_{vo} - u_{no} \\ u_{wn} &= u_{wo} - u_{no} \end{aligned} \quad (6-3)$$

将方程组的左右分别相加。因为三相对称必然有：

$$u_{un} + u_{vn} + u_{wn} = 0 \quad (6-4)$$

所以

$$u_{no} = \frac{1}{3}(u_{un} + u_{vn} + u_{wn}) \quad (6-5)$$

据此可以作出 u_{no} 的波形如图 6－3(e)所示。

负载的相电压波形可根据式(6－3)得到。在图 6－3(f)中作出了 u 相负载的相电压波形 u_{un}，其他两相的波形与它相同但相位依次相差 120°。

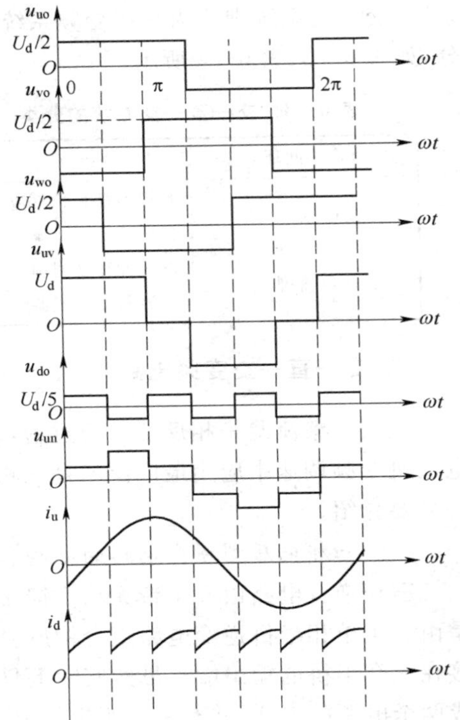

图 6－3　三相电压型逆变电路工作波形

将输出线电压展开成傅立叶级数，有

$$u_{uv} = \frac{2\sqrt{3}U_d}{\pi}\left(\sin\omega t - \frac{1}{5}\sin 5\omega t - \frac{1}{7}\sin 7\omega t + \frac{1}{11}\sin 11\omega t + \frac{1}{13}\sin 13\omega t - \cdots\right) \quad (6-6)$$

输出线电压的有效值为

$$U_{uv} = \sqrt{\frac{2}{3}}U_d = 0.816U_d \quad (6-7)$$

基波幅值为

$$U_{uvm(1)} = \frac{2\sqrt{3}}{\pi}U_d = 1.1U_d \quad (6-8)$$

基波有效值为

$$U_{uv(1)} = \frac{2\sqrt{3}U_d}{\sqrt{2}\pi} = \frac{\sqrt{6}U_d}{\pi} = 0.78U_d \quad (6-9)$$

将负载相电压展开成傅立叶级数，有

$$u_{un} = \frac{2U_d}{\pi}\left(\sin\omega t + \frac{1}{5}\sin 5\omega t + \frac{1}{7}\sin 7\omega t + \frac{1}{11}\sin 11\omega t + \frac{1}{13}\sin 13\omega t + \cdots\right) \quad (6-10)$$

输出相电压的有效值为

$$U_{un} = \frac{\sqrt{2}}{3}U_d = 0.471U_d \quad (6-11)$$

基波幅值为

$$U_{unm(1)}=\frac{2}{\pi}U_d=0.637U_d \tag{6-12}$$

基波有效值为

$$U_{un(1)}=\frac{2U_d}{\sqrt{2}\pi}=0.45U_d \tag{6-13}$$

若电路的负载性质与参数已知，负载电流便可由负载电压与阻抗参数求出。现假定负载是感性，电流为正弦波，如图 6－3(g)所示，在逆变电路上、下桥臂间换流时（假定由 VT_1 向 VT_4 换流），由于感性负载电流要维持原来的流动方向，结果 VD_4（而不是 VT_4）导通续流。只有当负载电流衰减到零时 VT_4 才开始导通，此后负载电流反向。负载阻抗角越大，VD_4 导通续流的时间也越长。由此可以看到，由于负载的功率因数滞后，二极管的导通间隔必然大于零，开关的导通间隔一定会减小。只有当负载为纯电阻时，反馈二极管才不会导电。所以“180°导通”应该理解为一个桥臂，而不是一个器件，在一个工作周期中导通 180°。

由于直流侧电流为桥臂 1、3、5 的电流的叠加，可以求出直流电流的波形。图 6－3(h)是 u 相电流滞后 u 相电压的角度小于时直流侧电流波形，由直流分量与周期为 50°的交流分量组成。当负载阻抗角小于 π/3 时，直流侧电流波形均为正值，这表明负载电流通过相绕组间环流，不经过直流电源；当负载阻抗角大于 π/3 时，直流侧电流波形中既有正值也有负值，负值表示负载中的无功通过二极管反馈到了直流侧。

此外，由于直流电压为常数，而直流电流是脉动的，这表明逆变电路从直流侧传送到交流侧的瞬时功率是脉动的。

当三相负载为电阻一电感串联，则负载电流的各次谐波电流的有效值 $I_{(n)}$ 为：

$$I_{(n)}=\frac{U_{(n)}}{Z_{(n)}}=\frac{U_{(1)}}{n\sqrt{R^2+(n\omega l)^2}} \tag{6-14}$$

式中，$U_{(n)}$、$U_{(1)}$、$Z_{(n)}$ 分别是 n 次谐波电压有效值、基波电压有效值及 n 次谐波阻抗。

由式(6－14)可知，当负载具有较大的电感时，谐波电流将会减小，负载电流就会更接近正弦，这对牵引电动机来说是非常重要的。减小谐波电流可以使电机运行更加平稳、损耗减小、效率提高。所以电压型逆变电路适合于谐波阻抗大的负载。

(二)三相电流型逆变电路

前面讨论的电压型逆变电路中，直流电源是电压源，输出线电压的瞬时值在任何时刻都是直流电源电压，负载电流只与负载阻抗有关。在电流型逆变电路中，直流电源为电流源，输出电流的波形由逆变电路确定。一般，电流源由可控整流电路在直流侧串联一个大电感构成。大电感中电流脉动小，可近似当作恒流源。

可以直接确定输出电流波形是电流型逆变电路的突出特点。由于直流电源的差别，某些对电压型逆变电路合适的负载（对谐波电流表现出高阻抗或低功率因数的负载）对电流型逆变电路则不合适。

图 6－4 是一个单相桥式电流型逆变电路。与电压型逆变电路相比，电流型逆变电路的可控开关上不需要反并联无功二极管，这是由于电流源的强制作用，电流不能反向流动造成的。当开关 T_1、T_3 闭合，T_2、T_4 断开时，直流电流由 x 流向 y，负载电流 i_o 为正；当开关 T_2、T_4 闭合，T_1、T_3 断开时，直流电流由 y 流向 x，i_o 为负。所以，i_o 为 180°导通角的方波交流电流。当

负载为感性时，在交流输出端需要并联电容 C，以便在换流时为感性负载电流提供流通路径、吸收负载电感的储能，这是电流型逆变电路必不可少的组成部分。

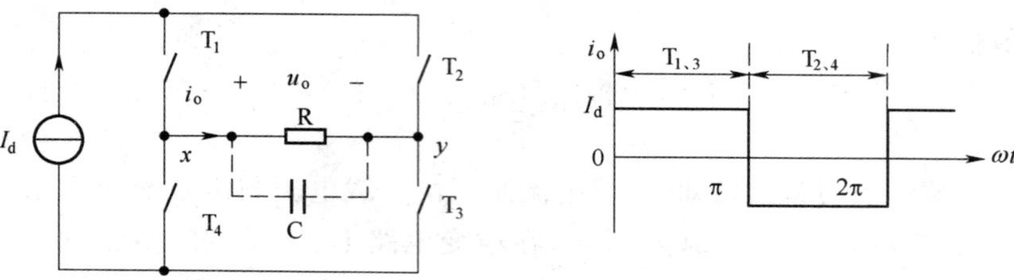

图 6－4　电流型逆变电路及工作波形

将输出负载电流 i_o 展开成傅立叶级数

$$i_o=\frac{2I_d}{\pi}\left(\sin\omega t+\frac{1}{5}\sin5\omega t+\frac{1}{7}\sin7\omega t+\cdots\right) \tag{6-15}$$

可见负载电流 i_o 含有基波及各次谐波，谐波幅值与其次数成反比。

负载电流 i_o 的基波有效值为

$$I_{o(1)}=\frac{\sqrt{2}}{\pi}I_d \tag{6-16}$$

电流型逆变电路的负载电压 u_o 与负载阻抗 Z 的性质有关。

$$U_{(n)}=I_{(n)}Z_{(n)} \tag{6-17}$$

当负载的谐波阻抗小，u_o 中的谐波电流分量产生的谐波电压很小，其主要是基波成分，u_o 基本是正弦波。所以电流型逆变电路适合于谐波阻抗低、功率因数高的负载。

三相电流型逆变电路如图 6－5 所示。电路开关为 GTO。在一个周期内，各管均导通 120°。导通顺序是 VT_1、VT_2→VT_2、VT_3→VT_3、VT_4→VT_4、VT_5→VT_5、VT_6→VT_6、VT_1。每个状态持续 60°。电路工作时，任意瞬间都只有两个开关导通，一个在共阴极组，另一个在共阳极组。为使每相绕组在任何时刻都有电流，一般负载多采用三角形连接。在换流时，为给负载中的感应电流提供流通路径、吸收负载电感中储存的能量，必须在负载端并联三相电容器。否则将产生巨大的换流过电压损坏电力半导体开关。

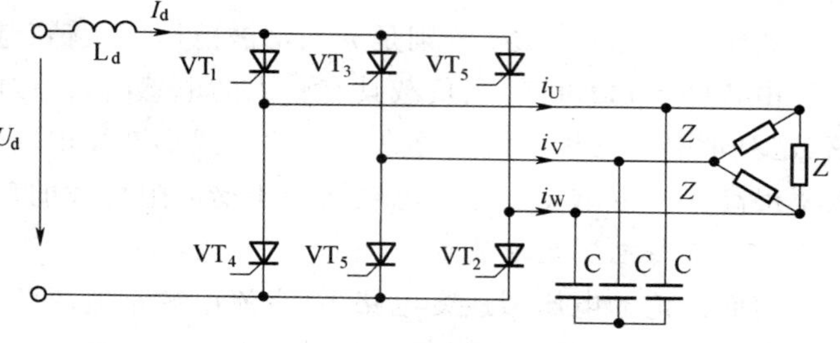

图 6－5　三相电流型逆变电路

在分析电路的工作过程中，忽略换流过程，假定 VT_1～VT_6 为理想开关。为确定逆变电路的输出线电流及负载的相电流，可以首先分别作出在不同工作状态下的等值电路，再利用电流的分流公式，求出各个线电流和负载相电流。例如，当 VT_1、VT_2 导通时，从等值电路可得到 $i_U=I_D$、$i_V=0$、$i_W=-I_d$；$i_{UV}=i_{VW}=I_d/3$、$i_{WU}=2I_d/3$。图 6－6 给出了各电流波形，将此波形图与三相电压型逆变电路的波形（图 6－3）比较可知，二者的波形完全相同，只不过前者是电流波形，后者是电压。

将线电流和相电流展开成傅立叶级数

$$i_{\mathrm{U}}=\frac{2\sqrt{3}I_{\mathrm{d}}}{\pi}(\sin\omega t-\frac{1}{5}\sin5\omega t-\frac{1}{7}\sin7\omega t+\frac{1}{11}\sin11\omega t+\frac{1}{13}\sin13\omega t-\cdots) \quad (6-18)$$

$$i_{\mathrm{UV}}=\frac{2I_{\mathrm{d}}}{\pi}(\sin\omega t+\frac{1}{5}\sin5\omega t+\frac{1}{7}\sin7\omega t+\frac{1}{11}\sin11\omega t+\frac{1}{13}\sin13\omega t-\cdots) \quad (6-19)$$

线电流的有效值为

$$I_{\mathrm{U}}=\sqrt{\frac{2}{3}}I_{\mathrm{d}}=0.816I_{\mathrm{d}} \quad (6-20)$$

线电流基波幅值为

$$I_{\mathrm{Um(1)}}=\frac{2\sqrt{3}}{\pi}I_{\mathrm{d}}=1.1I_{\mathrm{d}} \quad (6-21)$$

线电流基波有效值为

$$I_{\mathrm{U(1)}}=\frac{\sqrt{6}}{\pi}I_{\mathrm{d}}=0.78I_{\mathrm{d}} \quad (6-22)$$

相电流与线电流间满足$\sqrt{3}$倍的关系。逆变电路的输出电压与负载阻抗性质及参数有关。如果已知负载的阻抗参数，输出电压可由输出电流与阻抗求出。显然，为使输出电压波形接近正弦波，负载的电抗越小越好。

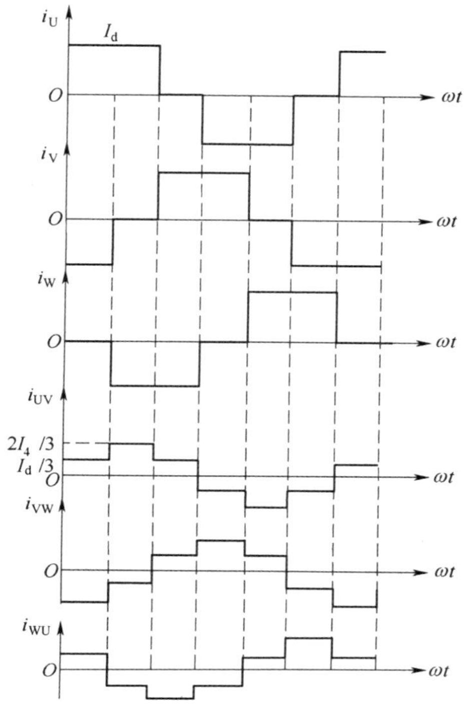

图 6－6　三相电流型逆变电路工作波形

三、交－直－交变频电路的电压调节

（一）变频电路的电压调节方式

在变频调速系统中随着输出频率变化，必须相应地调节输出电压的大小，在机车上具体实现调压的方法有以下几种：

1. 调节逆变器直流环节的电压

当机车由直流接触网供电时用直流斩波器作电压调节。由交流接触网供电时，可以用可控硅相控整流，不控整流加直流斩波或用四象限变流器进行电压调节。

2. 用逆变器的输出变压器调压

当一台电动机只由一个逆变器供电时，即在逆变器的输出端接一台自动控制的调压变压器（用伺服电机调节）进行电压调节。当为得到更高质量的输出电压波形而采用两个或多个逆变器向一台电动机供电时，可用一个特殊的曲折变压器进行电压的叠加，该变压器原边有两个或多个独立的绕组，次边则为一个绕组，故两个逆变器的输出电压相位不同时，合成的输出电压波形和有效值均不相同，从而达到调压的目的。

3. 用逆变器输出电压脉冲宽度调制（PWM）的方法进行调压

这个方法的基本原理在于，将直流斩波的作用让逆变器本身去承担，用斩波的方法将逆变器的输出电压调制成若干个电压的脉冲，改变这些脉冲电压的数量、宽度及其分布规律，即可得到不同数值和频率的电压输出。这种方法通常称为脉宽调制法或 PWM。它与一般的电压调节方法相比有以下优点：

(1)使变频调速系统可以只有一个控制功率级，从而简化了主回路。其输入端可以采用二极管整流，因此电网的功率系数较高，系统有较高的效率；

(2)输出电压仅由逆变器本身控制，故电压的调节速度快，系统的动态性能好；

(3)采用较高频率调制时可以得到高质量的输出电压波形，抑制了较低次数的高次谐波，增加了电动机低速工作时的稳定性并降低谐波损耗，从而扩大了调速范围。

当然，这种控制方法要求可控硅有良好的快速关断性能，对续流二极管的要求也较高，控制线路比较复杂。但是随着快速可控硅技术的发展，这种方法越来越受到人们的重视。

下面对这种调制方法作一简单介绍。

(二)脉冲宽度调制的方法

目前，常用脉冲宽度调制的方法以下两种：

1. 矩形脉冲调制

最简单的一种调制方式如图 6－7 所示，每半周有两个等宽脉冲，两半周对称。利用傅里叶级数分析时，将不含常数项及余弦项，其 n 次谐波的系数为

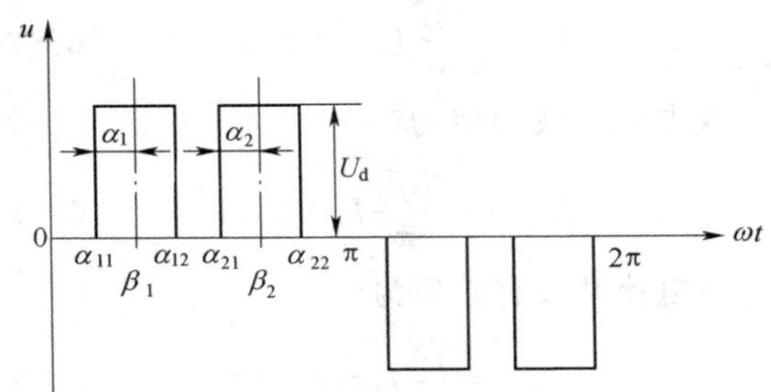

图 6－7 多脉冲调制

$$
\begin{aligned}
b_n &= \frac{2}{\pi}\int_0^{\pi} f(\omega t)\sin n\omega t d(\omega t) \\
&= \frac{2U_d}{\pi}\left[\int_{\alpha_{11}}^{\alpha_{12}} \sin n\omega t d(\omega t) + \int_{\alpha_{21}}^{\alpha_{22}} \sin n\omega t d(\omega t)\right] \\
&= \frac{2U_d}{n\pi}[(\cos n\alpha_{11} - \cos n\alpha_{12}) + (\cos n\alpha_{21} - \cos n\alpha_{22})] \\
&= \frac{4U_d}{n\pi}[(\sin n\alpha_1 \sin n\beta_1) + (\sin n\alpha_2 \sin n\beta_2)]
\end{aligned} \tag{6-23}
$$

式中 $a_1 = \dfrac{\alpha_{12} - \alpha_{11}}{2}$ 或 $\alpha_k = \dfrac{\alpha_{k2} - \alpha_{k1}}{2}$

$\beta_1 = \dfrac{\alpha_{12} + \alpha_{11}}{2}$ 或 $\beta_k = \dfrac{a_{k2} + a_{k1}}{2}$

这里下标 k 表示脉冲序号，$k=1,2,3\cdots$，适用于每半周有 k 个等宽脉冲的情况。

对于任一个脉冲的任一次谐波，引入符号

$$b_{nk} = \sin n\alpha_k \sin n\beta_k$$

则所有 K 个脉冲叠加的结果可表示为

$$b_n = \frac{4U_d}{n\pi}\sum_{k=1}^{K} b_{nk} = \frac{4U_d}{n\pi}\sum_{k=1}^{K}(\sin n\alpha_k \sin n\beta_k) \tag{6-24}$$

因此，可以得到对任意的脉冲列的傅里叶级数一般表示式

$$B = \frac{4U_d}{\pi}\left[\sum_{n=1}^{\infty}\frac{\sin n\omega t}{n}\sum_{k=1}^{K}\sin n\alpha_k \sin n\beta_k\right] \tag{6-25}$$

由上式可见，若令 $n\alpha$ 或 $n\beta$ 是 π 的整数倍，则该 n 次谐波就可以消除。通常用改变 α 的方法来改变电压的大小(脉宽变化)，而用改变 β 的方法来消除较低次的高次谐波。例如，若令图

6－7 中 $\beta=\frac{\pi}{n}=\frac{\pi}{3}=60°$，则可以消除三次谐波。若在每半周中有多个脉冲的情况下，适当选取 β_1、β_2…就可以消除更多次的谐波，但是实现这样的控制很复杂，工程上一般不予采用。

2. 正弦脉冲调制

该法的特点是利用正弦波与等腰三角形波进行调制(如图 6－8 所示)，以该二种波形的交点控制可控硅的通断时间，决定输出电压脉冲的前、后沿位置，从而获得按正弦规律分布的脉冲列。改变正弦波的振幅可以调节输出电压的大小，改变正弦波的频率则可调节输出电压的频率。

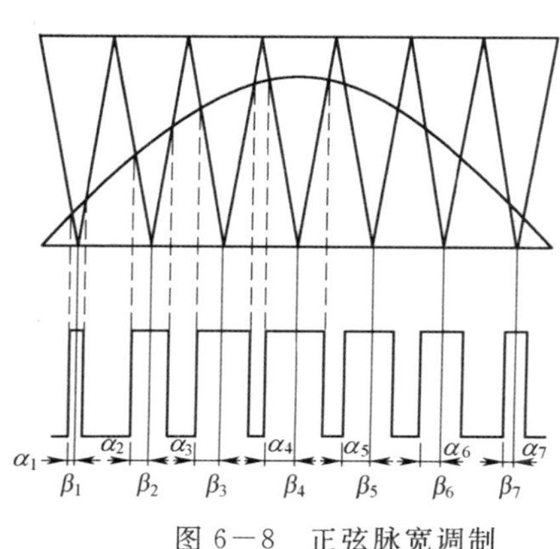

图 6－8　正弦脉宽调制

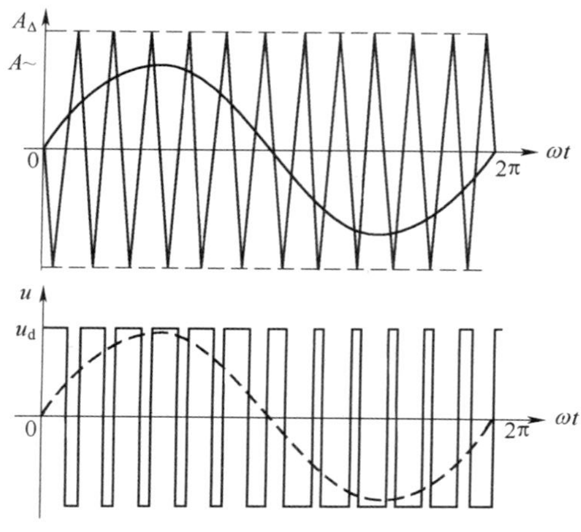

图 6－9　双极性正弦脉宽调制

设半个周期内有 K 个脉冲，则各脉冲的位置分别为

$$\beta_1=\frac{\pi}{2K},\beta_2=\frac{3\pi}{2K},\beta_3=\frac{5\pi}{2K},\cdots,\beta_k=\frac{(2k-1)\pi}{2K}$$

各脉冲之间的距离相等，而其宽度与正弦曲线下的积分面积成比例，故各脉冲的宽度可以表示成以下序列

$$\alpha_1=\frac{\alpha_m}{2}\int_0^{\pi/K}\sin\theta d\theta,\alpha_2=\frac{\alpha_m}{2}\int_{\pi/K}^{2\pi/K}\sin\theta d\theta\cdots$$

$$\alpha_k=\frac{\alpha_m}{2}\int_{(k-1)\pi/K}^{k\pi/K}\sin\theta d\theta$$

即

$$\alpha_k=\frac{\alpha_m}{2}\left[\cos\left(\frac{(k-1)\pi}{K}\right)-\cos\left(\frac{k\pi}{K}\right)\right] \tag{6-26}$$

式中　α_m——正弦曲线中心处附近的最大 α 值。

通过适当逻辑设计来控制可控硅的通断，即可近似地实现由上公式确定的正弦调制的输出脉冲列。

前述的两种调制方法中，每半个周期内的脉冲路极性不作变化，故常称之为单极性调制。而另外一种正弦调制方法在调制过程中脉冲极性一是正负交替变化的，称之为双极性调制。这种调制方法的波形如图 6－9 所示，它是采用对称的三角波电压与正弦波电压相比较而进行调制的，输出的双极性脉冲随正弦曲线位置的不同而正负半周不等，因而也形成一个输出频率与大小均受正弦基准信号控制的交流电压。

正弦脉冲宽度调制可以获得更接近于正弦形的输出电压，因而得到较多的采用。在通常的三相半桥逆变电路中，例如麦氏逆变电路，很容易实现双极性，或称对称三角的正弦脉冲宽度调制。谐波分析表明，这种调制方法的输出电压中，除去基波之外，将会有较高的 K 次谐波成分，具体应用时，应使 K 有足够大的数值。

四、交—交变频电路

交—交变频电路是一种不经过直流中间环节，直接将一种频率的交流电变换成为另一种频率的交流电的变频电路，通常称之为交—交直接变频器。此中主要的一种是由若干相位控制的可控硅整流电路所组成，称之为相控循环变频器。

相控循环变频器可以将高频率的电源变为低频率电源，并可作相数的变化。这里介绍的直接变频电路主要是三相—三相循环变频器。关于同步型无换向器电机所用的另一种单相—三相直接变频电路将在下一章加以说明。

1. 直接变频电路的工作原理

直接变频电路是由一定的方式相联接的可控硅整流电路所组成的，当按一定的规律控制各个整流电路时，在变频电路的输出端即可得到由多相整流电压的包络线所组成的较低频率的交流电压。其基本原理可用三相零式可控整流电路为例加以说明。如图 6—10 所示，假设为感性负载，电流连续，且忽略换流重迭角和可控硅管压降，于是输出整流电压的平均值为

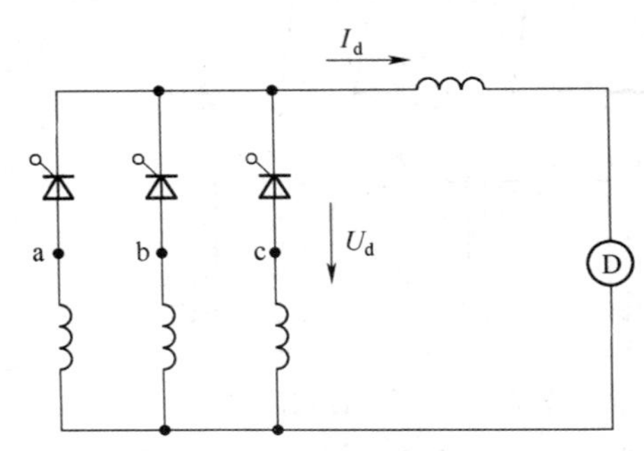

图 6—10　三相零式可控整流电路

$$U_d = U_{d0}\cos\alpha \tag{6—27}$$

式中　α——控制角；

U_{d0}——$\alpha=0$ 时的整流电压平均值，即整流平均电压的最大值。

当 α 角不变时，输出的整流电压不变，这是可控整流电路的工作特点。而假若逐步改变整流器的控制角 α（如图 6—11a 所示），即在 A 点时 $\alpha=0°$、$U_d=U_{d0}$，而此后在 B、C、D 等各点 α 逐渐增大，U_d 随之降低，到达 F 点时 $\alpha=\frac{\pi}{2}$、$U_d=0$。这里若令 α 的这种变化按正弦规律进行，则输出电压的平均值也以正弦规律变化，如图中虚线所示。

若 α 进一步加大，则整流器将进入逆变工作状态。如图 6—11(b)所示，在 K 点时 α 加大到 π，输出电压 $U_d=-U_{d0}$，此后按 L、M、N 等点，又使 α 角逐渐减小，U_d 增大，当到达 Q 点时 $\alpha=\frac{\pi}{2}$、$U_d=0$。这时整流器（工作在逆变状态）输出的负电压平均值也以正弦规律变化，如图中虚线所示。

依照上述过程，控制 α 角由 0 逐渐增大到 π，然后又由 π 减小到 0，此时可控硅整流器输出的平均电压就是一个完整周期的低频正弦交流电压，如图 6—12(a)所示。由图可知，在这种

变换过程中可控硅实质上起着一种开关调制的作用。

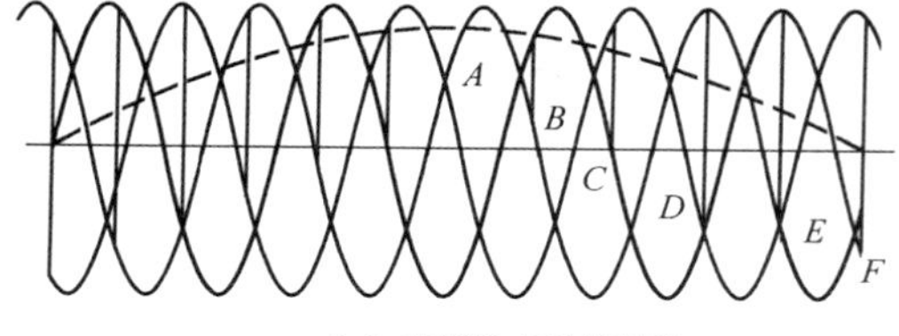

(a) 整流状态时的波形

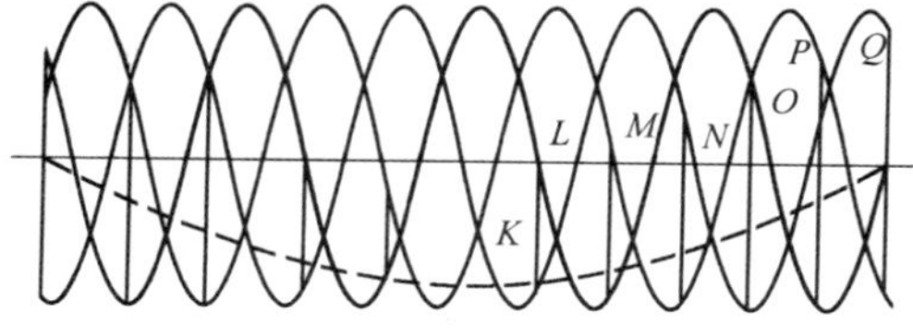

(b) 逆变状态时的波形

图 6－11 α变化时输出电压的波形

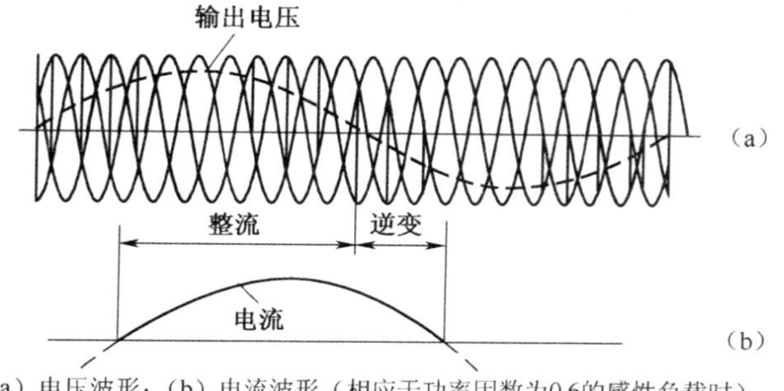

(a) 电压波形；(b) 电流波形（相应于功率因数为0.6的感性负载时）

图 6－12 α连续改变时输出电压和电流的波形

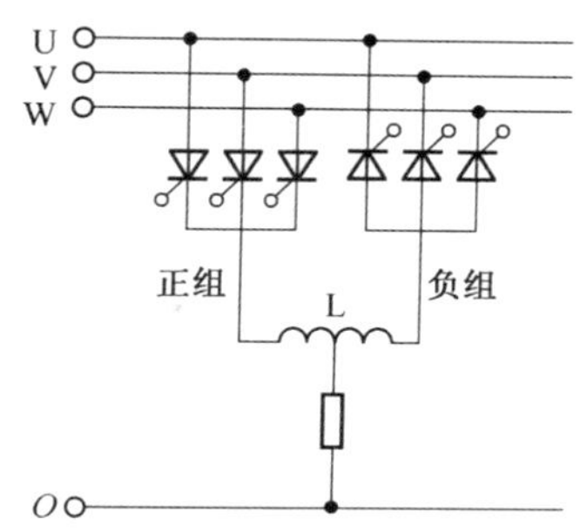

图 6－13 单相—三相直接变频器

尽管上述电路可以获得一个完整周期的交流电压，但是电流却只能在一个方向流通，而不能反向。这就是说，在 $0\leqslant\alpha<\pi/2$ 期间，电源向负载供电(整流)，在 $\pi/2<\alpha\leqslant\pi$ 期间，由感性负载向电源反馈能量。故为了得到可调的低频交流电压和交流电流的输出，只用一组相控整流电路是不行的，而必须采用两组反并联或交叉联接的相控整流电路才能实现。图 6－13 为两组三相零式反并联单相变频电路。正组可控硅只允许低频输出的正半周电流通过，负组可控硅只允许低频输出的负半周电流通过。当电压与可控硅组的电流同向时，该组可控硅工作在整流状态，反之工作在逆变状态。图 6－14 表示感性负载下两组可控硅整流器的不同工作状态。整流与逆变两种工作状态的时间长短取决于负载功率因数大小，在纯感性(或纯电容性)负载时，输出电压与输出电流的相位差为 90°，此时两种工作状态的时间相等，即从电源吸收的功率等于回馈给电源的功率。

当利用直接变频器给三相交流电动机供电时，需要上述三个单相变频器，各相变频器之间有 120°的相位差，图 6－15 即为三相零式反并联三相变频线路。同样也可由三个三相桥式反并联电路构成三相输出的变频电路，其电路形式与零式类似，这里不再多述。

应当说明，图 6－13 中的组间电感 L 是供滤波或限制环流用的。所谓环流是指两组可控硅都处于导通状态时在两组可控硅之间流过的电流。环流的产生与否，与两组可控硅的工作方式有关。如果正、负两组可控硅始终轮流导通和截止，即当一组导通时封锁另一组的触发脉冲，使之不工作，则两组可控硅之间不会产生环流，这种工作方式称为无环流工作方式。但是这种工作方式控制较复杂，且在完全无环流时输出电流在过零时容易断续而不利于电机的运行，故在交—交变频系统中通常并不采用完全无环流的工作方式。另一种工作方式是两组可控硅都处于导通状态，正组的控制角 α_P 与负组的控制角 α_N 始终以 $\alpha_P=\pi-\alpha_N$ 的关系进行控制，此时两组可控硅输出的正弦电压平均值大小相等，方向相反，不会有大的低频环流在两组间流通。但是从两组输出电压波形上可以看出，两组输出电压的瞬时值并不完全相同，于是在组间会有较高频率的环流产生，如图 6—16 所示。这些环流会增加电路的损耗并加重可控硅的负担，故在组间接入适当的电感 L 加以限制，使之减小到允许的程度，这种变频器的工作方式称为有环流工作方式。它的优点是容易保持电流连续，但由于增加了电抗器，对输出基波有所影响，使输出电压的频率上限受到限制。因此，在有环流工作方式中不宜设置较大的电抗器。

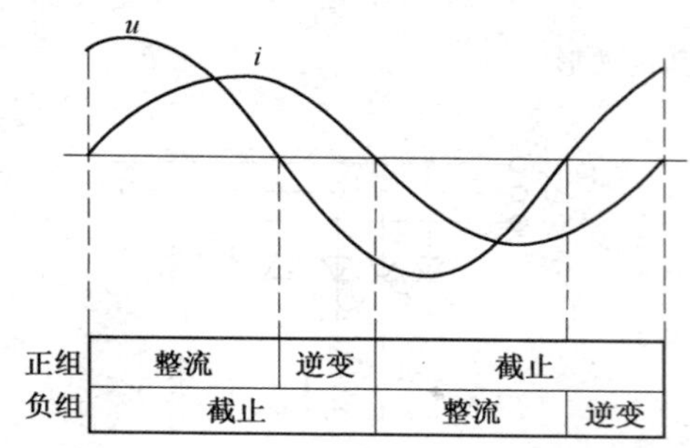

图 6—14　两组可控硅整流器的不同工作状态

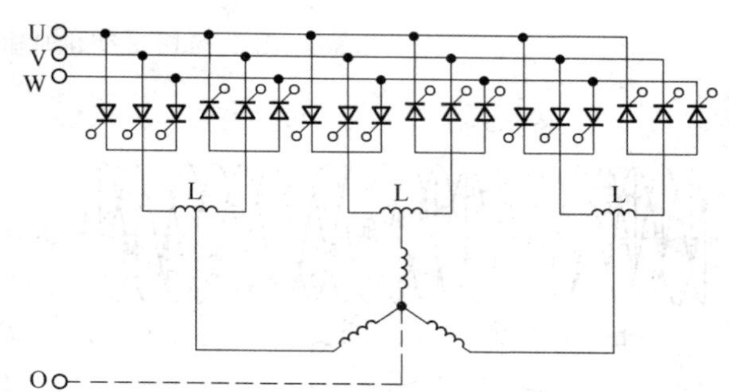

图 6—15　三相零式反并联三相变频线路

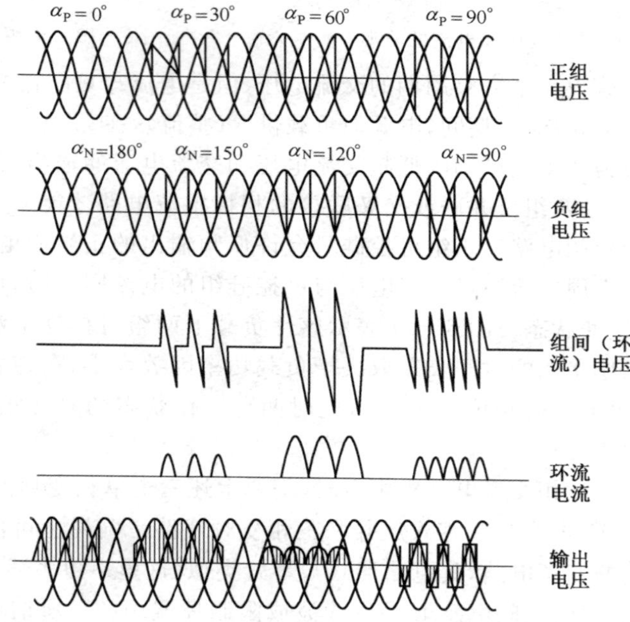

图 6—16　三相零式反并联变频线路中的环流及电流电压波形

2. 直接变频电路的电压与频率调节

m 相零式整流电路在控制角 $\alpha=0$ 时输出电压的平均值为

$$U_{d0}=\frac{m}{\pi}\sqrt{2}U_2\sin\frac{\pi}{m} \tag{6—28}$$

式中　U_2——相电压的有效值。

如果电流连续，对应于给定的控制角 α，其输出电压的平均值为

$$U_d = U_{d0}\cos\alpha$$

根据直接变频器输出电压的组成原理，在 $\alpha=0$ 时，输出电压有最大的幅值，其数值即为 U_{d0}。此时输出电压的有效值最大，其值为

$$U_0 = \frac{U_{d0}}{\sqrt{2}} = \frac{m}{\pi}U_2\sin\frac{\pi}{m} \tag{6-29}$$

当 $m=3$ 时

$$U_0 = \frac{3}{\pi}U_2\sin\frac{\pi}{3} = 0.825U_2$$

即三相零式变频器最大的输出电压有效值 U_0 为其电源相电压有效值的 82.5%。

实际的运行中，整流控制角 α 不能减小到 0，因为存在着 $\alpha_P=\pi-\alpha_N$ 的关系，当 $\alpha_P=0$ 时，意味着负组在 $\alpha_N=180°$ 进行逆变，这会引起有源逆变电路的颠覆，是不允许的。通常必须给可控硅的换流重迭角和恢复其阻断能力留出足够的时间间隔，故控制角 α 不能小于某个有限值 α_{min}。因此，实际上每相最大的输出电压应为

$$\begin{aligned} U_0 &= \frac{m}{\pi}U_2\sin\frac{\pi}{m} = \cos\alpha_{min} \\ &= \varepsilon\left(\frac{m}{\pi}U_2\sin\frac{\pi}{m}\right) \end{aligned} \tag{6-30}$$

式中　$\varepsilon=\cos\alpha_{min}$，称为电压降低系数。

由此不难看出，变频器的最小控制角增大时，即式(6—30)中的 α_{min} 增大(ε 减小)，则输出电压的有效值便会相应降低，从而达到调节电压的目的。

至于变频器输出电压频率 f_2 的调节，则可通过改变控制角 α 的变化速度来实现，图 6—17 表示在输出频率 f_2 与输入频率 f_1 的不同比值下的电压波形。

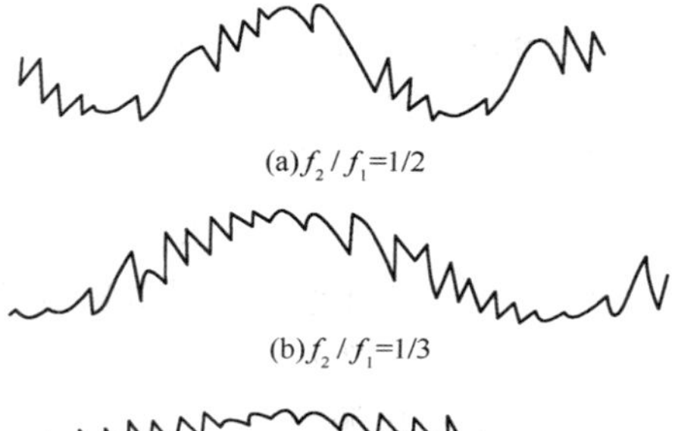

(a)$f_2/f_1=1/2$

(b)$f_2/f_1=1/3$

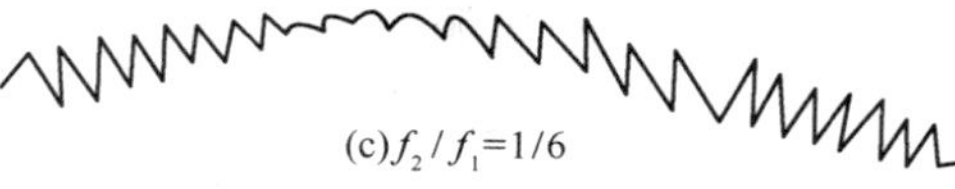

(c)$f_2/f_1=1/6$

图 6—17　输出频率(及电压)的改变

3. 交—交直接变频电路与交—直—交变频电路的比较

(1)只有一级功率变换，且采用自然换流，不需要强迫换流装置，故主线路简单、损耗低、效率高。

(2)可以很容易地在电源与负载之间进行功率传输方向的变换，在整个调速范围内实现电机的四象限运行。

(3)低频时仍可得到较好的输出电压波形，不会引起电机低速运行时谐波损耗的增加和转速的不稳定。

但交—交直接变频电路也有其缺点：

(1)变频器输出的最高频率受电源频率的限制，一般不超过电源频率的 1/3～1/2，否则谐波分量大大增加，这就使电动机的调速范围受到限制。

(2)需用较多的可控硅元件，控制线路相应的也较复杂，用在小功率系统将不经济。

(3)直接变频器的功率系数较低，在较低的输出电压下，功率系数更低。

由上可见，交—交直接变频电路对于大容量的低速可逆传动系统是有应用前途的。在机

车牵引中将特别适用于具有中频三相发电机的燃气轮机车上。

第三节　变频调节时异步电动机的等值电路及转矩公式

图 6－18 所示为正弦电压下通用的三相异步电动机的等值电路。这里将着重讨论一下当电源频率发生变化时，等值电路中的某些参数将如何变化。

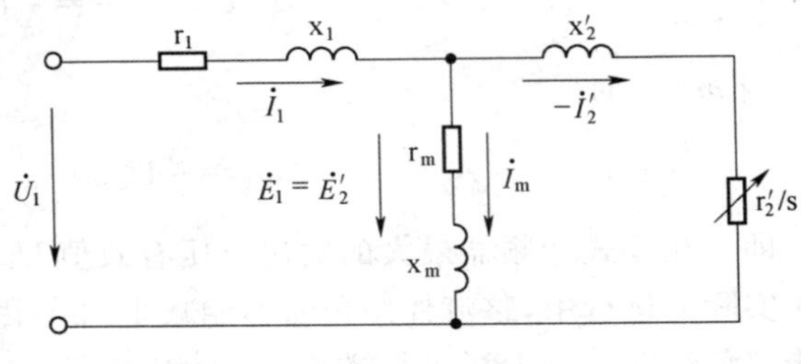

图 6－18　异步电动机的等值电路

根据图 6－18，可写出以下电压方程式

$$U_1 = -\dot{E}_1 + \dot{I}_1(r_1 + \mathrm{j}x_1) \quad (6-31)$$

$$\dot{E}'_2 = \dot{I}'_2\left(\frac{r'_2}{s} + \mathrm{j}x'_2\right) \quad (6-32)$$

式中　$\dot{U}_1$——电源相电压；

$\dot{I}_1$——定子电流；

$\dot{I}'_2$——归算到定子边的转子电流；

s——转差率；

r_1、x_1——定子绕组电阻及漏电抗；

r'_2、x'_2——归算到定子边的转子电阻及漏电抗；

r_m、x_m——激磁电阻及电抗；

$\dot{E}_1 = \dot{E}'_2$——分别为定子相电势和归算到定子边的转子(不动时)相电势。

根据交流电机感应电势的公式

$$E_1 = \sqrt{2}\pi W_1 k_{w1} f_1 \Phi_m = C_E f_1 \Phi_m \quad (6-33)$$

式中　$W_1 k_{w1}$——定子绕组的等效匝数，W_1 为定子绕组的实际匝数，k_{w1} 为定子绕组的绕组系数；

f_1——电源频率；

Φ_m——气隙磁通；

C_E——电机的电势常数，$C_E = \sqrt{2}\pi W_1 k_{w1}$。

可以得到

$$\Phi_m = \frac{E_1}{C_E f_1} \quad (6-34)$$

该式说明，电动机的磁通 Φ_m 正比于电势 E_1，反比于频率 f_1，如果忽略定子绕组的电压降，则可近似地认为 $E_1 \approx U_1$，即磁通 Φ_m 正比于电源电压，反比于电源频率，有

$$\Phi_m = \frac{U_1}{C_E f_1} \quad (6-35)$$

$\dot{E}_1$ 可以用等值电路中激磁支路的电压降表示为

$$-\dot{E}_1 = -\dot{E}'_2 = \dot{I}_m(r_m + \mathrm{j}x_m) \quad (6-36)$$

激磁电流 $\dot{I}_m$ 可分解为无功分量和有功分量两部分，无功分量产生激磁磁势，又称为磁化电流，可根据磁路关系表示为

$$I_{mr}=\frac{\rho\sum H_il_i}{m\frac{\sqrt{2}}{\pi}W_1k_w}=\frac{\rho}{m\frac{\sqrt{2}}{\pi}W_1k_{w1}}\cdot\frac{B_\delta}{\mu_0}2\delta_eK_H$$
$$=C_FK_HB_\delta \tag{6-37}$$

式中　m——定子相数；

ρ——级对数；

H_i、l_i——每极对磁路各计算区段的磁场强度及磁路长度；

B_δ——气隙的磁通密度；

μ_0——气隙的导磁率；

δ_e——气隙的计算长度；

K_H——磁路的饱和系数；

C_F——磁势常数，$C_F=\dfrac{2\rho\delta_e}{m\frac{\sqrt{2}}{\pi}Wk_{w1}\mu_0}$。

气隙的磁通密度 B_δ 可表示为

$$B_\delta=\frac{\Phi_m}{\frac{2}{\pi}\tau l_1}=\frac{\Phi_m}{C_4}=\frac{E_1}{C_Bf_1} \tag{6-38}$$

式中　τ——定子极距；

L_1——铁芯计算长度；

C_4——电机的几何常数，$C_4=\dfrac{2}{\pi}\tau l_1$。

$$C_B=C_4C_{E0}$$

式(6—38)代入式(6—37)可得

$$I_{mr}=\frac{C_F}{C_B}K_H=\frac{E_1}{f}=\frac{C_F}{C_4}K_H\Phi_m \tag{6-39}$$

由此可见，磁化电流 I_{mr}决定于气隙磁通及磁路的饱和程度。当电机的端电压不变时，若降低频率 f_1，电机的磁通将增加，磁路会更加饱和，因而 I_{mr}将有更大的增加。当 f_1 升高时，电机磁通减少，磁路饱和度降低，从而 I_{mr}减小。调节频率时，若保持 Φ_m 不变，则 I_{mr}不随频率变化。磁路不饱和时，即 $K_H=1$，则

$$I_{mr}=\frac{C_F}{C_B}\cdot\frac{E_1}{f}=\frac{C_F}{C_\Phi}\Phi_m \tag{6-40}$$

即 I_{mr}仅与 Φ_m 有关。

有功分量电流 I_{ma}决定于电机铁耗的大小，又称为铁耗电流，可表示为

$$I_{ma}=\frac{P_{Fe}}{mE_1} \tag{6-41}$$

式中 P_{Fe}对应于某一频率 f_1 的电机铁耗，其值可写成

$$P_{Fe}\approx C_{Fe}\left(\frac{E_1}{f_1}\right)^2\left(\frac{f_1}{f_{1N}}\right)^{1.5}$$

式中　f_{1N}——电机的额定频率；

C_{Fe}——铁耗常数，$C_{Fe}=\dfrac{P_{FeN}}{\left(\dfrac{E_{1N}}{f_{1N}}\right)^2}$。

这里以下标 N 所标注的数值，均表示额定频率 f_{1N} 时的量值。代以上关系入式(6－41)则得

$$I_{ma}=\frac{C_{Fe}}{mf_{1N}}\left(\frac{E_1}{f_1}\right)\left(\frac{f_1}{f_{1N}}\right)^{0.5} \tag{6－42}$$

该式表明，铁耗电流 I_{ma} 与频率有关，如果变频调节时能保持 $\dfrac{E_1}{f_1}=\Phi_m$ 为常数，则 I_{ma} 将只正比于频率 f_1 的 0.5 次方。

等值电路中激磁支路的电抗 x_m(互感电抗)可表示为

$$x_m=2\pi f_1 M \tag{6－43a}$$

式中　M——互感系数，当磁路不饱和时 M 为常数。

在磁路不饱和时，x_m 仅与电源频率 f_1 成正比，即

$$x_m=x_{mN}\frac{f_1}{f_{1N}}=a_f x_{mN} \tag{6－43b}$$

式中　x_{mN}——额定频率 f_{1N} 时的互感电抗；

a_f——频率调节系数，$a_f=\dfrac{f_1}{f_{1N}}$。

激磁支路的等效电阻 r_m 可根据功率关系表示为

$$r_m=\frac{P_{Fe}}{mI_m^2} \tag{6－44a}$$

而据式(6－41)已知

$$P_{Fe}=mE_1 I_{ma}$$

所以

$$r_m=\frac{E_1 I_{ma}}{I_m^2}=\frac{E_1 I_{ma}}{I_{ma}^2+I_{mr}^2} \tag{6－44b}$$

因为在一般的异步电动机中 $I_{mr}\gg I_{ma}$，故可近似地认为 $I_m\approx I_{mr}$，上式分母的 I_{ma}^2 项忽略，同时代入 I_{ma}、I_{mr} 的表达式，可得

$$r_m=\frac{C_{Fe}C_B^2}{mC_F^2K_H^2}\left(\frac{f_1}{f_{1N}}\right)^{1.5} \tag{6－44c}$$

在磁路不饱和或饱和度不变时，r_m 将只与频率的 1.5 次方成正比，可表示为

$$r_m=r_{mN}\left(\frac{f_1}{f_{1N}}\right)^{1.5}=r_{mN}a_f^{1.5} \tag{6－44d}$$

式中　r_{mN}——频率为 f_{1N} 时激磁支路的有效电阻。

等值电路中定子每相的电抗(漏电抗)可表示为

$$x_1=2\pi f_1 L_1 \tag{6－45a}$$

式中　L_1——定子绕组的漏电感。

L_1 为常数，故 x_1 与 f_1 成正比，或表示为

$$x_1=x_{1N}\frac{f_1}{f_{1N}}=x_{1N}a_f \tag{6－45b}$$

式中 x_1——频率为 f_{1N} 时定子的每相电抗。

转子绕组归算到定子边的每相电抗 x'_2 为

$$x'_2=2\pi f_1 L'_2 \tag{6—46a}$$

式中 L'_2——转子绕组归算到定子边的漏电感。

L'_2 为常数，故 x'_2 与 f_1 成正比，或表示为

$$x'_2=x'_{2N}\frac{f_1}{f_{1N}}=x'_{2N}a_f \tag{6—46b}$$

式中 x'_{2N}——频率为 f_{1N} 时归算到定子边的转子每相电抗。

定子绕组的每相有效电阻 r_1 和转子绕组归算到定子边的每相有效电阻 r'_2，在频率变化时，也会因集肤效应的强弱而有所变化。总的趋势是随着 f_1 的上升，电阻值有所增加；f_1 下降，电阻值有所减小。但在正弦形电源下，由于不存在谐波电流，这种集肤效应的影响实际上可以忽略。

在一般的工程计算中，由于 x_m 通常远远大于 r_m，故在等值电路中往往将 r_m 忽略，而应用图 6—19 所示的等值电路。

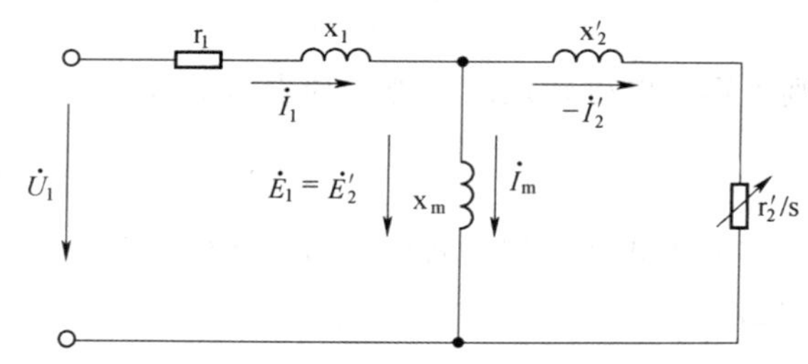

图 6—19 异步电动机的等值电路

根据电机原理和等值电路可知，通过空气隙传入转子的电磁功率为

$$P_e=mE'_2 I'_2\cos\varphi_2 \tag{6—47}$$

式中 $\cos\varphi_2=\dfrac{r'_2/s}{\sqrt{(r'_2/s)^2+x'^2_2}}$——转子的功率因数。

电动机的电磁转矩为

$$M=\frac{P_e}{\Omega_1}=\frac{mE'_2 I'_2\cos\varphi_2}{\frac{2\pi n_1}{60}}=\frac{mp}{2\pi f_1}\cdot E'_2 I'_2\cos\varphi_2 \tag{6—48}$$

式中 Ω_1——电动机的同步角速度；

n_1——电动机的同步转速。

根据式(6—33)

$$E'_2=E_1=C_E f_1\Phi_m$$

将该式代入式(6—48)可得

$$M=\frac{p}{2\pi}\cdot mC_E\Phi_m I'_2\cos\varphi_2=C_M\Phi_m I'_2\cos\varphi_2 \tag{6—49}$$

式中 $C_M=\dfrac{mp}{2\pi}C_E$——转矩常数。

在式(6—49)中，若 Φ_m 的单位用 Wb，则 M 的单位为 N·m。

由式(6—49)可知，电动机的电磁转矩正比于气隙磁通和转子的有功电流 $I'_2\cos\varphi_2$，但利用该式进行具体计算却极不方便，因为负载变化时，三个自变量 Φ_m、I'_2 和 $\cos\varphi_2$ 都在变化。为此，可根据等值电路作如下推导，化为较为方便的形式。

根据图 6－19 的等值电路可列出以下电压平衡方程式

$$\dot{U}_1=(r_1+\mathrm{j}x_1)\dot{I}_1-\left(\frac{r_2'}{s}+\mathrm{j}x_2'\right)\dot{I}_2' \tag{6－50}$$

$$\mathrm{j}x_\mathrm{m}(\dot{I}_1+\dot{I}_2')=-\left(\frac{r_2'}{s}+\mathrm{j}x_2'\right)\dot{I}_2' \tag{6－51}$$

转子的转差率可用转子的转差频率 f_2（即转子电流频率）和定子频率 f_1 的比值表示为

$$s=\frac{f_2}{f_1} \tag{6－52}$$

如果在式(6－49)中代入

$$E_2'=I_2'\sqrt{\left(\frac{r_2'}{s}\right)^2+x_2'^2}\ \text{及}\ \cos\varphi_2=\frac{r_2'/s}{\sqrt{(r_2'/s)^2+x_2'^2}}$$

则可得到电磁转矩的另外一种表示式，即

$$M=\frac{m\rho}{2\pi f_1}\cdot I_2'^2\cdot\frac{r_2'}{s} \tag{6－53}$$

联解方程式(6－50)、式(6－51)、式(6－52)、式(6－53)，即首先由式(6－50)、式(6－51)二式解出

$$-\dot{I}_2'=\frac{\dot{U}_1}{\dfrac{r_2'(x_1+x_\mathrm{m})+sr_1(r_2'+x_\mathrm{m})}{sx_\mathrm{m}}+\mathrm{j}\,\dfrac{s(x_1x_\mathrm{m}+x_2'x_\mathrm{m}+x_1x_2')-r_1r_2'}{sx_\mathrm{m}}}$$

其有效值为

$$I_2'=\frac{U_1}{\sqrt{\left[\dfrac{r_2'(x_1+x_\mathrm{m})+sr_1(r_2'+x_\mathrm{m})}{sx_\mathrm{m}}\right]^2+\left[\dfrac{s(x_1x_\mathrm{m}+x_2'x_\mathrm{m}+x_1x_2')-r_1r_2'}{sx_\mathrm{m}}\right]^2}}$$

将 $I_2'^2$ 及式(6－52)代入式(6－53)，并令 $x_1+x_\mathrm{m}=x_{11}$，$x_2'+x_\mathrm{m}=x_{22}$ 则可得到

$$M=\frac{m\rho}{2\pi}\left(\frac{U_1}{f_1}\right)^2\cdot\frac{f_2x_\mathrm{m}^2/r_2'}{\left[r_1+\dfrac{f_2}{f_1r_2'}(x_\mathrm{m}^2-x_{11}x_{22})\right]^2+\left(x_{11}+\dfrac{f_{2_1}r_1x_{22}}{f_1r_2'}\right)^2} \tag{6－54}$$

该式较清楚地反映出电磁转矩与电压 U_1 和频率 f_1、f_2 的函数，用之求值比较方便，以下的讨论将以该表示式作为基础。

第四节　异步电动机变频运行的方式及其特性

一、概　　述

从电机原理中可知，异步电动机的典型矩速特性如图 6－20 所示，这可据式(6－54)绘出。同步转速时，转矩为 0，当转差率很小时，转矩随着速度的减小而近乎直线上升，为特性曲线 om 段。m 点对应电动机的最大转矩，又称停转转矩或颠覆转矩。因为电动机的负载转矩超过该值，则电动机的转速急剧下降直至停转。对应于 m 点的转差率为 $s_\mathrm{m}=f_\mathrm{m}/f_1$，称为临界转差率。这里的 f_m 称为转子的临界或停转频率。转差率达到 s_m 之后转矩特性急剧下降的原因在于：转子频率超过该值后，其增大的漏抗开始起主导作用，它的增大使式(6－49)中的相角差 φ_2 加大，$\cos\varphi_2$ 减小，因而电动机的转矩明显下降。

图中转差率 s 大于 1 的情况，意味着转子的转向与旋转磁场的转向相反。电动机在正常运行时，倘若突然改变定子的相序即可获得这种运转状态。此时电动机将急剧趋于停转，而电源若不及时断开的话，转子将加速至相反的方向旋转，这就是通常所说的反接制动状态。

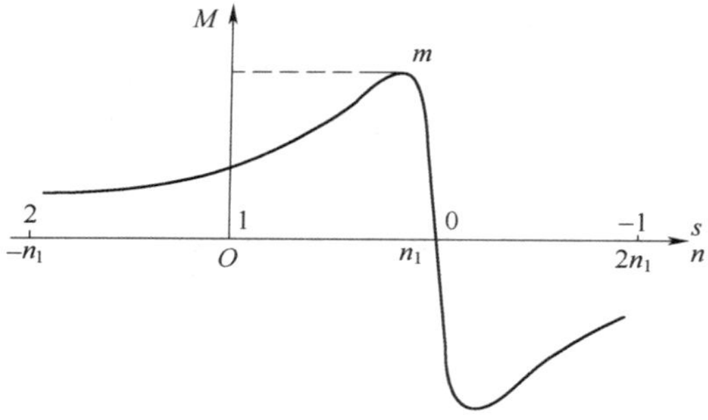

图 6－20　一定频率和电压下异步电动机的矩速特性

如果电动机在正常运转时，突然降低定子的供电频率，转子的机械惯性将使之维持在高于旋转磁场的转速上，这时转差率变为负值，进入发电机状态运行。电动机转轴上的机械能变成电能回馈给电网或消耗在电阻上。在机车下坡或高速运行需要制动时极易实现上述运行状态，称为再生制动或电阻制动。

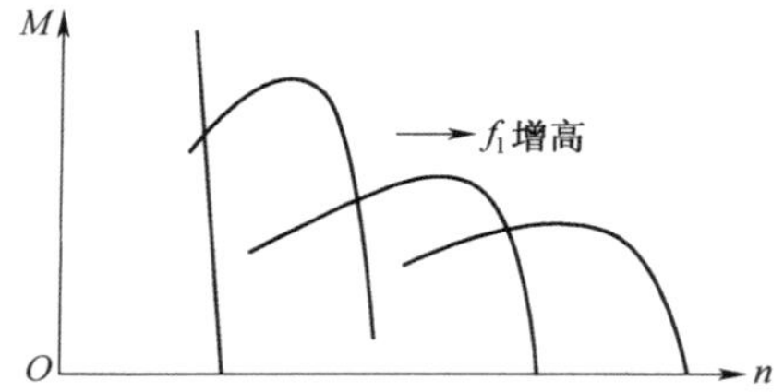

图 6－21　一定的气隙磁通、不同的电磁频率下异步电动机的矩速特性

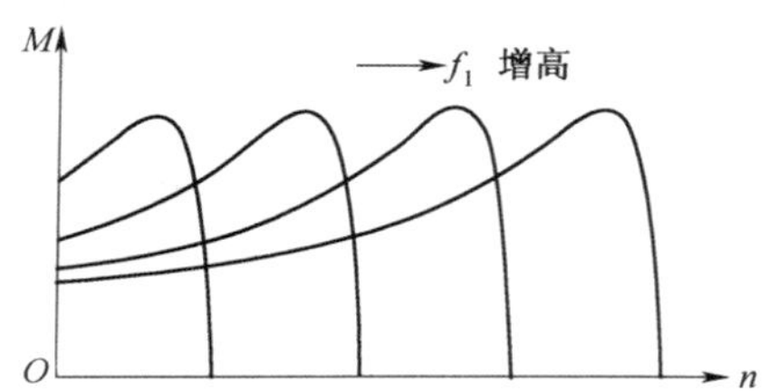

图 6－22　一定的电压，不同的频率时异步电动机的矩速特性

通常运行固定频率下的鼠笼式异步电动机，其起动电流约为额定电流的 5～6 倍。但是由于此时转子的频率高、漏抗大、功率因数 $\cos\varphi_2$ 很低，所以起动力矩实际上是不大的。而用变频调节时，可以使电动机在较低的频率下起动，从而可以改善转子的功率因数，增大起动时单位电流的转矩。一般说来，可以在起动电流大致为二倍额定电流的情况下，利用变频调节获得重载下的良好的起动性能。

由静止变频器向电动机提供变频功率时，为了使电动机的铁磁材料得到充分利用，电动机应维持在适当的磁状态，一般接近于饱和的状态，即应当使气隙磁通维持为常值。在这种情况下，电动机的矩速特性如图 6－21 所示，这种特性对于拖动转矩不变而速度变化的负载是很适宜的。

倘若定子的供电频率变化而电压保持不变，即在恒电压下进行变频调节，则气隙磁通和最大转矩随着频率的上升而下降，如图 6－22 所示。显然，这种特性适合于牵引的要求，它在起动和低速时有较大的转矩，而在高速时转矩较小。

综上可知，对于异步电动机来说，变频调节应当依照电动机本身的特点和负载的要求来进行，当然也要考虑到控制手段的难易程度。下面我们对不同调节方式下异步电动机的运行特性分别予以讨论。

二、恒电压/频率比运行

由式(6－34)可知，电动机的每极磁通 Φ_m 正比于比值 E_1/f_1。在进行频率调节时，若能维持比值 E_1/f_1 不变，则可得到恒定的气隙磁通，即在任何频率下，可以保持磁路的一定的饱和程度。从电机材料有效利用的观点来看，这是通常所希望的。由于在一般情况下，定子绕组的漏阻抗所引起的电压降与电机的端电压相比可以忽略，即 U_1 和 E_1 可认为近似相等，因而可按照不变的比值 U_1/f_1 进行调节，这就是所谓的恒电压/频率比的运行方式。这种调节方式只需要幅度静止变频器提供线性的电压—频率输出特性，从控制技术上很容易实现，故被较多应用于简单的开环调速系统中。

在这种运行方式下，转矩公式(6－54)中的比值 U_1/f_1 成为常数，可以写成

$$M=A\cdot\frac{f_2x_m^2/r_2'}{\left[r_1+\frac{f_2}{f_1r_2'}(x_m^2-x_{11}x_{22})\right]^2+\left(x_{11}+\frac{f_2r_1x_{22}}{f_1r_2'}\right)^2} \quad (6-55)$$

式中 $A=\frac{mp}{2\pi}\left(\frac{U_1}{f_1}\right)^2$ 为常数。

当电机的参数已知时，对应于某一定子频率，利用该式可以计算出转矩与转子频率(或转差率)的关系，具体如图 6－23 所示。图中转矩以标么值(额定转矩为基值)表示，转子频率为正时，即转差率为正值，表示转子转速低于同步转速，电动机为运行状态。转子频率为负时，则表示转子转速高于同步转速，作发电机运行。

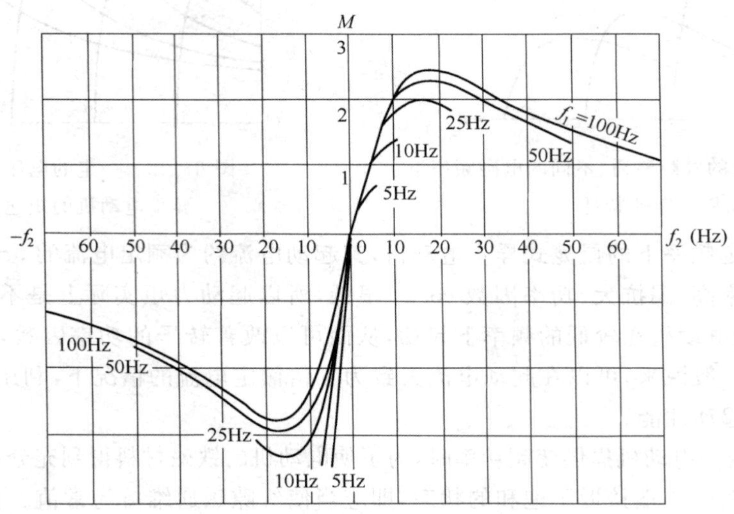

图 6－23 恒电压/频率比下异步电动机的转矩特性

由该图可以看出，在较高的定子频率范围内(如 50～100 Hz)，电动机发出较大的转矩，且随着频率 f_1 的降低转矩的下降甚微，在低频范围内，转矩随 f_1 的降低而急剧下降。这是由于高频范围内相应有较高的定子电压，而定子的阻抗电压降相对可以忽略，气隙磁通近乎不变。然而在低频范围内，虽然定子的漏电抗正比于频率 f_1 而降低，但定子电阻却不随频率变化，这部分电阻压降在低频时实际上构成了电机端电压不可忽略的一部分，使得气隙磁通迅速减少，因而转矩急剧下降。

图 6－23 的转矩特性可以延伸到发电机的运行范围。在该范围内电机的能流反向，并要求发出一个增大的感应电势 E_1 以克服反向的定子电压降，这就迫使气隙磁通增加并产生一个大的发电机反力矩。类似于上述的原因，低频时该反力矩更大，若不采取适当的限制措施(如限制电机的电流)，则会引起电机的机械损坏。由于磁路的饱和，实际的发电机反力矩小于

图中所示的数值。

对式(6—55)中 f_2 求导并令其等于0,可得到临界的转差频率 f_m,即

$$\frac{\mathrm{d}M}{\mathrm{d}f_2}=\frac{\mathrm{d}}{\mathrm{d}f_2}\left\{A\cdot\frac{x_m^2/r_2'}{\left[r_1+\frac{f_2}{f_1 r_2'}(x_m^2-x_{11}x_{22})\right]^2+\left(x_{11}+\frac{f_{2_1}r_1x_{22}}{f_1r_2'}\right)^2}\right\}=0$$

由此可得

$$f_m=\pm\frac{f_1r_2'\sqrt{r_1^2+x_{11}^2}}{\sqrt{(x_m^2-x_{11}x_{22})^2+(r_1x_{22})^2}} \tag{6—56}$$

将 f_m 值代入式(6—56)便可求出不同频率 f_1 时的最大转矩为

$$M_m=\pm\frac{\rho m}{2\pi}\left(\frac{U_1}{f_1}\right)^2\cdot\frac{f_1}{2\left[\pm r+\frac{\sqrt{r_1^2+x_{11}^2}}{x_m^2}\sqrt{(x_m^2-x_{11}x_{22})^2+(r_1x_{22})^2}\right]} \tag{6—57}$$

以上二式中"+"号对应于电动机运行(牵引)状态,"—"号对应于发电机运行(制动)状态。

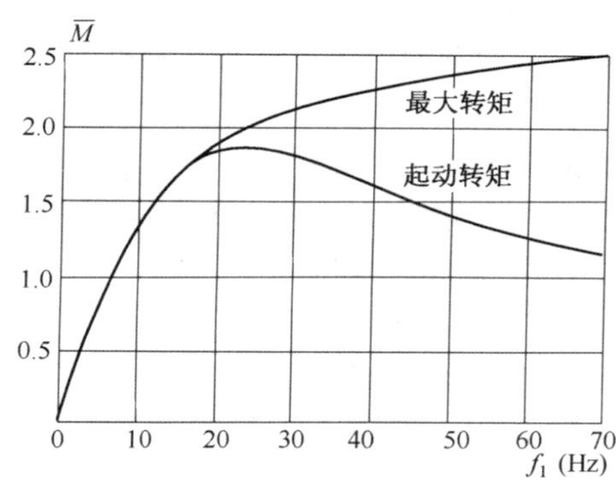

图 6—24　恒电压/频率比下电动机的最大转矩、起动转矩与定子频率的关系

根据(6—57)可以画出电动机的最大转矩 M_m 对应于定子频率 f_1 的关系曲线,如图6—24中 $M_m=F(f_1)$所示。在式(6—54)中令 $f_2=f_1$,则可求得不同频率 f_1 时的起动转矩为

$$M_q=\frac{\rho m}{2\pi}\left(\frac{U_1}{f_1}\right)^2\cdot\frac{f_1x_m^2/r_2'}{\left[r_1+\frac{1}{r_2'}(x_m^2-x_{11}x_{22})\right]^2+\left(x_{11}+\frac{r_1}{r_2'}x_{22}\right)^2} \tag{6—58}$$

相应的关系曲线 $M_q=F(f_1)$也绘于图 6—24 中。

由图 6—24 的曲线可知,在频率较低时,最大转矩和起动转矩都急剧下降。从式(6—57)及式(6—58)不难看出,这主要是由于低频下定子电阻 r_1 的影响相对较大的缘故。这样的低频性能实际上难以满足起动和低频运行的要求,为此需要采取相应的措施加以改进,将在后面述及。

在恒电压/频率比下运行时,电动机的电流 $\dot{I}_1$ 可以利用等值电路(图 6—19)求出。因为等值电路的输入阻抗为

$$\begin{aligned}Z_1&=r_1+\mathrm{j}x_1+\frac{\mathrm{j}x_m(r_2'/s+\mathrm{j}x_2')}{r_2'/s+\mathrm{j}(x_m+x_2')}\\&=r_1+\mathrm{j}x_{11}+\frac{x_m^2}{r_2'/s+\mathrm{j}x_{22}}\end{aligned} \tag{6—59}$$

所以

$$\dot{I}_1=\frac{\dot{U}_1}{Z_1}$$

在频率较高的范围内，由于 r_1 相对较小而可以忽略，此时电动机的电流可以写成

$$\dot{I}_1\approx\frac{\dot{U}_1}{f_1\left[\mathrm{j}2\pi L_{11}+\frac{(2\pi L_m)^2}{r_2'/f_2+\mathrm{j}2\pi L_{22}}\right]}$$

式中 $L_{11}=L_1+L_m$——定子的总电感；

$L_{22}=L_2'+L_m$——转子的总电感。

由此可见，在恒定的 U_1/f_1 下运行时，若在高频范围内使 f_2 固定，则 I_1 的大小几乎不变。就电动机的圆图来说，在高频范围内其位置将无明显变化。而当频率 f_1 低到一定数值时，r_1 的影响不能忽略，此时端电压倘若仍与 f_1 成比例地降低，则定子电流急剧下降，转矩也迅速降低。

综上所述，在恒定的 U_1/f_1 下运行时，低频范围内电动机的转矩明显降低，这主要是由于这种调节方式不能保持气隙磁通不变所造成的。为了弥补低频性能的这一缺陷，在开环系统中，一个简单易行的方法是将静止逆变器的电压特性在高频范围内设计成直线，但在低频运行时其输出电压相对提高。

在低频区增加电动机的端电压时，有一些特点是应当注意的。由于低频时，漏电抗随频率按比例下降，而电阻 r_1 却保持不变，忽略低频时电机铁芯的损耗，依据等值电路图 6－19 可以画出空载时的向量图，如图 6－25(a)所示。此时，由于磁化电流 $\dot{I}_m$ 滞后于 $-\dot{E}_1$ 90°且 $\mathrm{j}I_m x_1$ 甚小，从向量图上可见，电势 $-\dot{E}_1$ 的大小与电压 U_1 近于相等。这就要求一个大的气隙磁通而导致铁芯的高度饱和，相应的空载激磁电流会很大，甚至超过通常的负载电流。由于在开环系统中静止逆变器的输出电压特性是固定的，即电动机的端电压不会因电流的增大而减小，上述情况会更加突出，所以一般说来应注意避免在低速轻载下运行。

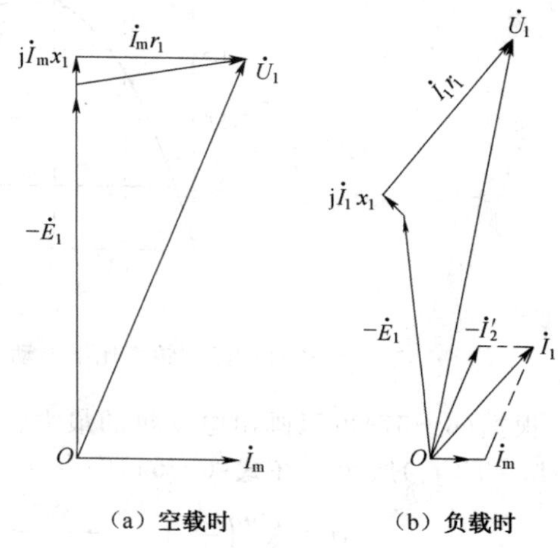

(a) 空载时 (b) 负载时

图 6－25 低频下电动机的向量

加上负载之后，转子电流 $-\dot{I}_2$ 与 $-\dot{E}_1$ 近于同相位，此时的向量图变成图 6－25(b)的样子。$-\dot{I}_1$ 的相位变化以及在 r_1 上的较大的电压降使 $\dot{E}_1$ 的数值显著降低，磁化电流随之大大减小。磁化电流的减小甚至超过负载电流的增加，这种抵消作用使电动机在负载之后，其总电流往往有所下降。这就是说，在低频时，适当提高端电压可以改善电动机的转矩特性而不必担心它在负载时会有过大电机电流。

三、恒磁通运行

前述恒电压/频率比的运行方式，在全部速度范围内不能保持电动机气隙磁通不变，因而电动机的低频性能较差，为了获得不变的气隙磁通，需要对电动机按照比值 E_1/f_1 不变进行调节。现在首先分析一下这种调节方式下的转矩特性。

由图 6—19 的等值电路可得转子电流 I'_2 的数值为

$$I'_2=\frac{E_1}{\sqrt{(r'_2/s)^2+x'^2_2}} \tag{6—60}$$

将该式与前节公式(6—52)及(6—53)联解,可得

$$M=\frac{pm}{2\pi}\left(\frac{E_1}{f_1}\right)^2\left(\frac{f_2r'_2}{r'^2_2+(2\pi f_2L'_2)^2}\right) \tag{6—61a}$$

由于 $E_1/f_1=C_E\Phi_m$,所以上式又可写成

$$M=\frac{pm}{2\pi}C_E^2\Phi_m^2\left(\frac{f_2r'_2}{r'^2_2+(2\pi f_2L'_2)^2}\right) \tag{6—61b}$$

该式表明,电磁转矩正比于气隙磁通的平方。若在调节时维持 E_1/f_1 不变,即 Φ_m 为常数,则电磁转矩完全由转子的转差频率 f_2 所决定,而与定子频率 f_1 无关。

对(6—61)中 f_2 求导并令其等于 0,可得到转子的临界转差频率

$$f_m=\frac{r'_2}{2\pi L'_2} \tag{6—62}$$

将该式(6—61a)代入可得电动机的最大转矩为

$$M_m=\frac{pm}{2\pi}\left(\frac{E_1}{f_1}\right)^2\frac{1}{4\pi L'_2} \tag{6—63}$$

该式表明,M_m 的数值与 M 一样正比于气隙磁通的平方。但是,最大转矩的大小却与转子电阻无关,而仅反比于转子的漏电感。就给定的电机来说,L'_2 可视为常数,故在按恒定的比值 E_1/f_1 进行调节时,电动机在不同的频率 f_1 下其最大转矩的数值保持不变,如图6—21所示。至于最大的转矩所对应的转差频率 f_m,由式(6—62)可见,将受转子电阻的影响,但对鼠笼式电机来说转子电阻不能调节,若忽略集肤效应,r'_2 亦是常数,因而临界转差频率 f_m 也是定值。从图 6—21 可看到,不同 f_1 下的 f_m 值实际上是相同的。

若令式(6—61a)除以式(6—63)并将式(6—62)所示的参数关系代入其中,可以得到适用于恒磁通运行时的实用转矩表示式

$$\frac{M}{M_m}=\frac{2}{f_2/f_m+f_m/f_2} \tag{6—64}$$

由于电动机的铭牌将给出:额定功率 P_N(kW)、额定转速 n_N(r/min)及过载能力 $K_m=M_m/M_N$(这里 M_N 为额定状况下的电磁转矩),同时额定转差率 s_N 可以求出,即 $s_N=\frac{n_1-n_N}{n_1}$,故额定转差频率 f_{2N}成为已知($f_{2N}=s_N f_1$),将 K_m 及 f_{2N}代入式(6—64),
则有

$$\frac{M_N}{M_m}=\frac{2}{f_m/f_{2N}+f_{2N}/f_m}=\frac{1}{K_m}$$

由此可以求得

$$f_m=f_{2N}(K_m+\sqrt{K_m^2-1})$$

另外,M_N 可以近似计算出来(忽略机械损耗)即

$$M_m=9\ 755\,\frac{P_N}{n_N}(\text{N}\cdot\text{m})$$

于是 $M_m=K_mM_N$ 成为已知,有了 f_m 和 M_m 就可以由式(6—64)求出 M 相对于 f_2 的关系。

在恒磁通运行时,定子电流可从等值电路图 6—25 得出

$$\dot{I}_1=\dot{I}_m-\dot{I}'_2=\frac{-\dot{E}_1}{jx_m}-\frac{-\dot{E}_1}{r'_2/s+jx'_2}=\left(\frac{-\dot{E}_1}{f_1}\right)\left(\frac{1}{j2\pi L_m}+\frac{f_2}{r'_2+j2\pi L'_2 f_2}\right)$$

$$=\left(\frac{-\dot{E}_1}{f_1}\right)\left[\frac{r'_2+j(2\pi L_{22})f_2}{(2\pi L_m)^2 f_2-(2\pi L_m)(2\pi L_{22})f_2+j(2\pi L_m)r'_2}\right] \tag{6—65}$$

该式表明,由于 E_1/f_1 为常数,所以定子电流只决定于转差频率,而与定子频率 f_1 无关。倘若调节时保持 f_2 不变,则在不同的 f_1 下,$\dot{I}_1$ 的大小及相位都是固定不变的。

最后讨论一下恒磁通运行时,电动机的端电压如何变化。由等值电路图 6—19 可知,端电压 $\dot{U}_1$ 为感应电势 $\dot{E}_1$ 和定子电压降的向量和,即

$$\dot{U}_1=-\dot{E}_1+(r_1+jx_1)\dot{I}_1=-\dot{E}_1+(r_1+j2\pi f_1 L_1)\dot{I}_1 \tag{6—66}$$

恒磁通运行时,因 E_1 随频率 f_1 直线变化,由上式可见,$\dot{U}_1$ 仅与 f_1 和 $\dot{I}_1$ 有关。又从式(6—65)已知,$\dot{I}_1$ 只取决于转差频率 f_2,所以 $\dot{U}_1$ 为 f_1 和 f_2 的函数。对于给定的电动机,根据转矩的要求利用式(6—64)或式(6—61)可求出相应的转差频率 f_2,由式(6—65)进而求得相应的电流 $\dot{I}_1$,最后代入式(6—66)确定电动机所需要的端电压。

对应于一定的转差频率 f_2,可以求出电机端电压 U_1 与定子频率 f_1 的函数关系,如图 6—26 中的实线所示。图中虚线表示 U_1/f_1=常数,实线与虚线相比,可以看出电动机在低频时为保持磁通一定而需要增高电压。

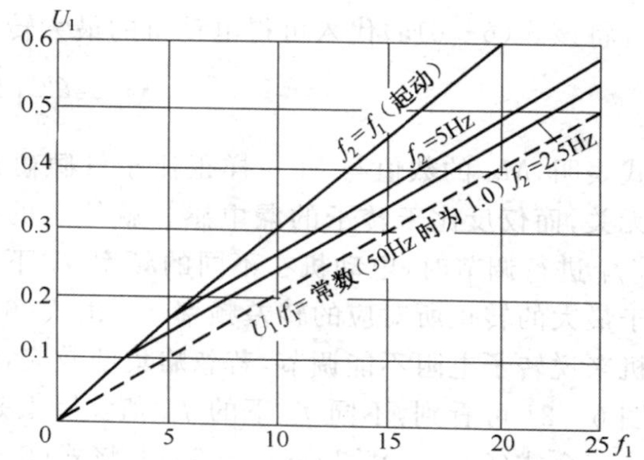

图 6—26 恒磁通运行时电动机端电压与频率 f_1 的关系

四、恒电流运行

分析式(6—65)不难看出,若保持电机电流 I_1 和转差频率 f_2 不变,则式中 E_1/f_1 仍为常值,同样可以实现恒磁通运行。实际上这种维持电机电流 I_1 不变的控制方式,对整个调速系统来说是有好处的。因为此时电机逆变器在恒流下运行而没有电流的过分波动,得以充分利用可控硅装置的容量,使逆变器的设计更为经济。另外,从控制技术来说易于实现,所以在机车牵引中常常采用这种控制方式。

为便于分析,可以将电动机的转矩公式转化为由定子电流 I_1 和转差频率 f_2 的表示形式。这只要由式(6—51)求出 I'_2 的数值,即

$$I'_2=\frac{I_1}{\sqrt{(r'_2/sx_m)^2+(x_{22}/x_m)^2}} \tag{6—67}$$

然后将该式及式(6—52)代入式(6—53),便可得出

$$M=\frac{\rho m}{2\pi}I_1^2\left[\frac{(2\pi L_m)^2}{r'_2/f_2+(f_2/r'_2)(2\pi L_{22})^2}\right] \tag{6—68}$$

该式中，若忽略磁的饱和，L_m 可视为常数，则转矩 M 仅取决于定子电流 I_1 和转差频率 f_2，而与定子频率无关。在一定的 f_2 下，如果加大定子电流，即可在任何频率 f_1 上获得大的转矩。而在控制 I_1 和 f_2 都不变化时，则在任何频率 f_1 上均可获得恒定的转矩，即实现所谓恒转矩运行。

令 I_1 为常数，对式(6－68)中 f_2 求导并使之等于 0，可得到临界的转差频率为

$$f_m=\frac{r_2'}{2\pi L_{22}}=\frac{r_2'}{2\pi(L_2'+L_m)} \tag{6－69}$$

将该式代入(6－68)，可得电动机的最大转矩为

$$M_m=\frac{pm}{2\pi}I_1^2\frac{L_m^2}{L_2'+L_m} \tag{6－70}$$

如果不考虑电动机磁路的饱和，临界转差频率 f_m 对所有的定子电流有相同的数值。但实际上，电流 I_1 超过一定数值后，必然会导致磁路的饱和而使激磁电感 L_m 降低，从而 f_m 变大。同样，由于磁路饱和的影响，式(6－68)和式(6－70)中，电机转矩与 I_1^2 成正比的关系将不复存在。一般说，在 4～5 倍的额定电流下，实际上仅能得到 6 倍于额定转矩的瞬时转矩。

由式(6－65)可知，为了保持气隙的磁通不变，定子电流 I_1 与转差频率 f_2 有一定的对应关系，具体关系还可据等值电路图 6－19 作以下的推导。

假定磁路不饱和，气隙磁通将正比于磁化电流 I_m，为保持气隙磁通不变，则磁化电流 I_m 必须恒定。磁化电流 $\dot{I}_m$ 可表示为

$$I_m=\frac{-\dot{E}_1}{jx_m}=\frac{-\dot{E}_1}{f_1}\left(\frac{1}{j2\pi L_m}\right) \tag{6－71}$$

而

$$\begin{aligned}\dot{I}_1=\dot{I}_m-I_2'&=\frac{-\dot{E}_1}{f_1}\left(\frac{1}{j2\pi L_m}+\frac{1}{r_2'/f_2+j2\pi L_2'}\right)\\&=\frac{-\dot{E}_1}{f_1}\left(\frac{r_2'/f_2+j2\pi L_{22}}{r_2'/f_2+j2\pi L_2'}\right)\left(\frac{1}{j2\pi L_m}\right)\end{aligned} \tag{6－72}$$

式(6－72)除以式(6－71)得

$$\frac{\dot{I}_1}{\dot{I}_m}=\frac{r_2'/f_2+j2\pi L_{22}}{r_2'/f_2+j2\pi L_2'} \tag{6－73}$$

其数值关系即为

$$I_1=I_m\sqrt{\frac{1+f_2^2(2\pi L_{22}/r_2')^2}{1+f_2^2(2\pi L_2'/r_2')^2}} \tag{6－74}$$

式中 I_m 的数值可据磁路关系由式(6－37)求出，于是 I_1 与 f_2 的函数关系成为已知。式(6－74)也表明，I_1 的大小与定子频率 f_1 无关。

至于恒电流运行时的电机端电压 U_1，同样可按式(6－66)决定，这里不再赘述。

第五节　机车牵引中异步电动机的特性调节

一般说，电力和内燃机车的牵引运行可分为三个运行调节区：

1. 起动加速区；

2. 恒功率输出区；

3. 提高速度区或恒电压区。

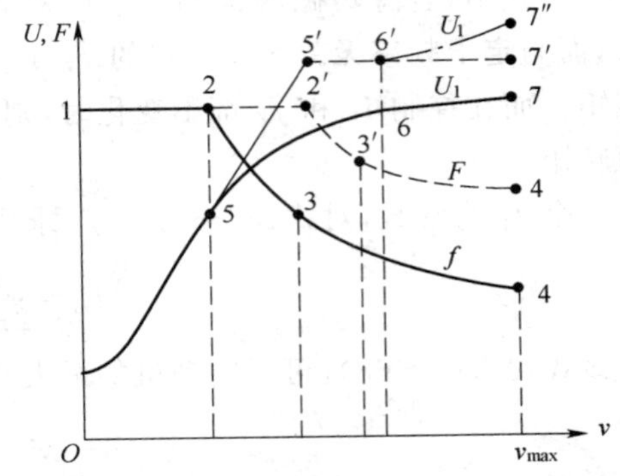

图 6—27　异步电传动机车的电气机械特性
实线——内燃机车　虚线——电力机车

这三个运行调节区可用图 6—27 来说明。起动时,相应于图中的区段 1～2 或 1～2′,应保证一定数值的牵引力,以使机车能尽快起动和加速,而牵引力的最大数值取决于轮对和轨道之间的黏着限制线。通常在起动阶段要求牵引电动机发出 1.5～2 倍的额定转矩,这可以用适当选择电机端电压和频率的方法来获得。

起动时,随着速度的提高,牵引电动机的输出功率增大,起动终了的速度(2,2′)决定于供馈能源所允许的长期功率。对电力机车来说(点 2′),该功率比内燃机车大。起动时,牵引电动机在恒转矩下运行,所以随着速度的提高,电机的端电压 U_1 上升到点 5(内燃机车)或 5′(电力机车)。

第二个运行区即恒功率区,对内燃机车来说,为了充分利用发动机的功率,通常更为重要,此时的电压曲线大致按区段 5～6 变化(其规律后叙)。而对电力机车来说,此段并不重要。

第三个运行区通常是恒电压下运行,因为电压的提高事实上受到逆变器输出电压的限制。电动机达到其最高电压后一般不再变化,图上区段 6～7 属内燃机车,区段 6′～7′属电力机车。恒电压下,供电频率的增高产生磁场削弱的效果,此时牵引力下降(内燃机车为区段 3～4,电力机车为区段 3′～4′),这时类似于直流串激电动机的矩速特性。

应当说明,对于高速电力机车,为了能在最高速度时使功率接近于额定功率,可使逆变器的电压在该区能提高到点 7″,这种可能性是异步牵引电动机相对于直流牵引电动机的显著优点。因为直流牵引电动机的磁场削弱受到换向条件的严格限制,最高速度时只有带补偿绕组的电动机才有可能发出接近于 80%的长时功率。异步牵引电动机无此限制,且一般说能在高速时发挥其长时功率。

根据机车的三个运行区域,牵引电动机应当作出相应的性能调节。因为简单的开环系统只有在电动机的转速稳定周期较长,没有急剧的加速、减速的场合才是适用的。机车运行的情况则不然,它要求不断的、迅速的加速或减速,而其机械惯性极大,当为了加减速度而改变定子频率时,可能会因定子频率和电机的实际旋转频率相差过多,即超出临界转差率的范围而导致不稳定。因此,机车需要一个有着快速响应的闭环系统。闭环系统直接控制的参量可以是磁通 Φ_m 和转差频率 f_2,也可以是定子电流 I_1 和磁通 Φ_m,而一般较多应用的是直接控制定子电流 I_1 和转差频率 f_2 的方法,通常称为转差控制。

利用上述转差控制系统,即可实现机车三个运行区对牵引电动机的性能要求,此时主要为恒转矩和恒功率调节特性,下面分别予以讨论。

一、恒转矩特性

倘若电动机的气隙磁通保持不变,则电动机可以在任何转速下发挥很大的转矩。由式(6—61)可知,只要限定转差频率 f_2 为固定的数值,即可得到恒定的转矩。该 f_2 的限定值越接近于临界转差频率 f_m,则获得的转矩越大,极限状况是在整个速度范围内发出相同的最大转矩,即所谓的恒转矩特性。利用这一性能,即可满足机车以不变的牵引力起动要求。

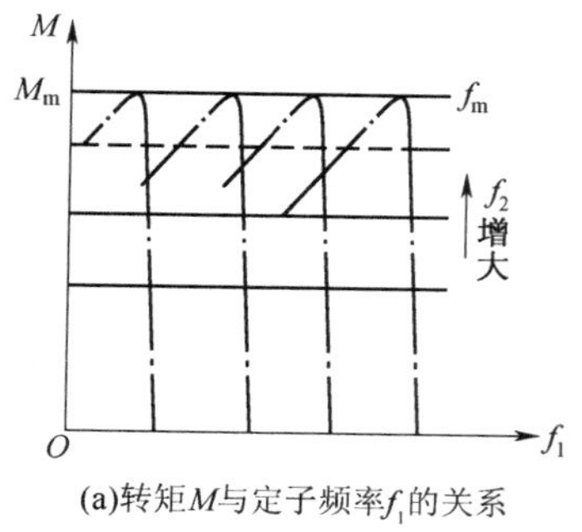

(a)转矩M与定子频率f_1的关系

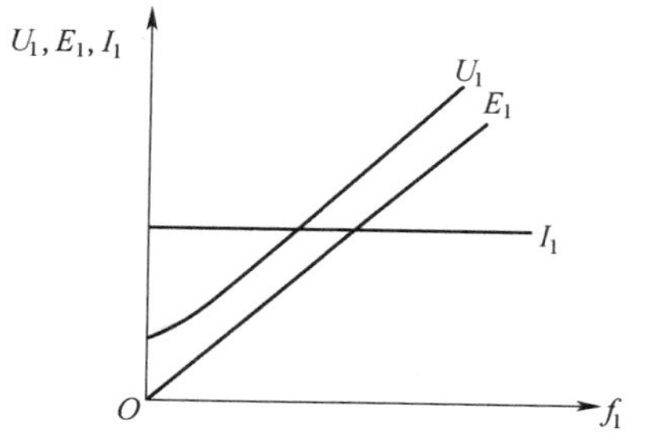

(b)电机电流I_1、电压U_1、电势E_1与频率f_1的关系

图 6－28　恒转矩特性调节

这时候电动机的转矩 M 与频率 f_1 的关系 $M=F(f_1)$ 如图 6－28(a)所示。转矩 M 与 f_1 无关而仅取决于 f_2 的大小，所以是一组与横轴平行的直线，电动机的电流 I_1、端电压 U_1 及电势 E_1 与 f_1 的关系，如图 6－28(b)所示，电流 I_1 与 f_1 无关，也为常数。因为磁通恒定，显然 E_1 与 f_1 的关系是线性比例关系。定子电压 U_1 据式(6－66)决定。高频时定子电阻 r_1 的影响忽略，U_1 与 f_1 近似于线性关系。然而频率较低时，r_1 的影响不能忽略，此时电压相对有所提高。

二、恒功率特性

在上述的恒转矩运行中，随着电机转速的上升，电压 U_1 提高，电机的输出功率增大。但是电压的提高受到电动机功率或逆变器最大电压的限制，于是在电压提高到一定数值后，将维持不变(如电力机车到图 6－27 的点 5′)，或者电压不再正比于 f_1 上升(如内燃机车到图6－27的点 5′)。此后电动机将以恒功率输出为条件进行电压和频率的控制。

为便于分析，这里再次引用式(6－48)的关系，因 $E_2'=E_1$，故可写成

$$M=\frac{\rho m}{2\pi f_1}E_1 I_2'\cos\varphi_2$$

式中

$$\cos\varphi_2=\frac{r_2'/s}{\sqrt{(r_2'/s)^2+x_2'^2}}$$

在一个闭环控制系统中，转差频率总是限定在小于 f_m 的一个极小的范围内，即 s 极小，此时 $x_2'^2$ 较之 $(r_2'/s)^2$ 可以忽略，因而 $\cos\varphi_2\approx1$，上式可简化为

$$M=\frac{m\rho}{2\pi f_1}E_1 I_2' \tag{6－75}$$

I_2' 的数值由式(6－60)给出为

$$I_2'=\frac{E_1}{\sqrt{(r_2'/s)^2+x_2'^2}}$$

当 s 很小时，同样忽略 $x_2'^2$，于是

$$I_2'=\frac{sE_1}{r_2'}=\frac{E_1 f_2}{r_2' f} \tag{6－76}$$

代该值入式(6－75)，同时因电压提高到一定数值后，可认为 $U_1\approx E_1$，故得

$$M=\frac{m\rho}{2\pi r_2'}\left(\frac{U_1}{f_1}\right)^2 f_2 \tag{6－77a}$$

或写成

$$Mf_1 = KU_1^2 \frac{f_2}{f_1} \tag{6-77b}$$

式中 $K=\frac{m\rho}{2\pi r_2'}$——常数。

不难看出,式(6－77b)的左端实际上以一定的比例代表着电动机的功率数值。为了使电动机有恒定的输出功率,电压和频率的调节可以有两种不同的方式:

1. 在任意频率 f_1 下,保持 U_1 不变,而 f_2 与 f_1 按比例变化,即 $s=f_2/f_1$ 为常数。

2. 在任意频率 f_1 下,保持 f_2 不变,而 U_1 与 $\sqrt{f_1}$ 按比例变化,即 U_1^2/f_1 为常数。

下面对这两种调节方式分别作一讨论:

①U_1 不变,f_2/f_1＝常数

在此种调节方式下,由式(6－54)可得,临界转差频率随定子频率 f_1 变化,如式(6－56)所示。定子频率越高,相应的临界转差频率 f_m 越大。最大转矩的表示式实际上仍具有式(6－57)的形式。因为此时 U_1 为常数,电压较高时忽略 r_1 的影响,则最大转矩可以表示为

$$M \approx \pm \frac{m\rho U_1^2}{4\pi f_1^2} \cdot \frac{1}{\frac{x_{11}}{x_m^2}(x_m^2 - x_{11}x_{22})}$$

$$= \pm \frac{m\rho U_1^2}{4\pi f_1^2} \cdot \frac{1}{2\pi C_1(L_1 + C_1 L_2')} \tag{6-78}$$

式中 $C_1=\frac{x_{11}}{x_m}$。

可见,最大转矩近似地反比于 f_1^2。不同频率 f_1 时最大转矩的包络线如图 6－29(a)所示,由于恒功运行时实际要求的转矩 M 只是反比于 f_1 而变化,故在 M_m 和 M 曲线之间出现图示的阴影部分。为了保证电动机在全部调速范围内能够稳定运行,其工作点只能这样选取,即在最高转速(或频率)时,保证有最小允许的过载能力,而在转速越低时,转矩的裕度越大。电机的设计尺寸实际上被低速状态所决定,故有较大的数值。就电机本身的功率利用来说,显然是不充分的。

在这种调节方式下电动机的电流可以这样分析,按照式(6－76),并因较高电压下 $\dot{U}_1=\dot{E}_1$,故

$$\dot{I}_2' = \frac{s\dot{U}_1}{r_2'}$$

由于调节中 $s=f_2/f_1$ 保持不变,因而 $\dot{I}_2'$ 为定值。激磁电流则为

$$\dot{I}_m = \frac{\dot{U}_1}{jx_m}$$

$\dot{I}_m$ 滞后 $\dot{I}_2'$ 90°,且其数值通常较 $\dot{I}_2'$ 小得多。所以电机电流 $\dot{I}_1=\dot{I}_2'+\dot{I}_m$ 将主要由 $\dot{I}_2'$ 所决定,可近似视为常数,如图 6－29(b)所示。

②f_2 不变,U_1^2/f_1＝常数

在这种调节方式下,仍可利用式(6－78)所示的关系。令 U_1^2/f_1＝常数,则可看出,最大转矩将与 f_1 成反比,不同 f_1 下 M_m 的包络线如图 6－30(a)所示,呈双曲线形状。在这种情况

下，电机的工作点选择在最低速度 n_{min} 时有最小允许的过载能力。这样在高速时有适度的转矩裕量，使在整个调速范围内稳定运行并较充分地利用了电机的功率，电机的设计尺寸较小。

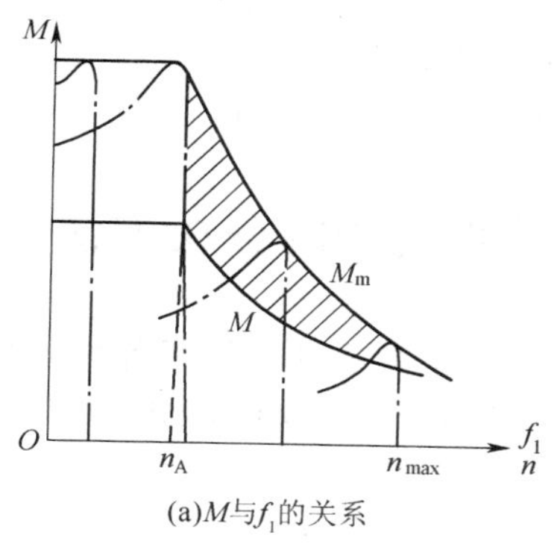

(a)M与f_1的关系

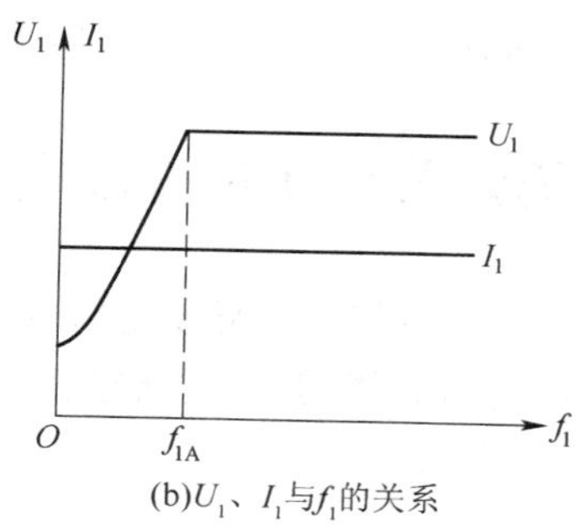

(b)U_1、I_1与f_1的关系

图 6—29　定子电压 U_1 为常数时的恒功率特性调节

电机端电压 U_1 的调节规律即 $U_1=K_1\sqrt{f_1}$，这里 K_1 为比例常数。若已知起动过程终了时的电压 U_{1A} 及频率 f_{1A}，则 $K_1=U_{1A}/\sqrt{f_{1A}}$，从而求得不同 f_1 时 U_1 的数值，其关系曲线如图 6—30(b)所示。

电机电流 I_1 的数值可利用式(6—74)所示的关系求解。由于在电压较高时可认为 $U_1\approx E_1$，故 I_m 的数值为

$$I_m=\frac{U}{x_m}=\frac{K_1\sqrt{f_1}}{2\pi f_1 L_m}=\frac{K_1}{2\pi L_m}\cdot\frac{1}{\sqrt{f_1}}\tag{6—79}$$

将该式代入式(6—74)，则

$$I_1=\frac{K_1}{2\pi L_m}\sqrt{\frac{1+f_2^2(2\pi L_{22}/r_2')^2}{1+f_2^2(2\pi L_2/r_2')^2}}\cdot\frac{1}{\sqrt{f_1}}\tag{6—80}$$

由于在调节时保持 f_2 不变，故上式根号内的数值为常数，I_1 仅反比于$\sqrt{f}$而变化，其关系曲线如图 6—30(b)所示。

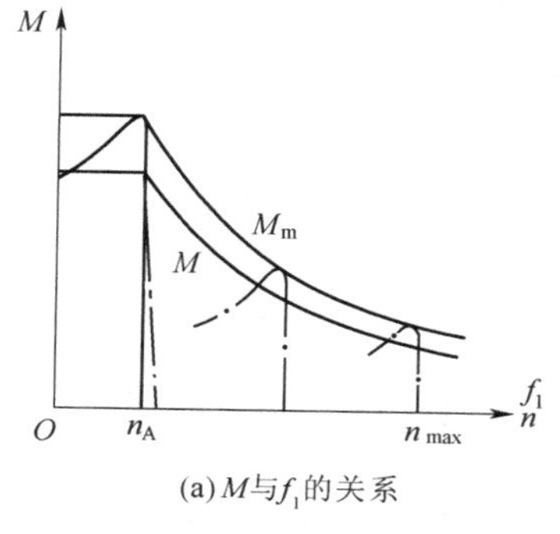

(a)M与f_1的关系

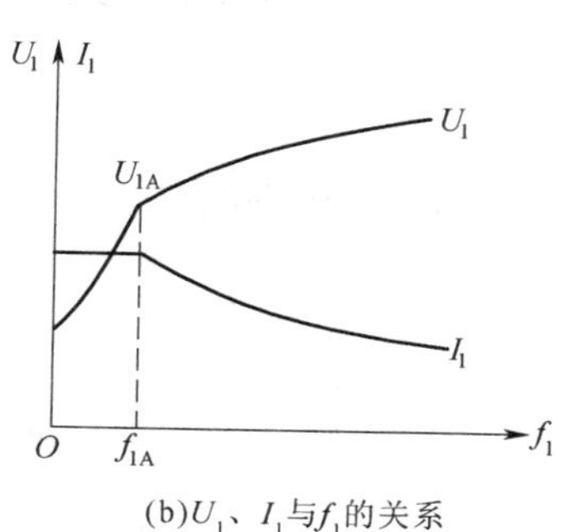

(b)U_1、I_1与f_1的关系

图 6—30　转差频率 f_2 不变时的恒功率特性调节

比较上述两种调节，第一种恒电压调节的方案中，电动机有较大的设计尺寸。但就电机逆变

器而言，在恒电压和恒电流下工作，整个运行过程中可控硅装置的变量得到最充分的利用，因而逆变器本身有较小的设计尺寸。通常称这种方案为最大电动机和最小逆变器方案。第二种恒转差频率的调节方案中，电动机的设计尺寸较小，但逆变器则需满足最高电压和最大电流的要求，尽管这两个数值在整个运行过程中不会同时出现，但逆变器的设计容量应为最高电压与最大电流的乘积，故逆变器有较大的设计尺寸。通常称这一方案为最小电动机和最大逆变器的方案。

第六节　变频异步电动机特性的矩阵分析方法

在上述的几节中，我们采用异步电机等值电路的方法分析和求解了各种运行方式下的稳态运行特性，物理概念清楚，但公式推导和性能计算较为麻烦。这里介绍用矩阵计算异步电机的输出特性的分析方法。

一、三相异步电机的基本方程

在用矩阵方法分析由逆变器供电时电机的特性时，必须做如下假设：逆变器输出是平直的直流电压（电压型）或平直的直流电流（电流型），忽略换流的影响；电机气隙是均匀的、绕组是对称的，并忽略饱和效应等。

三相电机的基本方程可以写成如下矩阵形式

$$\begin{aligned}[u]&=[Z][i]=[R][i]+\rho[\varphi]\\&=[R][i]+\rho[L_M][i]\end{aligned}\tag{6-81}$$

式中　$[u]_t=[u_U u_V u_W u_u u_v v_w]$

$[i]_t=[i_U i_V i_W i_u i_v i_w]$

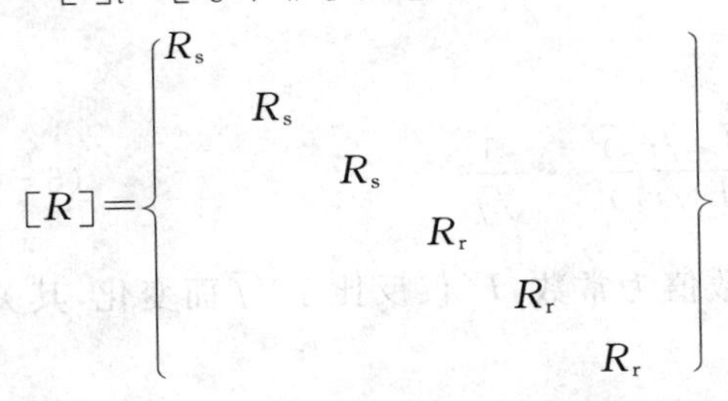

$$[R]=\begin{bmatrix}R_s&&&&&\\&R_s&&&&\\&&R_s&&&\\&&&R_r&&\\&&&&R_r&\\&&&&&R_r\end{bmatrix}$$

图 6－31　定向关系图

根据图 6－31 所示的定向关系，电感矩阵$[L_M]$为

$$[L_M]=\begin{bmatrix}L_s&-\frac{1}{2}L_s&-\frac{1}{2}L_s\\-\frac{1}{2}L_s&L_s&-\frac{1}{2}L_s\\-\frac{1}{2}L_s&-\frac{1}{2}L_s&L_s\\M_{sr}\cos\theta_r&M_{sr}\cos\left(\theta_r-\frac{2\pi}{3}\right)&M_{sr}\cos\left(\theta_r+\frac{2\pi}{3}\right)\\M_{sr}\cos\left(\theta_r-\frac{2\pi}{3}\right)&M_{sr}\cos\left(\theta_r+\frac{2\pi}{3}\right)&M_{sr}\cos\theta_r\\M_{sr}\cos\left(\theta_r+\frac{2\pi}{3}\right)&M_{sr}\cos\theta_r&M_{sr}\cos\left(\theta_r-\frac{2\pi}{3}\right)\end{bmatrix}$$

$$\begin{array}{ccc} M_{sr}\cos\theta_r & M_{sr}\cos\left(\theta_r-\frac{2\pi}{3}\right) & M_{sr}\cos\left(\theta_r+\frac{2\pi}{3}\right) \\ M_{sr}\cos\left(\theta_r-\frac{2\pi}{3}\right) & M_{sr}\cos\left(\theta_r+\frac{2\pi}{3}\right) & M_{sr}\cos\theta_r \\ M_{sr}\cos\left(\theta_r+\frac{2\pi}{3}\right) & M_{sr}\cos\theta_r & M_{sr}\cos\left(\theta_r-\frac{2\pi}{3}\right) \\ L_r & -\frac{1}{2}L_r & -\frac{1}{2}L_r \\ -\frac{1}{2}L_r & L_r & -\frac{1}{2}L_r \\ -\frac{1}{2}L_r & -\frac{1}{2}L_r & L_r \end{array}\right] \tag{6-82}$$

式中　R_s——定子一相绕组的直流电阻，Ω；

R_r——转子一相绕组（折合至定子）的直流电阻，Ω；

L_s——定子一相绕组的自感，H；

L_r——转子一相绕组的自感（折合至定子侧），H；

M_{sr}——折合到定子侧的定子一相绕组与转子一相绕组之间互感最大值，H；

K_s——是定子两相间的互感用自感表示的系数，同理 K_r 是转子两相间互感用自感表示的归算系数。

设定子三相绕组之间的互感为 $M_{ss}(M_{ss}=M_{UV}=M_{UW}=M_{VU}=\cdots)$则

$$M_{ss}=(L_s-L_{s\sigma})\cos120°=\left(\frac{L_s-L_{s\sigma}}{L_s}\cos120°\right)L_s=K_sL_s \tag{6-83}$$

故

$$K_s=\left(\frac{L_s-L_{s\sigma}}{L_s}\cos120°\right)\approx-\frac{1}{2} \tag{6-84}$$

同理

$$K_r=\left(\frac{L_r-L_{r\sigma}}{L_r}\cos120°\right)\approx-\frac{1}{2} \tag{6-85}$$

式中　$L_{s\sigma}$——定子一相绕组的漏感；

$L_{r\sigma}$——转子一相绕组的漏感（折合到定子）；

θ_r——定转子绕组间的相位角。

即使考虑磁路不饱和的假设，即电感值不是电流的函数，三相异步电机的电压方程式(6—81)仍然是包含6个未知变量的含时变系统的线性微分方程组。为了求解方便，还必须进行坐标变换。坐标变换的原理就是把定子和转子的平面三坐标轴系全部转换到公共的双坐标轴参考系上去，从而消除定、转子坐标系之间的相对运动。因而，在这个公共参考系中建立的电压方程式中不再出现含时系数，而成为线性常系数微分方程组。下面将进行三相到两相静止轴轴系的坐标转换。

二、三相(U、V、W)轴系到两相(D、Q)静止轴系的坐标变换

这里主要讨论一下如何把电机实际轴系的各量（包括电压、电流及阻抗）通过坐标变换变换到一个称为静止轴系的新轴系。在静止轴系中，定子自互相垂直的两轴，通常记作 D、Q，转

子也有互相垂直两轴，记作 d、q，而且 D、d 重合，Q、q 重合，因此总称为 D、Q(d、q)轴系。在这种轴系中，由于两轴互相垂直，所以 D、Q 间和 d、q 间都没有互感。又由于定子轴和转子轴没有相对运动，其互感必为常数。因而，静止轴系中电机的微分方程就必定是常数，这就为使用矩阵方程求解问题创造了条件。

从形式上看，坐标变换是一种数学变换，但实际上是有物理含义的，这种变换是一种能量的转换。因此在确定这些变换时，必须遵循一定原则。这些原则是：功率不变原则、磁势等效原则和电压变换矩阵和电流变换矩阵相等的原则。前两条是必要条件，后一条会给今后分析问题带来方便。

假定以$[\dot{I}]$和$[\dot{U}]$表示变换前的(原)电流和电压矩阵，以$[\dot{I}']$和$[\dot{U}']$表示变换后的(新)电流和电压矩阵。电流的变换关系的复数形式为

$$[\dot{I}]=[\dot{C}][\dot{I}']$$

根据变换原则和电流变换矩阵，则电压变换关系的复数形式为

$$[\dot{U}']=[\overset{*}{C}]_t[\dot{U}]$$

$[\dot{C}]$为电流变换阵，$[\overset{*}{C}]_t$ 为$[\dot{C}]$的共轭转置。

根据变换原则，假定$[Z]$和$[Z']$分别为电机变换前后的复抗矩阵，则

$$[Z']=[\overset{*}{C}]_t[Z][\dot{C}] \tag{6-86}$$

余下的问题是如何具体地给出电流变换矩阵$[C]$、$[C]_t$ 以及逆矩阵$[C]^{-1}$。后者在由原电流$[I]$求新电流$[I']$时要用到。

根据坐标变换原理，三相旋转轴系到两相静止轴系的变换可以一次完成。

对于定子来说，$U、V、W\rightarrow D、Q、O$ 的变换系数矩阵为

$$[C]=\sqrt{\frac{2}{3}}\begin{bmatrix}1 & 0 & \frac{1}{\sqrt{2}}\\ -\frac{1}{2} & \frac{\sqrt{3}}{2} & \frac{1}{\sqrt{2}}\\ -\frac{1}{2} & \frac{-\sqrt{3}}{2} & \frac{1}{\sqrt{2}}\end{bmatrix} \tag{6-87}$$

对于转子来说，$U、V、W\rightarrow D、Q、O$ 的变换系数矩阵为

$$[C]=\sqrt{\frac{2}{3}}\begin{bmatrix}\cos\theta_r & \sin\theta_r & \frac{1}{\sqrt{2}}\\ \cos\left(\theta_r-\frac{2\pi}{3}\right) & \sin\left(\theta_r-\frac{2\pi}{3}\right) & \frac{1}{\sqrt{2}}\\ \cos\left(\theta_r+\frac{2\pi}{3}\right) & \sin\left(\theta_r+\frac{2\pi}{3}\right) & \frac{1}{\sqrt{2}}\end{bmatrix} \tag{6-88}$$

根据电压变换关系和电流变换关系，以及电压和电流的变换关系，即

$$[\dot{U}]_{dq}=[\dot{C}]_t[\dot{U}]_{uvw} \tag{6-89}$$

$$[I]_{dq}=[\dot{C}]^{-1}[\dot{I}]_{uvw} \tag{6-90}$$

及

$$[\dot{U}]_{dq}=[\dot{Z}]_{dq}[\dot{I}]_{dq} \tag{6-91}$$

则换到静止轴系的阻抗为

$$[\dot{Z}]_{dq}=[C]_t[R][C]+[C]_t(\rho[LM])[C]+[C]_t[LM](\rho[C])+[C]_t[LM][C]\rho\cdots \tag{6-92}$$

为求解式(6－92)，应先将$[C]_t$，$\rho[LM]$和$\rho[C]$求出，然后再将式中四部分分别求出，最后相加便得 d、q 轴系的阻抗矩阵$[Z]_{dq}$

$$[Z]_{dq}=\begin{bmatrix} R_s+L_{s0}\rho & 0 & M_{sr0}\rho & 0 \\ 0 & R_s+L_{s0}\rho & 0 & M_{sr0}\rho \\ M_{sr0}\rho & M_{sr0}\overset{*}{\theta}_r & R_r+L_{r0}\rho & L_{r0}\overset{*}{\theta}_r \\ -M_{sr0}\overset{*}{\theta}_r & M_{sr0}\rho & -L_{r0}\overset{*}{\theta}_r & R_r+L_{r0}\rho \end{bmatrix} \tag{6-93}$$

式中　$L_{s0}=\frac{3}{2}L_s$——定子一相绕组等效自感，H；

$L_{r0}=\frac{3}{2}L_r$——转子一相绕组等效自感，H；

$M_{sr0}=\frac{3}{2}M_{sr}$——励磁电感，H。

注意的是，$L_{s\sigma}$、$L_{r\sigma}$、$M_{sr\sigma}$是三相变到两相等效电感，即在三相电机中，它们是考虑了另外两相电流后的等效电感。

三、稳定特性的矩阵分析式

变频调速系统的特性，包括电压、电流、功率、力矩、功率因数和效率等和频率变化的关系。这里，我们只分析电压型逆变器供电情况(电流型分析方法和电压型类似)，并且只考虑逆变器输出函数的基波分量。

对于稳态运行，式(6－93)中的转子旋转角度θ_r为常数，$\overset{*}{\theta}_r=\omega_s-\omega_{sl}$，同时，我们所讨论的是基波正弦函数，故算子$\rho=j\omega_s$($\omega_s$为激励函数的角频率，对应于调频频率)。对于鼠笼型电机，转子端压为零，$u_d=u_q=0$。

根据式(6－91)静止轴系的电压方程为

$$\begin{bmatrix} \dot{U}_D \\ \dot{U}_Q \\ 0 \\ 0 \end{bmatrix}_{dq}=\begin{bmatrix} R_s+j\omega_s L_{s0} & 0 & j\omega_s M_{sr0} & 0 \\ 0 & R_s+j\omega_{s0} & 0 & j\omega_s M_{sr0} \\ j\omega_s M_{sr0} & (\omega_s-\omega_{sl})M_{sr0} & R_r+j\omega_s L_{r0} & (\omega_s-\omega_{sl})L_{r0} \\ -(\omega_s-\omega_{sl})M_{sr0} & j\omega_s M_{sr0} & -(\omega_s-\omega_{sl})L_{r0} & R_r+j\omega_s L_{r0} \end{bmatrix}\begin{bmatrix} I_D \\ I_Q \\ I_d \\ I_q \end{bmatrix} \tag{6-94}$$

为了便于导出矩阵分析的稳态基本公式，式(6－94)写成如下形式

$$\begin{cases} [\dot{U}]_{dq}=[Z]_{dq}[\dot{I}]_{dq} \\ [\dot{U}]_{dq}^T=[\dot{U}_D \quad \dot{U}_Q \quad 0 \quad 0] \\ [\dot{I}]_{dq}^T=[\dot{I}_D \quad \dot{I}_Q \quad \dot{I}_d \quad \dot{I}_q] \end{cases} \tag{6-95}$$

对于电压型逆变器，一般都是把定子电压作为反馈控制量，宜取电压作为激励函数，即$[\dot{U}]_{dq}$是已知量。于是，由式(6－95)可以导出各种稳态特性的基本公式。

(1)定、转子电流

$$[\dot{I}]_{dq}=[Z]_{dq}^{-1}[\dot{U}]_{dq} \tag{6-96}$$

假定电压是对称的，即$[U_Q]=jU_D$，则所得静止轴系定、转子电流也必然分别对称，即$I_Q=-jI_D$，$I_q=-jI_d$。

如果将求得的$[\dot{I}]_{dq}$反转换到三相轴系，则有

$$\begin{bmatrix}\dot{I}_U\\ \dot{I}_V\\ \dot{I}_W\end{bmatrix}=\sqrt{\frac{2}{3}}\begin{bmatrix}\dot{I}_D\\ a^2\dot{I}_D\\ a\dot{I}_D\end{bmatrix} \tag{6-97}$$

定子相电流的有效值为

$$I_U=I_V=I_W=\sqrt{\frac{2}{3}}I_D=\sqrt{\frac{2}{3}}\sqrt{I_{DR}^2+I_{DI}^2} \tag{6-98}$$

式中　I_{DR}、I_{DI}——$\dot{I}_D$ 的实部和虚部。

转子相电流的有效值为

$$I_u=I_v=I_w=\sqrt{\frac{2}{3}}I_d=\sqrt{\frac{2}{3}}\sqrt{I_{dR}^2+I_{dI}^2} \tag{6-99}$$

式中　I_{dR}、I_{dI}——$\dot{I}_d$ 的实部和虚部。

(2)输入电机的复功率

$$\overline{S}=[\overset{*}{I}]_{dq}^{T}[\dot{U}]_{dq}\text{(VA)} \tag{6-100}$$

由于使用的变换矩阵遵循了功率不变的原则，因此，由上式得到的静止轴系的复功率也就是实际电机三相轴系功率，不必再进行反变换。

(3)输入电机的有功功率

$$P_e=\mathrm{Re}(\overline{S})=\mathrm{Re}([\overset{*}{I}]_{dq}^{T}[\dot{U}]_{dq})\text{(W)} \tag{6-101}$$

(4)输入电机的无功功率

$$Q=\mathrm{lm}(\overline{S})=\mathrm{lm}([\overset{*}{I}]_{dq}^{T}[\dot{U}]_{dq})\text{(var)} \tag{6-102}$$

(5)电机输出的机械功率

$$P_T=\mathrm{Re}\{(\omega_s-\omega_{sl})[\overset{*}{I}]_{dq}^{T}[G][\dot{I}]_{dq}\}\text{(W)} \tag{6-103}$$

式中　$[G]$——转子旋转角频率$\omega_r=\omega_s-\omega_{se}$的系数矩阵。

$$[G]=\begin{bmatrix}M_{sr0} & L_{r0}\\ -M_{sr0} & -L_{r0}\end{bmatrix} \tag{6-104}$$

(6)电磁转矩

$$T=\frac{n_pP_T}{\omega_s-\omega_{sl}}=n_p\mathrm{Re}([\overset{*}{I}]_{dq}^{T}[G][\dot{I}]_{dq})\text{(N·m)} \tag{6-105}$$

(7)功率因数

$$\cos\varphi=\frac{P}{|S|}=\frac{P}{\sqrt{P^2+Q^2}} \tag{6-106}$$

(8)电动机基波交率

$$\eta=\frac{P_T}{P} \tag{6-107}$$

上面导出了用复数矩阵表示的稳态特性的计算公式，形式简洁，运算过程容易理解，也便于用计算机求解。根据这些公式，可求出全部运行特性。

四、稳定特性的矩阵分析式

变频调速异步电动机稳态特性与逆变器类型及其输出函数、电机的运行方式及系统的控制方式等有关。这里仅以180°导通电压型逆变器为例，介绍转差频率控制下恒磁通和恒功率运行方式下的稳态特性的计算。虽然这些特性可以由第三节得出的公式直接进行计算，但是更方便的方法是利用计算机进行矩阵运算。

由静止轴系导出的各稳态特性计算公式可知，运算主要是复数矩阵相加、复数矩阵相乘、复数矩阵转置以及复数矩阵求逆等过程。因此，只要给出上述复矩阵的若干程序，根据逆变器的输出、系统的控制方法和运行方式，并考虑定子频率和转差频率的约束条件，就可以算出所要求的各种稳态运行特性。

(1)180°导通电压型逆变器输出函数

由逆变器输出电波形给出的结果可知，在三相电压对称情况下，其基波相电压为

$$\begin{bmatrix} u_{\mathrm{U}} \\ u_{\mathrm{V}} \\ u_{\mathrm{W}} \end{bmatrix} = \frac{2}{\pi} U_{\mathrm{d}} \begin{bmatrix} \sin\omega_{\mathrm{s}} t \\ \sin\left(\omega_{\mathrm{s}} t - \frac{2\pi}{3}\right) \\ \sin\left(\omega_{\mathrm{s}} t + \frac{2\pi}{3}\right) \end{bmatrix} \tag{6-108}$$

如以复数表示，则为

$$\begin{bmatrix} \dot{U}_{\mathrm{U}} \\ \dot{U}_{\mathrm{V}} \\ \dot{U}_{\mathrm{W}} \end{bmatrix} = \begin{bmatrix} \frac{\sqrt{2}}{\pi} U_{\mathrm{d}} \\ a^2 \frac{\sqrt{2}}{\pi} U_{\mathrm{d}} \\ a \frac{\sqrt{2}}{\pi} U_{\mathrm{d}} \end{bmatrix} \tag{6-109}$$

将式(6—109)由三相轴系变换到D、Q轴系，得到

$$\begin{bmatrix} \dot{U}_{\mathrm{D}} \\ U_{\mathrm{Q}} \end{bmatrix} = \begin{bmatrix} \sqrt{\frac{3}{2}} U_{\mathrm{U}} \\ -\mathrm{j} \sqrt{\frac{3}{2}} U_{\mathrm{U}} \end{bmatrix} = \begin{bmatrix} \frac{\sqrt{3}}{\pi} U_{\mathrm{d}} \\ -\mathrm{j} \frac{\sqrt{3}}{\pi} U_{\mathrm{d}} \end{bmatrix} \tag{6-110}$$

对称的三相电压变换到D、Q轴系后，所得的U_{D}、U_{Q}也是对称的。

(2)转差控制时稳态特性的计算方法

当控制转差频率f_{sl}(或ω_{sl})，并以转差频率与定子频率f_{s}为约束条件时，则变频异步电动机可在恒转矩或恒功率下运行。

对于恒磁通、恒力矩运行方式来说，需要将恒磁通的条件反应到激励电压的计算式中去，电机恒磁通运行即恒激磁电流I_{m}运行，因此，应建立激励电压U_{D}、U_{Q}和励磁电流I_{m}的关系。根据等值电路的推导，得

$$\dot{U}_D=\sqrt{\frac{3}{2}}I_m\sqrt{\frac{[R_sR_r+4\pi^2f_sf_{sl}(M_{sr0}^2-L_{s0}L_{r0})]^2+(2\pi f_sR_rL_{s0}+2\pi f_{sl}R_sL_{r0})^2}{R_r^2+[2\pi f_{sl}(L_{r0}-M_{sr0})]^2}} \tag{6-111}$$

$$\dot{U}_Q=-j\dot{U}_D \tag{6-112}$$

由式(6－111)知，若令 $I_m=I_{mN}$（额定励磁电流），则 $U_D=f(f_s,f_{sl})$，即定子电压是定子频率 f_s 和转差频率 f_{sl} 的函数。在给定的定子频率 $f_s=f_{s1},f_{s2},\cdots\cdots$ 情况下，即可求出恒磁通情况下的矩—速特性。反之，在给定(或控制)转差频率 $f_{sl}=f_{sl1},f_{sl2}\cdots\cdots$ 的情况下，也可求出恒磁通、恒转矩下的运行特性。

对于恒电压、恒功率运行方式而言，需将 $U_A=U_{AN}$ 和 $P=P_{AN}$ 为约束条件代入功率的关系式中，得出定子频率 f_s 和转差频率 f_{sl} 的函数关系

$$f_{sl}=\frac{-A_2\pm\sqrt{A_2^2-4A_1A_3}}{4\pi A_1} \tag{6-113}$$

式中 $A_1=\{[2\pi f_s(M_{sr0}^2-L_{s0}L_{r0})]^2+(L_{r0}R_s)^2\}P_{AN}-3R_sL_{r0}^2U_{AN}^2$

$A_2=2\pi f_sR_rM_{sr0}^2(2R_sP_{NA}-3U_{AN}^2L_{s0}L_{r0})$

$A_3=[(R_sR_r)^2+(2\pi f_sL_{s0}R_r)^2]P_{NA}-3R_sR_r^2U_{AN}^2$

当给定 $f_s(=f_{s1},f_{s2}\cdots\cdots)$ 时，以 f_{sl} 为循环变量时，即可求出恒电压、恒功率下的矩—速特性；反之，当给定 $f_{sl}(f_{sl1},f_{sl2}\cdots\cdots)$ 时，改变定子频率，也可求出该运行方式下的各种运行特性。

(3)转差控制时稳态特性计算程序编制及框图说明

由 D、Q 轴系导出的稳态特性的矩阵表达式，是编制计算机程序的依据。具体编程时，可将复数矩阵求逆、复数矩阵相乘和复数矩阵共轭转置相乘各过程，编成三个子例程子程序，供计算时随时调用。同时也可将阻抗矩阵 $[Z]_{dq}$ 电压激励矩阵 $[U]_{dq}$ 和转子角频率系数矩阵 $[G]$、编成子例程子程序。

在编转差控制两种运行方式稳态特性主程序时，可以先给定 f_{sl} 而改变 f_s，反之亦然。即一个是以 f_s 为外循环，而 f_{sl} 为内循环；另一个是 f_{sl} 为外循环，f_s 为内循环。

现以定子频率 f_s 为外循环，转差频率 f_{sl} 为内循环为例，说明如下，框图如图 6－32 所示。

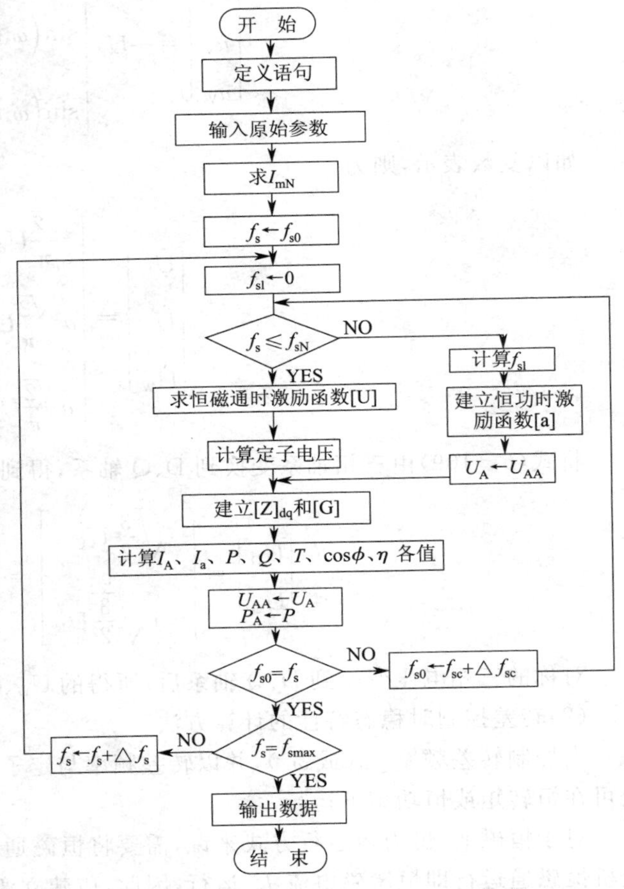

图 6－32 稳态特性计算框图

第七节　异步电动机在非正弦电源下的运行

异步电动机在正弦电压下的运行性能在一般的电机原理中已有详细的分析。前面的讨论也是指正弦形电压供电的情况，或者说只是考虑非正弦电压供电时的基波分量的。由静止逆变器向异步电动机供电时，它所提供的电压或电流通常为6段的阶梯波或矩形波，因而包含着较大的谐波成分。这些谐波成分对电动机的运行性能，诸如转矩、损耗及效率等都会产生一定的影响。本节讨论由非正弦电源供电时，对电动机的稳态性能所带来的若干影响。分析这个问题的基本方法是将非正弦电压或电流用傅里叶级数分解，从而化为正弦的问题。分别对其基波谐波分量进行分析，然后综合分析其影响。所谓谐波的影响主要体现在磁路中的谐波磁势和电路中的谐波电流上，最基本的分析即由此入手。

一、异步电机中的谐波磁势

首先说明，这里的讨论只限于整数槽三相绕组的情况。

电动机的谐波磁势可分为两类，即时间谐波磁势和空间谐波磁势。时间谐波磁势是指在非正弦电源的作用下，电机绕组中的谐波电流所产生的磁势。空间谐波磁势是指电机在有限的齿槽数目下，即使通入三相绕组的电流为纯正的正弦形，其气隙磁势在空间的分布也并非正弦形，而是有限数目的阶梯状，其中除去基波之外，还包含一系列的谐波成分。当谐波电流通入电机绕组时，将同时出现时间谐波磁势和空间谐波磁势。下面首先讨论一下这两类谐波磁势。

1. 时间谐波磁势

在第二节讨论逆变电路的时候，业已分别给出了电压型及电流型逆变电路所输出的电压或电流波形，并分别给出了它们的傅里叶级数表示式。分析表明它们除含有基波分量之外，还含有5、7、11、13等高次谐波。电压的谐波自然产生电流谐波，从而出现谐波磁势。例如电动机每一相中的5次谐波电流，将相应地建立一个5倍于电源频率的脉动磁势，这个脉动磁势在空间的分布与基波电流所建立的磁势的空间分布规律相同。若只考虑空间磁势的基波分量，则5次谐波电流在电机的U、V、W各相绕组中建立的脉动磁势为

$$f_{U1.5}=\hat{f}_{1.5}\sin5\omega t\cos\delta$$

$$f_{V1.5}=\hat{f}_{1.5}\sin5\left(\omega t-\frac{2\pi}{3}\right)\cos\left(\delta-\frac{2\pi}{3}\right)$$

$$=\hat{f}_{1.5}\sin\left(5\omega t+\frac{2\pi}{3}\right)\cos\left(\delta-\frac{2\pi}{3}\right)$$

$$f_{W1.5}=\hat{f}_{1.5}\sin5\left(\omega t-\frac{4\pi}{3}\right)\cos\left(\delta-\frac{4\pi}{3}\right)$$

$$=\hat{f}_{1.5}\sin\left(5\omega t-\frac{2\pi}{3}\right)\cos\left(\delta+\frac{2\pi}{3}\right)$$

式中　$\hat{f}_{1.5}$——5次谐波电流所产生的每相的空间磁势基波分量的幅值；

δ——沿定子铁芯内圆从绕组轴线算起的电位移角。

利用三角关系式 $\sin\alpha\cdot\cos\beta=\frac{1}{2}\sin(\alpha+\beta)+\frac{1}{2}\sin(\alpha-\beta)$ 可以将以上三式转化为

$$f_{U1.5}=\frac{1}{2}\hat{f}_{1.5}\sin(5\omega t+\delta)+\frac{1}{2}\sin(5\omega t-\delta)$$

$$f_{V1.5}=\frac{1}{2}\hat{f}_{1.5}\sin(5\omega t+\delta)+\frac{1}{2}\sin\left(5\omega t-\delta-\frac{2\pi}{3}\right)$$

$$f_{W1.5}=\frac{1}{2}\hat{f}_{1.5}\sin(5\omega t+\delta)+\frac{1}{2}\sin\left(5\omega t-\delta+\frac{2\pi}{3}\right)$$

以上三式相加，即为电机三相绕组所产生的合成磁势。

$$F_{1.5}=\frac{3}{2}\hat{f}_{1.5}\sin(5\omega t+\delta) \qquad (6-114)$$

该式表明，由 5 次谐波电流产生的谐波磁势是一个旋转磁势，其旋转速度为$\frac{d\delta}{dt}=-5\omega$，即该磁势以 5 倍的基波同步转速而在基波磁势的相反转向上旋转。

对于 7 次谐波电流在 U、V、W 各相绕组中所产生的脉动磁势的基波分量可表示为

$$f_{U1.7}=\hat{f}_{1.7}\sin 7\omega t\cos\delta$$

$$f_{V1.7}=\hat{f}_{1.7}\sin\left(7\omega t-\frac{2\pi}{3}\right)\cos\left(\delta-\frac{2\pi}{3}\right)$$

$$f_{W1.7}=\hat{f}_{1.7}\sin\left(7\omega t+\frac{2\pi}{3}\right)\cos\left(\delta+\frac{2\pi}{3}\right)$$

类似于前面的推导，可以得到三相绕组的合成磁势为

$$F_{1.7}=\frac{3}{2}\hat{f}_{1.7}\sin(7\omega t-\delta) \qquad (6-115)$$

这说明 7 次谐波电流所产生的谐波磁势以$\frac{d\delta}{dt}=7\omega$ 的转速，即 7 倍的基波同步转速按基波磁势的转向在旋转。

归纳起来是这样：$k=6n+1(n=0,1,2,3\cdots)$次的谐波电流产生正向（基波转向）的旋转磁场，而 $k=6n-1$ 次的谐波电流则产生反向的旋转磁场。时间谐波磁势的转速总是 k 倍于基波磁势的同步转速。

2.空间谐波磁势

上面的分析中，只考虑了每相电流所建立的空间磁势的基波，而对其高次空间谐波未予讨论。事实上即使电机绕组能以纯正弦电流，其气隙磁势中除基波之外，还包含有一系列高次空间谐波。例如由基波电流在 U、V、W 各相绕组中所产生的 5 次空间谐波磁势可以写成

$$f_{U5.1}=\hat{f}_{5.1}\sin\omega t\cos 5\delta$$

$$f_{V5.1}=\hat{f}_{5.1}\sin\left(\omega t-\frac{2\pi}{3}\right)\cos 5\left(\delta-\frac{2\pi}{3}\right)$$

$$=\hat{f}_{5.1}\sin\left(\omega t-\frac{2\pi}{3}\right)\cos\left(5\delta+\frac{2\pi}{3}\right)$$

$$f_{W5.1}=\hat{f}_{5.1}\sin\left(\omega t-\frac{4\pi}{3}\right)\cos 5\left(\delta-\frac{4\pi}{3}\right)$$

$$=\hat{f}_{5.1}\sin\left(\omega t+\frac{2\pi}{3}\right)\cos\left(5\delta-\frac{2\pi}{3}\right)$$

三相绕组的合成磁势为

$$F_{5.1}=f_{U5.1}+f_{V5.1}+f_{W5.1}=\frac{3}{2}\hat{f}_{5.1}\sin(\omega t+5\delta) \quad (6-116)$$

该式表明，基波电流产生的5次空间谐波磁势以1/5的同步转速反向旋转。以此类推，基波电流所产生的7次空间谐波磁势以1/7的同步转速正向旋转。即基波电流产生的$k=6n+1$次空间谐波磁势正向旋转，$k=6n-1$次空间谐波磁势反向旋转，其转速为$1/k$的同步转速。

绕组里的谐波电流也产生旋转的空间谐波磁势。例如5次谐波电流在各相绕组中产生的7次空间谐波磁势为

$$f_{U7.5}=\hat{f}_{7.5}\sin 5\omega t\cos 7\delta$$

$$f_{V7.5}=\hat{f}_{7.5}\sin\left(5\omega t+\frac{2\pi}{3}\right)\cos\left(7\delta-\frac{2\pi}{3}\right)$$

$$f_{W7.5}=\hat{f}_{7.5}\sin\left(5\omega t-\frac{2\pi}{3}\right)\cos\left(7\delta+\frac{2\pi}{3}\right)$$

三相绕组的合成磁势为

$$F_{7.5}=f_{U7.5}+f_{V7.5}+f_{W7.5}=\frac{3}{2}\hat{f}_{7.5}\sin(5\omega t+7\delta) \quad (6-117)$$

这就表明，5次谐波电流所产生的7次空间谐波磁势是以$\frac{5}{7}$的同步转速反向旋转。

表 6－5 三相绕组的磁势分量

空间谐波序次	时间谐波序次						
	1	(3)	5	7	(9)	11	13
1	+1	—	−5	+7	—	−11	+13
(3)	—	(±1)	—	—	(±3)	—	—
5	$+\frac{1}{5}$	—	+1	$-\frac{7}{5}$	—	$+\frac{11}{5}$	$-\frac{13}{5}$
7	$+\frac{1}{7}$	—	$-\frac{5}{7}$	+1	—	$-\frac{11}{7}$	$+\frac{13}{7}$
(9)	—	$\left(\pm\frac{1}{3}\right)$	—	—	(±1)	—	—
11	$-\frac{1}{11}$	—	$+\frac{5}{11}$	$-\frac{7}{11}$	—	+1	$-\frac{13}{11}$
13	$+\frac{1}{13}$	—	$-\frac{5}{13}$	$+\frac{17}{13}$	—	$-\frac{11}{13}$	+1
15	—	$\left(\pm\frac{1}{5}\right)$	—	—	$\left(\pm\frac{3}{5}\right)$	—	—

当电机绕组中有谐波电流流通时，将同时产生时间谐波磁势和空间谐波磁势，表6－5对这些磁势作了较完整的归纳。表中第一行为谐波电流产生的时间谐波磁势(仅指其基波)，第一列表示空间谐波磁势，它可以由基波电流产生，也可以由谐波电流产生。某行与某列交点处所示的带有正、负号的数字即代表着某次谐波电流所引起的某次空间谐波磁势的转速。转速的数值表示为基波同步转速的倍数，“＋”号表示正向(与基波同向)旋转，“－”号表示反向(与基波反向)旋转，同时标以“＋”“－”号的是指该磁势为脉动磁势，在空间并不旋转，或理解为一个正向旋转磁势与一反向旋转磁势的叠加。表中带括号的数值在一般情况下是不出现的。

3.谐波磁势的幅值

基波电流在三相绕组中所产生的旋转磁势的 h 次空间谐波的幅值为

$$F_{mh.1}=\frac{3}{2}\hat{f}_{h.1}=\frac{3\sqrt{2}}{\pi}\frac{k_{wh}}{h\rho}W_1 I_1=1.35\frac{k_{wh}}{h\rho}W_1 I_1 \tag{6-118}$$

式中 k_{wh}——对 h 次空间谐波的绕组系数。

据此不难推得，k 次谐波电流在三相绕组中所产生的 h 次空间谐波磁势的幅值为

$$F_{mh.k}=\frac{3}{2}\hat{f}_{h.k}=1.35\frac{k_{wh}}{h\rho}W_1 I_k \tag{6-119}$$

式中 I_k——对 k 次谐波电流的有效值。

对一般的三相异步电动机来说，因采用分布和短距的绕组，其谐波绕组系数 k_{wh} 将大大小于基波绕组系数，故空间谐波磁势的幅值很小，可以忽略。因而在后面的讨论中将只考虑时间谐波磁势，它在空间的分布与基波磁势相同。

二、异步电机中的谐波电流

在前面关于谐波磁势的讨论中已知，$k=6n+1$ 次谐波电流所产生的时间谐波磁势与主磁势（基波磁势）的旋转方向相同，而 $k=6n-1$ 次谐波电流则产生与主磁势转向相反的谐波磁势。通常磁场的旋转方向是由电流的相序决定的，这就是说，$6n+1$ 次谐波电流有着与基波电流相同的相序，故称为正序谐波。而 $6n-1$ 次谐波电流与基波电流相序相反，称为负序谐波。$k=6n+3$ 次谐波电流不会产生任何空间基波旋转磁势，因为它们在三相绕组中是同相位的，故称为零序谐波。又因该谐波的序次是 3 的倍数，也称为 3 倍谐波。一方面由于一般的静止逆变器输出中不包含三次谐波的成分，另一方面在通常的星接电机绕组中三次谐波电流也不能流通，故一般勿需考虑。但应注意，在特殊情况下倘若电机绕组中有三次谐波电流流通，尽管它不能产生相应的基波旋转磁势，却能产生脉动的谐波磁势，如表 6—7 所示的那样。该磁势在空间的脉动，照样会在旋转的转子中感应出相应的谐波电流，从而对电动机的损耗、效率和转矩产生影响。

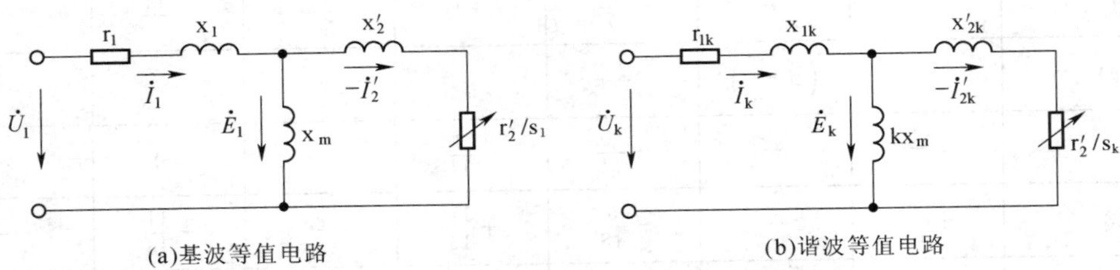

图 6—33 异步电动机的等值电路

前已指出，异步电动机由静止逆变器供电时，其定子电压（对电压型逆变器）或定子电流（电流型逆变器）可分解为一个基波分量和一系列谐波分量，其中 $k=6n+1$ 次为正序谐波，$k=6n-1$ 次为负序谐波。由于异步电动机在变频调节时，通常是在恒磁通或削弱磁场下运行，在这种情况下可以忽略磁路的饱和，而将电动机作为一个线性装置来考虑，从而可以应用迭加原理。也就是说，可以单独分析电动机在各次谐波下的响应特性，然后进行叠加得到在非正弦电源下运行的综合结果。分析时仍采用等值电路这一重要方法。下面着重讨论异步电动机由 6 段阶梯形电压源供电时的情况。

1. 谐波等值电路

图 6－19 已给出了正弦电压下异步电动机常用的等值电路。该电路忽略了铁耗和磁路的饱和效应，适用于非正弦电压下相应于基波的运行情况。为便于比较，将它再次绘出（图 6－33a），图中参数所注物理意义均如前述，只是这里即对应于基波而已。对基波旋转磁场的转子转差率在图中以 s_1 表示，其数值与前一样，即

$$s_1=s=\frac{n_1-n}{n_1} \tag{6－120}$$

相电流中 k 次谐波产生的谐波旋转磁场以转速 kn_1 正转或反转，因而其相应转差率为

$$s_k=s=\frac{kn_1\mp n}{kn_1} \tag{6－121}$$

式中"－"号适用于正序谐波，"＋"号适用于负序谐波。

若将式(6－120)代入式(6－121)又可得到谐波转差率 s_k 与基波转差率 s 的关系式

$$s_k=\frac{(k\mp 1)\pm s}{k} \tag{6－122}$$

对于正序谐波，上式分子取用 $(k-1)+s$，负序谐波则分子为 $(k+1)-s$。

较精确的 k 次谐波等值电路如图 6－33(b)所示。其中转差率为 s_k，电阻和漏电抗均是考虑了相应频率下集肤效应后的数值。而激磁电抗则可认为等于 kx_m。实际的情况是集肤效应对定子的电阻及漏电抗影响较小，但当电机的容量及导体载面较大时对电阻的影响也会较大。转子电阻由于集肤效应一般有明显的增大，转子漏电抗则有明显的减小，具体的计算可参考有关文献。一台参数为 1 145 kW、0～1 300 V、0～80 Hz 的三相鼠笼式异步牵引电动机的计算实例表明，在 1 000 Hz 时，若忽略端接部分电抗和差漏电抗，定子绕组漏电抗的减小量仅为电机总漏抗的 1.5％左右，事实上可以忽略不计。转子的漏电抗在 1 000 Hz 时则会减小 70％（不计端部大约 10％的变化量）左右，但因转子漏电抗只占电机总漏抗的 20％左右，故考虑集肤效应后，电机定、转子总漏抗的减小大致为 15％。有关参数的更详细比较可见表 6－6。

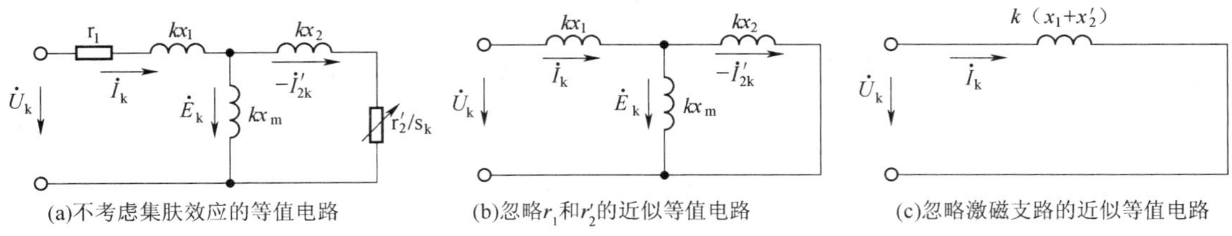

图 6－34　近似的谐波等值电路

如果不考虑集肤效应，可以用图 6－34(a)所示的近似电路。图中定、转子的漏抗与谐波频率成正比，为 kx_1 和 kx_2'。另外，由式(6－122)可知，当电动机的由同步速度到 0，即 s 由 0 变到 1 时，5 次谐波的转差率 s_5 由 1.2 变到 1，7 次谐波的转差率 s_7 由 0.857 变到 1，所以实际运行时 s_k 的数值较 s 更接近 1。此时 $r_2'/s_k\approx r_2'$ 是一个极小的数值，与谐波漏抗相比，r_2' 和 r_1' 均可忽略（即使考虑集肤效应，电阻的增大也小于电抗随频率的增大），故等值电路可变为图 6－34(b)的形式。进一步的简化还可以取消励磁支路化为图 6－34(c)的简单电路，因为 kx_m 通常远比转子漏抗为大，但应注意，图 6－34(b)和(c)的近似等值电路不适于分析电动机在低频率下的运行，因为这时电机的电阻将成为不能忽略的因素。一般说，在频率高于 10 Hz 时这

两个近似电路是适用的，对于近似的分析计算也是简便的。

2. 谐波电流

利用谐波等值电路，便可计算相应的谐波电流。由于电源电压的各谐波分量 U_k 已用傅立叶级数分解求得，故谐波电流 $I_k=U_k/Z_k$。Z_k 即 k 次谐波等值电路的输入阻抗，利用相应的电路关系不难求得。当频率较高时利用图 6－34(c)的电路最为方便，此时 k 次谐波电流的有效值为

$$I_k=\frac{U_k}{k(x_1+x_2')} \tag{6-123}$$

一般情况下没有零序谐波和偶次谐波，所以总的谐波电流为

$$I_h=\sqrt{I_5^2+I_7^2+I_{11}^2+I_{13}^2+\cdots+I_k^2+\cdots} \tag{6-124}$$

如果电动机的基波电流为 I_1，则电机的总的有效电流为

$$I_r=\sqrt{I_1^2+I_k^2} \tag{6-125}$$

由于 s_k 在电机的整个运行过程中均十分接近于 1，所以不论从较精确的谐波等值电路或近似的等值电路都可看出，谐波电流的数值接近于恒定，而与电机的负载情况无关。只有基波电流取决于负载的大小，这就意味着轻载时电机谐波电流的相对含量较满载时要大得多，从而使轻载时电机的损耗明显大于电动机在纯正弦电压下运行的损耗，这是值得注意的。

对于一个给定的电压波形，电机电流中谐波成分取决于电机总漏电抗的标幺值。总漏电抗的标幺值 $\overline{x}_s$ 可以表示为

$$\overline{x}_s=\frac{x_1+x_2'}{U_N/I_N}=(x_1+x_2')\frac{I_N}{U_N} \tag{6-126}$$

式中 U_N——电动机的额定正弦波相电压；

I_N——电动机的额定负载电流。

对于常用的 6 段阶梯电压，谐波电压的大小反比于谐波的次数，即 $U_k=U_1/k$。将该值代入式(6－123)，则

$$I_k=\frac{U_1}{k^2(x_1+x_2')} \tag{6-127}$$

若以基波相电压 U_1 作为电动机的额定正弦电压，则式(6－93)可写成

$$U_1=U_N=(x_1+x_2')\frac{I_N}{\overline{x}_s} \tag{6-128}$$

将该式代入式(6－127)，可得 k 次谐波电流的标幺值为

$$\overline{I}_k=\frac{I_k}{I_N}=\frac{1}{k^2\overline{x}_s} \tag{6-129}$$

利用式(6－129)和式(6－124)可求出在 6 段阶梯波电压下总谐波电流的标幺值为

$$\overline{I}_k=\frac{0.046}{\overline{x}_s}$$

可见，总的谐波电流反比于总电抗的标幺值。而电机满载有效电流的标幺值(以额定的基波电流为基值)为

$$\overline{I}_{rN}=\sqrt{1+\left(\frac{0.046}{\overline{x}_s}\right)^2}$$

对于 12 段的阶梯波电压而言，$\overline{I}_h$ 和 $\overline{I}_{rN}$ 的数值显著降低，分别为 $\frac{0.0105}{\overline{x}_s}$ 及 $\sqrt{1+\left(\frac{0.0105}{\overline{x}_s}\right)^2}$。

为便于分析比较，在图 6－35 中绘出了电动机有效电流与漏电抗标幺值的函数关系。由图中曲线可以清楚地看出，当 $\bar{x}_s$ 很小时，其数值在 6 段波电压下显著增大，而在 12 段波电压下变化甚微。对一般的三相异步电动机来说，$\bar{x}_s$ 的数值约在 0.1～0.2 之间，在 6 段波电压下 $\bar{I}_{rN}$ 的增加约为 10%～20%。

此外，画出一个在 6 段波电压电源下运行的异步电动机定子相电流的典型波形，如图 6－36所示。该波形以 $\bar{x}_s$＝0.1 计算得到，基波的相位移取决于负载状态，图中所示为基波功率因数等于 0.5 的情况。谐波的畸变不只增加了定子的有效电流，而且也产生大的电流尖峰，从而增加了静止逆变器的负担。逆变器电流的峰值同样与漏抗的标幺值 $\bar{x}_s$ 有关，其函数关系如图 6－37 所示，图中纵坐标表示为逆变器峰值电流与满载峰值基波电流之比。为便于比较同时绘出了 12 段电压波时的相应曲线。上述曲线均是理论上计算值，当基波功率因数更低时，逆变器峰值电流略大一些。在 6 段波电压下当基波功率因数为 0.4 时，逆变器峰值电流的增大不超过图 6－37 所示数值的 4%。

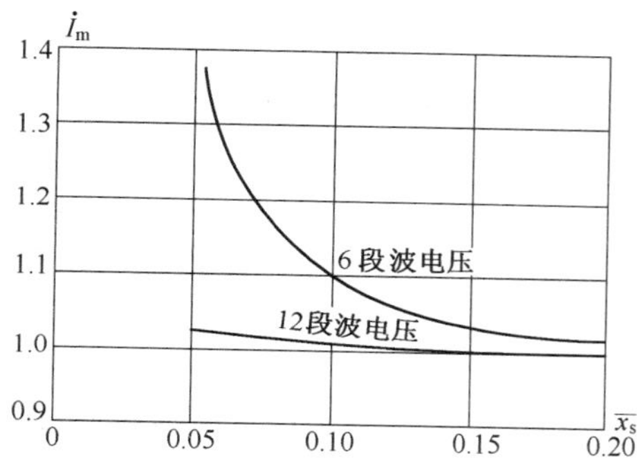

图 6－35　电机有效电流与漏电抗标幺值的关系

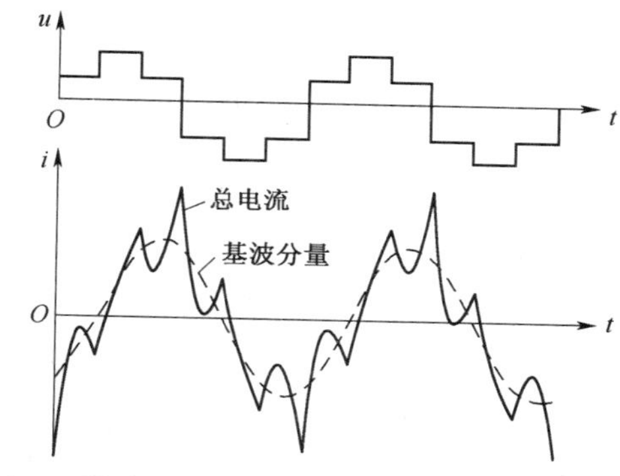

图 6－36　6 段波电压下异步电动机定子电压和电流的波形

三、非正弦电源下异步电动机的损耗及效率

由于非正弦电源下出现较大的电流和磁通的谐波，因而形成附加的铜耗和铁耗。这些附加损耗的大小与电源的波形有关，当用 12 段波供电或采用脉冲宽度调制时，谐波损耗会显然降低。由于异步电动机通常多以 6 段波电源供电，故下面的分析即引用 6 段电压波下的典型数据，并与标准正弦电压下的情况相比较。

1. 转子铜耗

转子导体的交流电阻在谐波频率上时集肤效应会显著增大，从而导致转子铜耗的相应增加，这部分损耗在数值上不能忽略，特别是在深槽式转子中。

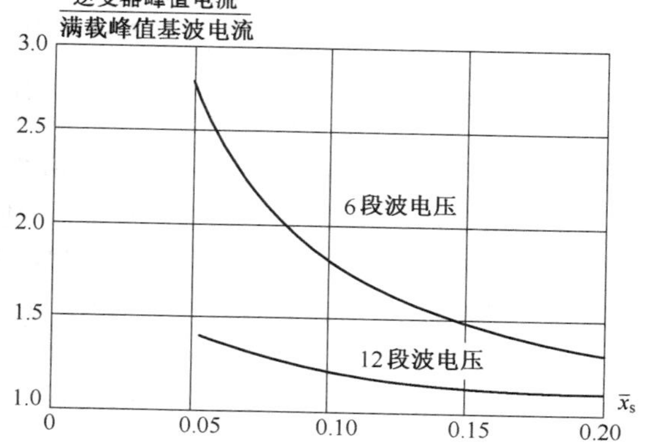

图 6－37　逆变器峰值电流与电动机漏抗标幺值的关系

前已指出，异步电机中的空间谐波磁势的幅值甚小，通常可以忽略。而时间谐波磁势却不然，就 5 次和 7 次时间谐波磁势来说，它们有一定的幅值且在空间分别以 5 倍和 7 倍的同步速

度反向和正向旋转，从而在转子绕组中感应 6 倍于基波频率的电流，在 50 Hz 的电源下即为 300 Hz。类此，第 11 和 13 次谐波磁势则感应 12 倍基波频率，，即 600 Hz 的转子电流。在这样高的频率上，集肤效应使得转子电阻较其直流值要大很多。实际增长的数值取决于导体和转子槽的横截面尺寸及形状，具体计算可参见有关文献。作为一个简例，如果转子的矩形槽中是高为 12.7 mm 的矩形铜导体，则其交流电阻对直流电阻的比值在 50 Hz 时约为 1.5；在 300 Hz时为 2.6；600 Hz 时为 3.7。在更高的频率上，上述比值将正比于频率的平方根。由此可知，转子电阻的增加是相当急剧的。

由于转子电阻是谐波频率的函数，转子铜耗需对各次谐波单独计算。对于 k 次谐波即为

$$P_{2k}=mI_{2k}^2r_{2k}' \tag{6-130}$$

式中 I_{2k}——转子的 k 次谐波电流(归算到定子边)；

r_{2k}'——相应于 k 次谐波的转子电阻(归算到定子边)。

非正弦电压下转子的总铜耗即为基波铜耗与各谐波铜耗之和，即

$$P_{2Cu}=m\sum_{k=1}^{\infty}I_{2k}^2r_{2k}' \tag{6-131}$$

实际上谐波电流所产生的转子附加铜耗是许多异步电动机在非正弦电源下效率降低的基本原因。

2. 定子铜耗

定子绕组中谐波电流的存在导致铜耗的增加，但定子绕组的集肤效应一般远远弱于转子绕组，对于较小容量的电机有时可以忽略，此时定子的铜耗为

$$P_{1Cu}=mI_r^2r_1=m(I_1^2+I_h^2)r_1 \tag{6-132}$$

式中第二项即为谐波电流所引起的附加铜耗。倘若电机容量较大，集肤效应不能忽略时，则可类似于转子对各次谐波所产生的铜耗分别计算，然后相加而得出总的定子铜耗。

3. 铁芯的谐波损耗

由于电源电压谐波的存在，电机铁芯的损耗也要增加。如前所述，定子的谐波电流在气隙中产生时间谐波磁势，该磁势与基波磁势有相同的极数，但以 k 倍的基波转速在正向或反向旋转。气隙中某点的的磁通密度乃是基波磁势与谐波磁势共同作用的结果。由于谐波电压大部分被定子漏抗所吸收，谐波气隙磁通(可表示为 $\Phi_{km}\approx\Phi_{1m}, \dfrac{E_k}{E_1}\cdot\dfrac{f_1}{f_h}$)数值不大。在 6 段波电压下，合成的旋转磁密波形的峰值比基波的数值约大 10%，这自然会导致铁芯损耗的增加。但在整个的铁耗当中，这部分增加的数值通常是很小的，甚至可以忽略。但是，一些附加的杂散损耗，诸如在谐波频率上由定子和转子的端部漏磁通、斜槽(鼠笼式转子)漏磁通所引起的杂散(附加)损耗有时却是可观的。这些损耗产生于定子、转子铁芯的端面、压板、机座端部和铁芯表面及齿中。表 6—6 所列的算例表明，谐波附加(杂散)损耗甚至比附加铜耗还要大，这是值得注意的。至于其具体计算却不胜其繁，与电机的结构及所用材料密切相关，通常可按照基波所引起的杂散损耗进行近似计算。基波的杂散损耗通常并非具体计算的，对异步牵引电动机来说，一般可假定它为基波所消耗功率的 0.5%～1.0%，这个数值的具体选定应以类似电机的实测数据为基础。而谐波杂散损耗的数值可用变换因数 $(I_k/I_1)^2$、$(f_k/f_1)^{1.5}$ 由基波的杂散损耗求取。变换因数中的幂值是从实验得来的经验数值，也会在一定的范围内变化。

4. 电动机的效率

电动机谐波损耗的数值显然取决于所施电压的谐波成分，大的谐波电压将导致电机损耗的增加和效率的降低。但是，大多数静止逆变器都不输出低于5次的谐波，且其高次谐波都有很小的幅值，对于这样的输出波形，电动机效率的降低通常是不严重的。

前述对电动机各种损耗的计算或估计，基本上为50 Hz、6段电压波下电动机的相应实验所证实。对一台典型有中等容量的电动机来说，满载有效电流约比基波值大4%。若忽略集肤效应，电动机的铜耗即正比于有效电流的平方，此时谐波铜耗为基波铜耗的8%。考虑集肤效应而认为转子电阻平均增长3倍，作最保守的估计，即谐波铜耗为基波铜耗的24%。倘若铜耗为电机总损耗的50%，则谐波铜耗使电机总损耗增加12%。

前已述及，谐波引起的铁耗及杂散损耗很难于计算。在6段波电压下，电压中高次谐波的成分相对较低，且谐波电压的较大部分被定子漏抗所吸收，谐波气隙磁通相应减少，故谐波引起的铁芯损耗仅是一个较小的数值，不超过基波铁耗的10%(表6－6的算例中仅为2.5%，考虑到计算的不准确而最后取值为7.5%)。但谐波漏磁所导致的杂散(附加)损耗却可能是较大的，而该项损耗的数值范围变化较宽，不易估计。一般认为，6段波电压下电动机损耗的全部增量约为电机基波损耗的20%，这个电机损耗总增量的估算数值与实际情况相近。按此考虑，若电动机在50 Hz正弦电源下有90%的正常效率，则在6段波电压下效率将下降2%。

应当说明，如果电动机所施电压的谐波成分明显大于6段波形时，谐波损耗会显著增加，且可能大于基波损耗，这是应当注意的。对于某些漏电抗较小的电动机来说，情况尤为严重，此时则需要对电源波形加以改善(如采用12段波电源)。另外，前已指出，异步电动机的谐波电流和损耗实际上与负载无关，故时间谐波的损耗可以通过正弦和非正弦电源下无载损耗的比较来确定。

四、谐波转矩

非正弦电源下，由于电动机的气隙中存在时间谐波磁势，从而产生附加的谐波转矩。而根据产生的具体原因和性质的不同，谐波转矩又可分为两种，即稳定谐波转矩和振动谐波转矩。下面分别予以讨论。

1. 稳定谐波转矩

稳定的或称恒定的谐波转矩是由同次数的气隙谐波磁通和谐波转子电流的相互作用而发出的。若气隙中包括基波在内共有n个旋转磁场，则会产生$(n-1)$个稳定谐波转矩。这些谐波转矩完全可以采用与基波相同的方法进行计算，即利用相应的谐波等值电路来求解。

类似于基波转矩的推导，从图6－34(a)的k次谐波等值电路可直接写出k次谐波转矩为

$$M_{\mathrm{k}}=\frac{pm}{2\pi k f_1}I_{2\mathrm{k}}^2\frac{r'_{2\mathrm{k}}}{s_{\mathrm{k}}} \tag{6-133}$$

由于在正常的运行情况下，基波转差率s是很小的，所以利用式(6－89)求谐波转差率s_{k}时，可认为

$$s_{\mathrm{k}}=\frac{k\mp 1}{k}$$

因此

$$M_{\mathrm{k}}=\pm\frac{pm}{2\pi f_1}I_{2\mathrm{k}}^2\frac{r'_{2\mathrm{k}}}{(k\mp 1)} \tag{6-134}$$

式中前面的“+”号相应于与基波转矩同向的正向转矩，为有用转矩；“－”号相应于反向转矩，为制动转矩。转子的归算电流$I_{2\mathrm{k}}$近似地可由图6－34(c)求得。但应注意，式(6－133)和

(6－134)中的 r'_{2k} 值必须是考虑了集肤效应的相应数值。

电动机合成的电磁转矩应为基波转矩与谐波转矩的代数和。但是由于这些谐波转矩本身的数值很小，而且正向和负向谐波转矩之间的相互抵消（譬如 5 次和 7 次谐波转矩在抵消后只剩一个极小的反向转矩），故实际上这种谐波转矩造成的电动机额定转矩的减少是微不足道的，通常可不予考虑。具体算例见表 6－6。

2. 振动谐波转矩

这种转矩是由不同次数的谐波磁通和谐波转子电流的相互作用而产生的。若气隙中包括基波在内有 n 个旋转磁场，则会产生 (n^2-n) 个振动转矩。而此中有着较大影响的转矩是由基波旋转磁场与谐波转子电流所形成的。例如 5 次谐波的定子电流在气隙中产生的 5 次谐波磁场以 5 倍的同步速度反向旋转，从而在转子中感应 6 倍基波频率的转子电流，而该转子电流与基波旋转磁场相作用即形成 6 倍基波频率的振动转矩。对于这个转矩可作如下的推导并求得其数学表示式。

根据式(6－48)所示的电磁转矩的关系式，不难写出电机每相产生的转矩的瞬时值为

$$m_{U5-1}=\frac{\rho}{2\pi f_1}\sqrt{2}I_{25}\sin(5\omega t-\varphi_2)\cdot\sqrt{2}E'_2\sin\omega t$$

$$m_{V5-1}=\frac{\rho}{2\pi f_1}\sqrt{2}I_{25}\sin\left[(5\omega t-\varphi_2)+\frac{2\pi}{3}\right]\sqrt{2}E'_2\sin\left(\omega t-\frac{2\pi}{3}\right)$$

$$m_{W5-1}=\frac{\rho}{2\pi f_1}\sqrt{2}I_{25}\sin\left[(5\omega t-\varphi_2)-\frac{2\pi}{3}\right]\sqrt{2}E'_2\sin\left(\omega t-\frac{4\pi}{3}\right)$$

式中 I_{25}——转子 5 次谐波电流的归算值；

E'_2——基波转子电势的归算值；

φ_2——$\omega t=0$ 时以上电流与电势的相位差，可根据基波向量图和谐波向量图求出；式中 m 下标的第一个字母为相标；第二个数字为谐波电流次数；第三个数字为基波磁通。

利用三角关系式 $\sin\alpha\sin\beta=\frac{1}{2}[\cos(\alpha-\beta)-\cos(\alpha+\beta)]$ 可将以上三式化为

$$m_{U5-1}=\frac{\rho}{2\pi f_1}I_{2_5}E'_2[\cos(4\omega t-\varphi_2)-\cos(6\omega t-\varphi_2)]$$

$$m_{V5-1}=\frac{\rho}{2\pi f_1}I_{2_5}E'_2\left[\cos\left(4\omega t-\varphi_2+\frac{4\pi}{3}\right)-\cos(6\omega t-\varphi_2)\right]$$

$$m_{W5-1}=\frac{\rho}{2\pi f_1}I_{2_5}E'_2\left[\cos\left(4\omega t-\varphi_2+\frac{2\pi}{3}\right)-\cos(6\omega t-\varphi_2)\right]$$

该三式相加即得电动机相应的谐波振动转矩（瞬时值）为

$$\begin{aligned}m_{5-1}&=-\frac{3\rho}{2\pi f_1}I_{2_5}E'_2\cos(6\omega t-\varphi_2)\\&=\frac{3\rho}{2\pi f_1}I_{2_5}E'_2\cos(6\omega t+\pi-\varphi_2)\end{aligned}\tag{6－135}$$

7 次谐波的定子电流在气隙中产生的 7 次谐波磁场以 7 倍同步速度正向旋转，也在转子中感应 6 倍基波频率的电流，从而与基波磁场一起形成 6 倍基波频率的振动转矩。通过类似推导，求得其瞬时值表示式为

$$m_{7-1}=-\frac{3\rho}{2\pi f_1}I_{2_7}E'_2\cos(6\omega t-\varphi_2)\tag{6－136}$$

振动转矩 m_{5-1} 和 m_{7-1} 是两个同周期的时间函数，它们均以 6 倍的基波频率在波（振）动。二者的 φ_2 角通常是不相同的，且它们的相位还相差 180°，因而它们的一部分相互抵消。

类此，11 次和 13 次定子谐波电流与基波磁场将产生 12 次谐波振转矩，进而可以推广到任意次定子谐波电流与任意次时间谐波磁场所形成的振动转矩，其振动频率可以从电流和磁场谐波次数的差别推算出来（谐波电流和磁场以其转向加正负号）。如

$$m_{11-13}=|(-11)-(+13)|=24\text{ 倍基波频率}$$

$$m_{7-11}=|(+7)-(-11)|=18\text{ 倍基波频率}$$

在 6 段波电压下，6 倍基波频率的振动转矩占绝大的比例，由表 6—6 的算例也可清楚看出。这里应着重指出，对应于每个谐波振动转矩，由于频率和 φ_2 角的不同，所以合成的振动转矩必须用几何方法相加（然而同频率的振动转矩 φ_2 角多近乎相等，而可用代数相加）。振动转矩与基波转矩相迭加，使电动机发出的总转矩产生脉动，如图 6—38 所示。但由于振动转矩本身的平均值为 0，故一般对电动机稳态转矩的大小影响甚微，且转子的惯性也使这种脉动大为敷平。在一定的基波频率下，尽管对应于不同的运行方式，基波磁通（或 E_2'）或谐波转子电流会随负载（或转差率 s）的变化而有某些变化，但在通常情况下，实际上可近似认为振动转矩的幅值与负载无关（在 6 段波电压下，振动转矩的幅值约为满载转矩的 10%），故在低速和低转矩输出的状态下，振动转矩的影响显然增大。这里同时指出，由静止逆变器供电时，在低频时的换流过程或者在脉宽调制的较低开关频率上，电动机的转矩会出现较大的脉动。这种低速下的振动转矩，会使电动机的旋转角速度发生变化，转速出现较强烈振荡，这在变速调节系统中是不希望的，为此须对最低速度加以限制。当然，该限制速度与旋转系统的惯性有关。另外，转矩的脉动可以用改善电压波形（如 12 段波供电）或采用高频脉宽调制的办法使之减小。

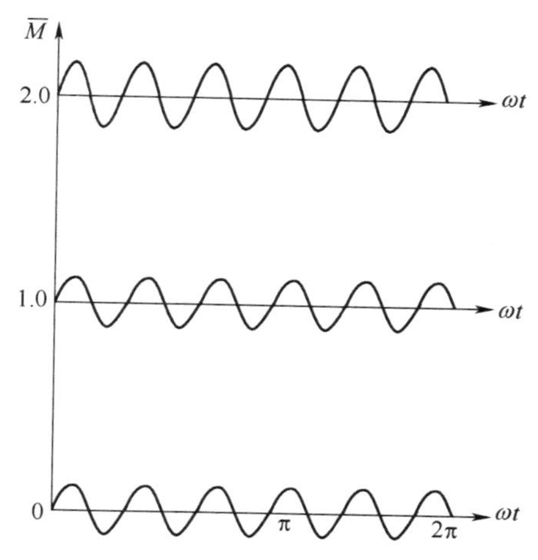

图 6—38　6 段波电压下，异步电动机在空载、额定转矩和两倍额定转矩时的转矩脉动

综上所述，异步电动机在非正弦电源下运行时，除去基波成分之外，还有若干不同振幅和频率的电流及磁通谐波。这些将引起电动机的附加铜耗和铁耗，损耗的总增量约为基波损耗的 20%，它会导致电机温升的升高并使效率降低 2%左右。这些谐波同时又产生稳（恒）定的谐波转矩和振动的谐波转矩，恒定谐波转矩的影响可以忽略，振动转矩约为额定转矩的 5%～10%，其主要影响是使电动机发出的转矩产生脉动，从而造成电动机转速（主要是低速时）的振荡。适当增加电动机的漏感抗，可将电动机的谐波电流限制在给定的极限范围之内。应当指出，上面着重分析的是 6 段波电压型逆变器供电的情况，当采用电流型逆变器向电动机供电时，基本情况相似，只是谐波铜耗略有增大，且振动谐波转矩的数值会随负载电流而变化。

为便于分析比较非正弦电源下异步电动机有关参数的变化，表 6—6 援引了一个计算实例，该实例中的三相鼠笼式异步电动机由 6 段波电压型逆变器供电，电动机的额定功率为 1 145 kW，电压范围为 0～1 300 V，频率为 0～80 Hz。分析该表可对电动机中谐波的影响有较清晰的数值概念。

表 6－6　基波和谐波损耗的计算比较表

		基波	5 次谐波	7 次谐波	11 次谐波	13 次谐波
频率	(Hz)	80	400	560	880	1 040
每相电压 U	(V)	1 300	260	185	118	100
旋转方向		＋	－	＋	－	＋
转差率 s		0.006 1	1.2	0.858	1.09	0.925
转差频率 f_2	(Hz)	0.49	480	480	960	960
同步速率 n_1	(r/min)	2 400	12 000	16 800	26 400	31 200
定子电阻 r_1	(Ω)	0.039	0.09	0.14	0.285	0.362
转子电阻 r_2'	(Ω)	0.016 7	0.113	0.113	0.16	0.16
电动机电阻 r_1+r_2'	(Ω)	0.055 7	0.203	0.253	0.445	0.522
定子漏抗 x_1	(Ω)	0.59	2.95	4.12	6.5	7.68
转子漏抗 x_2'	(Ω)	0.38	1.16	1.63	2.5	2.97
总漏抗 x_1+x_2'	(Ω)	0.97	4.11	5.75	9.0	10.65
定子电流或短路电流	(A)	440	63	32	13	9.4
转子铜耗	(kW)	9.212	1.340	0.347	0.081	0.043
总铜耗	(kW)	31.834	2.420	0.775	0.226	0.139
%		(100)	3 560(11.2)			
感应电势 E_2'	(V)	1 200	73	52	33	28
(电压 U 的%)		(92.5)	(28)	(28)	(28)	(28)
基波转矩 M_1	(N·m)	5 994	—	—	—	—
谐波转矩 M_k	(N·m)	—	－0.89	＋0.233	－0.027	＋0.014
			－0.068 73			
振动转矩 M_{k-1}(幅值)	(N·m)	—	902	471	186	134
时间函数			$\cos(6\omega t+\pi)$	$\cos 6\omega t$	$\cos(12\omega t+\pi)$	$\cos 12\omega t$
气隙磁通 Φ_m	(10^{-8}·Wb)	7.45	0.090 5	0.046	0.018 5	0.013 3
气隙磁通密度 B_δ	(10^{-4}·T)	6 450	77.5	40	16	11.4
(%)		100	(1.2)	(0.62)	(0.25)	(0.178)
定子轭磁通密度 B_f	(10^{-4}·T)	11 500	312	143	64	46.5
铁耗 P_{Fe}	(kW)	10.067	0.125	0.045	0.020	0.010
(%)		(100)	200.3＝600(6)			
杂散损耗 P_Δ	(kW)	15.3	3.5	1.42	0.483	0.326
(%)		(100)	5 720(37.4)			
总损耗$\sum\rho$(不包括机械损耗)	(kW)	57.201	9.88			
(%)		(100)	(17)			

第八节　异步电动机的结构

异步牵引电动机的结构如图 6－39 所示。其外形来看与一般的直(脉)流牵引电动机相近，所不同的是异步牵引电动机不需要换向器观察孔。就其内部结构来说，异步牵引电动机与

普通的异步电动机基本相同。由于异步牵引电动机悬挂在机车转向架上，运行时需承受强烈的振动和很大的轮轨冲击力，这就要求电机整体有很高的机械强度。由于采用变频电源供电，电机应采用耐电晕、低介质损耗的绝缘系统。同时，为了防止电机轴承的电腐蚀，电机应采用绝缘轴承和特殊的轴承润滑结构。为了保证传动系统的控制精度，电机转子导条应采用低电阻率、温度系统高的铜合金材料。为了减轻电机的自重，电机的所有零部件应采用轻材质高强度材料。另外，在输出额定功率的情况下，为了节省轴向空间、减小电机体积，通常采用轴向强迫通风系统，并优化通风结构，以利充分散热、降低温升，从而提高材料利用率。

图 6－40 为我国 HXD_1 型大功率交流电力机车采用的变频异步牵引电动机的剖面图，改型电机采用滚动轴承的抱轴或悬挂方式横向安装，有着优异的调速性能。

图 6－39　异步牵引电动机外形结构

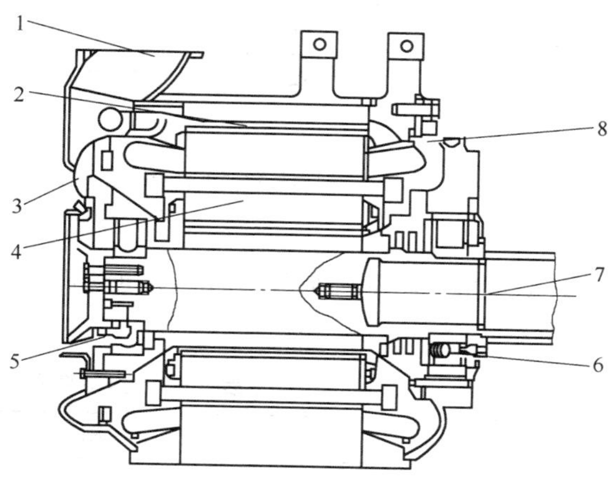

图 6－40　大功率交流异步牵引电机剖面图

1—N 端端盖；2—定子；3—转速传感器；4—转子；5—N 端轴承；6—D 端轴承；7—主动齿轮；8—D 端端盖

图 6－41 是我国 CRH_2 型动车组采用的 MT205 型交流异步牵引电动机的三维视图。

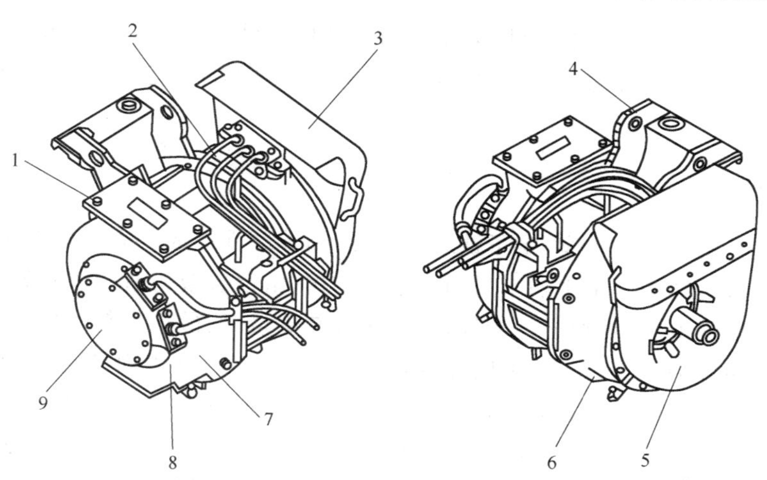

图 6－41　MT205 型交流异步牵引电动机三维图

1—通风孔；2—引出线；3—风罩；4—定子框；5—轴伸；6—铝托架(传动侧)
7—铝托架(非传动侧)；8—速度传感器；9—传感器外盖

该电机采用转向架轴承方式悬挂，并采用平行齿轮弯曲轴方向接头方式驱动，其悬挂方式和安装部位如图 6－42 所示。

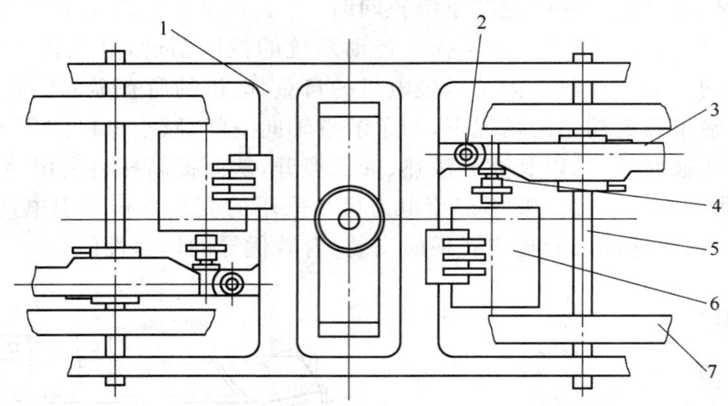

图 6－42 牵引电机安装位置图

1—转向架；2—齿轮箱固定装置；3—齿轮箱；4—齿轮弯曲轴万向接头；
5—轮轴；6—主电机；7—车轮

HXD_1 型大功率机车所用的牵引电动机和 CRH_2 采用的牵引电动机其主要技术参数如表 6－7 所示。

表 6－7 异步牵引电动机主要技术参数

机车型号	HXD_1	CRH_2	机车型号	HXD_1	CRH_2
额定功率(kW)	1 224	300	工作频率(Hz)	0～117	0～140
额定电压(V)	1 375	200	效率(%)	94.5	94
额定电流(A)	584	106	冷却方式	强迫风冷	强迫风冷
额定转速(r/min)	1 726	4 140	质量(kg)	2 500	440

作为适用于机车车辆传动的构件，异步牵引电动机在设计时不仅要考虑结构坚固，而且要最大限度地减轻重量以及考虑维护时的简易性。电机主要部件由定子、转子、轴承和端盖等部件组成。

一、定　子

异步牵引电动机定子由机座、定子铁芯、定子线圈等部件组成。大功率电机采用定子压圈和筋板无机壳焊接式结构。中小功率采用框架式结构(由铝合金铸造而成)，如图 6－43 所示。对机座要求是机械强度高、耐冲击性能好，并要求具有重量轻、散热冷却效果好等特点。

定子铁芯由厚度为 0.5 mm 的优质硅钢片叠压而成，其内圆表面的定子槽口增加通风空间，这样可以提高通风冷却效果，同时还可以适当增加电机漏抗、减小谐波电流的影响。

定子绕组由三相线圈组成，匝间绝缘采用耐电晕薄膜，为了防止高频电流引起的集肤效应使温度上升，线圈导体截面通常采用扁平形状并在槽内平放，同时增加导体的并联根数。线圈的主绝缘采用交叉叠包有玻璃布补强的有机硅云母带和亚胺薄膜。线圈间连接全部采用银焊，线圈嵌装后进行整体真空压力浸漆，使整个线圈具有良好的电气性能和机械性能，并能承

受 10 kV/μs 以上的匝间脉冲冲击电压。嵌装后的定子线圈如图 6－44 所示。

图 6－43　铝托座外形图

图 6－44　牵引电机定子铁芯和线圈

二、转　　子

转子由转子铁芯、转子导条、端环、压板等零部件组成。转子铁芯采用 0.5 mm 硅钢片叠压而成，并套在转子轴上，铁芯设有轴向通风孔，以使转子轻量化并提高冷却效果。一般异步电动机转子通常采用闭口槽，当电动机功率较大时，为了改善起动性能，转子槽有时做成深槽式。由于变频调节的异步牵引电动机都采用低频起动，实际上起动时集肤效应小，转子绕组有效电阻的增加和漏电感的减小作用已极不明显，故从磁路饱和及结构简单的理由考虑，多采用一般的矩形(或槽底为半圆形的矩形)槽。当电机功率较大时也采用梯形槽。异步牵引电动机一般不用斜槽的转子。

转子采用导体式鼠笼型结构，导条为矩形的铜条或铜锌合金。转子导条插好后，必须用专用设备挤压胀紧，使其牢固地固定在转子槽中。转子导条的两端通过银焊牢固地焊接在端环上，端环采用纯银构件。为了确保高速旋转时的安全，在端环外周还设有保护环。转子外形如图 6－45 所示。

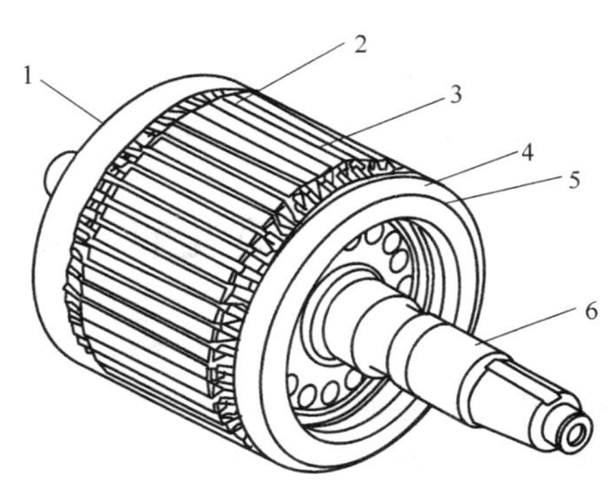

图 6－45　转子外形图

1—保持环；2—转子铁芯；3—转子导条；4—保持环；5—短路环；6—转子轴

三、轴承装置

由于交流异步牵引电动机的转速较高以及逆变器供电三相电流不平衡造成的轴电流使轴承腐蚀，故变频的异步牵引电动机需采用高品质绝缘轴承。非传动端轴承可采用润滑脂润滑，轴承应具有补充润滑脂的功能。传动端轴承采用油润滑，经过优化设计的润滑油路既能保证充分的润滑油润滑轴承，又不至于因油太多而导致轴承发热和油泄漏，齿轮磨耗留下的杂质也不会与润滑油一起加入轴承，确保轴承安全运行。轴承密封采用无接触式迷宫结构。

四、通风系统

交流异步牵引电动机通常都采用强迫通风冷却方式。冷却风从非传动端端盖的进风口进入电机内部，在电机内部有 3 条通风道，一条是定转子间隙形成风道，一条是转子上的通风孔形成风道，另一条是定子外表面采用钢板焊成的风道。前两条风道是电机的主要风道，而后一条风道主要用来降低定子线圈端部的局部温度。风道从端盖通风口流入，经风罩排出到电机外部。图 6－46 是 CRH_2 型大功率异步牵引电动机通风系统剖面图。

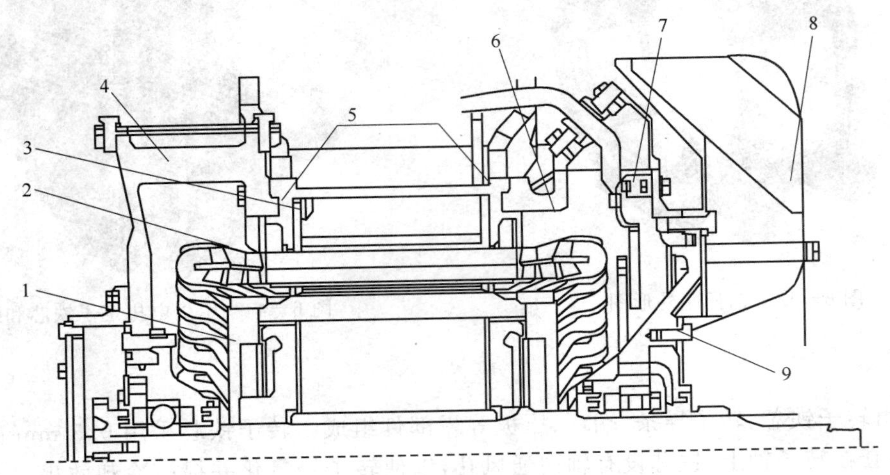

图 6－46　牵引电动机剖面图

1—定转风道；2—定转子间隙风道；3—定子风道；4—进风口；
5—双重配合；6—引出线；7—接线盒；8—风罩；9—端盖通风口

此外，交流牵引电动机在非传动端安装有两个速度传感器，它给出两路相差 90°的速度信号，这两个信号用来测量电机转速和判定电机转向，以便对电机进行控制。

第九节　异步牵引电动机的设计特点

异步牵引电动机的工作条件与工业用的一般异步电动机不同，一般异步电动机是在一定频率、电压和磁通下工作的。而异步牵引电动机却经常工作在变化的频率、电压和磁通下，同时机车牵引的性质要求它在宽广的调速范围内恒功率运行并具有较高的过载能力。异步牵引电动机的工作特点决定了它有如下设计特点。

一、设计特点

1. 逆变器—牵引电动机的容量匹配

普通异步电动机，仅对其额定工作状态进行计算即可。在设计异步牵引电动机时，仅限于计算某一个工作状态是不够的。因为在另外的工作状态下，电动机未必能够满足必需的要求。例如当频率和磁通变化时，电机的参数和磁化电流变化，相应电机的特性、功率因数和过载能力都会发生变化。另外，考虑到异步牵引电动机不受换向条件的限制，其计算功率在高速时可以完全被利用，在恒功调节时，其转矩的变化反比于频率或速度。但是恒功特性的获得与调节

方式有关,不同的调节方式所要求的牵引电动机的尺寸不同,且与逆变器的设计紧密相联,所以电动机的设计不能脱离开整个传动系统的技术经济指标。在实际的设计中,要想在所有的工作状态都获得良好的性能指标是不可能的,但对不同工作状态下的性能指标经过综合的分析比较,以求得到一个合理的方案。

理论上逆变器的容量和电动机的容量匹配有许多可能的不同组合,但根据机车的运行条件及调节控制方式,比较典型的有三种匹配方式,而且这几种匹配方式和机车运行的恒功区范围紧密相联系。

第一种容量匹配方案:当异步牵引电动机起动至基速 v_b 后,若从 v_b 到最大速度 v_{max} 区间内,逆变器输出电压保持不变,这时 v_s 为常数,频率增加,电动机磁场处于削弱状态,颠覆转矩随频率或速度的二次方下降。为了保证过载能力,电动机需要按最高速度时颠覆转矩来设计。

这种容量匹配方案,逆变器输出电压不变,中间回路电压 v_d 和电流 I_d 不变,逆变器容积功率 $P_i=U_dI_d=P_N$ 最小,故称大电机小逆变器方案。

第二种容量匹配方案:若从 v_b 到最大速度 v_{max} 的恒功区间内,在调节频率时逆变器电压增加,使电压按 $U_s\propto\sqrt{v/v_b}$ 的规律变化,并在 $v=v_{max}$ 时,$U=U_{smax}$,恒功区越宽电压提高越多。在这种情况下,逆变器需按起动时的最大电流 I_{max} 和相应于最高速度时的最大电压 U_{max} 来设计,电动机可按基准速度时的过载能力来设计,故这种容量匹配方案称小电机大逆变器方案。此时逆变器的利用率较差,因为在整个运行范围内最大电流和最高电压都不会同时出现。

第三种容量匹配方案:是介乎两者之间的折中方案,并由运行条件提出的要求来决定。

在交流电力机车发展的初期,由于逆变器的价格相对较为昂贵,所以设计者大多考虑采用恒压恒功调节的小逆变器大电动机的方式进行系统优化。对于目前发展的高速动车组恒功区宽度(v_{max}/v_b)已达到 2.5～3;尤其是内燃机车其恒功调速比要求达到 4～5 倍,如此大的调速比,电动机的体积和质量将会变大,为机车尺寸所不允许,故需考虑采用升压恒功调节方式来设计系统的容量。

2. 异步牵引电动机按连续(长时或持续)定额,而不用一般直(脉)流牵引电动机所常用的小时制定额进行计算。

牵引电动机的功率可根据下式求出

$$P=\frac{Fv}{36.7}(\text{kW}) \tag{6-137}$$

式中　F——机车每对轮缘上的牵引力,N;

　　v——机车运行速度,km/h。

牵引力是根据机车每个轮对对钢轨的压力和黏着系数求得的。为了使设计的牵引电动机充分满足机车运行性能的要求,而又有良好的技术经济指标(考虑到整个传动系统),在设计之初可以按照表 6—8 列出的不同工作状态进行分析计算,结合调节方案选出电动机的较佳额定值。

表中牵引电动机的转速 n 和转矩 M 分别按下式确定

$$n=5.3\mu\frac{v}{D_d}(\text{r/min}) \tag{6-138}$$

式中　μ——齿轮传动比;

　　D_d——机车动轮直径,m。

表 6—8 工作状态分析计算

参数 \ 机车速度	v_1	v_2	v_3	v_4
黏着系数				
牵引力(N)				
牵引电动机功率(kW)				
频率(Hz)				
牵引电动机转矩(N·m)				
牵引电动机转速(r/min)				

$$M=9\ 750\ \frac{P}{n}(\mathrm{N}\cdot\mathrm{m}) \tag{6—139}$$

3. 一般说来，高功率带换向器的牵引电动机的最大传动比将受到换向器所允许的圆周速度及电抗电势的限制，而异步牵引电动机的传动比却不受上述因素的限制，且通常只取决于小齿轮所允许最少齿数，所以异步电动机有可能选用较高的传动比。在单级正齿轮传动时，一般牵引电动机的传动比不超过 4，而异步牵引电动机的传动比则会大于 4，如前述的算例中传动比即为 4.35。E120 型机车的传动比更高达 4.82(人字齿轮传动)。

4. 异步牵引电动机的端电压通常不作规定，而是按照电动机的功率和逆变器的型式选择最优的数值。一般认为，选择电动机线电压的伏数等于电动机容量的千伏安数是适宜的。已设计并制成的典型电动机的经验是，电动机的端电压为 500～1 200 V。较小的数值用于电动车辆和内燃机车，大的数值则用于电力机车的牵引电动机。在选择牵引电动机的端电压时，参考制成的运行性能良好的牵引电动机的设计经验是很重要的。

5. 异步牵引电动机的极数和频率是一起考虑的。由机车的最高运行速度决定牵引电动机的最高转速(传动比已知)即

$$n_{\max}=5.3\mu\ \frac{v_{\max}}{D_{\mathrm{d}}}$$

式中 $v_{\max}$——机车的最高速度，km/h。

牵引电动机的最高频率为

$$f_{\max}=\frac{\rho n_{\max}}{60} \tag{6—140}$$

可见，最高频率 $f_{\max}$ 的选择与电动机的极对数 ρ 有关。极数较少时，定子绕组的端接尺寸较长致使电机总长度增加。另外，定子轭的尺寸随磁通的增加而加大，从而使定子铁芯外圆又会变大。但是极数较多时，相应的供电频率要提高，而频率的提高受其逆变器工作可靠性的限制，从逆变器的重量、尺寸和损耗的角度来说也不希望频率太高。一般的可控硅静止逆变器在最高输出电压时，其最高频率不应超过 200Hz。因此，在选择电动机的频率和极数时，应使电动机和逆变器二者均较合适。

异步牵引电动机的极数一般取为 $2\rho=4$、6、8 极。通常 4 极电动机能得到较好的效果。电动机的功率较大时，可选用较多的极数。

6. 对于现代交流电力机车来说，转差频率都由逆变器供电若干台电动机并联运行的。在轮径相同的情况下，并联的各台电动机应当具有相同的转矩—转速特性和转差率。特性和转

差率偏差越大，各电动机的负载分配将严重不均。这不仅使电动机过热、出现空转，还会使机车平均输出减少，应在满足变流器运行条件下，选取较小的转差率。

7. 对于现代机车来说，每根动轴上牵引电动机的功率大致有如下的数值：对于电动车辆为250～300 kW；对于干线内燃机车为400～600 kW；对于干线电力机车为900～1 200 kW。相对于牵引电动机在车底的有限安装空间来说，上述的功率已迫使异步牵引电动机取用较高的电磁和机械负荷。此外，对于静止逆变器供电的异步电动机来说，由于电源的非正弦形引起损耗的进一步增加。因此，要求异步牵引电动机使用高质量的磁性材料和高的绝缘等级，并有良好的强力通风装置。

8. 设计的异步牵引电动机的起动转矩一般应满足

$$M_q/M_N \geqslant 1.9 \tag{6-141}$$

这里 M_N 为电动机的额定转矩，M_q 是按照黏着条件起动所发出的转矩，即

$$M_q = T_0 \psi D_N / 2\mu (\mathrm{N \cdot m}) \tag{6-142}$$

式中　T_0——机车每个轮对对钢轨的压力，N；

ψ——起动时的黏着系数。

从稳定性考虑，牵引电动机最大转矩对起动转矩的储备裕量应为15%～20%，即 $M_m/M_q = 1.15 \sim 1.20$。

在额定电压和频率下，牵引电动机的过载能力应达到

$$M_m/M_N = 1.6 \sim 2.0 \tag{6-143}$$

在相应于机车最高速度的频率下，该数值应不小于1.25。

9. 在电压型逆变系统中，为了抑制谐波电流，电动机的设计需有较大的漏抗。

但在电流型逆变系统中，由于电动机的绕组漏电感是换流电路电感的一部分，直接参与换流过程。为了减小换流时产生的过电压，或使换流电容的数值不要过大，则希望牵引电动机的设计有较小的漏抗。

二、基本尺寸和电磁负荷

牵引电动机的外部尺寸受到机车动轮直径、轮对内侧距离和电动机机座到钢轨顶面的最小允许距离的限制。

牵引电动机最大的机座外径可以参照设计资料求出。对异步牵引电动机来说，在定子铁芯的外径 D_a 和内径 D_i 之间可采用下面的关系

$$D_a = D_i \left(1 + \frac{1.25}{\rho}\right) (\mathrm{mm}) \tag{6-144}$$

机座外径 D_i 和定子铁芯外径 D_a 之间的比例关系约为 $D_i/D_a = 1.1$，按此关系可以找到由电动机在转向架上的安置条件所决定的最大可能的定子铁芯内径为

$$D_i \leqslant 1.82 \left[\frac{D_d - 2h_z}{2}\left(1 + \frac{1}{\mu}\right) - \frac{d_0}{2}\right] \frac{\rho}{\rho + 1.25} (\mathrm{mm}) \tag{6-145}$$

式中　H_z——大齿轮节圆至轨顶的距离，mm；

d_0——机车轮轴直径，mm。

最大可能的定子铁芯长度 l_a 与电动机的极数有关，因为极数决定绕组端接部分的长度，在规定的轨距下，该端接部分的长度自然影响到 l_a 的尺寸选择。作为初步的选择，可以在确定某一定子内

径 D_i 之后，根据气隙磁通密度(图 6－47)求出相应的铁芯长度 l_a，然后作进一步的核算。

这里着重说明，电动机主要尺寸 D_i 和 l_a 的最后确定取决于气隙磁通密度 B_δ 和定子线负载 A 的大小。同时 B_δ 和 A 的比例关系也将决定异步牵引电动机的工作和起动特性，对功率因数 $\cos\varphi$ 和过载能力均有影响。

根据式(6－37)可将磁化电流以标幺值表示为

$$\overline{I}_{mr}=\frac{I_{mr}}{I_{1N}}=\frac{\rho B_\delta 2\delta_e k_H}{m\dfrac{\sqrt{2}}{\pi}W_1 k W_1 \mu_0 I_{1N}} \quad (6-146)$$

由于

$$\frac{mW_1}{\rho}=\frac{A\tau}{I_{1N}} \quad (6-147)$$

式中 τ ——电机的极距。

将式(6－147)代入式(6－146)，则得

$$\overline{I}_{mr}=1.78\frac{k_H\delta_e B_\delta}{kW_1\tau A} \quad (6-148)$$

由该式可知，随着 B_δ 的增大和 A 的减小磁化电流增加，功率因数 $\cos\varphi$ 降低。另外，极数较多的电动机极距 τ 较小，因而会有较大的磁化电流和较小的功率因数。

异步电动机的最大转矩和起动转矩均与电动机的漏抗有关。漏抗越大，最大转矩和起动转矩越小，过载能力也越低。前面式(6－126)所示总漏抗的标幺值为

$$\overline{x}_s=\frac{I_N(x_1+x_2')}{U_N}$$

由于线负载正比于电流，而磁通密度正比于电压，所以

$$\overline{x}_s=\frac{I_N(x_1+x_2')}{U_N}=\Lambda\frac{A}{B_\delta} \quad (6-149)$$

式中 Λ——表示漏磁特性的系数。

该式表明，电机漏抗的标幺值正比于 A 而反比于 B_δ，为了使电动机有较大的过载能力，即有较大的最大转矩，应当选取较大的 B_δ 和较小的 A 值。但对于电压型逆变器供电的电动机来说，为了减小谐波电流，却希望电动机有较高的 $\overline{x}_s$ 值，即应当取较大的 A 值和较小的 B_δ 值。这与电动机最大转矩的要求是不一致的，或者说，$\overline{x}_s$ 的取值将受到转矩和谐波电流两方面因素的制约，在设计电动机时应协调考虑。

异步牵引电动机 B_δ 和 A 的数值，对应于不同的极对数和极距大致可按图 6－47所示的曲线选取。

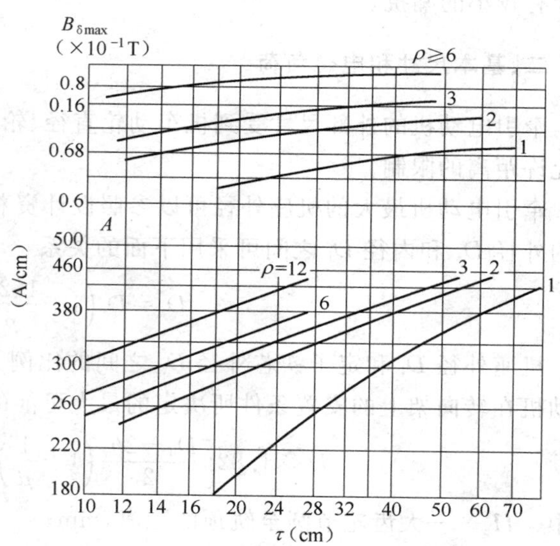

图 6－47 气隙磁通密度 B_δ 和线负载 A 与极距 τ 的关系

当额定频率达到 70 Hz 时，磁路各铁磁区段的磁通密度可按表 6－9 所给的数值选取。

应当说明，上面所给电磁负荷的数值大半还是基于一般异步电动机的资料给出的，对于现代高度利用的牵引电动机，尤其是大功率的牵引电动机来说，电磁负荷的数值一般要比上述数值高。通常认为，在定子绕组的电流密度为 6～7 A/mm^2 时，线负载可选 600～700 A/cm，空气隙的磁通密度则可选 0.8～1.0T。总之，图 6－47 的曲线和表 6－9 所给的数值仅作为电机设计时的初步参考值，而电磁负荷的最终确定还应参照已制成牵引电动机的经验，这在当前异步牵引电动机的设计经验尚不丰富的情况下尤其重要。

表 6－9　异步电动机的磁通密度

磁路区段	定子轭	定子齿(槽底截面)	转子齿(最窄截面)	转子轭
磁通密度(T)	1.0～1.5	1.3～1.7	1.4～1.6	1.0～1.6

第十节　异步牵引电动机的控制系统

异步交流电动机作为一个调速系统，如果负载对象长期在稳定速度下运行，而且对动态性能没有特殊要求，那么系统可以采用开环调节(如 U/f 控制)。但是，对于铁路牵引，要求传动系统按照一定的控制方式(例如恒力矩和恒功率)运行，同时又不断迅速的加速或减速。为了保证机车牵引系统有较高的动态控制精度和动态稳定性，机车上通常采用闭环控制系统。

在任何一个传动系统中，速度和转矩值通常被认为是系统二个重要的被调量。系统欲调节和控制转矩，不外乎有两种方法：一种是由和转矩相关的其他物理量作为给定信号，并检测这些量的实际值作为反馈信号(譬如电压、定子电流和转差频率)，来有效地控制电机。另一种是利用检测的或计算的转矩作为反馈信号，与给定的转矩进行比较，产生转矩调节器的输入信号，来直接控制传动系统的转矩。前者已广泛用在各种交流传动机车和动车车组上。后者称直接力矩控制，是迄今最佳的控制方法之一，已开始在机车上采用。

1. 转差频率控制的交流传动系统

目前，在铁路牵引的交流传动系统中，几乎都采用脉宽调制(PWM)逆变器。这种逆变器特点在于，当控制系统给定电压 U_1 和频率 f_1 时，PWM 信号生成单元控制逆变器的输出总是能保证电动机气隙磁通 $\Phi \propto U_1/f_1$ 接近恒值，这就满足了关于恒磁通控制的要求。

此外，根据式(6－61)给出的力矩和转差频率的函数关系 $T=f(f_2)$，转矩 T 只防取决于 f_2 的值，如果系统能合适控制 f_2 以及 f_2 的变化规律，就能使电动机按照要求的运行方式控制力矩。

图 6－48 所示的系统控制结构，已经在一些机车和动车组上采用。从基本特征来看，它是一种由电压型逆变器供电并且有电流反馈和转差闭环的双闭环控制系统。

如图所示，从司机控制台送出的给定转矩 T^* 信号，一路通过 f_2——函数发生器产生给定的转差频率 f^*，它与反馈的转速信号 f_R 相加得 $f_1=f_2^*+f_R$(牵引)或相减得 $f_1=f_R-f_2^*$(再生制动)，确定了逆变器输出电压的频率。考虑到恒转矩起动对恒磁通 $\Phi \equiv E_1/f_1 \approx U_1/f_1$ 的要求，系统中设置了一个电压函数发生器，其函数关系为 $U_{10}=Kf_1+U_0$，考虑了零速度附近对定子绕组压降的补偿。给定转矩信号的另一路经过电流函数发生器转换成电流给定信号 I_1^*，与实际测得的电流比较后，经电流调节器得偏信号 ΔU_1，和 U_{10} 合成后得电压控制信号 U_1。

取 $U_1=U_{10}+\Delta U_1$，其中 ΔU_1 反映电流反馈控制的影响。当实际电流小于约定电流时 U_1 增加；反之，U_1 减小。在 U_1 的组成中，U_{10} 所占的比重大，以保证电压和频率按线性关系调节。

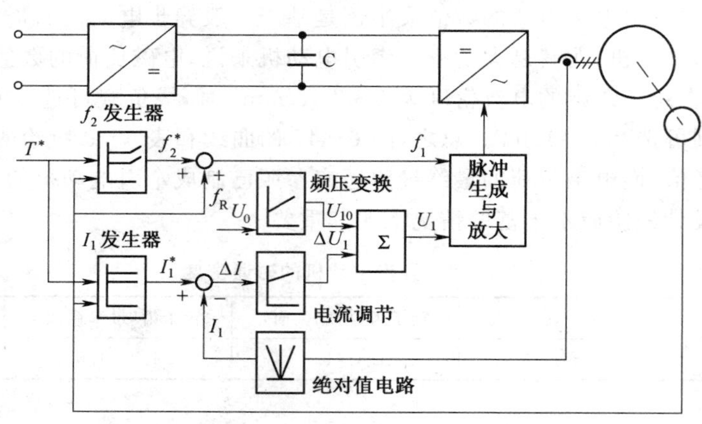

图 6—48　转差频率控制系统结构图

频率控制除应用于电压源逆变器传动系统外，还较多地用于电流源逆变器传动系统。电流源转差频率控制的运行方式与电压源相同，即从零速度到额定速度为恒转矩运行区，在额定速度以上，电机端电压保持恒定进入恒功运行区。当电动机以恒转矩运行时，其先决条件是磁通恒定，或者说需要激磁电流 I_m 恒定。但 I_m 不是一个独立变量，而由下式所决定

$$\dot{I}_1=\dot{I}_m-I_2' \tag{6—150}$$

根据电机基本理论，有

$$\dot{I}_m=\frac{\dot{E}_1}{jx_m} \text{和} I_2'=\frac{\dot{E}_1}{R_2'/S+jx_2'}$$

代入式(6—150)，可得在所有频率下定子电流 I_1 与转差频率 f_2 的关系

$$I_1=I_m\sqrt{\frac{R_2'^2+f_2^2[2\pi(L_2'+L_m)]^2}{R_2'^2+f_2^2(2\pi L')^2}} \tag{6—151}$$

式(6—151)是在恒定 I_m(恒磁通)条件下转差频率 f_2 和调节电流 I_1 的函数关系式。

图(6—49)表示采用转差闭环控制的电流源异步电机传动系统。在该系统中由于电流反馈取自中间直流回路，又因为 I_d 与 I_1 成正比，所以 I_d 与 f_2 之间存在与 I_1 和 f_2 之间类似的函数关系。

在系统结构图中，转速偏差信号经速度调节器和绝对值电路处理，产生电流给定信号 I_d^*。电流反馈信号 I_d，一路追踪 I_d^*，并经电流调节器后去控制系统电流；另一路由 f_2 函数发生器得出转差频率绝对值 $|f_2|$，由 f_2 加转速反馈信号 f_R，得频率控制信号 f_1。另外，当转速偏差信号为正时，转差频率有正符号，系统处于牵引状态。反之，转差频率为负符号，系统处于制动状态。

2.矢量控制的交流传动系统

以交流电动机作为系统的传动单元，关键是电磁力矩的产生与控制，前述的转差频率控制系统，就是根据电压(或电流)和转差来控制电磁力矩的。但转差频率控制的变频系统，其控制方式是建立在异步电机稳态数学模型的基础上的，其动态性能不够理想。随着现代控制理论及控制技术的发展，一种模仿直流电机控制的矢量控制系统，取得了重大的进展，并已在许多变频高速系统、铁路干线机车(西班牙 S252)机车)和高速动车(德国 ICE 动车)上得到应用。

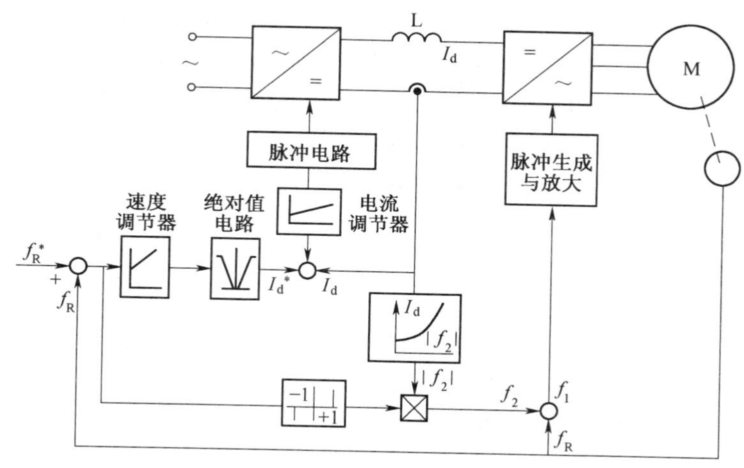

图 6－49　转差频率控制的电流源逆变器传动系统

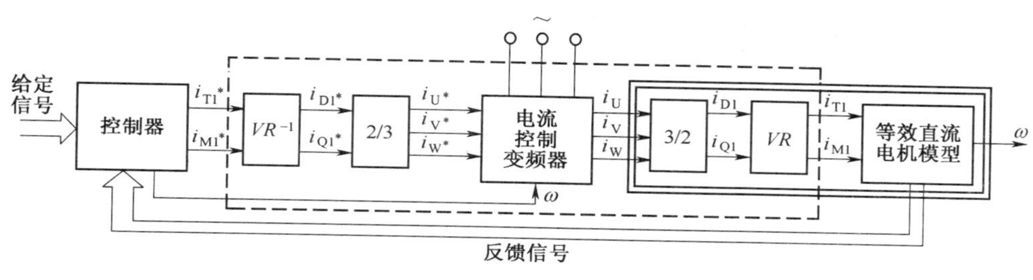

图 6－50　矢量控制原理结构型式

(1)矢量控制的基本概念

矢量控制原理的特点是认为异步电机与直流电机有相同的转矩产生机理。直流电机的电磁转矩为 $T=C_T\Phi I_a$，若不考虑磁路饱和，则 Φ 正比于励磁电流 I_f。保持 I_f 恒定时，电磁转矩与电枢电流成正比。影响电磁转矩的控制量 I_f 和 I_a 是互相独立的，也可以说是自然解耦的。I_a 的变化不影响磁场，因而通过控制 I_a 去控制电磁转矩，其动态响应很快，可以实现转矩的快速调节，获得理想的动态性能。

异步电动机的矢量控制就是仿照直流电机解耦控制的思路，把定子电流分解为磁场电流分量和力矩电流分量，并分别加以控制。这种分解(或解耦)实际上是把异步电机的物理模型等效地变换成类似于直流电机的物理模型。这种变换是借助于各种变换来完成的，等效的含义是变换前后在不同坐标系下电动机模型的功率相同以及磁动势不变。

根据上述坐标变换的设想，矢量控制系统的原则性结构形式如图 6－50 所示。三相坐标系下的电流 i_U、i_V、i_W 通过(3/2)相变换器可以得到二相静止坐标系下的电流 i_{D1}、i_{Q1}，再经过旋转变换器(VR)，可以得同步旋转坐标系下的电流 i_{M1}、i_{T1}。如果站在 M、T 坐标系上，观察到的便是一台直流电动机，上述形式表示在图 6－50 中的右侧的双线框内。从整体看，U、V、W 三相交流输入，转速 ω_r 输出，是一台交流异步电动机。从内部看，经过三相/二相变换和同步旋转变换，则是一台由 i_{M1}、i_{T1} 输入、ω_r 输出的直流电动机。图中给定和反馈信号经过类似于直流调速系统所用的控制器，产生励磁电流给定值 i_{M1}^* 和电枢电流给定值 i_{T1}^*，经过反旋转变换器(VR^{-1})得到 i_{D1}^* 和 i_{Q1}^*，再经过二相/三相变换得到 i_U^*、i_V^* 和 i_W^*。把这三个由控制信号和由控制器直接得到的频率控制信号 ω_1 加到变频器上，便可以输出所需的三相变频电流。在设计矢量控制系统时，可认为反旋转变换器(VR^{-1})和电机内部的旋转变换环节(VR)以及(2/3)变换和(3/2)变换实际可以互相抵消，则图 6－50 中虚线所示的框内可以删去，虚线框外则成了一个直流调速系统。所以说矢量控制交流变频调速系统静、动态特性应该完全能够和直流调速系统相媲美。

(2)矢量控制的基本方程

目前最常用的矢量控制方案，是按转子磁场方向定向的矢量控制。如图 6－51 矢量图所示。取同步旋转坐标系(MT 轴系)的 M 矢量与转子磁链 φ_2 相重合。图中静止轴系的 D 轴与三相轴系的 U 轴一致，M 轴与 U 轴(D 轴)之间相角为 φ。定子电流 i_1 在 MT 轴系上分解为 i_{M1} 和 i_{T1}，其夹角 α 为力矩角。通过数学推导可以得到矢量控制系统中，各物理量之间的关系式为

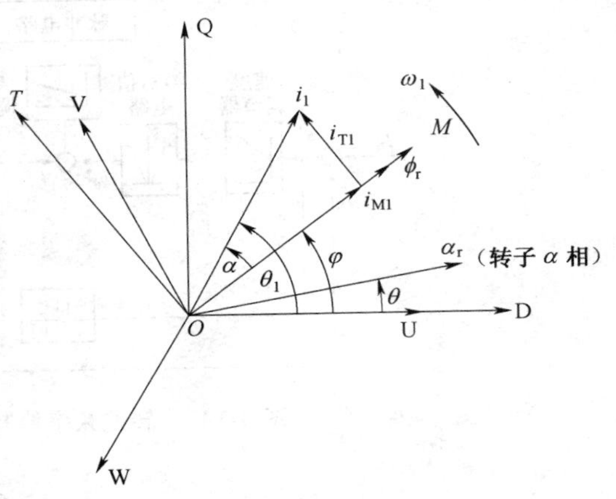

图 6－51　各坐标系的空间矢量图

$$i_{M1}=\frac{1+T_2P}{L_m}\varphi_2 \tag{6－152}$$

$$i_{T1}=\omega_s\frac{T_2}{L_m}\varphi_2 \tag{6－153}$$

式中　L_m——定转子之间的互感；

T_2——转子时间常数，$T_2=\frac{L_r}{R_r}$；

ω_s——转差角频率。

电磁力矩为

$$T=n_p\frac{L_m}{L_r}\varphi_2 i_{T1} \tag{6－154}$$

式中　L_r——转子电感，$L_r=L_m+L_{r\sigma}$($L_{r\sigma}$为转子漏感)。

定子电流 i_1 及其角频 θ_1 分别为

$$i_1=\sqrt{i_{M1}^2+i_{T1}^2} \tag{6－155}$$

$$\alpha=\tan^{-1}\frac{i_{T1}}{i_{M1}} \tag{6－156}$$

$$\theta_1=\varphi+\alpha=\int\omega_1\mathrm{d}t+\alpha \tag{6－157}$$

由式(6－156)看出，在转子磁场定向中，如能保持 i_{M1} 不变，即能保持 Φ_2 恒定，则电磁转矩 T 仅与定子电流有功分量 i_{T1} 成正比，没有任何滞后。这样，在定子电流的两个分量间实现了解耦，i_{M1} 只决定磁链，i_{T1} 只影响力矩，和直流电机控制完全相类似。

(3)矢量控制系统结构框图

矢量控制可用在电压/电流源逆变器的传动系统中，但是用电流控制来实现磁场定向能使系统更为简单。

在按转子磁场定向的矢量控制系统中，关键是转子磁链的测量（观测）。根据求得转子磁链向量所用的方法不同来划分，磁场定向控制的具体方案，可分为两类：直接磁场控制和间接磁场控制。直接磁通观测，是借助于定子内表面的霍尔片或其他磁敏元件，来获得实际的磁链信号。从理论上说，直接检测法应该比较准确，但实际上，敷设磁敏元件存在不少工艺和技术问题，特别是由于电机齿槽结构的影响，使检测出的信号中有较大的脉动分量，低速时影响更为严重，故实际装置用直接检测磁链的方案不多。在目前应用的，多采用间接观测磁链的方法，即通过实际测量电机电压、电流和转速等容易测得的物理量，利用转磁链的观察测模型，实时计算转子磁链的大小和相位。转子磁链的观测模型，是建立在异步电机动态数学模型的基础上的，它的推导是一个专门性的问题，这里不作具体说明。

下面将举例来讨论一下矢量控制系统的结构特点。

图 6—52 所示的是转速和电流采用闭环控制的矢量控制系统，其主电路采用近年来最新发展的电流跟踪型 PWM 变频器。

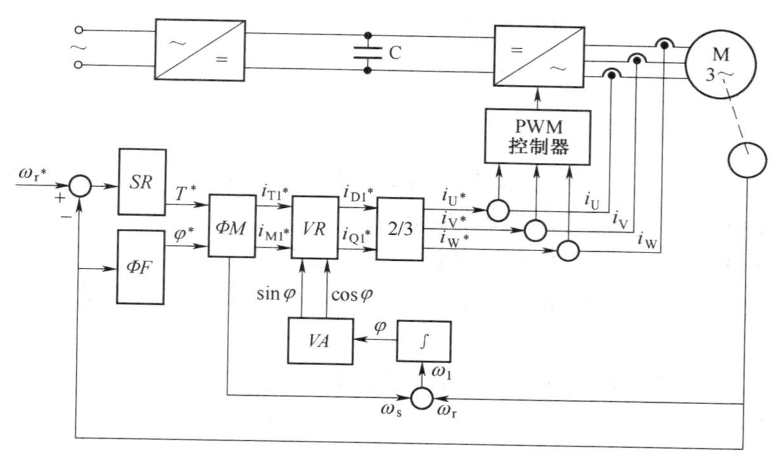

图 6—52 转速和电流闭环的矢量控制系统

在控制系统中，速度偏差信号经速度调节器（SR）产生力矩给定值 T^*，而转速信号送到磁通函数发生器（ΦF），该发生器在基速以下提供恒定的转子磁化电流给定值（恒力矩运行区），在超过基速以后实现磁场削弱（恒功率运行区）。

由给定力矩 T^* 和转子磁链 φ^* 通过磁链观测器（ΦM）计算出给定电流 i_{M1}^*、i_{T1}^* 和给定转差角频率 ω_s^*。ω_s^* 与测得的转速信号 ω_r 相加得定子角频率信号 ω_1，ω_1 经积分后得同步旋转坐标系（DQ 轴系）之间角位移 φ。利用向量分析器（VA）可得 $\cos\varphi$ 和 $\sin\varphi$。

把 i_{M1}^*、i_{T1}^* 和 $\cos\varphi$、$\sin\varphi$ 送往向量旋转器后，可得 i_{D1}^* 和 i_{Q1}^*，再经（2/3）变换，则产生 i_U^*、i_V^*、i_W^* 作为可控电流 PWM 逆变器的三相电流控制信号。

3. 直接力矩控制系统

直接力矩控制是在矢量控制和电流跟踪控制的基础上发展起来的，它解决了矢量控制系统中需要复杂的坐标变换和控制性能易受参数变化影响的问题。

该方法是直接在电机定子侧计算磁链 ψ 和力矩 T，借助两点式调节器（Band-Band 控制）产生 PWM 信号，直接控制逆变器的开关状态，把磁链和力矩控制在某一给定的容差内。整个系统线路简单，有最佳的开关频率和最小的开关损耗，并能获得良好的动态调速性能。

目前，直接力矩控制已成功地用于奥地利的1822型和瑞士的460型电力机车上。

(1)逆变器的开关状态

直接力矩控制系统通常采用的是电压型逆变器。图6—53所示为180°导通二点式电压型逆变器的开关状态图。在逆变器的同一桥臂上其上下两个开关是互补作用的。若每个桥臂的开关用 s_u、s_v 和 s_w 表示，则每一个开关有两种状态(0,1)，即

$$s_u、s_v \text{ 或 } s_w=\begin{cases}1,\text{上桥臂元件通，下桥臂元件断；}\\0,\text{下桥臂元件通，上桥臂元件断。}\end{cases}$$

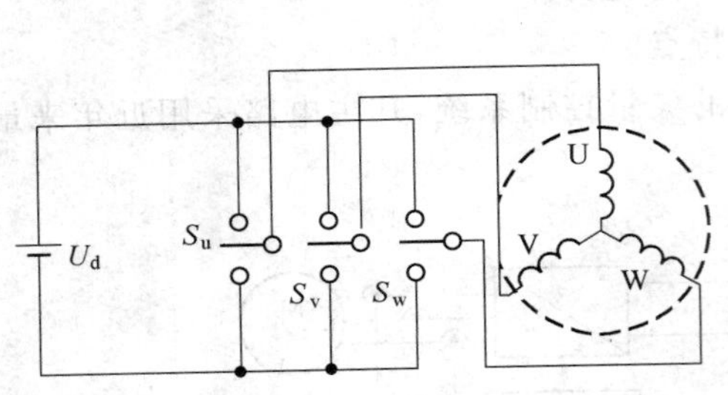

图6—53　逆变器开关状态

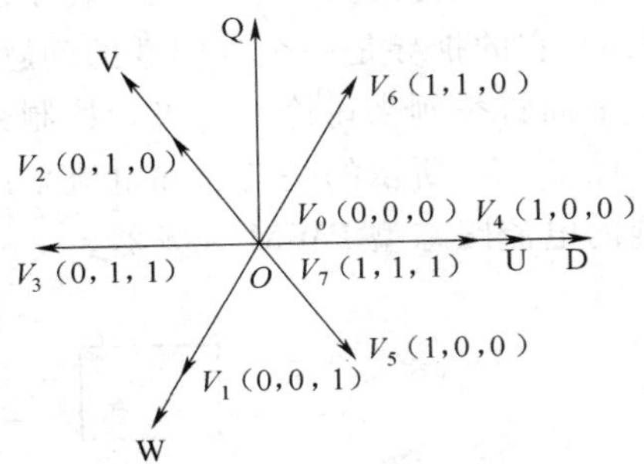

图6—54　电压空间矢量

三相逆变器共有 $2^3=8$ 个输出状态组合，异步电机的端电压由逆变器开关模式决定。其中6个为非零电压矢量 $U_1(0,0,1)$、$U_2(0,1,0)$、…、$U_6(1,1,0)$，两个为零电压矢量 U_0(0,0,0)和 $U_7(1,1,1)$各电压矢量在复平面上分布如图6—54所示。直接转矩控制就是根据定子磁链 ψ_s 及转矩 T 的实际需要从8个矢量中选择一最佳控制矢量，使电机运行在所要求的特定状态。

逆变器输出状态 i 时的输出电压 $\vec{U}_i$ 可用直流电压表示为

$$\vec{U}_i=U_d(S_u+S_v e^{j120°}+S_w e^{j120°}) \tag{6—158}$$

式中　$i=0,1,2,\cdots,7$。

它在复平面上的相位与由它产生的磁链的相位相同。

(2)磁链的空间矢量

若 ψ_{si} 和 i_{si} 分别表示逆变器工作在第 i 状态时的定子绕组磁链和电流，则电机定子电压方程为

$$\vec{U}_i(S_u,S_v,S_w)=\frac{d\psi_{si}}{dt}+i_{si}R_s \tag{6—159}$$

若忽略定子电阻，则电机定子磁链矢量为

$$\psi_{si}=\int_{t_0}^{t}\vec{U}_i dt+\psi_{st_0} \tag{6—160}$$

式中　ψ_{st_0}——ψ_{si} 在 t_0 时刻的矢量。

由式(6—164)看出，该式右边第一项是磁链增量，其方向是沿 $\vec{U}_i$ 的方向运动，大小与 U_i 的作用时间成正比。

因此，只要合理地选择电压矢量的施加顺序及作用时间，就可形成多边形磁链的轨迹。

(3)转矩控制的模型

在直接转矩控制系统中，转矩控制性能的好坏直接关系到调速系统的静动态性能。

在静止(DQO)坐标系中,电磁转矩可以表示为

$$T=n_p(\psi_{sd}i_{sq}-\psi_{sq}i_{sd}) \tag{6-161}$$

若代入二相/三相的变换关系,可得在三相坐标系中的转矩表达式

$$T=\frac{\sqrt{3}}{3}n_p[i_{su}(\psi_{sw}-\psi_{sv})+i_{sv}(\psi_{su}-\psi_{sw})+i_{sw}(\psi_{sv}-\psi_{su})] \tag{6-162}$$

式中　i_{su}、i_{sv}、i_{sw}——定子U相、V相和W相电流;

ψ_{su}、ψ_{sv}、ψ_{sw}——U、V、W相定子磁链。

根据系统测得的电流和磁链(或由观测模型计算),可实时计算电机的力矩 T。

(4)系统的原理结构图及设计要点

直接转矩控制的系统框图如图6—55所示。该系统中由检测得的三相电流和电压经(3/2)变换转换成 i_{d1}、i_{q1} 和 U_{d1}、U_{q1},经积分 $\psi=\int(U-ri)\mathrm{d}t$ 运算后,得 ψ_{d1}、ψ_{q1} 和磁链模 $|\psi_1|$。然后由逆计算的电流和磁链并根据式(6—165)可求得电机的实际转矩 T。

把电机的实际转矩T和给定转矩 $T*$ 一起输入二位置转矩比较器进行比较,根据确定的偏差 ε_T 可得输出状态(0,1),输入到存储着电压矢量开关表格的只读存贮器ROM中。

另一方面,将定子磁链幅值的给定值 $|\psi_1^*|$ 与实际磁链幅值 $|\psi_1|$ 通过磁链比较器,根据给定的偏差 ε_ψ,也可得输出状态(0,1),并把它输入存贮开关表格的ROM中。

这样ROM就可以根据作为地址码的输入信号,输出事先其中的表格数据,该表格数据代表定子电压矢量的开关顺序 s_u,s_v,s_w。用它去控制逆变器的开关,使所需要的电压综合矢量加到异步电动机的端子上,从而实现了转矩的直接控制。

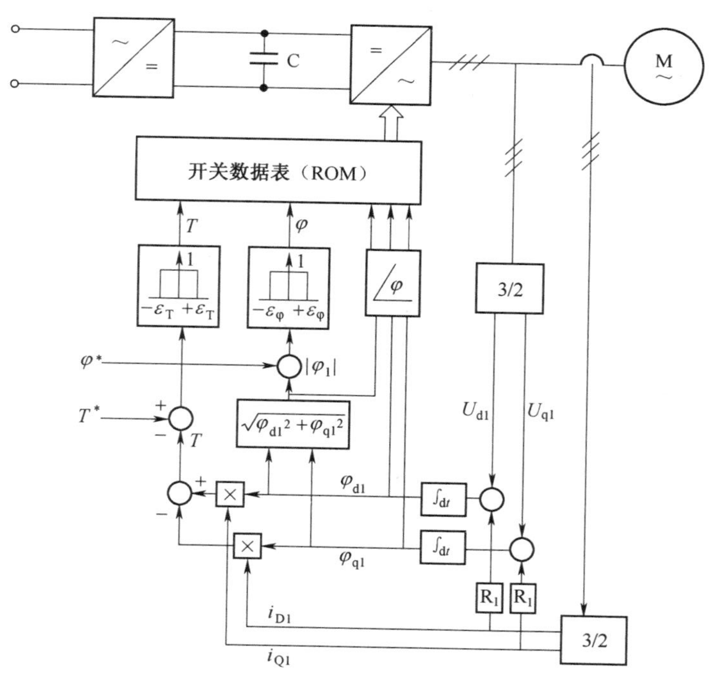

图6—55　直接转矩控制系统框图

复习思考题

1. 在电力牵引传动中采用三相交流牵引电动机的主要优点是什么？
2. 异步牵引电动机变频调节时，其机械特性是如何变化的？
3. 试述异步牵引电动机恒转矩和恒功率变频调节的规律。
4. 三相异步牵引电动机的结构有哪些特点？
5. 请画出一定气隙磁通、不同频率异步电机矩速特性，并说明特点。
6. 请画出一定电压、不同频率时异步电机矩速特性，并说明特点。
7. 画出电力机车牵引特性图中，标注出各部分区段的名称。

第七章

晶闸管同步牵引电动机

在工业大功率变速电力拖动中，特别是在铁路运输用的电传动机车上，大都采用各种型式的直流电动机，因为这种电机具有优越的调速性能和工作特性。但是直流电动机具有机械换向器和电刷结构，存在着由"换向"引起的许多技术问题，这不仅给制造和运行增加了困难，而且电机设计也遇到了障碍，使得直流电动机在单机容量、电压转速等方面很难进一步提高。

晶闸管同步电动机又称晶闸管无换向器电动机，是近年来正在迅速发展着的一种新型的无级变速电机，它由晶闸变频器、同步电动机和转子位置检测器构成。转子位置检测器是联系同步电机和变频器之间控制系统的随动环节，它又与变频器一起来代替直流电动机的换向器和电刷装置。这种传动系统结构简单、控制方便，兼有直流电机特性优越和交流电机运行可靠等优点。

本章结合机车牵引特点，介绍晶闸管同步牵引电动机的基本原理、典型线路和换流，分析该系统的电磁关系、工作特性和控制方式，最后简要地讨论一下系统的传递函数和电机设计中的有关问题。

第一节　晶闸管同步电动机的原理

一、晶闸管同步电动机的构成

晶闸管同步电动机系由晶闸管逆变器（或变频器）、同步电动机和转子位置检测器构成，基本原理如图 7－1 所示。位置检测器测出定子和转子的相对位置，并产生相应的触发信号，经逻辑放大后去控制可控硅逆变器。逆变器的频率由位置检测器控制，并保持定子电枢磁势和转子励磁磁势之间夹角在一定范围内周期变化，使同步电动机稳定地输出力矩。

从电机结构上看，晶闸管同步电动机和普通同步电动机完全一样，普通同步电动机虽然也可由独立控制的变频器供电，以独立的方法来实现调速，但它已属于变频调速的范畴。而晶闸管同步电动机其定子电流的频率是通过转子位测器由电机转速决定的，其转速和频率严格保持同步，故晶闸管同步电动机又称自控（或自调频）同步电动机。

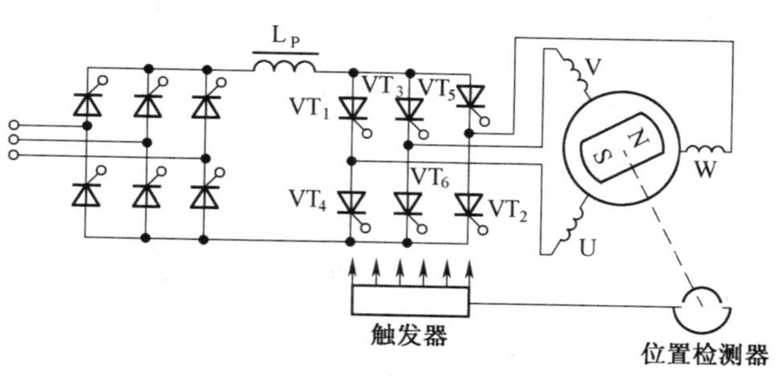

图 7－1　可控硅无换向器电动机原理

从系统的工作原理上说，晶闸管同步电动机和直流电动机具有基本相同的调速特性，只要简单地改变电机电压或磁场电流,即可在广阔范围内进行调速。为了进一步说明晶闸管同步电动机的工作原理,可将它与其等效的直流电机模型作一对比。

我们知道,直流电机电枢元件中的感应电势和实际通过的电流是交变的。通过换向器和电刷的作用,一方面完成和外电路交直流的转换,同时使得电枢磁势 F_a 和励磁磁势 F_0 互相垂直,参看图 7－2(a)。这两个磁势的垂直关系,使得电动机总是以最大转矩状态运行。如果将直流电机的换向片减少到三片,做成如图 7－2(b)所示,则除了电机转矩波动较大一点之外,其他并无变化。晶闸管同步电动机[图 7－2(c)]与具有三个换向片直流电机原理基本相同,只是调换了电枢和磁极的位置。根据不同的转子位置,以一定次序打开和关闭可控硅元件,能使电枢磁势和励磁磁势保持一定的相对位置,这两个磁势的相互作用,使得电机获得旋转力矩。通过上面的比较可知:从电枢磁势和励磁磁势之间的相互作用来看,晶闸管同步电动机和直流电机一样,本身都是一台同步电机。只是直流电机中加的是一个机械变流器——换向器,在电动机情况下,换向器起着逆变器作用,相反地,在发电机情况下,换向器起着整流器作用。而可控硅无换向器电机是用可控硅组成的半导体逆变器来代替。直流电机中的电刷不仅起着引导电流的作用,还起着电枢电流换向位置的检测作用。在晶闸管同步电动机中是用无接触式的转子位置检测器来代替。

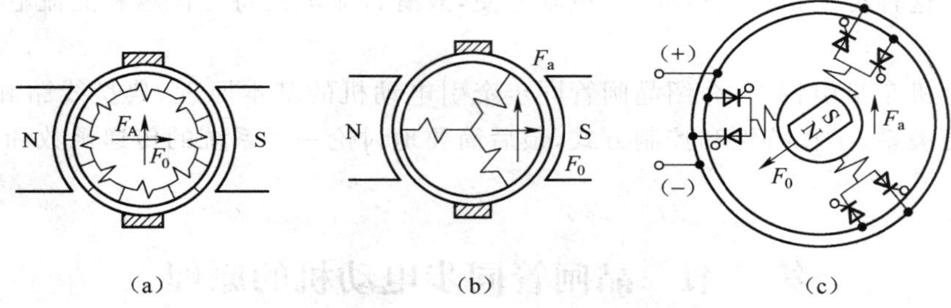

图 7－2　直流电机与晶闸管同步电机的比较

所以晶闸管同步电动机和普通直流电机具有完全相同的调速特性,在特性分析时可以按照直流电机方法处理。但是电动机的内部物理过程和一般同步电机一样,故电机结构和参数必需按同步电机的要求设计。

根据图 7－2(c)所示的晶闸管同步电动机的模型,为了进一步说明电机旋转磁势的产生,在图 7－3 中表示了电枢磁势的几种基本情况。

二、旋转原理及电磁力矩的产生

晶闸管同步电动机的电枢绕组一般采用三相绕组,逆变器通常采用桥式联接法,如图7－3所示。为了说明电枢旋转磁势的形成和电机力矩的产生,讨论下面几种基本情况。当转子处于图 7－3(a)的位置时,通过位置检测器送出信号,使可控硅 VT_1、VT_6 导通,电流经 VT_1→U 相绕→V 相绕→VT_6 流通,此时电枢磁势 F_a 和励磁磁势 F_0 相位差为$2\pi/3$。如转子顺时针旋转使 F_0 和 F_a 相差为 $\pi/2$ 时,电机产生最大转矩。当转子继续旋转到达 F_0 和 F_a 相位差为 $\pi/3$ 时,由位置检测器发出信号,使可控硅 VT_2 触发 VT_6 阻断(阻断的方法在换流一节中介绍)。此时电枢电流转换为由电源正端→VT_1→U 相绕组→W 相绕组→VT_2→电源负端,F_a 瞬刻转

过 $\pi/3$，到达如图 7—3(b)所示的位置，此刻 F_a 和 F_0 的相位差又变为 $2\pi/3$。以后每转 60°就重复一次，使 F_0 和 F_a 的相位差经常保持在 $\pi/3\leqslant\varphi\leqslant2\pi/3$ 下运转。也就是说，每当磁极转动 $\pi/3$，电动机定子中就产生一种转换的(旋转的)电枢磁势，该磁势在和励磁磁势相互作用下产生转矩，使得电动机能够连续运转。

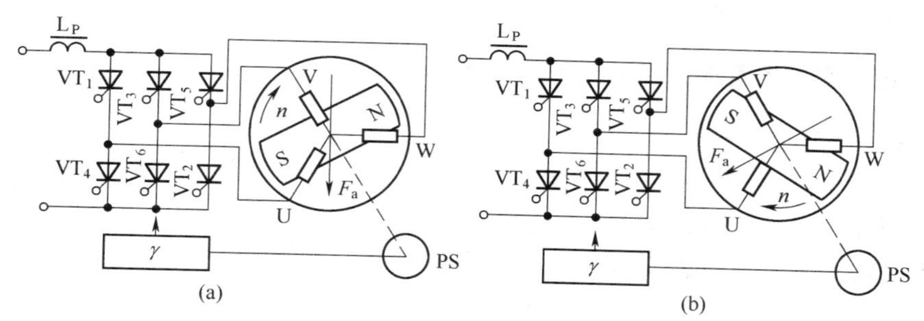

图 7—3　晶闸管同步电动机转矩的产生

表 7—1 表示了电枢电流的方向与晶闸管开通次序的对应关系。

表 7—1　电枢方向与晶闸管开通次序对应

时间(电角度)	0°		120°		240°		360°
电枢绕组电流方向	U→V	U→W	V→W	V→U	W→U	W→V	
(+)侧导通的可控硅元件	VT_1		VT_3		VT_5		
(−)侧导通的可控硅元件	VT_6	VT_2		VT_4		VT_6	

由表 7—1 可以看出：

1. 电机每相绕组流通电流的时间是 120°电角，关闭时间 60°电角，然后电流反向流通 120°电角，再关闭 60°电角，且三相绕组按次序导通。

2. 在一个周期内每个可控硅元件导通 120°电角，关闭 240°电角。转子旋转一周，可控硅依次触发一次，每相绕组电流交变一次，保证转动磁场与转速同步。

3. 该电机的电枢磁场是一步进磁场，在这种状态下，使得电枢磁势和励磁磁势之间的夹角在一定范围内重复变化。因此，晶闸管同步电动机的力矩有较大的脉动。

第二节　晶闸管同步电动机的传动系统及电路换流问题

晶闸管同步电动机的传动系统在原理上可以采用两种不同的方式。一种称为交—直—交系统，它是将交流电源经过整流变为直流，然后再由可控硅逆变器转变为频率可变的交流电，以实现同步电动机的调速。另一种是所谓交—交系统，利用可控硅变频器直接把固定频率的交流电源，变换为对应于电动机转速的另一频率的三相电源供给同步电机。交—直—交系统电流型工作方式，其电路结构和异步电动机传动系统基本一样。而交—交系统有两种不同的工作方式：电流型交—交系统和电压型交—交系统。电流型交—交系统输入到电动机为方波电流，系统比较简单。电压型交—交系统允许电流较快地进行变化，通过控制系统的调节，可使输入电机电流近于正弦波，则电机有较小的转矩脉动，但系统比较复杂。

一般来说，有直流环节的传动系统其线路比较简单，所需的可控硅数量较少，且不需要快速可控硅。但是，这种系统的电动机在低速运行时，特别是起动时，逆变器的自然换流有困难，必须采用强制换流，这一点不如交—交系统直接变频的方式优越。因为后者可以利用电源换流，且具有易于起动、并能获得较大的起动转矩等优点。

一、交—直—交晶闸管同步电动机的工作方式

(一)系统工作原理

图 7—1 表示出有直流环节的同步电动机传动系统的原理图。主电路由两个主要部分构成：即接于电网侧的三相(或单相)的整流电路和接于负载(电动机)侧的三相逆变电路。中间直流环节接入平波电抗器 L_p，用以减少电流脉动。电动机采用三相凸极式同步电机，定子采取 Y 接法，其励磁绕组由单独的桥式整流器供电。控制系统主要包括一个转子位置检测器 PS，一个 γ 脉冲分配器和一组逆变触发放大器。转子位置检测器和同步电机同轴相联。根据转子位置的不同 PS 发出相应的信号。这些信号经过 γ 角控制逻辑线路分配到相应的触发放大器，放大后去触发逆变器桥臂，从而保证逆变器的输出频率与电动机转速相适应，并按照一定顺序轮流向同步电机三相绕组供馈方波电流。下面简要的分析一下系统的工作过程。先假定电动机已经旋转起来，且电动机某相绕组桥臂的可控硅(譬如 VT_6)已经触发，同时规定电流从绕组端子流向中点为正电流，反之称为负电流。当转子旋转到某一位置的时刻为 t_1 时，位置检测器发出信号 γ_1，可控硅 VT_1 触发导通，电流经 U 相绕组为正向电流 I_U^+，而流经 V 相绕组为负向电流 I_V^-。I_U^+ 和 I_V^- 都是幅值 I_d 的方波电流。当转子继续转动 60°电角之后，位置检测器发出信号 γ_2，W 相桥臂 VT_2 触发，VT_6 导通转为 VT_2 导通，则经 U 相绕组仍为 I_U^+，经流 W 相绕组为负向电流 I_W^-。如果这样继续下去，即每隔 60°电角按次序发出触发信号 γ_1，γ_2…γ_6，γ_7…，那么供给同步电机各相电流如图 7—4 所示。显然，在电动机各相绕组中流通的是宽度为 120°电角的、相位移也是 120°电角的方形波电流。

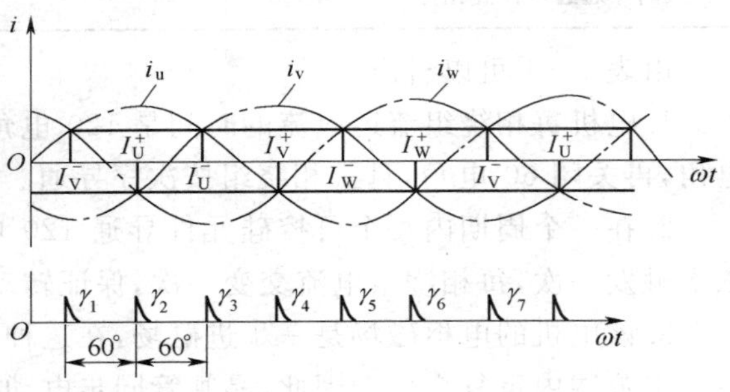

图 7—4　逆变器导通顺序

当电动机需要反向运转时，无需改变主电路的接线，只要根据指令记号并借助转子位置检测器、经过逻辑控制来改变逆变器中可控硅的导通次序即可。反向旋转和正向旋转一样，位置检测器不仅能保证逆变器的输出频率和电动机旋转速度相适应，从而不致产生失步现象，并且保证电枢磁场和励磁磁场之间保持必要的相对关系，以产生反向转矩。

这种系统的电动机其速度调节非常简单。因为晶闸管同步电动机的本质是把直流电动机的换向器和电枢与定子励磁磁极相互置换位置，用位置检测器和可控硅逆变器来代替电刷和换向器的作用，电机工作原理并无变化。加之该系统逆变器的输入端有独立的直流环节，并具有单独的磁极励磁。因此，只要改变电动机直流环节的电压或者转子的励磁电流，就可以很方便的调节电动机的转速，使其获得和直流电动机一样的牵引特性和电制动特性。把它作为牵引电动机无疑是理想的。

（二）晶闸管同步电动机中逆变器的换流

在晶闸管同步电动系统中，逆变器代替了一般直流电机的机械换向器，从而根本上消除了直流电机存在的换向问题，但是却出现了逆变器的换流问题。晶闸管在承受正向电压情况下触发导通以后，即使去掉触发信号，晶闸管不能自行关断而仍然保持导通状态。为了关断晶闸管元件，必需把晶闸管电流减少到零，或者施加反向电压。一般来说，使应该导通的晶闸管导通，并把先前导通的晶闸管关断，这种电流的转换称为"换流"。当晶闸管接于交流电源作整流器运行时，由于电源本身是交变，晶闸管关断一般是没有问题的。但作为逆变器运行时，电源电压极性不变，为了关断晶闸管就必须采取特别的措施。换流是变流电路的中心环节，只有保证可靠的换流，才能保证系统稳定运行。关于换流的一些理论和实践，在不少文献中都有专门论述。这里仅结合晶闸管同步电动机的运行特点对实现换流作一简单的介绍。

1. 自然换流

所谓自然换流，就是利用电动机感应电势作为反向电压来进行晶闸管之间的换流。在晶闸管同步电机中，由于其转子是独立系统，电机运行时它本身能够产生旋转电势，我们可以不用任何电容器之类的辅助设备，直接利用在相绕组中产生的反电势来进行换流，即实现电枢电流的自然换流作用，这是晶闸管同步电动机的一个优点。

逆变线路实现自然换流的原理图如图 7－5 所示。为清晰起见，线路只画了正在换流的一部分。假定晶闸管 VT_1、VT_2 导通，电流由（＋）端流经 VT_1→U 相→W 相经 VT_2 流至（—）端。当电流由 U 相流入换至 V 相流入时，VT_3 开始导通，VT_1 应该关断，为了能把 VT_1 及时关断，可以利用加在 VT_1 上的反电势 e_U。电机三相反电势的波形图示于图 7－6(a)。如果在 U 相反电势 e_U 和 V 相反电势 e_V 相等时刻（K 点）触发 VT_3，因为加在 U、V 两点的电压 $u_{UV}=0$，VT_1 无法关断，以至换流未能成功。如果 VT_3 的导通时刻从两相电势交点 K 适当提前一个角 γ_0，例如图中的 M 点，因为在 M 点的 $e_U>e_V$，反电势 $e_{UV}=e_U-e_V$ 之值为下。当可控硅 VT_3 触发时，反电势 e_{UV} 作为反向电压加于 VT_1 上而使其关断。因此，利用反电势自然换流的条件是需要一定的换流超前角 γ_0。由于换流回路存在电感，换流不能瞬时完成，V 相电流上升到最大值和 U 相电流衰减到零必有一个过程，这段时间对应的电角 u_L 称为换向重叠角。重叠角 u_L 取决于电机回路电感及电机负载。如果忽略晶闸管关断时间，则换流极限条件为

$$\gamma_0-u_L>0$$

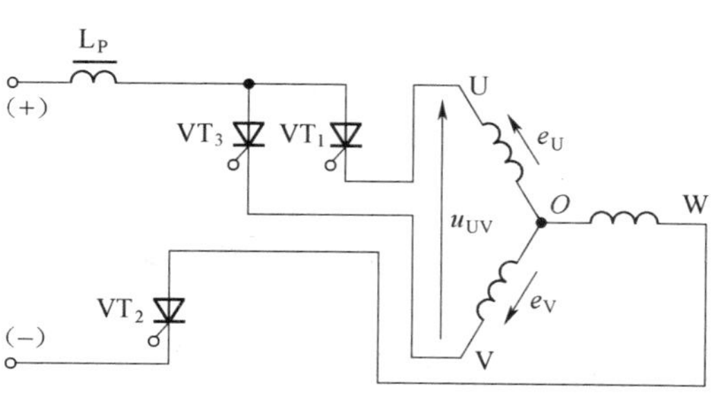

图 7－5　自然换流原理图

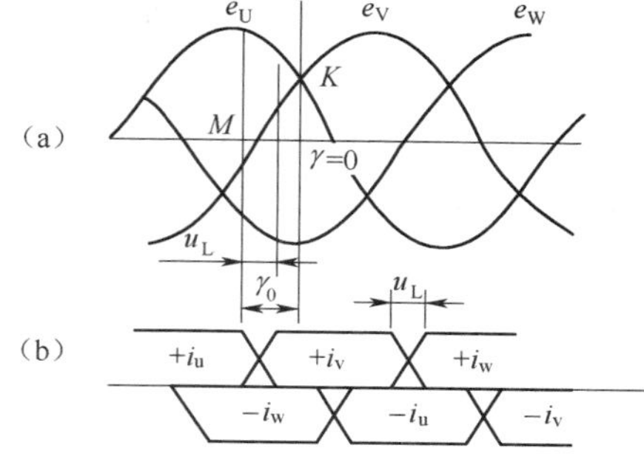

图 7－6　空载超前角及换向重叠角

当利用电机的反电势进行换流时，施加在晶闸管正负两极之间的电压波形如图 7－7 所示，图中 γ_0 为空载换流超前角。在相当于 γ_0 的一段时间内，晶闸管承受负偏压而关断。当电机承受负载时，由于换流重叠角以及电枢反应的影响，使晶闸管导通增加，电机端压相位提前，

因而负载时实际的换流超前角 γ 减小，如图 7－7 中虚线所示。为了保证晶闸管可靠地关断，往往要求有一定的换流剩余角 θ，即

$$\theta=\gamma-u_L=\gamma_0-\delta_a-u_L>0$$

式中 δ_a 为电枢反应相位角。为保证关断，剩余角 θ 至少应保持在 10°～15°之间。

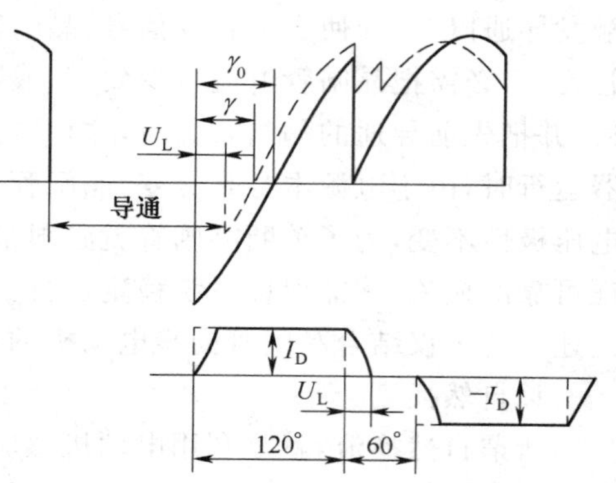

图 7－7 换流时晶闸管两端电压、电流波形

在实际应用中，当采用反电势换流时，通常取 $\gamma_0=60°$左右。应该提到的是，在三相逆变器供电情况下，$\gamma_0=60°$时电机转矩的脉动成分较大。但是在电动机高速运转时，由于转动部分机械惯性作用，这种电磁转矩的脉动在速度变化上是反映不出来的。可是在低速运行时，这样的转矩脉动会使电机速度发生波动。特别是在起动时，若使 $\gamma_0=60°$，因转子在某些位置上转矩为零而无法起动。因此超前角 $\gamma_0=60°$不适宜于起动和低速运行。同时考虑到起动和低速运行时电机反电势较小，利用它进行自然换流也有困难。所以，通常在起动和低速运行时，需采用相应的强制换流措施。为保证在任何运行状态下换流成功，必须通过逻辑线路自动切换，使超前角 γ_0 在高速电动机状态时为 $\gamma_0=60°$，而在低速电动机状态时 $\gamma_0=0°$。

总之，利用反电势自然换流具有系统简单、对元件要求较低等特点，且由于系统中没有换流电容器，从而消除了系统中产生谐振的可能性，保证了电机在调速范围内稳定运行。但是电机在低速时，特别是在起动时，反电势换流的能力是比较低的，必须采用强制换流方法——断续换流法，下面我们就讨论一下这种换流方法的有关问题。

2. 断续电流换流法

断续换流法是各种强制换流措施中最为简单、经济的办法。所谓断续电流换流法，概括地说，就是每当晶闸管需要换流的时刻，先设法把逆变器的输入电流拉断，使逆变器的所有晶闸管均暂时关断。然后，再给换流后应该导通的晶闸管输入触发脉冲，则当重新通电时，电流流经该导通的晶闸管以实现换流。在交—直—交供电系统条件下，通常采用逆变断流法。具体地说，就是每当晶闸管同步电动机的逆变桥〔图 7－8 桥（Ⅱ）〕要进行换流时，设法使交流电源整流桥（Ⅰ）进入逆变状态，把平波电抗器和电机中贮存的能量反馈至电网，从而使电流迅速衰减。

设图 7－8 中的整流桥（Ⅰ）进入逆变状态，其逆变电压为 E_1，电机导电二相回路中的反电势为 E_{WU}，则回路电压方程式为

$$L\frac{di}{dt}+Ri=-E_1+E_{WU} \quad (7-1)$$

式中 L——电机内部电感和平波电抗器电感之和；

R——回路总电阻；

E_1——电源逆变电压。

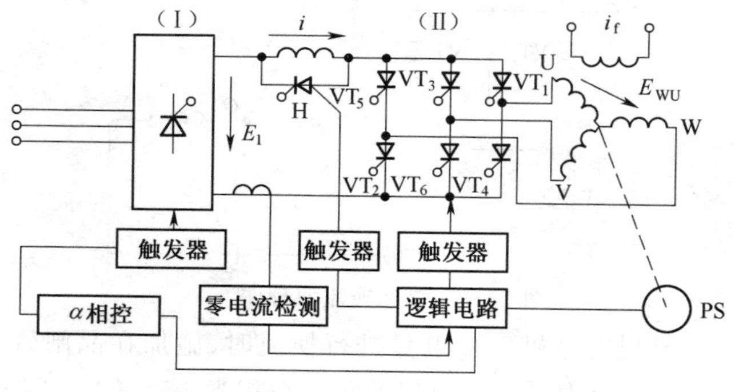

图 7－8 断续电流换流法

如忽略电压脉动，可近似认为 E_1 等于常数。由于在低速时反电势 E_{WU} 较小，与 E_1 相比可以忽略不计，于是得

$$L\frac{\mathrm{d}i}{\mathrm{d}t}+Ri=-E_1 \tag{7-2}$$

利用边界条件 $t=0$ 时，换流回路的电流为原来的负载电流，即

$$i(0)=I_d$$

解式(7－2)得

$$i=(I_d-\frac{E_1}{R})e^{-\frac{R}{L}t}-\frac{E_1}{R} \tag{7-3}$$

式(7－3)为断流过程中电流变化情况。由式(7－3)不难求得使电流衰减到零所需的时间 t_0，即

$$t_0=\frac{L}{R}\ln\left(\frac{RI_d}{E_1}+1\right) \tag{7-4}$$

从式(7－4)可知，断流过程电流衰减时间 t_0 随负载电流 I_d 和回路电感增加而增大。为了加快断流过程，使回路电流迅速衰减到零，可在平波电抗器两端并联一个可控硅 H(图 7－8)，在需要断流时刻，在把整流桥拉成逆变的同时，把旁路可控硅 H 触发导通，使电抗器经由可控硅续流。实践证明，这样能显著缩短断流时间。断流以后可控硅 VT_1 关断，通过零电流检测信号，使电源整流桥恢复正常运行，这时电流经过 VT_3 而逐渐增加。随着电流的增加，平波电抗器上的感应电势改变方向，旁路可控硅自然关断。

在用断续电流法换流过程中，由于电流经常衰减，其平均值减小，因而力矩的平均值相应减小。

当电机转速较低时，由于换流频率较低，断流次数少，断流对于转矩影响较小。但当电机转速升高时，由于换流频率增高，断流对转矩的影响显著增加，因此，使用断续电流的范围不应过分扩大。通常在电机起动加速时，从断续电流换流到反电势换流的转换速度以选在 5%～10%额定转速为宜。

二、交一交系统晶闸管同步电动机的工作方式

图 7－9 所示为晶闸管同步电动机传动的交一交系统的原理线路。主电路包括由牵引变压器 T 供电的自调频变频器和三相凸极结构的同步电机。L_1～L_4 为平波电抗器，B 为同步电机的励磁系统。和具有直流环节的系统一样，同步电机轴上装有磁场位置检测器。变频器由两个相同的三相全控桥构成，当电源电压正半周时(图中 n 点为正)，变频器经上部桥供电；当电源电压为负半周时，变频器由下部桥供电。改变牵引变压器的输出电压，可以改变加在同步电机定子绕组上的端电压。这种系统和交一直一交系统相比，其突出优点是当电机在低速运转时，可以利用电源交变电势进行逆变器的换流，即所谓电源换流。当电机转速升高后，电机的反电势已经建立，逆变器可以转向负

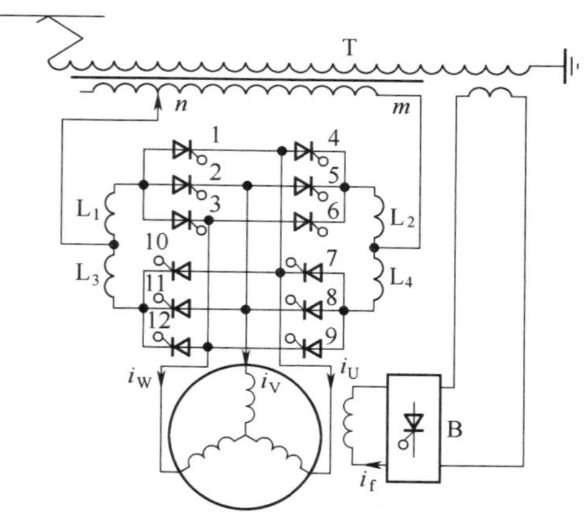

图 7－9　交一交系统原理线路

载换流(自然换流)。低速时换流和高速时负载换流结合起来,就无需采用强迫换流装置。因此,这种线路用作单相交流电力机车的牵引系统是比较合适的。用图 7－9 可以说明电源换流的情况。假设电机工作在 I_U^+、I_V^-,当电源电势正 e 为正(如图箭头所示)时,电流由 n 端经 L_1、可控硅 VT_1、流入 U 相绕组,并由 V 相绕组流出经可控硅 VT_5、L_2 返回电源(m 端)。当电源电势为负半周时,触发可控硅 VT_7 和 VT_{11},则电流由电源负(m 端)经 L_4、可控硅 VT_7 流入 U 相,从 V 相流出,再经可控硅 VT_{11}、L_3 返回电源。上述情况下电机电流为 I_U^+ 和 I_V^-。如果电机电流需要由 I_U^+、I_V^- 换为 I_U^+、I_W^-,即电流从 V 相流出换为从 W 相流同,我们可利用电源电势反向的时刻来进行电流换向。譬如电源电势从正半周变为负半周时,由原来应该触发 VT_7 和 VT_{11},改为触发 VT_7 和 VT_{12}。当电源电势由 $+e$ 变为 $-e$ 时,则 VT_1、VT_5 受电源反压自然关断,而 VT_7 和 VT_{12} 的导通使电机电流由 I_V^- 换为 I_W^-,电流从 V 相流出换为从 W 相流出,完成换向过程。在电机低速运行时,由于工作频率较低,即在每个周期间包含多个 50 周的整流电流,故电机电流的波形实际上不受影响。

显然,利用电源换流时,由于不用借助于电机的反电势,故无需选择换向超前角 γ_0。为了减少转矩脉动,可以通过控制系统自动地将 γ_0 转换到 0°。

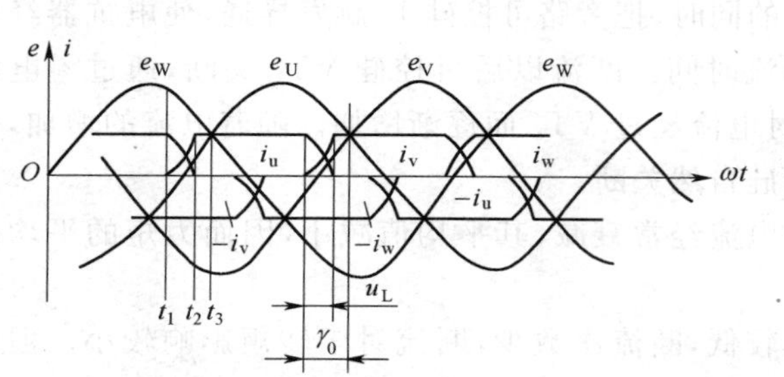

图 7－10 利用电源换流波形

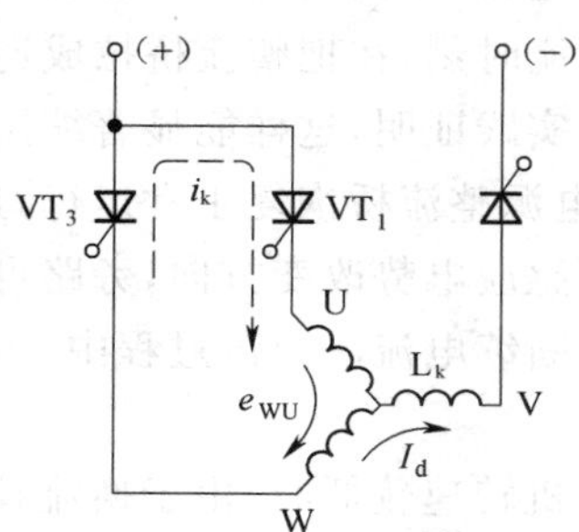

图 7－11 换流原理

在电机高速运行时,可以利用三相绕组中建立的感应电势去关断相应的可控硅,进行负载换流,其过程和交—直—交自然换流一样。例如,电机电流由 I_W^+、I_V^- 转为 I_U^+、I_V^- 时,如图 7－10所示,在 $t=t_1$ 时刻,电势 e_W 大于 e_U。当电源电势处于正半周时,若触发 VT_1,由于反电势 e_U 较低,故 VT_1 必然导通,并有电流 I_U^+ 流入。VT_1 导通后,在回路中 $e_{WU}=e_W-e_U$。形成一个反压,加于 VT_1、VT_3 上,而 VT_1 处于导通状态,故反压迫使 VT_3 关断,即 e_{WU}迫使 I_W^+与 I_U^+ 换流。在换流期间($t_1\rightarrow t_2$),I_W^+ 下降,I_U^+ 上升。到 $t=t_2$ 时,$I_W^+=0$,$I_U^+=I_d$,则负载换流完毕。图 7－10 中角 u_L 为换向重叠角,若 t_3 为理想换流电流切换时刻,则 $t_3-t_1=\gamma_0$。为位置检测器给定的换向超前角。用图 7－11 可以进一步说明换向电流的变化规律。如上所述,在换流时,在回路中存在一个旋转电势 e_{WU}和工作相中存在电阻压降 I_dR,两者作用产生换向电流 I_k。该回路的微分方程式为

$$E_m\sin(\omega t-\varphi)+I_dR=2L_k\frac{di_k}{dt}+2i_kR \tag{7-5}$$

式中 I_d——电动机电流;

L_k、R——电动机每相换向电感及电阻;

E_m——旋转线电势的幅值;

φ——换向起始相位角;

ω——电动机角频率。

角方程式可得

$$i_k=\frac{E_m}{2Z}\left[\sin(\omega t+\varphi+\phi)-\sin(\varphi-\phi)e^{-\frac{t}{\tau_k}}+\frac{I_d}{2}(1-e^{-\frac{t}{\tau_k}})\right] \tag{7-6}$$

$$\phi=\arctan\frac{\omega L_k}{R}$$

$$\tau_k=\frac{L_k}{R}$$

$$Z=\sqrt{\omega^2L_k^2+R^2}$$

式中　τ_k——换相回路的时间常数；

ϕ——换向电势和换向电流之间夹角；

Z——每相阻抗。

分析式(7—6)可知：在工作状态下 $\omega L_k>>R$，则有效电阻 R 可以忽略，将 $R=0$ 代入上式得

$$i_k=\frac{E_m}{2\omega L_k}[\sin(\omega t+\varphi+\phi)-\sin(\varphi-\phi)] \tag{7-7}$$

交一交系统无换向器电动机的调速，可用改变供电电压的方法实现，调节牵引变压器电压抽头，可分级改变供电电压，配合上述三相桥式电路的相控调节，即可达到平滑调压调速的目的。和交一直一交系统一样，该系统的电动机具有单独的励磁环节，可以由自动调节系统来保持励磁电流和电枢电流正比变化，以得到串激特性，也可以保持恒定磁通，满足恒力矩起动的要求。同时，当电压达到额定值后，也可进行磁场削弱来提高机车速度。

当机车进入再生状态时，同步电机变为发电机状态，由于励磁是单独的他励，所以主回路无需变换，也无需任何附加装置，只需将晶闸管的触发角改为逆变状态，即能向电网反馈功率。因此，该系统再生制动非常简便。

第三节　晶闸管同步电动机的电磁关系

晶闸管同步电动机除转子位置检测器和晶闸管频率变换器外，就电动机本体而言与普通同步电动机完全类似。因此，我们可以依据同步电机的基本理论来分析其物理本质。

一、电压、电流波形

在晶闸管同步电动机中，如果外接足够大的平波电抗器，则由逆变器供馈的各相电流是宽度 120°电角的方波电流，由转子磁场产生的旋转相电势为正弦波形。电压、电流的波形如图7—12所示。图 7—12(a)为不计重叠角的情况下，在 $\gamma_0=0°$时的电流、电压波形图。而当 $\gamma_0\neq 0$ 时，电流的基波分量将超前空载电势一个 γ_0 角。考虑到换流重叠角的影响，可认为电流的基波将后移$\frac{u_L}{2}$角，即变成超前于空载电势 e_0 一个$(\gamma_0-\frac{u_L}{2})$角。

在图 7—12 所示的电流波形中，除基波电流外还有一系列奇次谐波。若方形波电流幅值为 I_d 写成傅里叶级数形式为

$$i=\frac{2\sqrt{3}}{\pi}I_d\left(\sin\omega t-\frac{1}{5}\sin5\omega t-\frac{1}{7}\sin7\omega t+\frac{1}{11}\sin11\omega t+\frac{1}{13}\sin13\omega t+\cdots\right) \tag{7-8}$$

谐波电流将增加电动机的铜耗。另外，作为时间谐波的谐波电流，每一个都将在绕组中产生它自己的空间谐波磁势，并在气隙中产生谐波磁场。这些谐波磁场在电动机中引起一系列的附加转矩。例如当电动机供以矩形波电流时，除基波电流下基波磁场产生的有效牵引转矩外，其中$(6K+1)$次谐波电流与主磁场作用表现为同步电动机的异步状态，而$(6K-1)$次电流谐波与主磁场作用则表现为电磁制动状态($K=1,2,\cdots$)。因此，高次谐波电流的存在，降低了平均输出力矩和电动机有效材料的利用率。

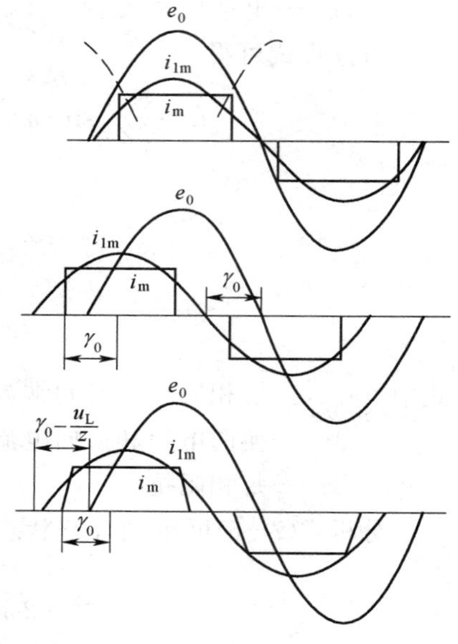

图 7－12 电压、电流波形

二、电压方程式和向量图

为了便于说明问题，在分析晶闸管同步电动机各电磁量之间的关系时，可以忽略电流的谐波分量而只注意基波分量，同时也不考虑电压波形因为换流发生的畸变。这样，就可以用矢量关系来进行分析。在同步电动机状态下相电压平衡方程式为

$$\dot{U}_W=-\dot{E}_0+j\dot{I}_d x_{ad}+j\dot{I}_q x_{aq}+\dot{I}(r_a+jr_s) \quad (7-9)$$

式中 $\dot{E}_0$——空载电势；

$\dot{I}$——每相绕组的电枢电流；

$\dot{I}_{ad}$，$\dot{I}_{aq}$——电枢电流的直轴和交轴分量；

x_{ad}，x_{aq}——电枢反应直轴与交轴电抗；

$\dot{U}_W$——电动机每相绕组外加电压；

r_a——每相绕组电阻；

x_s——每相绕组漏抗；

根据方程式(7－9)可以作出与此对应的向量图——图 7－13。向量图中其他符号说明如下：

$\dot{\Phi}_0$——转子励磁磁通；

$\dot{\Phi}_a$——电枢反应磁通；

$\dot{\Phi}_\delta$——空气反应磁通；

δ——电枢反应角；

γ_0——空载换流超前角；

γ——负载换流超前角；

u_L——换流重叠角。

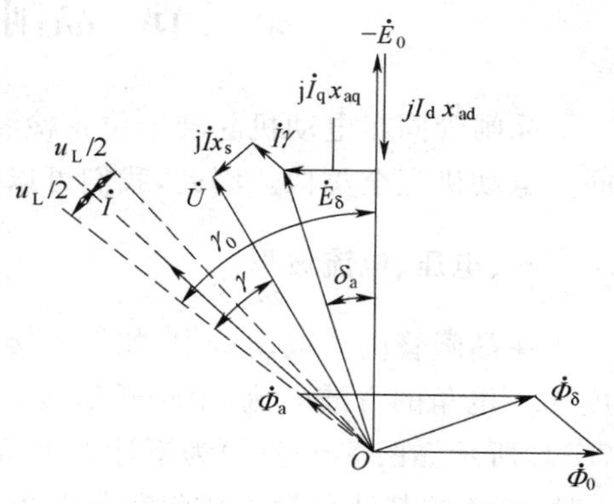

图 7－13 晶闸管同步电机基波电势向量

由向量图可知，磁通 Φ_0 是转子励磁电流产生的，它对定子绕组来说，是一个旋转磁场，并在电枢中产生空载感应电势$-E_0$。图上 γ_0 是根据转子位置检测器的设置所决定的空载超前角，γ 为负载时换向超前角。因为电枢电流换向重叠角为 u_L，故可以认为电枢电流平均滞后于换向重叠角一关的时间，即 $u_L/2$ 电角。相电流 $\dot{I}$ 和空载电势$-\dot{E}_0$ 的夹角为$(\gamma-u_L/2)$，相电

流 $\dot{I}$ 和电动机端电压 $\dot{U}_W$ 之间的夹角为 $(\gamma-u_L/2)$，是电动机的功率因数角 Φ_0。E_δ 和 E_0 相差一个 δ_0 角，称电枢反应角。E_δ 和 δ_0 的大小，由电枢电流 I 和电枢反应直轴电抗 x_{ad} 以及电枢反应交轴电抗 x_{aq} 决定。

分析向量图可知，当负载电流增加时，换向重叠角 u_L 因换流时间增加而增大，电枢反应角 δ_0 随电流增加而增大，结果负载换向超前角 γ 减小。当负载换向超前角 γ 小于一公平极限(譬如小于可控硅判断时间)，将导致系统换流的失败。如果增加空载换流超前角 γ 以增加换流可靠性，则导致平均转矩下降，使电机容量利用不充分。分析表明，为了保证晶闸管同步电动机可靠而又合理的运行，应该尽可能的减小电枢反应角 δ_0 和换向重叠角 u_L，或者当负载电流增加时，设法减少 δ_a 与 u_L 的增加，同时必须确定一个 γ_0 的最佳值。

三、电枢反应及补偿绕组

当无换向器电动机加上负载时，电枢绕组中流过的电流将产生电枢磁势 F_a，它与磁极磁势 F_0 相互作用形成空气隙磁势 F_δ。电枢磁势对磁极磁势所起的影响，称为电枢反应。由同步电机电量图(图 7—13)看出，电枢反应角 δ_a 取决于负载电流和电枢反应电抗。直轴电枢反应磁通 Φ_{ad} 在电机中呈现去磁作用，与其对应的直轴电枢反应电抗降 $I_d x_{ad}$ 对电枢反应角影响不大；基于交轴电枢反应磁通的 $I_q x_{aq}$ 对电枢反应角 δ_a 影响较大。为此，为了增加换流能力，必须力图减小 $I_q x_{aq}$，所以晶闸管无换向器电动机都做成凸极结构(因为 $x_{aq}<x_{ad}$)。另外，为了减少电枢反应角 δ_0 随负载电流而增加的比率，可安装交轴补偿绕组，来补偿交轴电枢反应。补偿绕组安装在电动机的磁极上，其绕组的轴线在电动机的交轴上，绕组与平波电抗器的支路(或直流环节)串接。

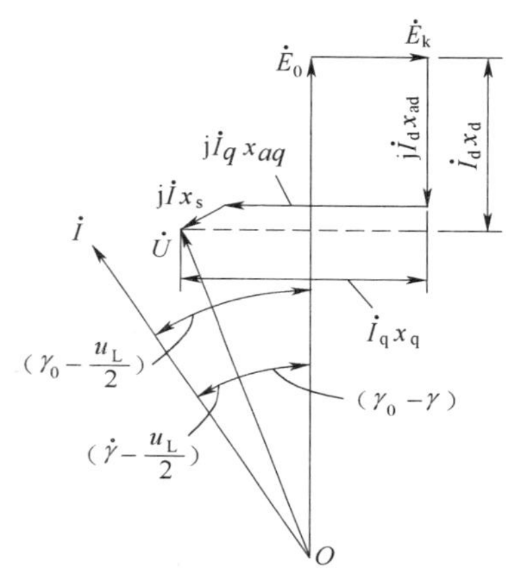

图 7—14　有补偿绕组电势向量

设补偿绕组的磁通在电枢绕组中感应的电势为 E_k，当略去电枢电阻后，则电动机的电压方程式为

$$\dot{U}_W=-\dot{E}_0-\dot{E}_k+j\dot{I}_d x_d+j\dot{I}_q x_q \tag{7—10}$$

和式(7—10)对应的向量图示于图 7—14。由图的几何关系可得

$$\begin{cases}U_W\cos\left(\gamma-\frac{u_L}{2}\right)=(E_0-x_d I_d)\cos\left(\gamma-\frac{u_L}{2}\right)+(x_q I_q-E_k)\sin\left(\gamma-\frac{u_L}{2}\right)\\ U_W\sin\left(\gamma-\frac{u_L}{2}\right)=(E_0-x_d I_d)\sin\left(\gamma-\frac{u_L}{2}\right)-(x_q I_q-E_k)\cos\left(\gamma-\frac{u_L}{2}\right)\end{cases} \tag{7—11}$$

因为

$$\begin{cases}I_d=I\sin\left(\gamma_0-\frac{u_L}{2}\right)\\ I_q=I\cos\left(\gamma_0-\frac{u_L}{2}\right)\end{cases} \tag{7—12}$$

电势和电抗用自感、互感系数以及角频率的关系表示如下

$$\begin{cases}E_k=\omega M_k I_=\\E_0=\omega M_f I_f\end{cases}\tag{7-13}$$

和

$$\begin{cases}x_d=\omega L_d\\x_q=\omega L_q\end{cases}\tag{7-14}$$

式中 L_d、L_q——同步电机电枢直轴和交轴电感；

M_k、M_f——补偿绕组、励磁绕组的互感；

ω——旋转角频率；

$I_=$——逆变器输入直流电流，$I_= \approx \frac{\pi}{\sqrt{6}}I$。

解方程式(7－11)～式(7－14)，得

$$\tan\left(\gamma-\frac{u_L}{2}\right)=\frac{I_f M_f \sin\left(\gamma_0-\frac{u_L}{2}\right)+I_= M_k\cos\left(\gamma_0-\frac{u_L}{2}\right)-\frac{\sqrt{6}}{\pi}I_=\left[L_q+(L_d-L_q)\sin^2\left(\gamma_0-\frac{u_L}{2}\right)\right]}{I_f M_f\cos\left(\gamma_0-\frac{u_L}{2}\right)-I_=\left[M_k\sin\left(\gamma_0-\frac{u_L}{2}\right)+\frac{\sqrt{6}}{2\pi}(L_d-L_q)\sin(2\gamma_0-u_L)\right]}\tag{7-15}$$

解式(7－15)，可求得 M_k

$$M_k=\frac{\frac{\sqrt{6}}{\pi}L_q}{\cos\left(\gamma_0-\frac{u_L}{2}\right)+\sin\left(\gamma_0-\frac{u_L}{2}\right)\tan\left(\gamma-\frac{u_L}{2}\right)}+\left[\frac{M_f I_f}{I_=}-\frac{\sqrt{6}}{\pi}(L_d-L_q)\sin\left(\gamma_0-\frac{u_L}{2}\right)\right]\tan(\gamma_0-\gamma)\tag{7-16}$$

由向量图可知，增大补偿绕组的互感 M_k，即增大补偿绕组产生的交轴磁通在电枢中的电势 $\dot{E}_k$，在一定的负载情况下，角 $\gamma_0-\gamma$ 减小，当空载超前角 γ_0 一定时，负载超前角 γ 增加，有利于负载换流。令 M_k 全补偿交轴电抗降，由向量图看出，这时 $\gamma=\gamma_0$，将此条件代入式(7－16)，并略去 $u_L/2$，则

$$M_k=\frac{\sqrt{6}}{\pi}L_q\cos\gamma_0\tag{7-17}$$

可见，全补偿时补偿绕组的互感 M_k 和励磁电流以及励磁绕组结构没有关系，也和负载电流无关，只由电枢交轴电感 L_q 和空载超前角 γ_0 决定。与无补偿绕组相比，补偿绕组有效地抑制了 γ 角的下降，增加了电机的过载能力。如果补偿绕组设计得好，能使换流超前角 γ 或功率因数角$(\gamma-u_L/2)$在一定负载范围内基本上保持不变。

应该指出，安置补偿绕组将使电机结构复杂，给制造电机带来了麻烦，见图 7－20。对于级的同步电机，需要安装单独的电刷、滑环构件，还需引入和电枢电流成比例的直流电流，并且在正、反向运转时，补偿绕组电流也要跟着改变方向。此外，电机电枢反应的性质还随换流重叠角而变。要完全补偿电枢电势，在实用上是有困难的。

近年来，根据电枢反应完全补偿的原理，人们提出了一种变动超前角和感应电势恒定的控制方法，可以不用补偿，而只是通过自动调节励磁电流 I_f 和空载换流超前角来实现完全补偿。

假定磁路是线性的，且气隙磁通按正弦分布，则电机各磁通可用矢量来表示。当电机承受负载时，在 dq 坐标系的直轴上除了励磁磁通 Φ_f 之外，还有一个认为由补偿绕组产生的磁通 Φ_{kd}。在交轴上有一个由交轴补偿绕组产生的交轴磁通 Φ_{kq}。电枢反应磁通 Φ_a 在超前 $-q$ 轴 $(\gamma_0-u_L/2)$ 的方向上，如图 7－15 所示。

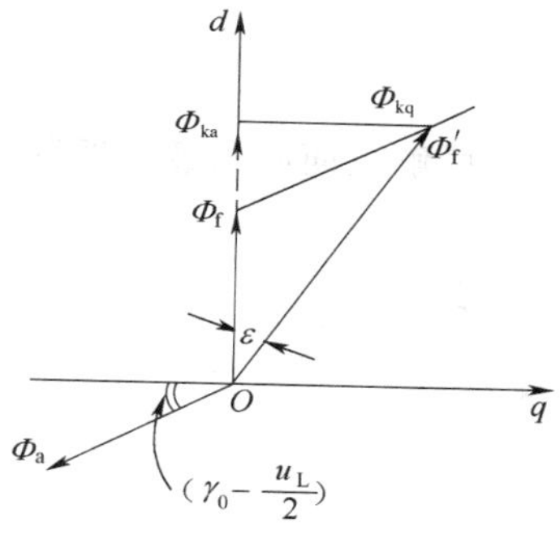

图 7－15 磁势矢量

若磁通用相应的互感系数来表示，则有

$$\Phi_f=M_fI_f$$
$$\Phi_{kd}=M_{kd}I_D$$
$$\Phi_{kq}=M_{kq}I_D$$

在电枢反应完全补偿的情况下，则励磁绕组与补偿绕组所产生的合成磁通 Φ_f' 应有图 7－15 所示的关系

$$\Phi_f'=k_f\Phi_f$$
$$k_f=\sqrt{(\Phi_f+\Phi_{kd})^2+\Phi_{kq}^2}/\Phi_f$$
$$\varepsilon=\arctan\Phi_{kq}/(\Phi_f+\Phi_{kd})$$

以上条件说明，欲达到全补偿的目的，只要随负载的增加自动调节励磁电流使其增加 k_f 倍，并把空载换向超前角 γ_0' 由原来的 γ_0 变到 $\gamma_0'=\gamma_0+\varepsilon$，即可达到与具有补偿绕组相同的效果。

四、换流超前角

由同步电机向量图可知，空载超前角 γ_0 是电枢电流 I 与空载励磁电势 E_0 之间的相位差，它是由磁场位置检测器来整定的。在一般情况下，位置检测器一经整定后 γ_0 就是个恒值，必要时也可利用控制线路来自动调节。

磁场位置检测器包括安装在电机端盖上的固定部分和安在电动机轴上的旋转部分。位置检测器在晶闸管同步电动机系统中地位非常重要，因为它是产生触发脉冲的源泉，可以说是控制系统的中枢。目前常用的位置检测元件有光电式、接近开头式和电磁感应式等几种。

位置检测器主要用以检测转子磁场轴线与即将触发导通电流的那个相绕组轴线间的相对位置，确定该相绕组产生电势瞬时值达到完成换流所需要的大小和方向的瞬刻发出信号，使该相绕组触发导通并开始换流。所以从实质上说，调整空载超前角 γ_0，就是要求位置检测器在主磁场轴线相对于绕组轴线的位置上进行检测并同时发出信号。关于位置检测器的原理、结构、安装及调整，在有关资料中都有介绍，在此不作叙述。

上面说过，空载换流超前角是 γ_0，负载后，由于电枢反应特别是交轴电枢反应的影响减为负载换流角 γ，如图 7－16 所示。一般而言，增大 γ_0 可以提高换流极限，但会使平均转矩变小，而且功率因数和效率也会随之降低。原则上说，γ_0 可以任意整定。但在牵引系统中，一方面要求电机正反转运行；同时应该能够利用逻辑电路自动调节 γ_0 使其进行四象限控制。这样，γ_0 只能在 0°、60°、120°和 180°中选择。实际上，通常低速时采用 $\gamma_0=0°$，高速时 $\gamma_0=60°$，两者通过逻辑线路自动切换。

对于一般的同步电动机，在负载电流不超额定值运行时，其换向重叠角较小，在分析 γ 与 γ_0 关系时，可以忽略不计。由向量图的几何关系可以得到

$$\overline{ON}\sin\gamma_0 = U\sin\gamma + Ix_q \tag{7-18}$$

$$\overline{ON}\cos\gamma_0 = U\cos\gamma - Ir_a \tag{7-19}$$

联解上面两式经整理得

$$(\tan\gamma_0 - \tan\gamma)\cos\gamma = K \tag{7-20}$$

其中

$$K = \frac{Ix_q}{U} + \tan\gamma_0 \frac{Ir_a}{U} \tag{7-21}$$

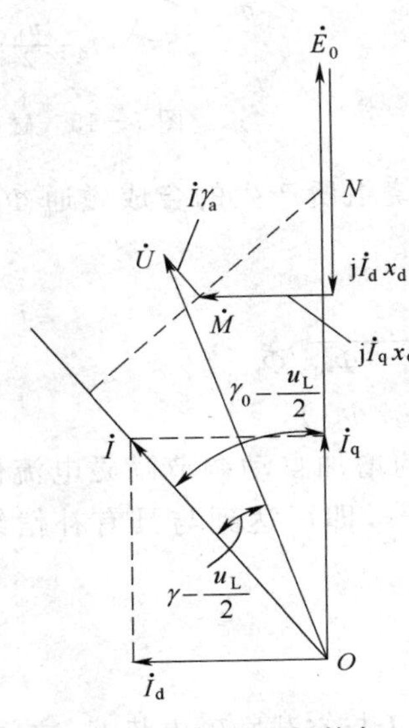

图 7－16　换流超前角

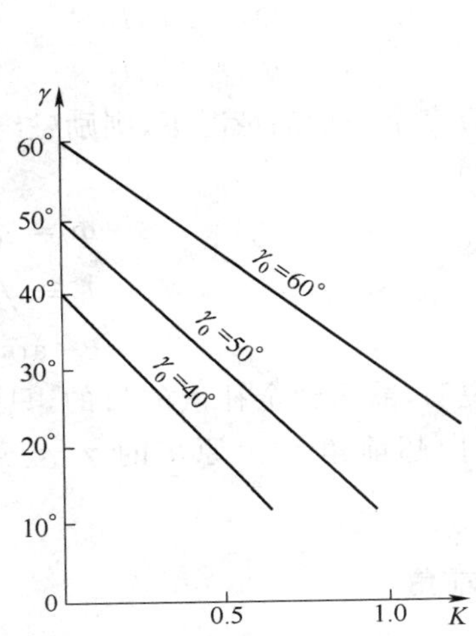

图 7－17　换流超前角的求取

式(7－20)直接求解不便，现设在 $\gamma=0\sim\gamma_0$ 范围内任意给定几个 γ 值，按式(7－20)求出 K 值，并作 $\gamma=f(K)$ 曲线，如图(7－17)所示。这样，在已知 x_q 和 r_a 的情况下，根据负载电流 I，由式(7－21)和曲线，就能方便地求出负载换流角 γ。

五、换向重叠角与阻尼绕组

如上节所述，由于换流回路存在电感，在换流过程中，流过导通元件和关断元件中的电流不能突变，而是逐渐增加和逐渐减少的。通常以 u_L 角来表示这个过程所需的时间。

图 7－18 是换向过程的原理图，e_u、e_v、e_w 是三相绕驵的交流电势，依次相差 120°相位角。取 e_u 与 e_v 相等的瞬间为坐标原点，即 $\omega t=0$。当空载超前角为 γ_0 时，e_u 高于 e_v，此刻换流开始。在整个换向重叠角 u_L 期间内，类似同步电机两相短路，这时输出电压可用下式求取，即

$$e_{uv} = \frac{e_u + e_v}{2} = \sqrt{2}E\cos\frac{\pi}{m}\cos\omega t \tag{7-22}$$

式中　E——每相电势有效值；

m——电动机相数。

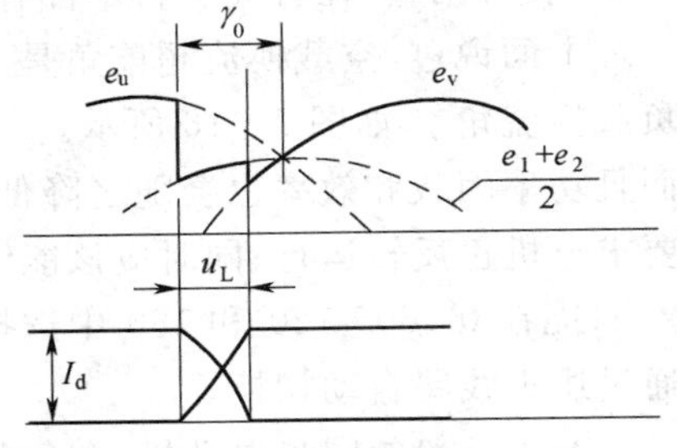

图 7－18　换流重叠角的求取

同时，在短路回路中，可写出下列电压方程式

$$[\cos(\gamma_0 - u_L) - \cos\gamma_0]\sqrt{2}E\sin\frac{\pi}{m} = x_W I_d \tag{7-23}$$

则负载时换流重叠角为

$$\cos(\gamma_0 - u_L) - \cos\gamma_0 = \frac{2x_W I_d}{\sqrt{6}E} \tag{7-24}$$

在实际应用中，可近似地以电动机每相端电压 U 代替式(7－24)中的 E，则换流重叠角又可表示为

$$u_L = \gamma - \arccos\left(\cos\gamma + \frac{2x_W I_d}{\sqrt{6}U}\right) \tag{7-25}$$

在换流期间内，从式(7－22)可知，逆变器加于电动机电压为两相电势的平均值。x_W 为换流时每相电抗，相当于同步电机两相短路电抗。

由式(7－25)可以看出，当负载电流增加时，换流重叠角 u_L 增加，换流剩余角$(\gamma - u_L)$减小。当负载增加到某一值，即$(\gamma - u_L) = 0$ 时，此时就不能正常换流，这一状态称为换流极限。同时式(7－25)也告诉我们，对于串励型并且不采用磁场分路的同步牵引电动机，如果磁路不饱和，则有 $U \propto n\Phi_0 \propto nI_d$ 的关系，设比便常数为 K，则式(7－25)为

$$\cos(\gamma - u_L) - \cos\gamma = Kx_W \tag{7-26}$$

式(7－26)说明，换向重叠角只决定于 x_W，而与负载电流基本上没有关系，它保证了负载变化时运行的稳定性。对于他励型或用磁场分路的串激型同步牵引电动机，必须考虑换向重叠角随负载电流变化的影响。

为了减小换流重叠角 u_L，必须设法减小两相短路的换流电抗 x_W，在同步牵引电机中，可以采用装有阻尼绕组的磁极结构。阻尼绕组的存在，可以把换流电抗 x_W，减小到超瞬变电抗的数值。阻尼绕组可以减小稳态时气隙磁通的脉动，减少电枢电压波形的畸变。此外，在起动过程中，因为电枢电流与励磁磁势同步，故阻尼绕组磁势对电枢磁势基波分量是静止的，因此，阻尼绕组力矩可以改善电动机的加速特性。至于阻尼电流的谐波成分引起的力矩和铜耗，在数值上是不大的。采用阻尼绕组以后，其超前角和重叠角的变化如图 7－19 所示。图 7－20 所示为具有阻尼绕组的磁极结构图，在极弧表面同时安装了补偿绕组。

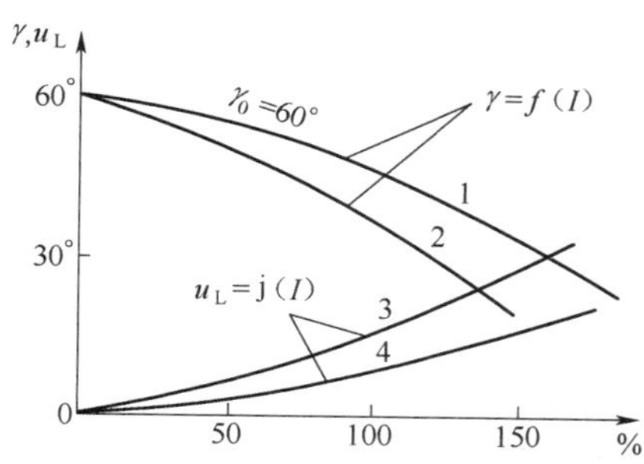

图 7－19　超前角与重叠角的变化

1—有补偿绕组；2—无补偿绕组；

3—无阻尼绕组；4—有阻尼绕组

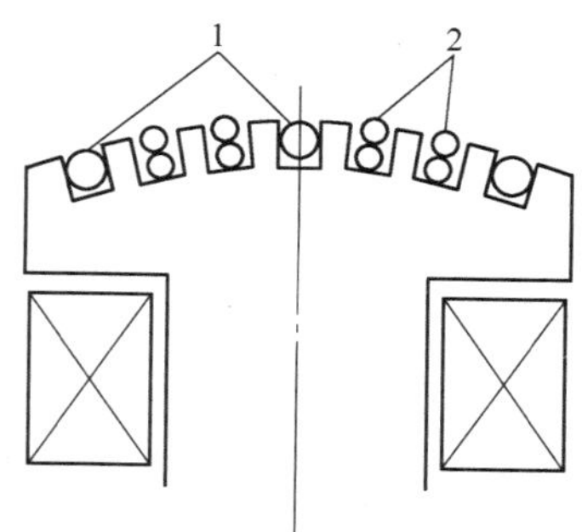

图 7－20　具有补偿绕组和阻尼绕组结构

1—阻尼绕组；2—补偿绕组

阻尼绕组的结构和一般同步电机的一样，但补偿绕组的绕向必须保证其产生磁势和交流电枢反应磁势相反。

第四节　晶闸管同步电动机的工作特性

晶闸管同步电动机的工作特性，表示电动机转速、力矩、效率等与电机电流之间的关系，它表征电机本身具有的运行性能。分析电动机的特性可以进一步分析机车各种运行特性，同时也可以根据机车运行特点，反过来合理地选择电动机有关参数。

一、速度特性及转矩特性

根据向量图(图 7—13)，可把方程式(7—9)改写为

$$\dot{U}_W=\dot{E}_\delta+\dot{I}r_W+j\dot{I}x_s \tag{7—27}$$

$$E_\delta=\frac{2\pi}{\sqrt{2}}fWk_{w1}\Phi_\delta \tag{7—28}$$

前面已经分析过，在晶闸管同步电机中，供电电压的频率必须与电动机的转速相适应，即 $f=\rho n/60$，式(7—28)又可写为

$$E_\delta=\frac{\sqrt{2}\pi}{60}\rho nWk_{w1}\Phi_\delta \tag{7—29}$$

式中　Φ_δ——气隙磁通；

E_δ——由气隙磁通产生的气隙电势；

k_{W1}——电枢绕组系数；

W——电枢绕组每相匝数；

ρ——极对数。

由逆变器电压、电流波形可知(图 7—16)，加在电动机电枢绕组上的电压的平均值可分两部分：其中一部分在换流期间加到电动机上的端电压的平均值；另一部分为导电范围内$(\pi/3-u_L)$加到电动机上端电压的平均值。根据“变流技术”原理可知，加在电动机电枢绕组上的端电压的平均值为

$$U'_d=\frac{3\sqrt{6}}{\pi}E_\delta\cos\left(\gamma-\frac{u_L}{2}\right)\cos\frac{u_L}{2} \tag{7—30}$$

设 U_d 为直流测电源电压，考虑方波电流在定子绕组中产生电阻压降 I_dr_a，则

$$U_d=U'_d+I_dr_a \tag{7—31}$$

联立式(7—29)、式(7—30)和式(7—31)，可得

$$n=\frac{10(U_d-I_dr_a)}{\sqrt{3}\rho Wk_{W1}\Phi_\delta\cos\left(\gamma-\frac{u_L}{2}\right)\cos\frac{u_L}{2}} \tag{7—32}$$

由式(7—32)可以看出，如果去掉分母的余弦项，则调速特性和直流电动机完全一样。当负载电流一定时，则电动机的速度调节可以通过调节输入端压 U_d 和改变励磁电流来实现，还可以用调节超前角来进行调速。

晶闸管同步电动机的平均旋转力矩 T，可通过式(7—29)、式(7—30)求得，即

$$T=\frac{U'_dI_d}{\frac{2\pi n}{60}}=\frac{3\sqrt{3}}{\pi}k_{W1}W\rho\Phi_\delta I_d\cos\left(\gamma-\frac{u_L}{2}\right)\cos\frac{u_L}{2} \tag{7—33}$$

由式(7—33)可知，如果不考虑式中的余弦部分，则转矩特性和直流电动机也完全一样。

应该注意的是，在式(7—32)和式 7—33)中的磁通 Φ_δ，是包括电枢反应磁通影响的气隙磁通。当负载较大幅度增加时，由于电枢反应的去磁作用，可能使 $n=f(I_d)$ 曲线上翘，同时力矩特性 $T=f(I_d)$ 中的 dT/dI_d 减小。

电动机的转矩与 $\Phi_\delta I_d$ 的乘积成正比，当输入电流 I_d 平滑时，则转矩瞬时值与输入电压波形成正比。

二、转矩脉动

在晶闸管同步电动机运行中，由于电机电流是方波，则电枢磁动势的旋转变成阶跃状态，每隔 60°阶跃一次，因此，与转速一定的励磁磁势之间产生周期性的相位变化，从而发生转矩脉动，如图 7—21 所示。图 7—22 所示为电枢电势 F_a 相对于磁极磁势 F_f 的移动和脉动转矩的产生原理。

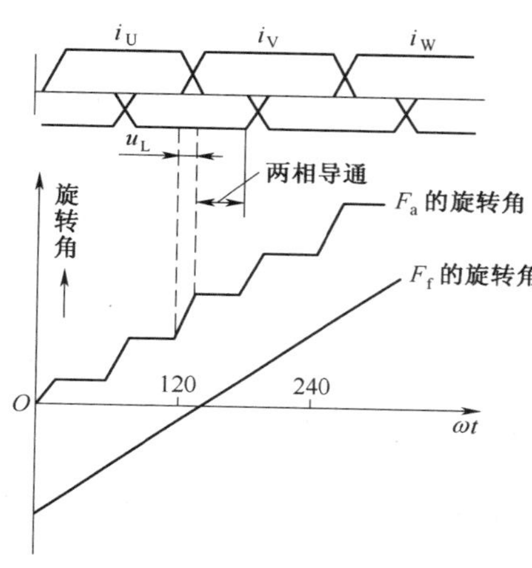

图 7—21 电枢磁势旋转原理

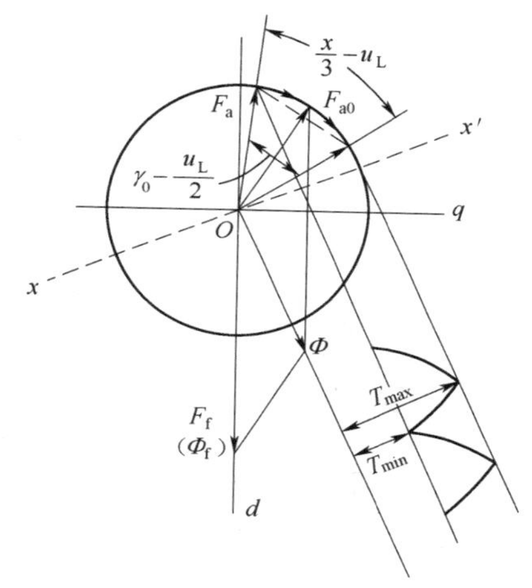

图 7—22 转矩脉动产生原理

根据 F_a 和 F_f 相对运动的关系，在两相导通期间，可以看成 F_a 是以同步速度顺时针方向旋转，此周期与负荷换流周期一致，相移角为($\pi/3-u_L$)，在重叠换流后，F_a 重复变化。换流期间，在阻尼绕组中有与 F_a 的变动部分成比例的电流流过，则电枢电流和阻尼电流合成的磁势变化被抵消。其结果只存在稳态的电枢磁势 F_{a0}。

由于电机转矩 T 与有效磁通 Φ 和 F_a 的矢量积成正比例，即 T 与 F_a 在和 Φ 垂直的 x_a-x' 轴上的投影成正比，因而产生的脉动转矩可以表示在图 7—22 中。

电动机脉动转矩与换向超前角 γ、换流重叠角 u_L 有关，转矩脉动率 k_T 可用下式定义来表示

$$k_T=\frac{T_{max}-T_{min}}{T_{max}+T_{min}}=\tan\left(\gamma-\frac{u_L}{2}\right)\tan\left(\frac{\pi}{6}-\frac{u_L}{2}\right)$$

上式仅在 $\gamma\geqslant\frac{\pi}{6}$，$u_L<\frac{\pi}{3}$时成立。图 7—23 表示了不同 u_L 时 k_T 和 γ 的关系。

图 7—24 表示在不计及 u_L 情况下，脉动转矩的示意图。

当 $\gamma=u_L=0$ 时，为理想情况，此时脉动最小；在 $u_L=0$，$\gamma>60°$时，会产生转矩瞬时值为负值的期间。起动时，为了增加起动力矩，可让 $\gamma_0=0$；运行时，从减小力矩脉动角度考虑，希望 γ 及($\gamma-u_L$)尽可能小，但对提高换流的可靠性是不利的，两者必须协调考虑。

三、起动特性

如前所述，晶闸管同步电动机的起动，主要是换流问题，通常用断续控制直流电流的方法来起动。

图 7－25 简要说明这一方法的原理和电流波形。在晶闸管 VT_1 换流到 VT_3 时刻，应建立与逆变器的换流期同步的脉冲信号，使其产生逆变作用，此时直流急剧降低为零，致使 VT_1 及 VT_2 关断。此后，对换流后应该导通的 VT_3 和 VT_2 施加触发信号，使其流过电流，则逆变器完成一次换流作用。电动机电流与逆变器直流侧电流一致地断续，并在 120°导通波形的中央出现电流的缺口。因此，电流断续过程中转矩将产生脉动。

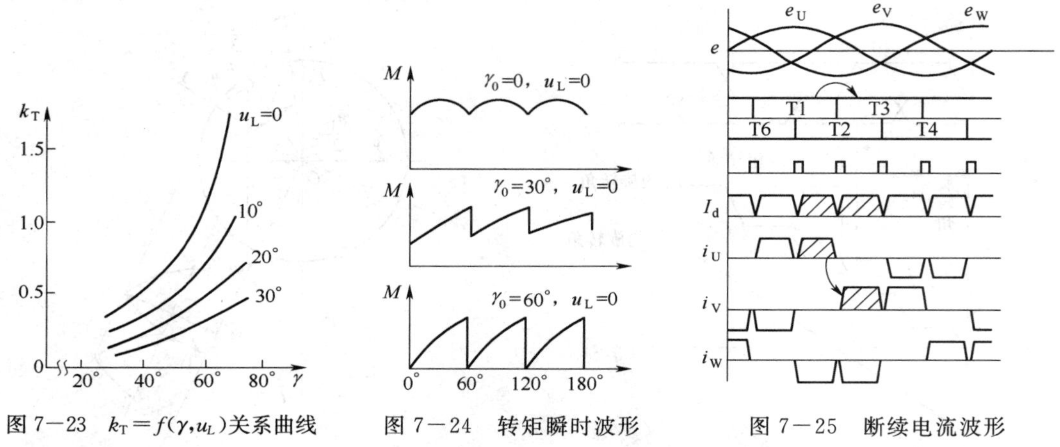

图 7－23 $k_T=f(\gamma,u_L)$关系曲线　　图 7－24 转矩瞬时波形　　图 7－25 断续电流波形

在解决了起动或低速运行时的换流问题后，带有磁场位置检测器的晶闸管同步电动机，可以应用类似于直流电动机的起动方法。这对于铁道机车牵引中重载列车需要考虑大坡道上起动的严酷条件，比较合适。

当采用直流电动机起动法时，先给励磁绕组一定激磁，然后借助于相位控制调节由逆变器输入到电动机绕组端电压，电动机在电枢磁场和励磁磁场共同作用下，开始起动并逐渐加速。在起动时，由于逆变器换流不是由负载电势进行的，这就不存在提前触发问题，即可选择空载超前角 $\gamma_0=0$，以便得到较大的平均力矩。起动开始瞬间，起动力矩的大小与转子轴线相对于定子绕组轴线的停留位置有关，即与励磁磁势和导电相电枢磁势垂直轴上的分量有关，如图 7－26所示。如起动时，转子在位置Ⅰ上，则 $T_Q\propto F_0\cos\frac{\pi}{6}$，当转子旋转至位置Ⅱ时，力矩达到最大值，即 $T_0\propto F_0$，最后在位置Ⅲ上，力矩和位置Ⅰ相同。故起动力矩在最大力矩 T_m 至 $0.866T_m$之间脉动。图 7－27 表示了起动力矩和转子位置的关系。如果空载换向角为 γ_0 则力矩降低到 $T_Q\propto F_0\cos\left(\frac{\pi}{6}+\gamma_0\right)$。为了获得较大的起动力矩，最好触发其轴线和转子位置垂直两相的电枢绕组，当然 γ_0 也应该选择为 0°。

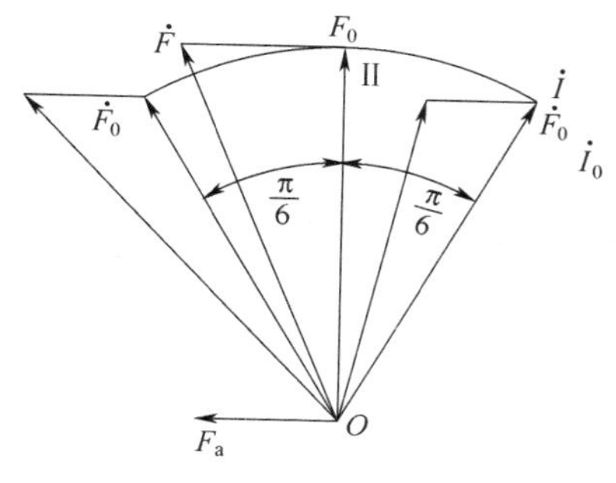

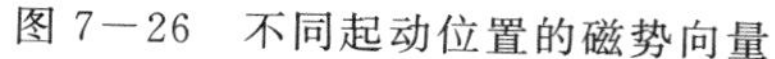
图 7－26　不同起动位置的磁势向量

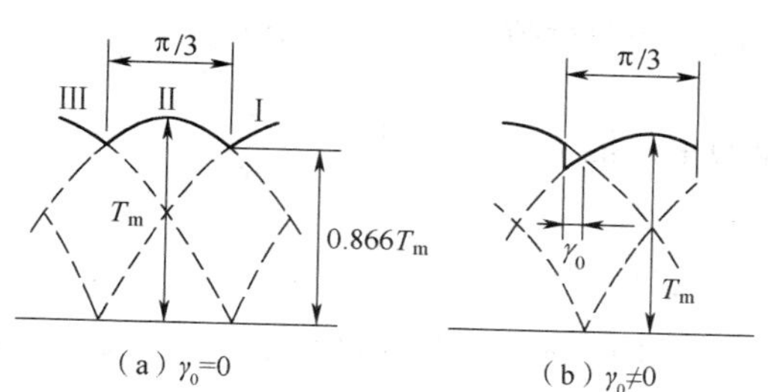

图 7－27　起动力矩和转子位置的关系

四、控制方式及运行特性

晶闸管同步电动机的运行特性取决于它的控制方式，该电机有三种基本控制状态：

1. 空载超前角 γ_0＝常数；

2. 负载角 γ＝常数；

3. 储备角($\gamma-u_L$)＝常数。

在分析运行特性时，必须借助于上面推导的有关公式，并通过逆变器的输入特性，进而研究电动机的运行特性。为了分析方便，通常不考虑电机磁路饱和影响，并忽略电枢有效电阻。

图 7－28 表示具有凸极转子并状有阻尼绕组的同步电动机的向量图。由图可知

$$\left.\begin{aligned}\sin\theta_k&=\frac{I_1\cos\left(\gamma_0-\frac{u_L}{2}\right)(x_q-x_k)}{E_\delta}\\ \cos\theta_k&=\frac{E_0-I_1\sin\left(\gamma_0-\frac{u_L}{2}\right)(x_d-x_k)}{E_\delta}\end{aligned}\right\}\qquad(7-34)$$

图　7－28

式中　I_1——负载电流的基波值；

E_δ——空气隙合成电势；

x_d，x_q——直轴和交轴同步电抗；

x_k——同步电机定子漏抗。

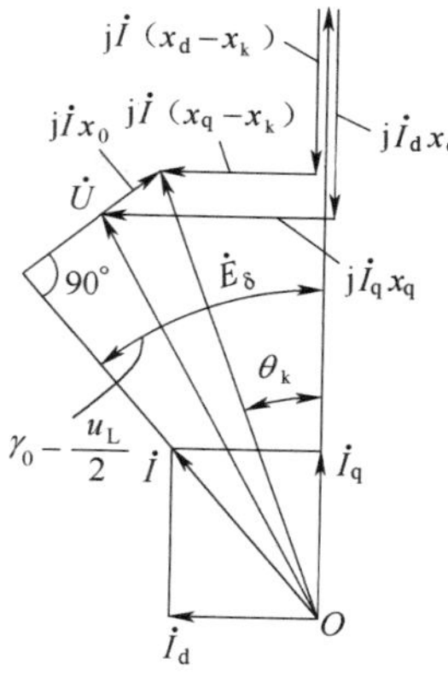

由方程式(7－24)可得

$$I_d=\frac{\sqrt{6}E_\delta}{2x_q}[\cos(\gamma-u_L)-\cos\gamma]\qquad(7-35)$$

因为变流器换流时，同步电机类似两相短路，作为换流电抗 x_W 建议采用同步电机的纵轴超瞬变电抗 x''_d 和交轴超瞬变电抗 x''_d 的算术平均值。又因为换流电抗 x_W 在数值上和电机漏抗 x_k 相差不大，所以在实际应用中，可以用漏抗来代替换流电抗。这不仅使计算简化，并且能够用同步电机的电势向量图来分析晶闸管同步电动机的运行特性。由于 γ_0＝常数的控制方式是重要的，故重点讨论一下这种情况下的运行特性及其建立的过程。

根据图 7－28 所示的同步电机向量图，方程式(7－35)可写为下列形式

$$I_d=\frac{\sqrt{6}E_\delta}{x_k}\sin\frac{u_L}{2}\left[\sin\left(\gamma_0-\frac{u_L}{2}\right)\cos\theta_k-\cos\left(\gamma_0-\frac{u_L}{2}\right)\sin\theta_k\right]\qquad(7-36)$$

将式(7—34)代入，并考虑下述一系列转换关系：

端电压的单位值 $\overline{U}=\dfrac{U_d}{U_a}$(其中 $U_\sigma=\dfrac{3\sqrt{6}}{\pi}E_0$——当 $\gamma=0$，空载时变流器端电压平均值)；负载电流的单位值 $\overline{I}=\dfrac{I_d}{I_a}$(其中 $I_\sigma=\dfrac{\pi}{\sqrt{6}}\dfrac{E_0}{x_d}$——三相稳态短路电流换算到方波之值)；基波电流有效值 $I_1=\dfrac{\sqrt{6}}{\pi}I_d$

以 U_σ 和 I_σ 为基值并经过数学变换，式(7—36)则为

$$\overline{I}=\frac{\sin\left(\gamma_0-\frac{u_L}{2}\right)}{1-\frac{x_k}{x_d}\left[1-\frac{\pi}{6\sin\frac{u_L}{2}}\right]-(1-K_\mu)\cos^2\left(\gamma_0-\frac{u_L}{2}\right)} \tag{7—37}$$

式中　$K_\mu=\dfrac{x_q}{x_d}$——同步电机显极转子系数。

将式(7—24)代入式(7—30)得电动机平均端电压和电流的关系为

$$\begin{aligned}U'_\delta&=\frac{6}{\pi}x_W I_d\frac{\cos\left(\gamma-\frac{u_L}{2}\right)\cos\left(\frac{u_L}{2}\right)}{\cos(\gamma-u_L)-\cos\gamma}\\&=\frac{3}{\pi}x_W I_d\cot\left(\gamma_0-\theta_k-\frac{u_L}{2}\right)\cot\left(\frac{u_L}{2}\right)\end{aligned} \tag{7—38}$$

式(7—24)以相对单位表示为

$$\overline{U}=\overline{I}\,\frac{\pi x_k}{6x_d}\cot\left(\frac{u_L}{2}\right)\cot\left(\gamma_0-\theta_k-\frac{u_L}{2}\right) \tag{7—39}$$

由式(7—34)得

$$\begin{aligned}\tan\theta_k&=\frac{I_1\cos\left(\gamma_0-\frac{u_L}{2}\right)(x_q-x_k)}{E_0-I_1\sin\left(\gamma_0-\frac{u_L}{2}\right)(x_q-x_k)}\\&=\frac{I_d\left(K_\mu-\frac{x_k}{x_d}\right)\cos\left(\gamma_0-\frac{u_L}{2}\right)}{\frac{\pi E_0}{\sqrt{6}x_d}-I_d\left(1-\frac{x_k}{x_d}\right)\sin\left(\gamma_0-\frac{u_L}{2}\right)}\\&=\frac{\overline{I}\left(K_\mu-\frac{x_k}{x_d}\right)\cos\left(\gamma_0-\frac{u_L}{2}\right)}{1-\overline{I}\left(1-\frac{x_k}{x_d}\right)\sin\left(\gamma_0-\frac{u_L}{2}\right)}\end{aligned} \tag{7—40}$$

在 $\gamma_0=$常数的控制方式下，由已知的同步电机电抗参数 K_μ 及 x_k/x_d，即可根据式(7—37)、(7—39)及式(7—40)，求出逆变器的输入特性。不同的 γ_0 和不同的(x_k/x_d)比值的输入特性示于图 7—29 中。

以相对单位表示的转速特性可以从逆变器输入特性求得。由端电压的相对关系知，

$$\overline{U}=\frac{U_d}{U_\sigma}=\frac{U_d}{\frac{3\sqrt{6}}{\pi}E_0}=\frac{U_d}{\frac{3\sqrt{6}}{\pi}4.44Wk_{W1}\frac{\rho n}{60}\Phi_0}=\frac{U_d}{0.173\rho Wk_{W1}\Phi_0 n} \tag{7—41}$$

转速的相对单位表示为

$$\bar{n}=\frac{n}{n_\sigma} \tag{7—42}$$

式中 n_σ 是转速相对值的基值，它是理想空载状态下（$\gamma_0=0,x_k=0$）的转速，即

$$\bar{n}_\sigma=\frac{U_\sigma}{\frac{3\sqrt{6}}{\pi}4.44Wk_{W1}\frac{\rho n}{60}\Phi_0}=\frac{U_d}{0.173\rho Wk_{W1}\Phi_0} \tag{7—43}$$

将式（7—43）和式（7—42）代入式（7—41），则

$$\bar{U}=\frac{U_d}{U_\sigma \bar{n}}$$

当不考虑电阻压降时，则 $U_\sigma=U_d$，因此

$$\bar{n}=\frac{1}{\bar{U}} \tag{7—44}$$

图 7—30 所示为以相对单位表示的速度特性曲线。由图可以看出，在激磁电流 $I_f=\cos t$ 和 $\gamma_0=$常数的条件下，随着负载电流的增加，由于电枢反应的去磁作用，转速特性是上升的。只有在磁路较饱和及较大的漏抗 x_k 的情况下，才能得到下降的速度特性。

以相对单位表示的力矩特性 $\bar{T}=f(\bar{I})$，可由功率特性的关系求得。功率的相对值为

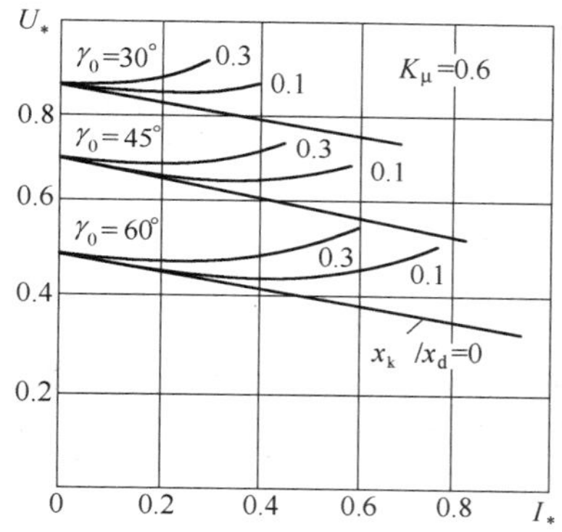

图 7—29　$\gamma_0=$常数时逆变器输入特性

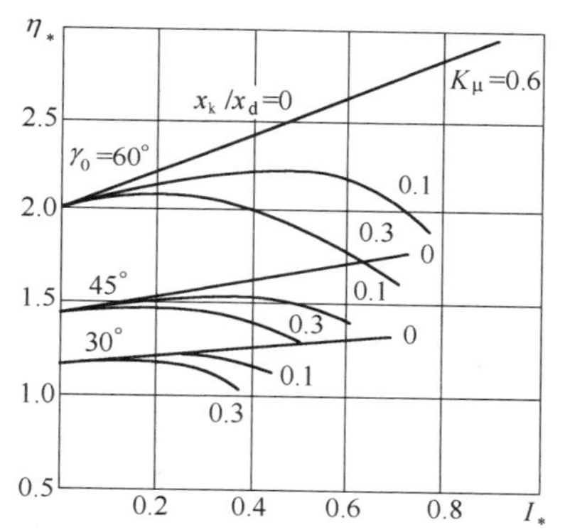

图 7—30　$\gamma_0=$常数、$I_f=$常数时的速率特性

$$\bar{P}=\frac{P}{P}=\frac{P}{U_\sigma I_\sigma}=\frac{P}{\frac{3\sqrt{6}}{\pi}E_0\frac{\pi E_0}{\sqrt{6}x_d}}=\frac{P}{\left(\frac{3E_0^2}{x_d}\right)} \tag{7—45}$$

当 $I_V=$常数时，力矩的相对值为

$$\bar{T}=\frac{T}{T_\sigma} \tag{7—46}$$

式中

$$T_\sigma=0.974\frac{P_\sigma}{n_\sigma} \tag{7—47}$$

在理想空载状态下（即 $U_d=U_\sigma,I_d=I_\sigma$），$n=n_\sigma$，因此，式（7—47）为

$$T_\sigma=0.974\frac{\left(\frac{3E_0^2}{x_d}\right)}{n} \tag{7—48}$$

联立(7－46)和(7－48),得

$$\overline{P}=\frac{P}{\frac{T_\sigma n}{0.974}}=0.974\frac{P}{nT_\sigma}=\frac{T}{T_\sigma} \tag{7-49}$$

因此

$$\overline{T}=\overline{I}\overline{U} \tag{7-50}$$

图 7－31 所示为相对单位表示的力矩特性曲线 $\overline{T}=f(\overline{I})$。由图看出,在 γ_0＝常数和 I_V＝常数的情况下,力矩正比于负载电流,在电机漏抗 x_k 较大的情况下,力矩随电流增加而增加较多。

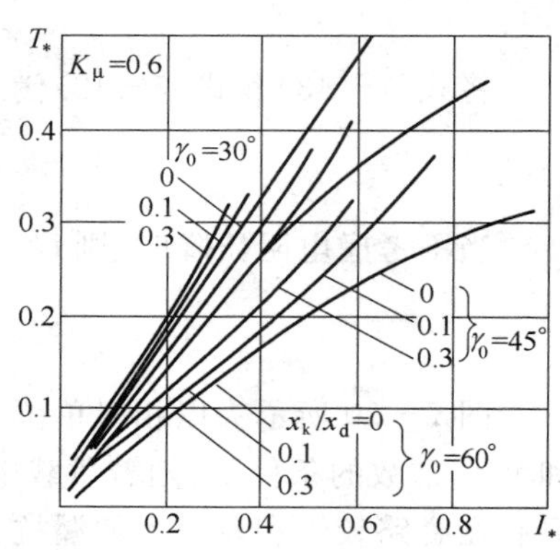

图 7－31 当 γ_0＝常数、I_V＝常数的力矩特性

五、过载能力

可控硅无换向器电动机的过载能力,除了受绕组温升、绝缘材料以及机械强度等条件限制外,主要取决于系统的换流条件及电机本身的换流参数。在本章第三节中讨论过,当略去可控硅的关断时间后,换流的极限条件可以写成 $(\gamma-u_L)>0$,$(\gamma-u_L)$称为储备角。可控硅无换向器电机的过载能力取决于储备角的大小。由于 γ 角随负载增大而减小,而 u_L 则正好相反,所以当负载增到某一定值时,$(\gamma-u_L)=0$,电机达到了换流极限,将式(7－24)中的 I_d 转换为正弦基波电流 I_1,并以相对值 $\overline{I}_{max}$ 表示换流过载倍数,则

$$\overline{I}_{max}=\frac{3}{\pi\overline{x}_W}(1-\cos\gamma) \tag{7-51}$$

在已知同步电机的参数 x_q、r_a 和 x_W 的情况下,根据式(7－21)和图 7－15 所示的曲线,可以很方便的求出 γ,然后利用式(7－51),就能求得换流过载倍数。由式和曲线分析可知,电流过载倍数主要受 x_q 和 x_W 数值的影响,如果要求电机有较大的过载能力,在设计电机时必须选取较小的交轴电抗和较小的换流电抗。

实际应用中,计算过载倍数时通常储备角应留有裕度,譬如以$(\gamma-u_L)=15°$时负载电流作为 $\overline{I}_{max}$。此时,将 $\cos(\gamma-u_L)=15°$代入式(7－24),并按上述同样的步骤即可求得有一定储备角时的电流过载倍数。

第五节 晶闸管同步电动机的主要设计参数

由逆变器供电、并由位置检测器控制的无换向器电动机,其本身具有直流电动机的调节性能,在分析问题时,可以按照和直流电动机对比的方法进行。但是这种电机又是自控调频调速的同步电动机,它和普通同步电机有完全相同的本体结构。所以,该电机的设计以及某些参数的选择,通常按照设计同步电动机的方法进行。

晶闸管同步电动机通常采用转子磁极式同步电动机的结构形式,也可做成旋转电枢式结构,在容量较小的传动系统中,该电机又可做成爪极转子式。

设计晶闸管同步牵引电动机的原始数据和设计直流电动机所要求的数据相同,其功率通常指持续工作状态的功率。端电压应根据机车要求及电机本身的经济指标和逆变器的性能,

选择最合理的数值，它并不受工业用同步电机标准电压的限制。譬如，作为现代电力机车牵引的晶闸管同步电动机，当要求机车牵引力 55～60 kN、传动比 4.2～4.4 的情况下，电动机功率接近 1 000 kW 电枢端电压约为 1 000 V 左右。

凸极式同步牵引电动机在制造上较为简单，设计时一般要考虑在 2 000～2 200 r/min 的转速下工作。

和设计普通同步电机相比，在设计它的参数时，必须针对传动系统（或牵引系统）的特点，即必须考虑系统对电机性能的要求。由逆变器供电的交流调速系统，其主要问题是系统换流问题，因此，无换向器同步电机设计参数的选择，必须紧紧围绕这一特殊问题。在这一节里，将结合传动系统的要求，介绍几个主要参数的物理概念和选择范围，至于电机的设计方法和程序，可按照一般同步电机所属的原则进行。

一、极数的选择

晶闸管同步电动机和普通同步电动机一样，极数、转速及频率之间关系满足 $n=60f/\rho$。电动机的转速通常由机车额定运行速度来确定，并满足最大结构速度的要求。在电动机转速已知的情况下，电动机电流的频率 f 和极对数成正比。和普通同步电机相比，晶闸管同步电动机本身的额定频率一般不受限制，故该电机的级对数，原则上可以在较大范围内选取。极数增加能使电机每极磁通减小，电枢绕组节距较短，电机有效材料利用较好。但是，在级数及频率增加时，除了必须考虑电机的铁耗及铜耗增加外，还将使电机的各种电抗增加。从前节分析已知，换流电抗 x_W 的增加，将引起换流重叠角 u_L 增大，而电枢反应交轴电抗 x_q 的增加，又会使负载换流超前角 γ 减小，结果导至换流储备角的减小，这对逆变器换流是不利的。因此，电机极数的选择，主要受逆变器换流条件限制。

对于容量在 1 000 kW 左右面的现代晶闸管同步牵引电动机，极数可以选取 6 或 8，并以超瞬变电抗最小为宜。

二、换流电抗 x_W

换流电抗 x_W 是晶闸管同步电动机的一个重要参数，它影响逆变器的稳定换流，并限制电机电流过载倍数。

晶闸管同步电动机中的电流不是正弦波，而是接近于方波。由电流产生的电枢磁场不是等速的旋转磁场，而是步进式的跃进磁场。每当可控硅进行一次换流，电构磁场跃进 60°电角度，换流过程也正是磁场的跃进过程。在换流期间，彼此换流的两组绕组，一相电流增长，另一相电流衰减。由于转子的机械惯性，转速不会有明显变化。所以在换流过程中转子对电枢磁场有相对运动，这时转子（包括励磁绕组和阻尼绕组）对电枢跃进磁场起阻尼作用，故无换向器电动机的换流电抗 x_W 应属于同步电机超瞬变电抗 x''的范畴。

在普通同步电机中，超瞬变电抗不仅随转子位置而变，而且和电机磁路饱和度有关，即励磁电流增加后，磁路饱和，超瞬变电抗减小。在无换向器电动机中，换流电抗的变化也符合上述关系，同时换流超前角 γ_0 的大小，也影响换流电抗的数值。准确计算换流电抗是比较困难的，通常可以用 $x_W=(x_q''+x_d'')/2$ 的近似关系求得。

在设计晶闸管同步牵引电动机时，为了增加换流能力，必须减小换流电抗，这可以用在电机磁极上装设阻尼绕组的办法来解决。由于运行中 x_W 的实际值和 γ_0 无关，所以根据角度 γ_0

的不同，阻尼绕组的结构应有不同的考虑。在系统中 γ_0 选取较小的场合，换流相的轴线接近于转子直轴，换流电抗 x_W 决定于直轴超瞬变电抗 x_d''，这时应考虑在磁极上装上直轴阻尼绕组。如果 γ_0 选取较大，换流电抗接近于交轴超瞬变电抗 x_q''。交轴阻尼应起主要作用，故磁极上应该考虑加强交轴阻尼的特殊措施。

三、空气隙的选择

在普通同步电动机中，空气隙大小决定电机的过载能力，空气隙越大，电机的过载能力也越强，空气隙的选择根据电机过载能力不低于1.8倍的要求来选取。在晶闸管同步牵引电动机中，逆变器换流条件限制了电机的过载能力，这个条件往往是很苛刻的，故晶闸管同步牵引电动机空气隙的选择不是从满足最大力矩的条件出发，而是从如何能提高换流能力的角度来考虑的。适当加大空气隙，在同样磁路饱和度情况下，电机励磁磁势加大，克服电枢反应磁势影响的能力增强；另外同步电抗减小，电机的电枢反应角减小，因而换流能力增加。

晶闸管同步牵引电动机空气隙的选择可以沿用普通同步电机空气隙的计算公式，即

$$\delta_\rho = K_{ad}\frac{\mu F_1}{B_\delta \overline{x}_{ad}} \tag{7-52}$$

式中 F_1——每极电枢反应磁势，$F_1=\frac{1.35}{\rho}Wk_w I_1$；

B_δ——空气隙计算磁密；

$\overline{x}_{ad}$——电枢反应纵轴电抗相对值；

K_{ad}——纵轴电枢反应系数。

若基波电流 I_1 以线负载 A 来表示，则

$$I_1=\frac{\pi D_a}{2mW}A$$

式中 m——相数；

D_a——电枢直径。

考虑到 $\overline{x}_d \approx 1.1\overline{x}_{ad}$，则计算气隙为

$$\delta_\rho \approx \frac{0.6K_{ad}k_W A\tau}{B_\delta \overline{x}_d} \tag{7-53}$$

式中 τ——极距。

在普通同步电动机中，同步电抗 $\overline{x}_{ad}=1.5\sim2.1$（平均1.8），在可控硅无换向器电动机中，为了增强换流能力，$\overline{x}_d$ 应该设计得小一些。分析电枢反应电抗的物理概念（$\overline{x}_{ad}\propto\overline{U}/\overline{I}$）和式（7－50）得出的结果知，当同步电抗 $\overline{x}_d=1$ 时，在保证换流可靠的提前下，无换向器电动机发挥的相对力矩最大。根据这个条件，令式（7－53）中的 $\overline{x}_d=1$，则无换向器电动机的空气隙可按下式选取。

$$\delta_\rho = \frac{0.6K_{ad}k_W A\tau}{B_\delta} \tag{7-54}$$

和普通同步电动机以及直流电动机相比，在线负载、计算磁密等参数选择相同情况下，晶闸管同步牵引电动机空气隙选择得比一般同步电动机大，而比直流牵引电动机小。

四、功率因数及容量计算

普通同步电动机的功率因数可以通过调节励磁电流来调节，功率因数的高低只牵扯到电

枢以及励磁的容量问题。然而无换向器电动机的功率因数不能随意选择，它和所取用的空载换流超前角 γ_0 以及电机的参数有关。由图 7－16 的向量可知，电压和电流之间的夹角为功率因数角，即

$$\varphi=\gamma-\frac{u_L}{2}=\gamma_0-\theta-\frac{u_L}{2} \tag{7-55}$$

γ_0 是预先选定的已知量，θ 和 u_L 是未知量，和结构参数有关。故在着手进行电磁计算之前，须预先估计额定负载时的功率角 θ 和重叠角 u_L，按式(7－55)求得 φ 和 $\cos\varphi$，作为电机设计的原始数据。待电机电抗参数算出后，按式(7－21)、式(7－25)和图 7－17 的曲线，能分别求出 γ 和 u_L，再由式(7－55)校核 $\cos\varphi$。

通常晶闸管同步牵引电动机的逆变电路是电流型的，故加于电机的端电压基本上是正弦的，但是电流中可能含有较多的谐波分量，因此在计算电机总容量时还应考虑谐波电流的影响。

在平波电抗器电感较大的情况下，电机各相电流基本上是方形波。用傅立叶级数分解后，得 n 次谐波电流有效值为

$$I_n=\frac{4}{\sqrt{2}\,\pi}\cdot\frac{I_d}{n}\cdot\sin\left(\frac{n\pi}{3}\right) \tag{7-56}$$

如果考虑换流重叠角 u_L，电机电流近似为梯形波，如图 7－32 所示。这时第 n 次谐波的有效值为

$$I_n=\frac{4}{\sqrt{2}\,\pi}\cdot\frac{I_d}{n}\cdot\frac{\sin\left(\frac{nu_L}{2}\right)}{n\frac{u_L}{2}}\sin\left(\frac{n\pi}{3}\right) \tag{7-57}$$

式中　$n=1,5,7,11,13,\cdots$。

设基波电流 I_1 的功率因数为 $\cos\varphi_1$，则基波有功功率为

$$P_1=3UI_1\cos\varphi_1 \tag{7-58}$$

基波无功功率为

$$Q_1=3UI_1\sin\varphi_1 \tag{7-59}$$

谐波无功功率为

$$Q_{n\Sigma}=3UI_{n\Sigma} \tag{7-60}$$

式中　$I_{n\Sigma}=\sqrt{\sum I_n^2}$

总视在功率为

$$S=3UI=3U\sqrt{I_1^2+I_{n\Sigma}^2}=\sqrt{P_1^2+Q_1^2+Q_{n\Sigma}^2} \tag{7-61}$$

故考虑谐波影响后的总功率因数为

$$\cos\varphi=\frac{P_1}{S}=\frac{I_1}{I}\cos\varphi_1 \tag{7-62}$$

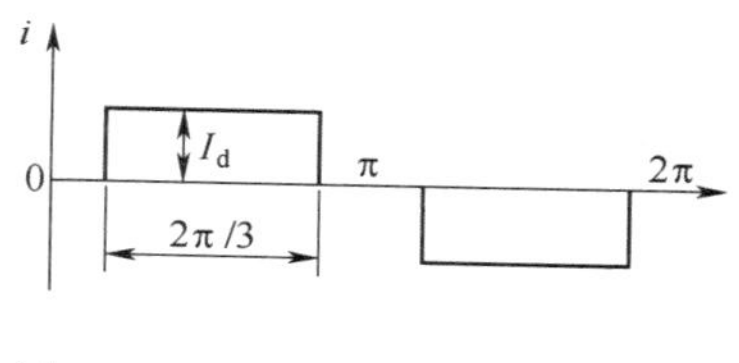

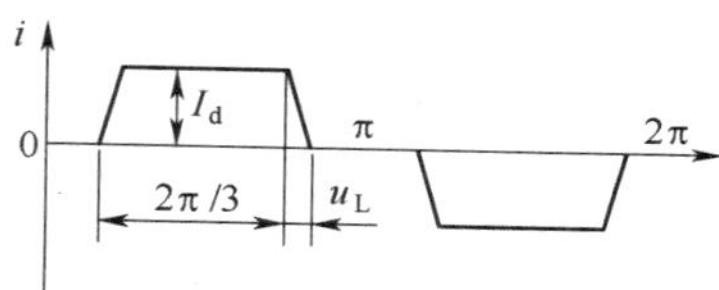

图 7－32　电流波形

由上面的推导可知，由于电机端电压是正弦波，谐波电流增加电机的无功功率，而不传导有功功率，因而使电机总的功率因数降低。

在了解了晶闸管同步牵引电动机的设计要求和设计的原始数据以后，即可进行电机的电磁设计。在设计时除了几个关键参数需要认真斟酌并合理选择外，其设计方法完全可以依照普通同步电机的设计程序进行。应该提到，晶闸管同步牵引电动机的设计是和系统设计紧密

联系在一起的，即不仅对电机要多方案比较，进行最佳化设计，而且对系统也要优化选择，必须提高系统的换流能力和过载能力，以及保证系统的稳定运行。因为晶闸管同步牵引电动机优越与否，最终是由系统和电机综合结果来评价的。

通过本章的分析可知，晶闸管同步牵引电动机具有许多优点，它具有直流电动机一样优越的调速特性，但该电机没有机械换向器，结构简单，制造方便，运行可靠，容易做到大容量和高转速。特别是需要的四象限运行时，只要通过适当控制逆变器的触发方式，就可以实现无触点转换，控制系统简单。此外，该系统不需要采用复杂的换流装置进行换流，电动机的输入功率因数及效率也都较高，因此，该电机用作工业变速驱动原动机，其优点是突出的。当然，作为机车牵引电动机也是理想的，目前，国外许多国家都在研制。例如用于造纸、化纤、印刷等部门，电机容量已做到 600 kW 以上；机车牵引方面，已经制成容量的 1 000 kW 左右的牵引电动机，并且传动系统的设计制造方面，已不存在未能解决的工程技术问题。我国不少单位也的加紧研制，并取得了很大成绩。不久，晶闸管同步牵引电动机将广泛用于包括机车牵引的内的各个领域。

复习思考题

1. 无换向器同步电机的工作原理建立在怎样的电磁关系基础上？
2. 晶闸管同步牵引电动机由哪几部分构成，各部分具有什么功用？
3. 简要说明晶闸管同步牵引电动机是如何实现转速调节的。
4. 直流牵引电动机为什么可以衍化成同步牵引电动机？
5. 简述直流牵引电动机衍化成同步牵引电动机的过程。

第八章 永磁同步牵引电动机

牵引电动机以磁场为媒介进行机电能量转换，为建立电动机工作所需的气隙磁场，可采用采用两种方式：一是在电动机绕组中通过电流产生，既需要专门的绕组和相应的装置，又需要不断供给能量以维持电流，例如直流牵引电机、普通同步牵引电机；另一种是由永磁体产生磁场，既可简化结构，又可节约能源，即永磁同步牵引电机。因此，永磁同步牵引电机可以提高传动系统效率、减小车辆牵引系统的重量和体积。

随着永磁材料性能的不断完善以及电力电子技术的进步，永磁电机研发逐步成熟，也使永磁电机得到越来越广泛的应用。同时随着现在环境危机、能源危机等问题的出现，永磁牵引电动机作为节省能源、低成本、体积小、重量轻的新一代绿色节能铁路牵引电机，必将在铁路牵引中得到广泛的应用。

本章结合机车牵引的特点，介绍永磁同步牵引电机的发展及应用情况、结构特点，分析系统的电磁关系及控制问题。

第一节　永磁同步牵引电动机的概况

一、永磁同步电动机的主要特点

在铁道牵引领域，由于安装空间有限，要求牵引电动机体积小；列车速度高，要求电动机质量轻、输出功率大。另外，还要求电动机在启动时输出很大的转矩，并能在很宽的速度范围内运行，以及易于控制转矩等。永磁同步电动机正是这些方面优越于异步电动机、同步电动机，例如：

1. 效率高：在转子上嵌入永磁材料后，不存在转子电阻和磁滞损耗，提高了电动机效率。

2. 功率因数高：永磁同步电机转子中无感应电流励磁，电机的功率因数近于 1。同时功率因数的提高，提高了电网品质因数，减小了输变电线路的损耗，输变电容量也可降低。

3. 起动转矩大。

4. 体积小，重量轻，耗材少。

另外，用永磁同步牵引电动机实现无传动齿轮箱的直接传动系统，可避免齿轮箱带来的费用、损耗、维修量、噪声等问题；又由于电机损耗少，比较容易实现全封闭自冷，就取消了内部通风且不需要更换润滑油，可望得到维护少且环保的效果。

二、永磁同步电动机发展概况

永磁同步电机的发展和永磁材料的发展息息相关。我国是世界上最早发现永磁材料的磁特性并把它应用于实践的国家，2000 多年前，我国利用永磁材料的磁特性制成了指南针，在航海、军事等领域发挥了巨大的作用，成为我国古代四大发明之一。

19世纪20年代出现的世界上第一台电动机就是由永磁体产生励磁磁场的永磁电动机。但当时所用的永磁材料是天然磁铁矿石，磁能密度很低，用它制成的电动机体积庞大，不久被电励磁电动机所取代。随着各种电动机迅速发展的需要和电流充磁器的发明，人们对永磁材料的机理、构成和制造技术进行了深入研究，相继发现了碳钢、钨钢、钴钢等多种永磁材料。特别是20世纪30年代出现的铝镍钴永磁和50年代出现的铁氧体永磁，磁性能有了很大提高，各种微型和小型电动机又纷纷使用永磁体励磁。永磁电动机的功率小至数毫瓦，大至几十千瓦，在军事、工农业生产和日常生活中得到广泛应用，产量急剧增加。

20世纪60年代和80年代，稀土钴永磁和钕铁硼永磁（二者统称稀土永磁）相继问世，它们的高剩磁密度、高矫顽力、高磁能积和线性退磁曲线的优异磁性能特别适合于制造电动机，从而使永磁电动机的发展进入一个新的历史时期。国内外磁学界和电动机界纷纷投入大量人力物力进行相关的研究开发。稀土永磁的优异磁性能，加上电力电子器件和微机技术的迅猛发展，不仅使许多传统的电励磁电动机纷纷被稀土永磁电动机代替，而且可以实现传统的电励磁电动机所难以达到的高性能。

20世纪90年代随着永磁材料性能的不断提高和完善，特别是钕铁硼永磁的热稳定性和耐腐蚀性的改善、价格的逐步降低以及电力电子器件的进一步发展，加上永磁电动机研究开发经验的逐步成熟，使永磁电动机在国防、工农业生产和日常生活等各个方面获得越来越广泛的应用。

三、永磁电动机在铁路机车牵引的应用

1.国外应用情况

(1)采用永磁同步电机的无齿轮箱直接传动系统

采用齿轮传动装置可以使牵引电机小型轻量化，因此现在通用的异步牵引电机是通过齿轮传动装置将动力传递给轮轴来驱动车辆的。但使用齿轮传动装置会带来传递损耗、噪声、维修等问题。因此无齿轮箱的直接传动系统是各国铁道工程师一直追求的目标。

永磁牵引电机与直流牵引电机和异步牵引电机相比，体积和质量都可以大幅度减小，从而能在现有尺寸和质量条件下实现直接传动。采用永磁同步电机的直接传动系统的研究正在不断开展。

法国阿尔斯通公司开发的永磁牵引电机系统样机试用结果显示，效率比异步电机提高了3%～4%，噪声级比IEC规定的限值降低了3～7 dB，体积比异步电机减少了30%，质量比异步电机减少30%。

阿尔斯通公司研发的新一代高速列车V150，创下列车速度世界新纪录574.8 km/h。V150试验列车由前后2辆牵引机车、3节双层客运车厢和装有永磁电机的新一代高速列车AGV转向架组成，V150列车动力系统比传统高速列车更强劲、能耗更少，相比传统TGV列车输出9.3 MW(12 500马力)，该列车动力可达19.6 MW(25 000马力)。

日本铁道东日本公司进行了多次试制，研究AC系列车的直接传动式牵引电机。经过了静态试验、试验台及工厂内、正线上的运行试验。永磁电机由于采用全封闭自冷方式，又是低速运转，所以与通常的万向节驱动的开放式冷却异步电机相比，电机本身(周围1 m处)的噪声可降低10 dB以上，效率可达95%。

德国西门子公司也注重面向高速新干线 ICE 的应用，进行直接驱动方式的永磁同步电动机的开发；以最高速度 330 km/h 的 ICE3 为对象，进行额定输出 500 kW 的永磁同步电动机的试制。该系统是无传感器矢量控制的空心轴万向节驱动方式，牵引电机安装在转向架上。电动机是全封闭水冷式的内齿轮型 SPM(表面磁铁型)。

(2)全封闭式永磁电机

铁路机车牵引电机要求体积小、功率大，通常采用强迫通风冷却方式，而冷却风中含有尘埃，会污染牵引电机内部，因此牵引电机需要定期进行解体清扫。既有线车辆的牵引电机多数是转子与风扇直接相连的结构(自通风结构)，高速运转时风扇的噪声很大。采用全封闭结构，尘埃就不能进入牵引电机内部，也就不需要解体电机进行清扫，同时电机里面的噪声被隔离。但全封闭电机比通风冷却电机的冷却性能差，因此全封闭电机要做到尺寸和性能与以往的电机相同，就必须采用效率高、发热小的永磁同步电机，并研究新的冷却结构，以使各部分的温升控制在规定的限值以内。

日本东芝公司研制的变频永磁电动机及控制系统，对比试验结果，全密封式永磁电机传动系统效率高达 97%，功率因数高达 95%；比感应电机传动系统的电机噪声低，电力消耗量小，可大幅度降低运用维护成本。

2. 国内永磁牵引电动机应用情况

我国对永磁牵引电动机的研究起步较晚，但中国拥有占世界 80%储量的稀土资源，发展以永磁电机为牵引电机具有得天独厚的优势。

总的来说，随着人类对地球环境的保护，能源问题的社会意识及要求越来越高，永磁同步电机因其固有的高效、高控制精度、高功率密度和高转矩密度、低噪声等特点，及通过合理设计永磁磁路结构能获得较高的弱磁性能，成为新一代绿色节能铁路牵引电机。相信随着永磁电机技术的逐步成熟，必将会在铁路牵引中得到广泛应用。

第二节　永磁同步牵引电动机的结构特点

一、永磁同步牵引电动机的总体结构

图 8—1 为内转子式永磁同步电动机横截面示意图，基本结构部件为定子、转子和端盖等。

定子结构与普通同步电机相同，由绕组与铁芯构成。为减小电动机运行时的铁耗，定子铁芯常用硅钢叠片叠压而成。绕组一般采用星形连接，采用双层、短距形式以削弱谐波影响。

转子铁芯可以做成实心的，也可以用硅钢片叠压而成。

永磁同步牵引电动机与其他牵引电动机的最主要区别是转子的磁路结构，它用永磁体代替励磁绕组，从而省去了励磁线圈、滑环和电刷。下面对其进行详细的介绍。

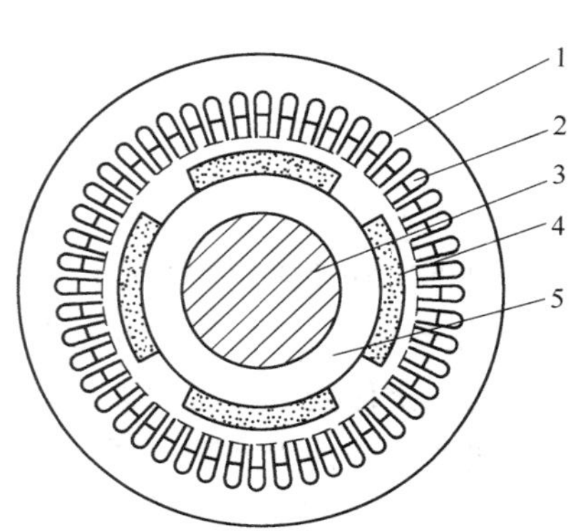

图 8—1　永磁同步电动机横截面示意图

1—定子铁芯；2—定子绕组；3—转轴；4—永磁体；5—转子铁芯

二、永磁同步牵引电动机的转子磁路结构

永磁同步牵引电动机的转子磁路结构不同，则电动机

的运行性能、控制系统、制造工艺和适应场合也不同。

根据永磁体放置的位置不同，可分为表面式和埋入式两种转子磁路结构。

1.表面式转子磁路结构

表面式转子磁路结构如图8－2所示，永磁体位于转子铁芯的外表面上，永磁体提供磁通的方向为径向，且永磁体外表面与定子铁芯内圆之间一般仅套以起保护作用的非磁性圆筒，或者在永磁体的磁极表面包以无纬玻璃丝带做保护层。

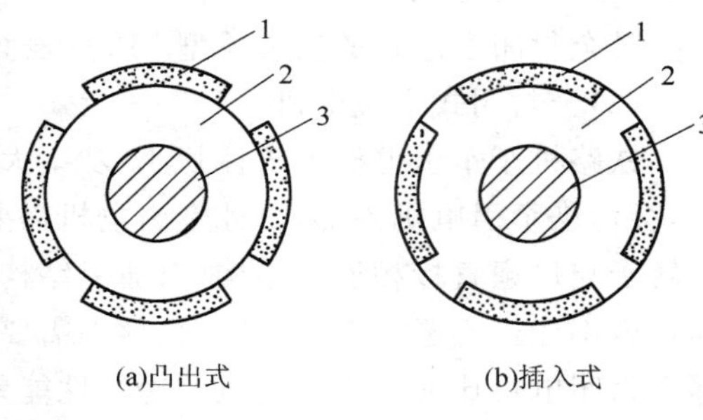

图8－2　表面式转子磁路结构

1—永磁体；2—转子铁芯；3—转轴

表面式转子磁路结构又分为凸出式和插入式两种，表面凸出式转子在电磁性能上属于隐极转子结构；而表面插入式转子的相邻两永磁体间有着磁导率很大的铁磁材料，故在电磁性能上属于凸极转子结构。

表面凸出式转子结构简单、制造成本较低、转动惯量小、电气时间常数和机械时间常数小、永磁磁极易于实现最优设计，使之成为能使电动机气隙磁密波形趋近正弦波的磁极形状，可以显著提高电动机乃至整个传动系统的性能。

表面插入式转子结构可充分利用转子磁路的不对称性所产生的磁阻转矩，提高电动机的功率密度，动态性能较凸出式有所改善，制造工艺也较简单，但漏磁系数和制造成本都较凸出式大。

2.埋入式转子磁路结构

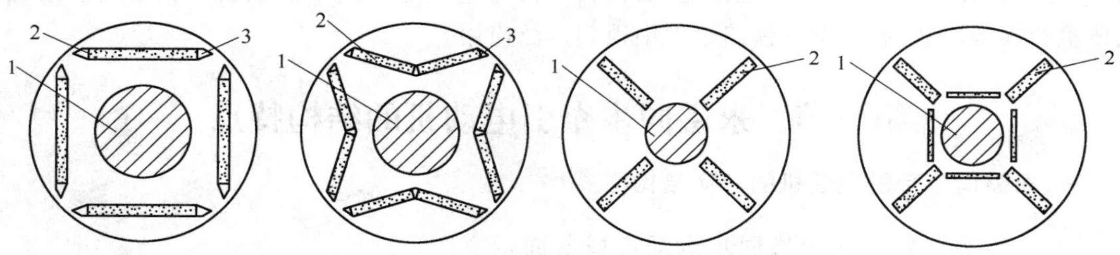

图8－3　埋入式转子磁路结构

1—转轴；2—永磁体；3—永磁体槽

在埋入式转子磁路结构中，如图8－3所示，永磁体位于转子内部，永磁体外表面与定子铁芯内圆之间有铁磁物质制成的极靴，极靴中可以放置铸铝笼或铜条笼，起阻尼和起动作用，动态、稳态性能好，广泛用于要求有异步起动能力或动态性能高的的永磁同步电动机。埋入式转子内的永磁体受到极靴的保护，其转子磁路结构的不对称性所产生的磁阻转矩也有助于提高电动机的过载能力和功率密度，而且易于“弱磁”扩速。

埋入式永磁电机转子内的永磁体受到保护，不像表面式永磁电机那样需要保护层；且埋入式永磁电机结构简单、鲁棒性高、造价低。采用埋入式永磁电机能有效地利用磁阻转矩，使高速旋转时永磁体产生的链接磁链和感应电压最小。因此，埋入式转子磁路结构的永磁同步电动机更适宜用作铁道机车的牵引电动机。

三、隔磁措施

为不使电动机中永磁体的漏磁系数过大而导致永磁材料的利用率过低，转子结构中需采取一定的隔磁措施。

图 8—4 所示为两种典型的隔磁措施。图中标注尺寸 b 的冲片部位为隔磁磁桥，通过磁桥部位磁通达到饱和来起限制漏磁的作用。隔磁磁桥的宽度 b 越小，该部位磁阻便越大，越能限制漏磁通。但是宽度过小将使转子的机械强度变差，并缩短冲模的使用寿命。隔磁磁桥长度 w 也是一个关键的尺寸，如果隔磁磁桥长度不能保证一定的尺寸，即使磁桥宽度小，磁桥的隔磁效果也将明显下降。但当隔磁磁桥长度达到一定的大小后，再增加长度，隔磁效果不再有明显的变化，而过大的长度将使转子机械强度下降，制造成本提高。

图 8—4　两种典型的隔磁措施

1—转轴；2—转子铁芯；3—永磁体槽；4—永磁体

四、直接传动用永磁牵引电动机的结构

直接传动用与车轮一体的永磁牵引电动机的基本结构形式如图 8—5 所示，永磁牵引电动机轴的输出功率直接传给车轮。省去了以往齿轮传动装置，电动机轴的输出功率直接传给车轮，从而也就没有齿轮传动装置的维修保养、传动噪声以及传动损耗等问题。

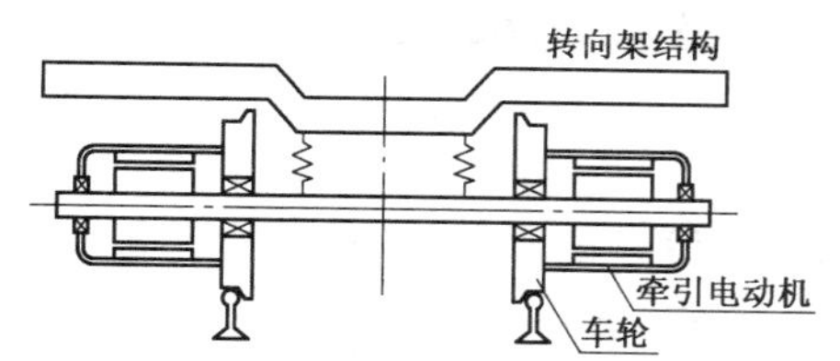

(a) 电动机装在对应轨道外侧，即车轮外侧

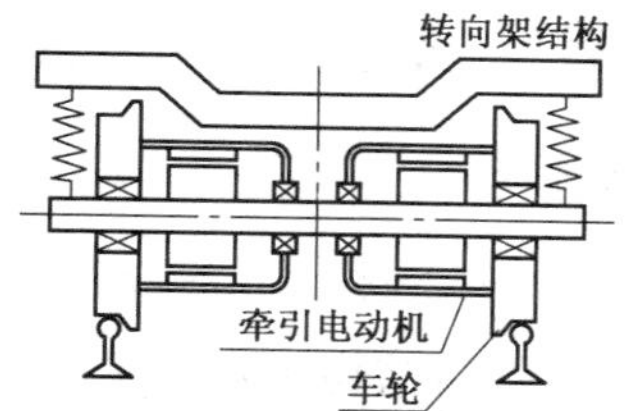

(b) 电动机装在对应轨道内侧，即在车轮内侧

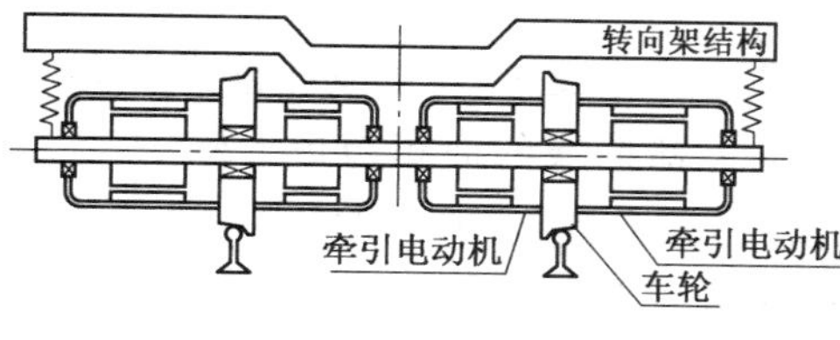

(c) 电动机装在对应轨道内侧，即车辆两侧

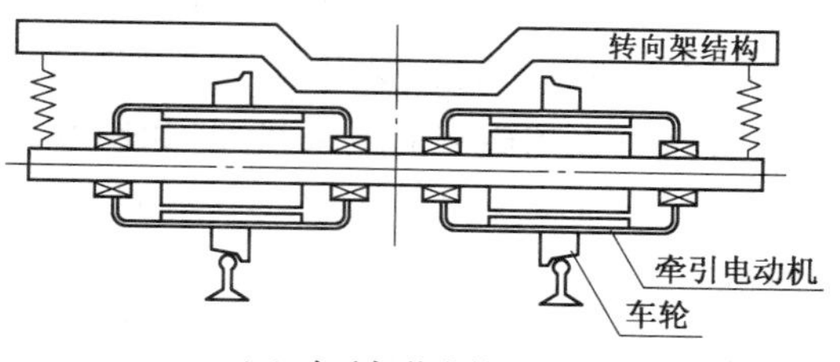

(d) 电动机装在轮心上

图 8—5　车轮一体的永磁牵引电动机的基本结构形式

图 8—6 所示为轨距可变换用永磁同步牵引电动机断面图，电动机定子直接装在车轴外筒上，转子用碳素结构钢制的圆筒状框架，在圆筒框架内侧粘结了永久磁铁，用不锈钢楔固定。牵引电动机的转子通过托架用螺栓与轮毂相连接。外转子结构的 VR 解析器安装在牵引电动机的内部，用于检测电动机转子的绝对位置。但从可靠性观点看，铁道车辆制动控制与电动机控制采用不同的独

立的速度传感器，不采用装在轴端的方式，而是在车轮侧面接地装置处安装有速度传感器齿轮。

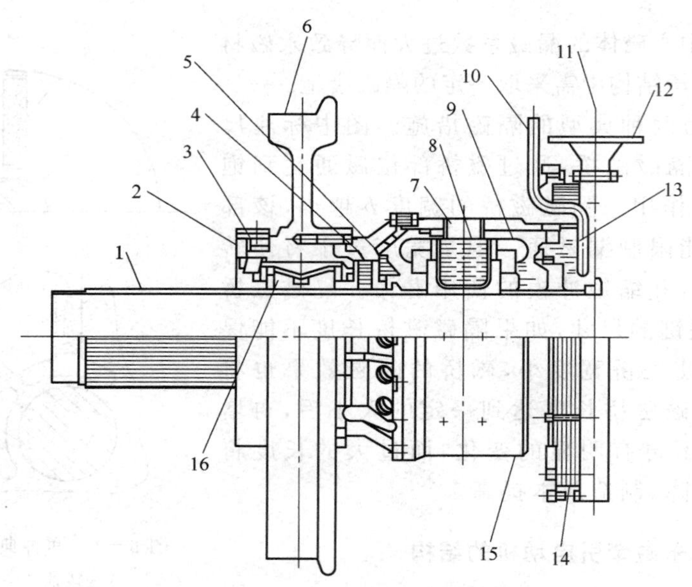

图 8－6　永磁同步牵引电动机断面图

1—车轴外筒；2—传感器齿轮；3—集电环；4—VR 解析器；5—端盖；6—车轮；7—永久磁铁；8—电枢铁芯；9—电枢线圈；10—引出线；11—转向架中心线；12—通风管；13—轴承；14—波纹管；15—牵引电动机转子；16—轴承

第三节　永磁同步牵引电动机电磁关系及工作特性

一、永磁材料磁特性

永磁同步牵引电动机磁场是由永磁体产生的，永磁体既是磁源，又是磁路的组成部分。永磁体的磁性能、电机的磁路结构决定着磁场分布，从而直接关系电机的性能。

永磁材料是经外部磁场饱和充磁后，无需外部能量而能持续提供磁场的一种特殊材料，有着与软磁材料不同的特性，我们利用磁滞回线进行分析。

铁磁材料的磁感应强度 B 与外加磁场强度 H 的关系非常复杂，B 的变化落后于 H 的变化，这种关系可以用磁滞曲线来描述，如图 8－7 所示。磁滞曲线的面积与最大磁场强度 H_m 有关，H_m 越大，面积越大。当 H_m 达到材料的饱和值时，磁滞回线的面积最大，磁能积最高，磁性能最稳定。根据磁滞回线形状的不同，可将铁磁材料分为软磁材料和永磁材料。磁滞回线窄的为软磁材料，磁滞回线宽的为永磁材料。对于永磁材料，磁滞曲线的第二象限可描述其特性，图 8－8 所示为一种永磁材料磁滞回线的第二象限，可见与软磁材料相比其剩余磁感应强度 B_r、磁感应矫顽力 H_c 都很高，抗去磁能力强。

但永磁材料的不足之处是磁性能受材料热稳定性影响，正常情况下，退磁曲线是直线，但在高温下使用时，其退磁曲线的下半部分要产生弯曲[如图 8－8 中 $B=f(H)$]，退磁曲线上明显发生弯曲的点称为拐点，如果永磁体的工作点在拐点以下，会产生磁性能的不可逆损失。为了保证使用永磁牵引电动机的性能在长期运行中不因永磁材料性能的变化而引起变化，要求

永磁体的磁性能保持长期稳定。因此在使用永磁材料时，一定要校核永磁体的最大去磁工作点，采用稳定性处理方法，以增强其可靠性。

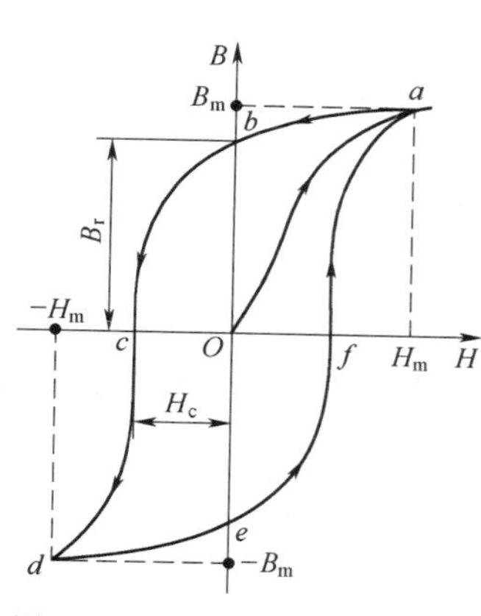

图 8－7　铁磁材料的磁滞回线

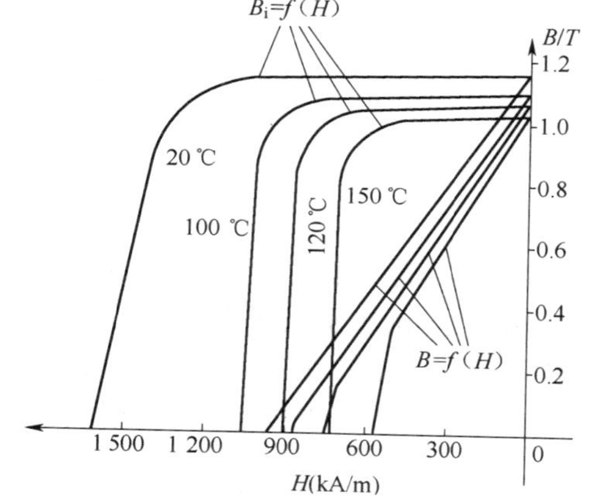

图 8－8　永磁材料磁滞回线二象限

二、永磁牵引电动机的基本电磁关系

永磁牵引电动机与电励磁凸极同步电动机有着相似的结构，两种电动机的内部电磁关系也相同，且电枢磁动势在不同的位置产生的电枢反应不同。

采用双反应理论来研究，将电枢磁动势分解到直轴和交轴两个方向进行分析。

$$\begin{cases} F_{ad}=F_a\sin\varphi \\ F_{aq}=F_a\cos\varphi \end{cases} \tag{8-1}$$

式中　φ——内功率因数角；

F_{ad}——直轴电枢磁动势；

F_{aq}——交轴电枢磁动势；

F_a——电枢磁动势。

$$F_a=\frac{\sqrt{2}m}{\pi}\frac{N_1k_{N1}}{\rho}I_1 \tag{8-2}$$

式中　N_1——每相串联匝数；

ρ——极对数；

m——相数；

k_{N1}——基波绕组系数；

I_1——电枢电流(即定子电流)有效值。

电枢电流也可分解为直轴分量$\dot{I}_d$、和交轴分量$\dot{I}_q$(它们分别产生直轴和交轴电枢磁动势)，即

$$\begin{cases} \dot{I}_d=\dot{I}_1\sin\varphi \\ \dot{I}_q=\dot{I}_1\cos\varphi \end{cases} \tag{8-3}$$

这样就可以根据直轴、交轴的磁路分别求出直轴、交轴电枢反应产生的磁通Φ_{ad}、Φ_{aq}，进一

步求出直轴电枢反应电动势 E_{ad} 及直轴电枢反应电动势 E_{aq} 为

$$\begin{cases}\dot{E}_{ad}=-j4.44fN_1k_{N1}\dot{\Phi}_{ad}\\ \dot{E}_{aq}=-j4.44fN_1k_{N1}\dot{\Phi}_{aq}\end{cases} \tag{8-4}$$

引入直轴、交轴电枢反应电抗来等效电枢电流与电枢反应电动势的电磁关系，有

$$\begin{cases}\dot{E}_{ad}=-j\dot{I}_dX_{ad}\\ \dot{E}_{aq}=-j\dot{I}_qX_{aq}\end{cases} \tag{8-5}$$

式中　X_{ad}、X_{aq}——直交轴电枢反应电抗(Ω)。

需要指出的是，由于永磁同步电动机转子直轴磁路中永磁体的磁导率很小，因此电动机直轴电枢反应电抗一般小于交轴电枢反应电抗。

电动机稳定运行于同步转速时，永磁同步电动机的电压方程为

$$\begin{aligned}\dot{U}&=\dot{E}_0+R_1\dot{I}_1+j\dot{I}_1x_1+j\dot{I}_dx_{ad}+j\dot{I}_qx_{aq}\\&=\dot{E}_0+R_1\dot{I}_1+j\dot{I}_dx_d+j\dot{I}_qx_q\end{aligned} \tag{8-6}$$

式中　$\dot{E}_0$——永磁气隙基波磁场所产生的每相空载反电动势，V；

$\dot{U}$——外施相电压有效值，V；

R_1——定子绕组相电阻，Ω；

X_1——定子漏抗，Ω；

X_d——直轴同步电抗，Ω；

X_q——交轴同步电抗，Ω。

其中

$$\begin{cases}X_d=X_1+X_{ad}\\ X_q=X_1+X_{aq}\end{cases} \tag{8-7}$$

$$\dot{E}_0=-j4.44fN_1k_{N1}\dot{\Phi}_{f1} \tag{8-8}$$

式中　$\dot{\Phi}_{f1}$——永磁体产生的基波磁通。

由电压方程式(8－6)可绘制出永磁同步电动机于不同情况下稳态运行时的几种典型向量图，如图 8－9 所示。

图 8－9 中(a)为过激去磁(超前功率因数)、(b)为过激去磁(单位功率因数)、(c)过激去磁(滞后功率因数)、(d)为增去磁临界状态、(e)为欠激增磁。

三、永磁同步牵引电机的工作特性

永磁同步牵引电机的转速在稳态情况为定值，因此工作特性我们主要讨论转矩特性、效率特性、无功功率调节特性。

1. 永磁同步牵引电机的转矩特性

根据永磁同步电动机的电压方程和向量图，可得到如下关系

$$\psi=\arctan\frac{I_d}{I_q} \tag{8-9}$$

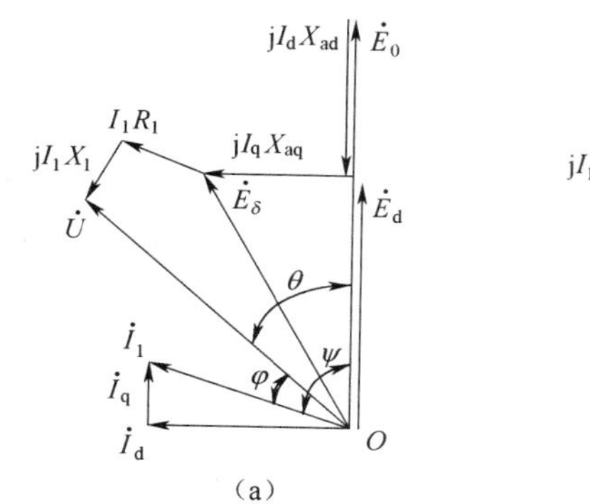

(a)

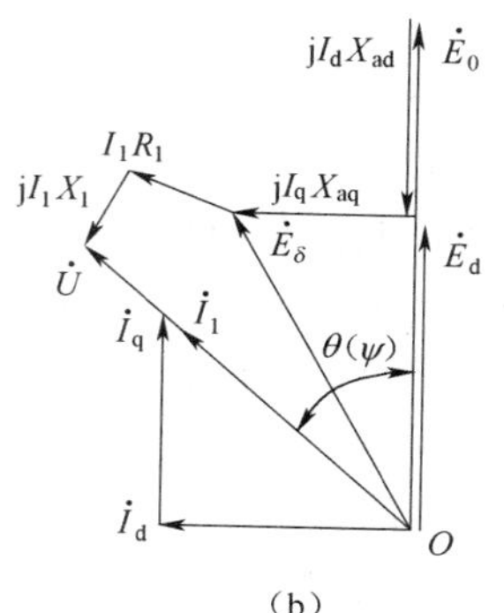

(b)

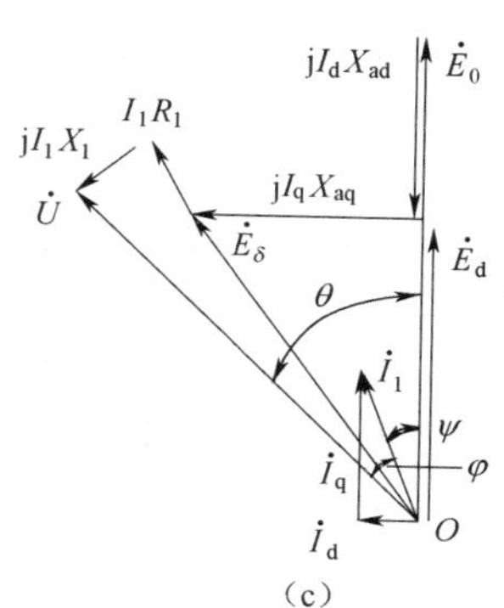

(c)

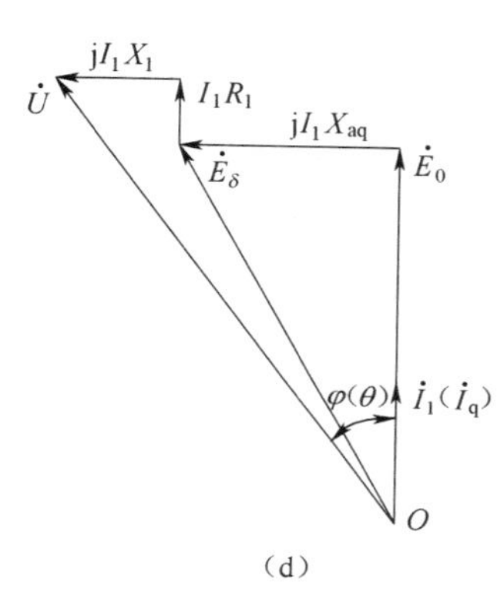

(d)

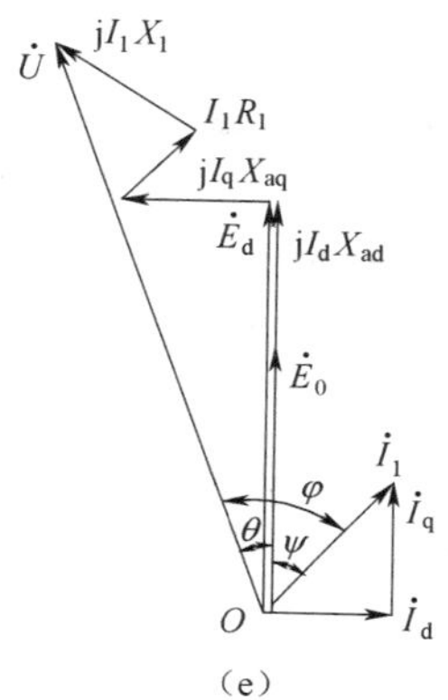

(e)

图 8—9 永磁牵引电动机几种典型向量图

$\dot{E}_\delta$—气隙合成电势(V);$\dot{E}_d$—直轴内电动势(V);θ—功角。

$$\varphi=\theta-\psi \tag{8—10}$$

$$U\sin\theta=I_q X_q+I_d X_d \tag{8—11}$$

$$U\cos\theta=E_0-I_d X_d+I_q R_1 \tag{8—12}$$

从式(8—5)和式(8—6)中可求得电动机定子电流的直、交轴分量

$$I_d=\frac{R_1 U\sin\theta+X_q(E_0-U\cos\theta)}{R_1^2+X_d X_q} \tag{8—13}$$

$$I_q=\frac{X_d U\sin\theta-R_1(E_0-U\cos\theta)}{R_1^2+X_d X_q} \tag{8—14}$$

定子相电流

$$I_1=\sqrt{I_d^2+I_q^2} \tag{8—15}$$

而电动机的输入功率(W)

$$\begin{aligned}P_1&=mUI_1\cos\varphi=mUI_1\cos(\theta-\psi)=mU(I_d\sin\theta+I_q\cos\theta)\\&=\frac{mU\left[E_0(X_q\sin\theta-R_1\cos\theta)+R_1U+\frac{1}{2}U(X_d-X_q)\sin 2\theta\right]}{R_1^2+X_d X_q}\end{aligned} \tag{8—16}$$

忽略定子电阻,由式(8—16)可得电动机的电磁功率(W)为

$$P_{em}\approx P_1=m\frac{E_0U}{X_d}\sin\theta+m\frac{U^2}{2}\left(\frac{1}{X_q}-\frac{1}{X_d}\right)\sin 2\theta \tag{8—17}$$

则永磁同步电动机的电磁转矩为

$$T_{em}=\frac{P_{em}}{\Omega}=m\frac{E_0U}{\Omega X_d}\sin\theta+m\frac{U^2}{2\Omega}\left(\frac{1}{X_q}-\frac{1}{X_d}\right)\sin2\theta \tag{8-18}$$

由式(8－18)可以看出，电磁转矩由两部分组成：一是永磁磁场与定子电枢反应磁场相互作用产生的基本电磁转矩，又称永磁转矩；另一是由于电动机 d、q 轴磁路不对称而产生的磁阻转矩。由于永磁同步电动机直轴电抗 X_d 一般小于交轴电抗 X_q，磁阻转矩为一负的正弦函数，因此转矩角特性曲线上最大值所对应的转矩角大于 90°，而不像励磁同步电动机那样小于 90°，这是永磁同步电动机一个值得注意的特点。

图 8－10 是永磁同步电动机的转矩特性曲线。图中曲线 1 为式(8－18)第 1 项，曲线 2 为第 2 项，曲线 3 为曲线 1、2 的合成。

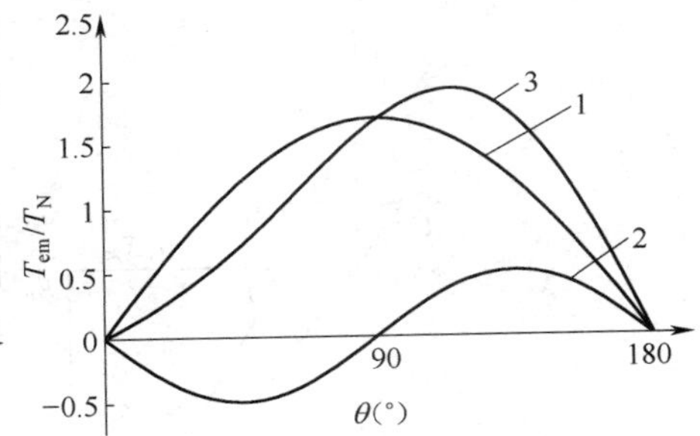

图 8－10　永磁同步电动机的转矩特性曲线

转矩特性曲线上的最大电磁转矩 T_m 称为永磁同步电机的失步转矩，当负载转矩大于该转矩时电动机将失去同步。失步转矩与额定转矩的比值称为失步转矩倍数，是永磁同步电机的一个重要参数，表征其过载能力。

2. 效率特性

永磁牵引电动机的损耗包括电枢铜耗、电枢铜耗、杂散损耗及机械损耗。在已知电动机参数的情况下，分别求出在不同的功角下的损耗，即可分析电动机的效率特性。

电枢铜耗为

$$p_{Cua}=mI^2R_1 \tag{8-19}$$

电枢铁耗为

$$p_{Fe}=k_1p_{t1}V_{t1}+k_2p_{j1}V_{j1} \tag{8-20}$$

式中　p_{t1}、p_{j1}——定子齿、轭部的单位铁耗；

V_{t1}、V_{j1}——定子齿、轭部的体积；

k_1、k_2——加工系数。

杂散损耗和机械损耗通常是根据经验公式进行估算。

3. 永磁同步电动机的无功功率调节特性

永磁同步电动机制成后，励磁就不能调节了，但在设计阶段可以通过调整 E_0 来调整功率因数。电机制成之后，则可以通过调节供电电压来调节无功功率。

以隐极电机为例进行分析。当电动机负载不变时，电磁功率也近似不变，由式(8－17)有

$$P_{em}=m\frac{E_0U}{X_s}\sin\theta=mUI\cos\theta=C \tag{8-21}$$

式中　X_s——同步电抗。

(1)供电电压一定时

由式(8－17)，电磁功率不变，则有

$$\begin{cases}E_0\sin\theta=C\\ I\cos\theta=C'\end{cases} \tag{8-22}$$

式中　C，C'——常数。

调节 $\dot{E}_0$ 时的相量图如图 8－11 所示。$\dot{E}_0$ 的端点总是在 AB 线上。图中 E_0' 为电机功率因

数，E_0'为1时，电枢电流最小；当调节E_0，使其大于E_0'时，功率因数超前；而调节$\dot{E}_0$，使其小于E_0'时，功率因数滞后。因此，电压恒定时，$I=f(E_0)$关系曲线呈V形，如图8－12所示。

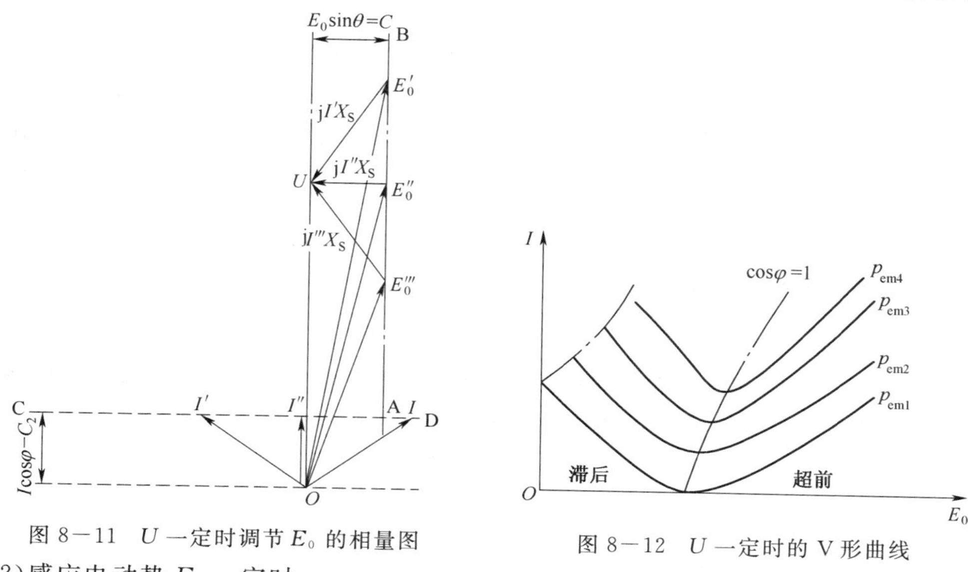

图8－11　U一定时调节E_0的相量图

图8－12　U一定时的V形曲线

(2)感应电动势E_0一定时

永磁电机制成后E_0为定值，但调节供电电压，同样可以进行功率因数调节。由式(8－11)，电磁功率不变，有

$$\begin{cases} U\sin\theta=C \\ I\cos\theta=C'/U \end{cases} \tag{8-23}$$

调节供电电压相量图如图8－13所示。$\dot{U}$的端点总是在AB线上。图中U'为电机功率因数，为1时，电枢电流最小；当调节E_0，使其大于E_0'时，功率因数超前；而调节E_0，使其小于E_0'时，功率因数滞后。因此，电压恒定时，$I=f(U)$关系曲线呈V形，如图8－14所示。

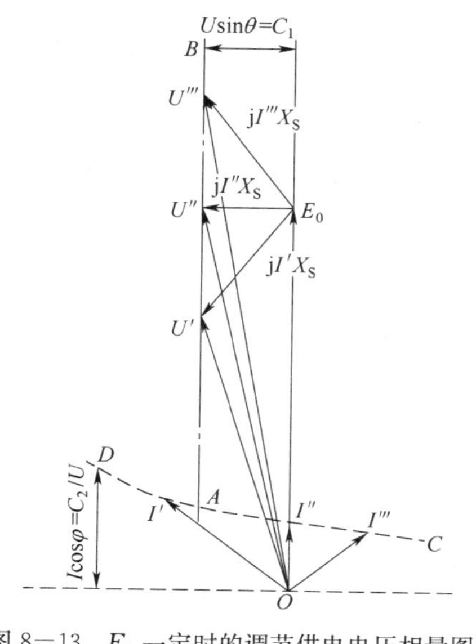

图8－13　E_0一定时的调节供电电压相量图

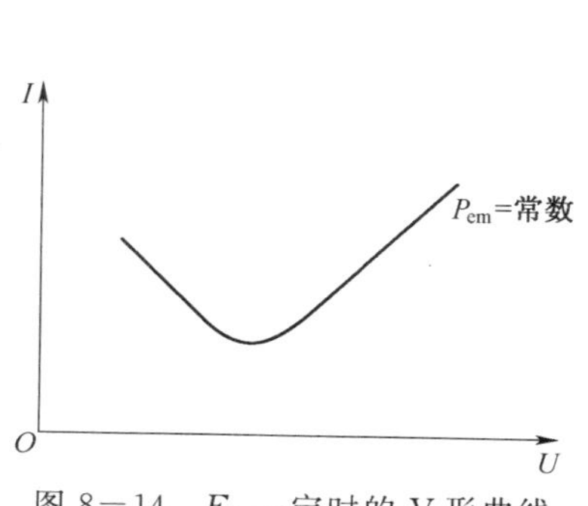

图8－14　E_0一定时的V形曲线

第四节　永磁同步牵引电动机的控制方式

永磁同步牵引电动机通常采用矢量控制和直接转矩控制两种控制方式。矢量控制借助于坐标变换，将实际的三相电流变换成等效的力矩电流分量和励磁电流分量，以实现电机的解耦控制。而直接转矩控制技术采用定子磁场定向，直接对逆变器的开关状态进行最佳控制，以获得转矩的高动态性能，控制简单，转矩响应迅速。本节对这两种控制方式的原理及实现进行简要介绍。

一、永磁同步牵引电机的矢量控制

1. 永磁同步电机矢量控制原理

在前面的章节已经介绍，铁路牵引要求传动系统按照一定的控制方式运行，同时不断的有迅速加速、减速的调速要求。由于电力拖动系统都服从于基本运动方程式：

$$T_{em}-T_L-T_\Omega=\frac{GD^2}{375}\frac{dn}{dt} \tag{8-24}$$

式中　GD^2——电动机和负载机械的飞轮矩，$GD^2=4gJ$（J——转动惯量）；

n——电动机转速；

T_{em}，T_L，T_Ω——电动机的电磁转矩、负载转矩、黏滞摩擦转矩。

从式(8－24)可以看出，控制转速实际是通过控制电磁转矩来实现的。

永磁同步电动机的矢量控制的基本思想是，将电动机模拟成直流电机的控制规律进行控制，通过检测或估计电机转子磁通的位置及幅值来控制定子电流或电压，这样电动机的转矩便只和磁通、电流有关，与直流电机的控制方法相似，可以得到很高的控制性能。对于永磁同步电动机，转子磁通位置与转子机械位置相同，通过检测转子实际位置就可以得知电机转子磁通位置。因此永磁同步电动机矢量变换控制的实质就是对定子电流空间矢量相位和幅值的控制。在磁场定向坐标上，将电流矢量分解成两个相互垂直，彼此独立的矢量 i_d（产生磁通的励磁电流分量）和 i_q（产生转矩的转矩电流分量）。

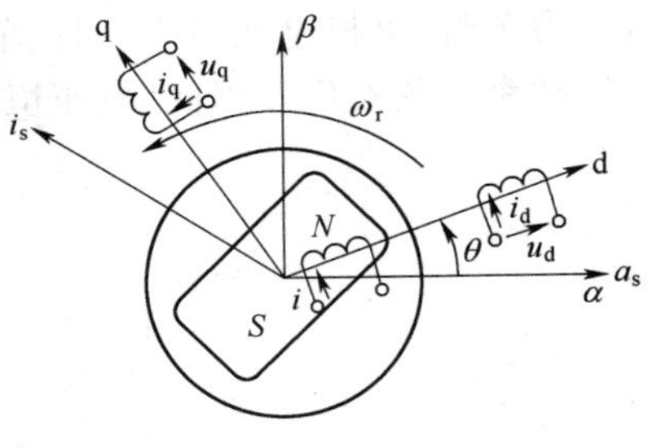

图 8－15　永磁同步电机坐标系

将 u、v、w 坐标系变换到与转子同步旋转的 d、q 坐标系（如图 8－15 所示），忽略转子阻尼绕组，可得永磁同步电机的电压、磁链方程为：

$$u_d=\frac{d\psi_d}{dt}-\omega\psi_q+R_1i_d \tag{8-25}$$

$$u_q=\frac{d\psi_q}{dt}+\omega\psi_q+R_1i_q \tag{8-26}$$

$$\psi_d=L_di_d+L_{md}i_f \tag{8-27}$$

$$\psi_q=L_qi_q \tag{8-28}$$

$$T_{em}=p(\psi_di_q-\psi_qi_q)=p[\psi_fi_q+(L_d-L_q)i_di_q] \tag{8-29}$$

式中　u_d、u_q——d、q 轴的电机电压，V；

ψ_d、ψ_q——d、q 轴的电机磁链；

i_d、i_q——d、q 轴的电机电流；

R_1——电机定子电阻；

L_d、L_q——定子的 d、q 轴电感；

ψ_f——永磁体产生的磁链。

由式(8—29)可见，永磁体的励磁磁链和交直轴电流确定后，电动机的电磁转矩只取决于定子电流矢量 i_d 和 i_q，也就是说控制矢量 i_d、i_q 即可控制电动机的转矩，这就是永磁同步电动机的矢量控制的基本原理。通过电流控制环，使电动机实际的直交轴 i_d、i_q 跟踪给定值，就可以实现对电机转矩和转速的控制。

2. 永磁同步电动机矢量控制基本电磁关系

永磁同步电动机的控制运行时与系统中的逆变器密切相关，电动机的运行性能要受到逆变器的制约。最为明显的是电动机相电压有效值的极限值 U_{lim} 和相电流有效值的极限值 I_{lim} 要受到逆变器直流侧电压和逆变器的最大输出电流的限制。当逆变器直流侧电压最大值为 U_C 时，Y 形接法的电动机可达到的最大基波相电压有效值

$$U_{lim}=\frac{U_C}{\sqrt{2}\sqrt{3}}=\frac{U_C}{\sqrt{6}} \tag{8—30}$$

而在 dq 轴系统中的电压极限值为 $u_{lim}=\sqrt{3}U_{lim}$

(1)电压极限圆

电动机稳态运行时，电压矢量的幅值

$$u=\sqrt{u_d^2+u_q^2} \tag{8—31}$$

将式(8—18)、式(8—19)代入式 8—31，可得稳态运行时电动机的电压方程

$$\begin{aligned}u&=\sqrt{(-\omega L_q i_q+R_1 i_d)^2+(\omega L_d i_d+\omega\varphi_f+R_1 i_q)^2}\\&=\sqrt{(-X_q i_q+R_1 i_d)^2+(X_d i_d+e_0+R_1 i_q)^2}\end{aligned} \tag{8—32}$$

由于电动机一般运行于较高的转速，电阻远小于电抗，因此电阻上的电压降可以忽略不计，上式可简化为

$$u=\sqrt{(-\omega L_q i_q)^2+(\omega L_d i_d+\omega\varphi_f)^2}=\sqrt{(-X_q i_q)^2+(X_d i_d+e_0)^2} \tag{8—33}$$

以 u_{lim} 代替上式中的 u，有

$$(L_q i_q)^2+(L_d i_d+\psi_f)^2=(u_{lim}/\omega)^2 \tag{8—34}$$

由于 $L_q\neq L_d$，式(8—33)是一个椭圆方程，表示在图 8—16 的 i_d，i_q 平面上，即可得到电动机运行时的电压极限轨迹—电压极限椭圆。对于某一给定转速，电动机稳态运行时，定子电流矢量不能超过该转速下的椭圆轨迹，最多只能落在椭圆上。随着电动机转速的提高，电压极限椭圆的长轴和短轴与转速成反比的相应缩小，从而形成了一组椭圆曲线。

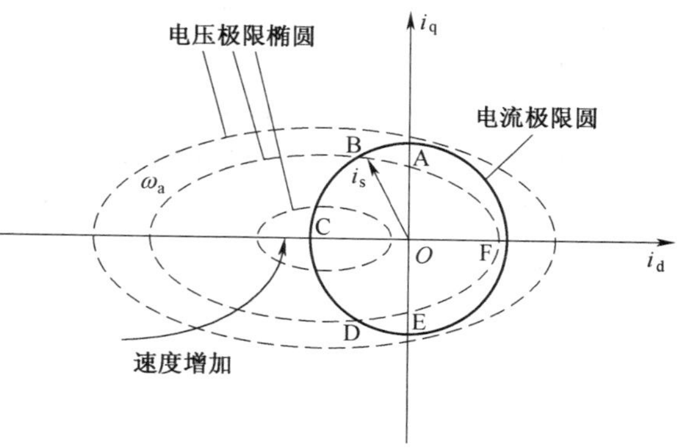

图 8—16　电压极限圆及电流极限圆

(2)电流极限圆

电动机的电流轨迹方程为

$$i_d^2+i_q^2=i_{lim}^2 \quad (8-35)$$

上式中 $i_{lim}=\sqrt{3}I_{lim}$，I_{lim} 为电动机可以达到的最大相电流基波有效值，式(8－35)表示的电流矢量轨迹为一以 i_d，i_q 平面上坐标原点为圆心的圆(如图 8－16 所示)。电动机运行时，定子电流空间矢量既不能超出电动机的电压极限椭圆，也不能超出电流极限圆。如电动机转速为 ω_a 时电流矢量的范围只能是图 8－16 中 ABCDEF 所包含的面积。

(3)恒转矩轨迹

把电磁转矩公式(8－29)用标么值表示，当 $L_q\neq L_d$ 时可以得到

$$T_{em}^*=i_q^*(1-i_d^*) \quad (8-36)$$

式中电流基值为 $i_b=\psi_f/(L_q-L_d)$，转矩基值为 $T_b=p\psi_f i_b$。

图 8－17 在 i_d^*，i_q^* 平面上给出了一组转矩标么值各不相同的转矩曲线。从图中可以发现，电动机的恒转矩轨迹在该平面上不仅关于 d 轴对称，而且在第二象限为正(运行于电动机状态)，在第三象限为负(运行于制动状态)。

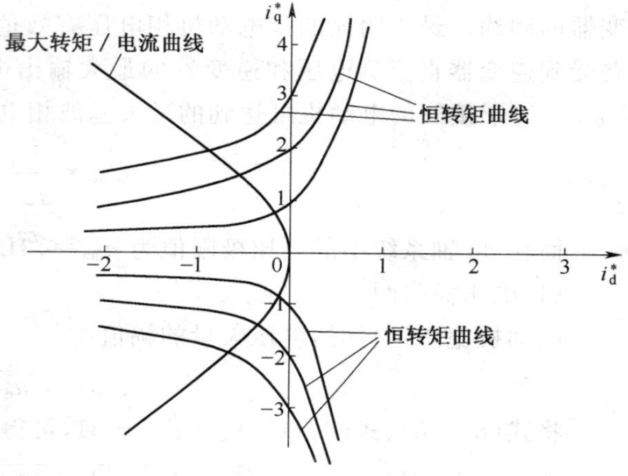

图 8－17　永磁同步电机恒转矩轨迹

(4)最大转矩/电流轨迹

在图 8－17 中，不论是在第二象限还是在第三象限，某指令值的恒转矩轨迹上的任何一点所对应的定子电流矢量均导致相同的电动机转矩，这就涉及寻求一个幅值最小的定子电流矢量的问题，因为定子电流越小，电动机的效率越高，所需的逆变器容量也越低。在图 8－17 中，某指令值的恒转矩轨迹上距离坐标原点最近的点，即为产生该转矩时所需的最小的电流空间矢量。把产生不同转矩值所需要的最小电流点连接起来，就形成了图 8－12 中电动机的最大转矩/电流轨迹。对于凸极永磁同步电动机而言，最大转矩/电流轨迹是关于 d 轴对称的一条曲线，且在坐标原点处与 d 轴相切，在第二象限和第三项向内的渐近线均为一条 45°的直线。这些清楚的反映了 d、q 轴电感不相等的永磁同步电动机的转矩特性，因为 q 轴代表永磁转矩，恒转矩曲线上各点是永磁转矩和磁阻转矩的合成。当转矩较小时，最大转矩/电流轨迹靠近 q 轴，说明永磁转矩起主要作用。当转矩增大时，与电流平方成正比的磁阻转矩要比与电流呈线性关系的永磁转矩增加得更快，故最大转矩/电流轨迹越来越偏离 q 轴。

3.永磁同步牵引电动机电流控制策略

永磁同步电动机电流控制策略常用的有 $i_d=0$ 控制、最大转矩/电流控制、控制 $\cos\varphi=1$ 等。针对永磁牵引电动机，要求在转折转速以下以恒定的转矩输出，在转折转速和最大转速之间恒功率输出。从提高牵引电机的效率和降低所匹配的逆变器容量的角度出发，实现所要求的弱磁扩速范围和功率输出能力，在恒转矩运行速度区域，电机定子电流可采取最大转矩/电流控制策略，而在恒功率运行时，则需采取弱磁控制。

(1)恒转矩控制时的最大转矩/电流控制策略

永磁牵引电机恒转矩控制一般采用最大转矩/电流比(也称单位电流输出最大转矩的控制)，此时交直轴电流应满足

$$\begin{cases} \dfrac{\partial(T_{em}/i_1)}{\partial i_d}=0 \\ \dfrac{\partial(T_{em}/i_1)}{\partial i_q}=0 \end{cases} \tag{8-37}$$

代入电磁转矩方程及 $i_d^2+i_q^2=i_1^2$ 可以求得定子电流矢量轨迹的方程为

$$i_d=\frac{-\psi_f+\sqrt{\psi_f^2+8(L_d-L_q)^2 i_1^2}}{4(L_d-L_q)}=\frac{-\psi_f+\sqrt{\varphi_f^2+8(\rho-1)^2 L_d^2 i_1^2}}{4(\rho-1)L_d} \tag{8-38}$$

式中　i_1——d－q 坐标系下电枢电流；

ρ——凸极率，$\rho=L_q/L_d$。

定子电流矢量轨迹如图 8－18 所示。

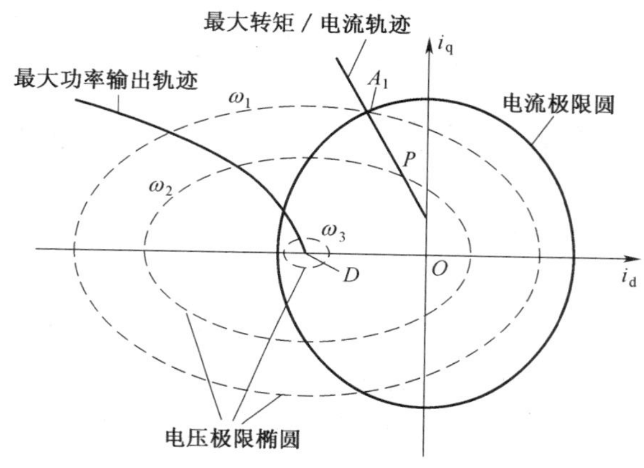

图 8－18　定子电流矢量轨迹

恒转矩控制过程中，随着电动机转速升高，电枢感应电势增大。当电机电压达到逆变器最高输出电压极限值 u_{lim}（此时电流为最大值 i_{lim}）时，此时电动机达到恒转矩控制最大转矩／电流控制策略下的最高转速（又称为电动机的转折转速）为

$$n_b=\frac{60u_{lim}}{2\pi\rho\sqrt{(L_q i_{lim})^2+\psi_f^2+\dfrac{(L_d i_d+\psi_f)C^2+8\psi_f L_d}{16(L_d-L_q)}}} \tag{8-39}$$

式中　$C=-\psi_f+\sqrt{\psi_f^2+8(L_d-L_q)^2 i_1^2}$。

此时对应的电机的电磁转矩（即在逆变器极限情况下电机的最大电磁转矩）为

$$T_{em}=\frac{(4\psi_f+C)\sqrt{C^2+4\psi_f C}}{16(L_d-L_q)} \tag{8-40}$$

电机开始以最大的电磁转矩加速，当达到指令转速后，在速度控制器的作用下，电流矢量沿最大转矩／电流轨迹式（8－40）取值，并最终稳定于电机电磁转矩和负载转矩达到平衡的那一点（如图 8－18 中的点 P）。

（2）弱磁控制

当电动机转速达到转折转速后，要想继续升高转速就必须采用“弱磁”控制。（具体请参见本章第五节）。

4.永磁同步牵引电动机矢量控制系统的实现

永磁同步牵引电动机矢量控制系统结构框图 8－19 所示。

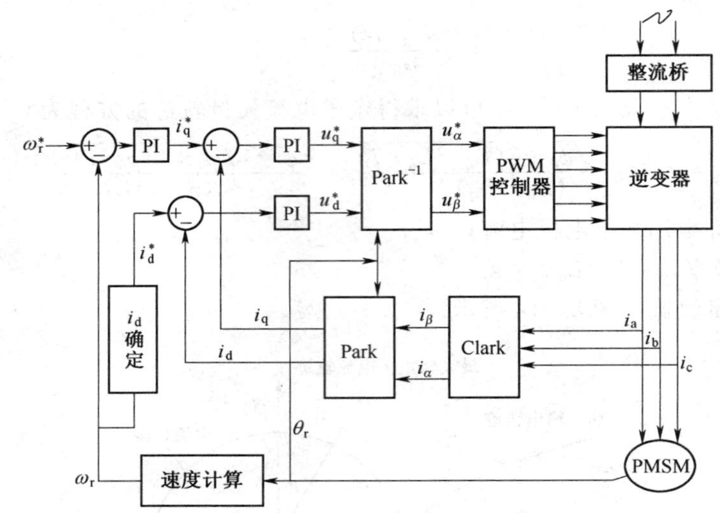

图 8－19 永磁同步电机矢量控制系统

系统给定速度与实际反馈速度的差值作为速度调节器的输入，通过转速控制器限幅后作为电动机的交轴给定电流 i_q^*、由电动机实际转速确定的直轴给定电流 i_d^* 在转子位置信号 θ_r 确定的情况下经坐标变换得到三相给定电流 i_U^*、i_V^*、i_W^*，将此给定电流与实际反馈电流 i_U、i_V、i_W 进行滞环比较，即可得到逆变器的驱动信号，从而实现对电机转速、电流的双闭环控制。

二、永磁同步牵引电动机的直接转矩控制

直接转矩控制(DTC)是继矢量控制之后在 20 世纪 80 年代提出的一种高性能交流调速技术，基本思想是通过控制定子磁链来实现转矩的直接控制，相对矢量控制来说省去了复杂的空间坐标变换和电机模型，并且受电机参数的影响也较小。在异步牵引电动机的直接转矩控制应用成功的基础上，直接转矩控制在永磁同步牵引电动机中的应用与研究已得到广泛的关注。

1. 直接转矩控制策略

直接转矩控制实质是采用空间矢量的分析方法、以定子磁场定向方式对定子磁链和电磁转矩进行直接控制，以获得转矩的高动态性能。

永磁同步电机的直接转矩控制理论分析所采用的坐标系如图 8－20 所示，其中 u,v,w 是三相定子静止坐标系，其中 u 轴定义在 U 相定子绕组上；α,β 是两相定子静止坐标系，α 轴也定义 U 相定子绕组上，和 u 轴是同一条轴线；M,T 是两相同步速(ω_c)旋转坐标系；d,q 是两相转子旋转坐标系，其中 d 轴定义在与转子的永磁体轴线上。ψ_f 为转子永磁体的磁链，ψ_s 为定子的磁链。

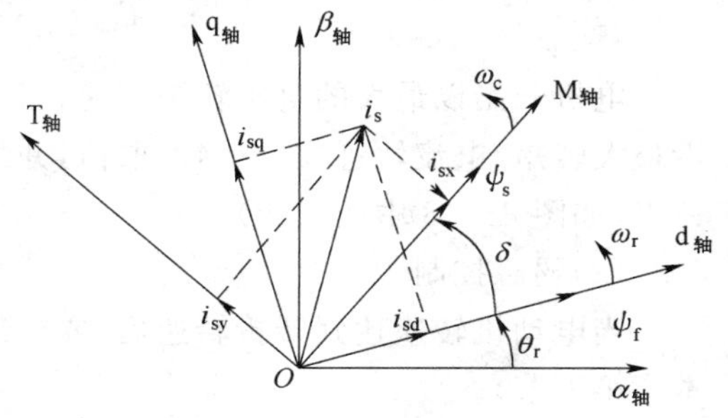

图 8－20 永磁同步电机分析用的坐标系

图 8－20 所示定转子磁链 ψ_f,ψ_s 的夹角 δ 为负载角。在稳态的情况下，负载角保持恒定，定转子磁链以同步速同步旋转。在暂态的情况下，负载角 δ 变化，定转子磁链 ψ_f,ψ_s 以不同的速度旋转。由

于电气时间常数通常比机械时间常数小得多，很容易改变定子磁链 ψ_s 旋转的速度，使它旋转的速度大于或者小于转子磁链旋转 ψ_f 的速度，所以可以通过控制定子磁链的旋转速度或者说是控制负载角 δ 的大小来控制转矩。

d－q 坐标系与 $x-y$ 坐标系的转换关系如下：

$$\begin{bmatrix} V_M \\ V_T \end{bmatrix} = \begin{bmatrix} \cos\delta & -\sin\delta \\ \sin\delta & \cos\delta \end{bmatrix} \begin{bmatrix} V_d \\ V_q \end{bmatrix} \tag{8-41}$$

式中　V 表示任意矢量。

x-y 坐标系下磁链表达式为

$$\begin{bmatrix} \psi_{sM} \\ \psi_{sT} \end{bmatrix} = \begin{bmatrix} L_{sd}\cos^2\delta + L_{sq}\sin^2\delta & -L_{sd}\sin\delta\cos\delta + L_{sq}\sin\delta\cos\delta \\ -L_{sd}\sin\delta\cos\delta + L_{sq}\sin\delta\cos\delta & L_{sd}\cos^2\delta + L_{sq}\sin^2\delta \end{bmatrix} \begin{bmatrix} i_{sM} \\ i_{sT} \end{bmatrix} + \psi_f \begin{bmatrix} \cos\delta \\ -\sin\delta \end{bmatrix} \tag{8-42}$$

$M-T$ 坐标系下电磁转矩的表达式为

$$T_{em} = \frac{3p|\psi_s|}{4L_d L_q}[2\psi_{PM}L_q\sin\delta - |\psi_s|(L_q - L_d)\sin 2\delta] \tag{8-43}$$

上式说明永磁同步牵引电动机的转矩与定子磁链幅值、转子磁链幅值及定转子磁链夹角 δ 的正弦成正比。因转子磁链幅值为恒值，在运行中改变 ψ_s 的幅值和 δ 即可实现对转矩的控制，这就是直接转矩控制的指导思想。

2. 永磁同步电动机直接转矩控制系统的实现

图 8－21 所示为永磁同步电机的直接转矩控制框图，控制系统将电机给定转速和实际转速的误差，经调节器输出给定转矩信号；同时系统根据检测的电机三相电流和电压值，利用磁链模型和转矩模型分别计算电机的磁链和转矩大小，计算电机转子的位置、电机给定磁链和转矩与实际值的误差；然后根据它们的状态选择逆变器的开关矢量，使电机能按控制要求调节输出转矩，最终达到调速的目的。系统通过观测转矩和磁链的实际值，并分别与转矩和磁链的参考值做滞环比较，结合实际定子磁链的空间相位，从一个离线计算的开关表中选择合理的定子电压空间矢量，进而控制逆变器功率器件的开关状态。

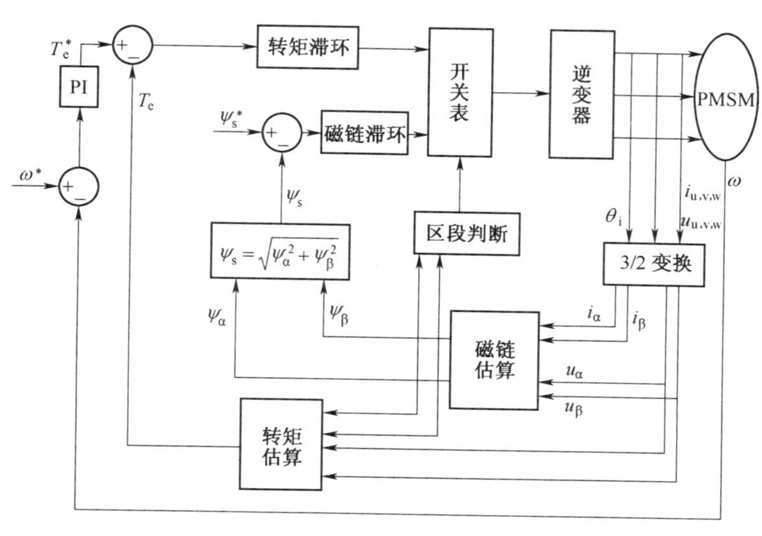

图 8－21　永磁同步电机直接转矩控制系统

第五节　永磁同步牵引电动机弱磁控制及输出转矩

如图 8－22 所示为理想条件下牵引电动机的转矩转速特性曲线和功率转速特性曲线。在恒转矩区牵引电动机转速低于基速 n_b 恒转矩运行，此时机车通常是在加速，需要克服惯性阻力，功率随转速的提高线性增加；在恒功率区，基速到最大转速 n_{max} 之间恒功率运行，机车运行平稳，没有特别大的加速工况，转矩减小，由于有限的逆变器直流侧电压所引起的电流调节器的饱和特性，使在没有弱磁控制高速运行时转矩和功率过早的下降，对于永磁电动机来说在此区域为了获得更高的转速需进行弱磁扩速。

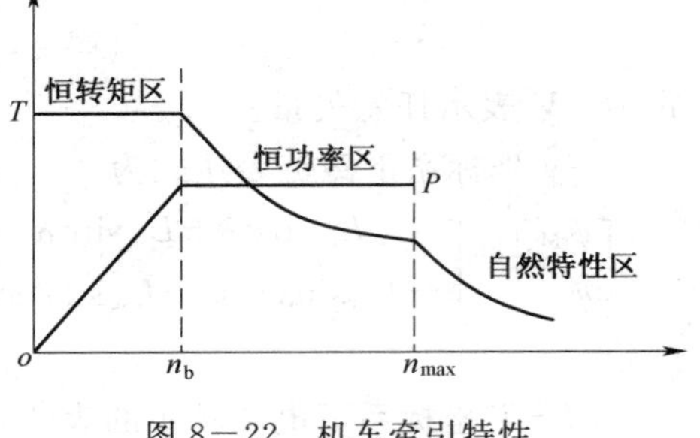

图 8－22　机车牵引特性

一、弱磁控制原理

永磁同步电动机弱磁控制的思想来自对他励直流电动机的弱磁控制。当他励直流电动机端电压达到极限电压时，为使电动机能恒功率运行于更高的转速，应降低电动机的励磁电流，以保证电压的平衡。永磁同步电动机的励磁磁势是由永磁体产生的而无法调节，不能像他励直流电机一样通过励磁电流来便于控制，当电动机的电压达到极限值 u_{lim} 时，要想继续升高转速只有靠调节 i_d 和 i_q 来实现，增加电动机直轴去磁电流分量和减小交轴电流分量，以维持电压平衡关系，得到“弱磁”效果。

电机转速超过转折转速后运行于某一转速 ω 时，电机定子电流矢量采用弱磁控制策略，由电压方程可得到弱磁控制时交、直轴电流为

$$\begin{cases} i_d = -\dfrac{\psi_f}{L_d} + \sqrt{\left(\dfrac{u_{lim}}{L_d\omega}\right)^2 - (\rho i_q)^2} \\ i_q = \sqrt{i_{lim}^2 - i_d^2} \end{cases} \tag{8－44}$$

二、弱磁控制时的最高转速

忽略定子电阻且电机电压达到极限电压 u_{lim} 时，由式(8－33)可得电机的转速为

$$u = \sqrt{(-\omega L_q i_q + R_1 i_d)^2 + (\omega L_d i_d + \omega\psi_f + R_1 i_q)^2} \tag{8－45}$$

$$n = \frac{60u_{lim}}{2\pi\sqrt{L_q^2 i_q^2 + (L_d i_d + \psi_f)^2}} \tag{8－46}$$

由上式可知，电机可“弱磁”运行于无穷高转速的理想弱磁条件为

$$\begin{cases} \psi_f = -L_d i_d = L_d i_{lim} \\ i_q = 0 \end{cases} \tag{8－47}$$

当电机端电压和电流达到最大值、电流全部为直轴电流分量时，忽略定子电阻，可以得到电机采用普通弱磁控制策略时的理想最高转速

$$n_{max} = \frac{60u_{lim}}{2\pi\rho\,|\psi_f - L_d i_{lim}|} \tag{8－48}$$

由式(8－48)可见，提高永磁同步电动机的最高转速可采取的主要方法有减小永磁磁链、增大极限电压与极限电流、增大直轴同步电感。电动机的极限电压和极限电流与逆变器的容

量有关，提高的话会增加系统成本。当电机的极限电压和极限电流一定时，电机的理想最高转速主要取决于电机空载永磁磁链和直轴同步电感（而与交轴同步电感无关），也即取决于电机的弱磁系数，弱磁系数 ξ 定义如下：

$$\xi=\frac{L_{\mathrm{d}}i_{\mathrm{lim}}}{\psi_{\mathrm{f}}} \tag{8-49}$$

三、永磁同步电动机弱磁控制运行制时电机的输入功率和电磁转矩

当转速低于基本转速时（即 $n/n_{\mathrm{b}}\leqslant 1$ 时），电机以最大电磁转矩恒转矩运行，电机输入功率正比于电机的转速，超过基本转速后，在电机输入功率达到最大值前，电机电磁转矩以很快的速度下降，但电机的输入功率仍随转速升高而增大。输入功率达到最大值后，随着电机转速的升高，电机输入功率和电磁转矩逐渐减小，直至达到电机的理想最高转速。电机的实际最高转速取决于包括各种损耗的电机的负载功率和电机的弱磁系数 ξ，其值一般比电机理想最高转速低很多。

1. 永磁磁链对输入功率和电磁转矩的影响

电机定子电流采用弱磁控制策略，在极限电压和极限电流下其他电机参数保持不变，仅改变空载永磁磁链 ψ_{f}。

弱磁系数 $\xi<1$ 时，电机最大输入功率 $P_{\max}$ 基本上不随 ψ_{f} 的变化而变化，但 ψ_{f} 越大，即 ξ 越小，达到 $P_{\max}$ 时的电机转速越低，电机恒转矩运行时的输出转矩越大，因此对 $\xi<1$ 的电机，通过提高电机的 ψ_{f} 以提高电机输出功率是没有好处的，当 $\xi\approx 1$ 时，电机的最高理想转速接近无穷大，此时电机的输入功率随着电机转速的升高基本保持恒定（约等于电机弱磁控制时的最大输入功率）；当 $\xi>1$ 时，ψ_{f} 越小，即 ξ 越大，电机的最大输入功率 $P_{\max}$ 和弱磁控制时的电磁转矩越小，达到 $P_{\max}$ 时的电机转速也越低；电机输入功率达到最大值后，ξ 越偏离 1，输入功率随电机转速增高而减小的速度越快。

2. 交、直轴电感对电机输入功率和电磁转矩的影响

其他因素不变仅改变 L_{q} 时，电机的理想最高转速并不发生变化；弱磁控制时电机的转矩输出能力随 L_{q} 的增大而增大；当电机输入功率达到最大值以前，较大的 L_{q} 可提高电机的输入功率，而输入功率达到最大值后，L_{q} 越大，电机的输入功率却越小；L_{q} 对电机输入功率最大值的影响可忽略不计。其他参数不变仅改变 L_{d} 时，$\xi>1$ 时，L_{d} 越小，电机恒转矩运行时的电磁转矩值越大，电机输入功率达到最大值前的输入功率越大；$\xi<1$ 时，L_{d} 的变化对电机弱磁控制时的最大输入功率值基本上没有影响。输入功率达到最大值后，电机输入功率和电磁转矩随转速的下降速度则与电机的凸极率有着复杂的关系，这主要是由于不同的凸极率下电机的弱磁系数不同的缘故：弱磁系数越接近 1，电机输入功率达到最大值后随转速的下降趋势越缓慢，电机的机械特性也越硬。

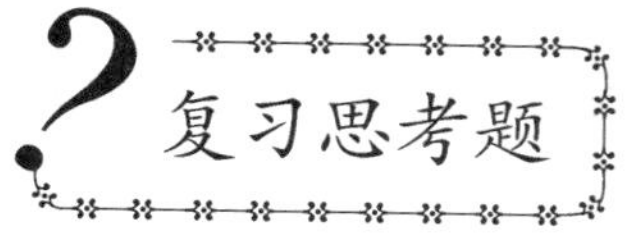

1. 永磁同步牵引电动机用于机车牵引有哪些优点？
2. 简述永磁同步牵引电动机在铁路牵引的应用情况。
3. 简述永磁同步牵引电动机矢量控制原理。
4. 简述永磁同步牵引电动机直接转矩控制原理。

第九章 牵引电动机的发热和通风冷却

电机在运行时，铁磁物质及铜绕组均有能量损耗，这些损耗的存在一方面影响电机的效率，另一方面损耗最终都转变为热能，使电机各部分温度升高，引起电机的发热。当电机的温度高于周围空气（或介质）的温度时，热能就开始向周围空气散发，散热的快慢，决定于电机的温度与周围空气温度之差，也决定于电机的散热能力。在一定条件下，电机的温度与周围空气温度差值愈大，以及电机的散热能力愈强，电机的散热愈快。

电机的发热对电机运行性能有很大影响，过高的温度将使绝缘材料损坏而丧失绝缘性能，以致影响电机的使用寿命。同时，过高的温度将引起电机零部件的变形，直接影响电机的安全运转。

要降低电机的温度，除了设计电机时降低电机的电磁负荷，减小电机的损耗外，主要是加强电机的冷却，使电机发出的热能很快的散发出去。通风冷却是有效的方法，也是牵引电动机常用的方法。通风冷却是通过外部（或内部）的鼓风作用使电机发出的热量很快的排到周围空气中去，使电机保持一定的对周围空气的温升值。

应该指出，对于温升和冷却的问题，必须全面考虑。不能认为温升越低越好，这是因为一定等级的绝缘材料允许一定的温升，温升过低说明有效材料及绝缘材料没有被充分利用。最合理的办法是在充分利用有效材料的前提下，尽可能地加强通风冷却效能，使电机的最终温升不超过所用绝缘材料允许的温升值。

本章包括研究电机发热和冷却两方面的内容。讨论发热时，先叙述电机的温升及其限值，再讨论发热的物理过程，然后结合牵引电动机的实际情况，介绍发热计算的基本方法；讨论通风冷却时，先介绍牵引电动机常用的通风方式，然后简要的讨论一下的进行通风系统设计时所遵循的原则。

第一节 电机的温升及温升测量

电机在投入运行以后，由于电机中的损耗转变为热量，电机各部分温度将高于周围空气（介质）的温度。电机某部分温度 θ_1 与周围冷却介质的温度 θ_0 之差，称为该部分的温升，以 θ 表示，即

$$\theta=\theta_1-\theta_0 \tag{9-1}$$

由于电机周围介质温度不同，所以电机各部分温度的高低并不能代表电机的发热和散热情况，温度高并不一定表示电机的发热量多。故在设计和使用电机时，通常以温升高低作为评价电机性能的一个指标。

但是，决定绝缘材料寿命的因素是温度而不是温升。为了统一两者之间的关系，在设计电

机时，就必须考虑电机具体运行地点和冷却介质的最高温度，规定一个周围介质温度，以便限制电机的温升。使电机运行时的温度不致超过允许数值。考虑了上述情况，我国电力和内燃机车车辆直流牵引电动机基本技术条件规定了相对冷却空气为＋25 ℃时电机各部分的允许温升限值(参见第二章表 2－1)。

由于测量方法不同，对同一物体的温度可能测得不同的温度数值，因此，在规定温升限度的同时，应规定具体的测温方法，测温的方法通常有温度计法、电阻法和埋置检温计法等，现分述如下。

1. 温度计法

温度计法是用温度计直接测量电机各部分温度的方法。此法比较简便，但温度计不能测到电机最热点的温度，因此通常将温度计法测得的温升规定得低一些。

2. 电阻法

此法是通过测量绕组冷态和热态时的电阻来换算出绕组热态时的温度。例如对铜绕组来说，若已测得绕组在冷态 θ_0 度时的电阻 R_0 和热态时的电阻 R_θ，则可由下式

$$\frac{R_\theta}{R_0}=\frac{234.5+\theta}{234.5+\theta_0} \tag{9－2}$$

求出绕组的热态时的温度 θ 为

$$\theta=\theta_0+\frac{R_\theta-R_0}{R_0}(234.5+\theta_0) \tag{9－3}$$

显然，电阻法求得的温度是整个绕组的平均温度，并非绕组最热点的温度。

3. 埋置检温计法

检温计有热电偶和电阻温度计两种，在电机装配时就将它们埋置在需要测温的部位(如上、下层导体之间或导体与槽底之间)。在电机运行时，通过测量热电偶的电势或电阻温度计的电阻便可确定被测地点的温度。检温法虽然比较复杂，但能测到接近于电机内部最热点的温度，因此大型电机中广泛采用这种方法。

第二节　发热过程的分析

本节主要讨论电机带负载以后温度升高的物理过程和决定电机温升大小的因素。这里所说的温升，是指电机加上负载经过一段时间以后所达到的稳定温升。

电机在运行时，各部分的温度是不均匀的，各部分温升不等且存在热交换。在热能流通和散热时，外界不确定因素也过多。为了简化分析，可以将电机各部分看成温度均匀的固体，该固体所有表面均匀散热且内部没有温差，也就是它的导热系数趋于无穷大。下面首先从研究均质等温体的发热入手，分三个问题对电机发热过程进行分析。

一、热平衡方程式

当均质固体开始发热以后，各部分温度逐渐升高，经过一段加热过程，最后达到稳定值。在这段加热过程中，由损耗所转化成的热，一部分被电机吸收使其温度升高，另一部分散发到周围介质中去。根据能量守恒定律，在任一时间间隔 dt 内所产生的热，一定等于被电机吸收

的热和散发到周围介质中热的总和，这个关系可以用下列方程式来表示，即

$$A\mathrm{d}t = CG\mathrm{d}\theta + \alpha S\theta\mathrm{d}t \tag{9-4}$$

式中 A——固体每秒所产生的热量。若热量单位为 J，则 A 的单位为 J/s，即 W；

C——物体的比热，即 1 kg 物质升高 1 ℃所吸收的热量；

α——散热系数，即每 1 m^2 表面，每 1 ℃的温度差，每 1s 时间内所散出的热量，$\mathrm{W/(m^2 \cdot ℃)}$；

G——物体的质量，kg；

S——物体的散热表面，m^2。

设物体开始发热（$t=0$）时，起始温升为 θ_0，经过时间 t 的温升为 θ，则

$$\int_0^t \mathrm{d}t = CG\int_{\theta_0}^{\theta} \frac{\mathrm{d}\theta}{A - \alpha S\theta} \tag{9-5}$$

当 A 为恒定值且认为 α 是常数时，上式的解为

$$\theta = \frac{A}{\alpha S}(1 - \mathrm{e}^{-\frac{\alpha S}{CG}t}) + \theta_0 \mathrm{e}^{-\frac{\alpha S}{CG}t} \tag{9-6}$$

如令 $\frac{CG}{\alpha S} = T$（发热及冷却的时间常数，s），$\frac{A}{\alpha S} = \theta_\infty$（稳定温升），则上式可表示为

$$\theta = \theta_\infty(1 - \mathrm{e}^{-\frac{t}{T}}) + \theta_0 \mathrm{e}^{-\frac{t}{T}} \tag{9-7}$$

如物体起始时温升是零，上式就成为

$$\theta = \theta_\infty(1 - \mathrm{e}^{-\frac{t}{T}}) \tag{9-8}$$

式（9－8）表示的温升变化如图 9－1 所示。

三、温升曲线的意义

图 9－1 所示为均质固体的发热曲线，这一曲线是物体发热时其温升随时间按指数函数变化的曲线，该曲线和直流电流在 R—L 线路中的建立过程相似。讨论温升曲线重点研究稳定温升和时间常数这两个参数的意义。

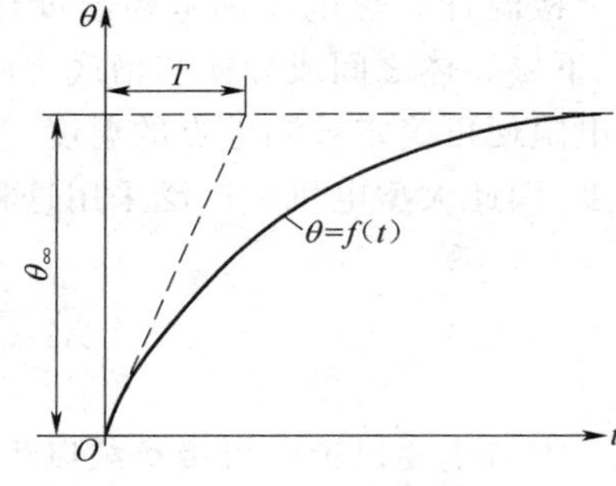

图 9－1　均质固体的发热曲线

当发热物体经过较长时间，温度升高到一定数值后，这时发出的热量等于散出去的热量，物体的温度便不再升高，此时物体的温升，称之为稳定温升，以 θ_∞ 表示，因为此时 $\frac{\mathrm{d}\theta}{\mathrm{d}t} = 0$，$A = \alpha S\theta$，所以

$$\theta_\infty = \frac{A}{\alpha S} \tag{9-9}$$

由式（9－9）可知，稳定温升决定于物体产生损耗的大小、物体散热表面的面积和表面散热系数 α。因为 A 和负载大小有关，所以温升也决定于负载，负载加大时，损耗增多，最后的稳定温升也越高。θ_∞ 与物体的质量、比热以及起始的温度无关。降低稳定温升有两种办法，一是降低电机各种损耗，二是提高电机的散热能力 αS。从电机设计的角度来看，降低稳定温升是和缩

小电机体积、提高电磁负荷和电机的利用率相矛盾的，因此必须妥善处理它们之间的关系，并尽可能采用新材料、新结构及新工艺等。

就一定物体来讲，时间常数 T 中的 G 和 S 是常数，而 C 和 α 在一定温度范围内变化甚小，因此 T 实际上变化不大。如果将式(9－9)中 $A=\alpha S\theta_\infty$ 代入公式 $T=\dfrac{CG}{\alpha S}$，则 $T=\dfrac{CG\theta_\infty}{A}$。从此式可以看出，$T$ 代表时间，它是质量为 G、比热为 C、且每秒产热为 A 的物体在热量不散走时，物体达到最后稳定温升 θ_∞ 所需的时间，所以 T 称为物体的发热时间常数。

从图 9－1 可以看出，时间常数 T 可以通过作图法得到，通过坐标原点作温升曲线的切线，此切线与稳定温升水平直线的交点即为时间常数 T。

三、冷却过程及冷却曲线

当物体已达到稳定温升以后如果停止发热，物体便向外散发热量，温升即从 θ_∞ 开始下降，直至和周围介质的温度相等为止。对均质固体，冷却过程的基本方程式为

$$\alpha S\theta \mathrm{d}t+CG\mathrm{d}\theta=0 \tag{9－10}$$

或

$$\int_0^t \mathrm{d}t=-\frac{CG}{\alpha S}\int_{\theta_\infty}^{\theta}\frac{\mathrm{d}\theta}{\theta}$$

将上式积分化简，得

$$\theta=\theta_\infty \mathrm{e}^{-\frac{\alpha S}{CG}t}=\theta_\infty \mathrm{e}^{-\frac{t}{T}} \tag{9－11}$$

式(9－11)说明物体冷却时其温升与时间的关系，如图9－2所示。当 $t=0$ 时，$\theta=\theta_\infty$，经过 4、5 倍时间常数 T 的时间后，温升便可达到零。对于电机，若发热及冷却时的散热系数 α 相同，则冷却的时间常数 T 和发热时的一样。

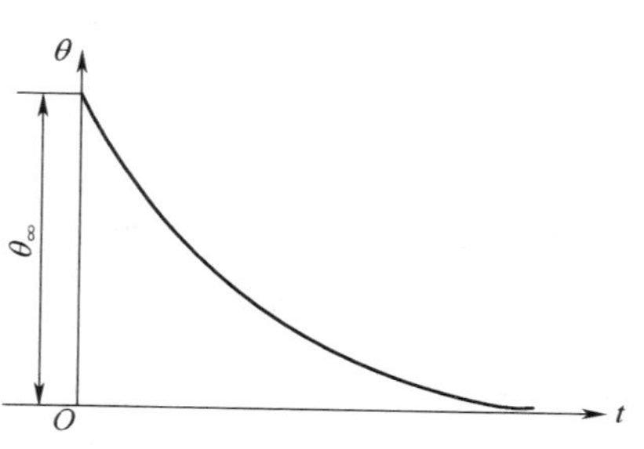

图 9－2　均质固体的冷却曲线

实践证明，对于电机各部分，其发热和冷却曲线和均质固体的发热和冷却曲线有相似的形式。我们可按式(9－8)来计算任何时刻各部温升，根据式(9－9)来计算电机各部分的稳定温升。

第三节　电机中的传热

电机内部由损耗转变的热能，先由发热体(产生损耗处)内部的传导作用传到部件的表面，然后再通过对流和辐射作用散到周围介质中去。图 9－3 表示槽内由绕组铜耗产生的热量散出的情况。不论热传导作用或者热散发作用，都必须有温差才能进行。例如：要将铜导体内的热能通过绝缘层传到散热表面，铜导体与散热表面必须有一定温度差；散热表面要将热能散发到空气中去，两者之间也必须有一定温度差。

根据式(9－9)提示的概念并模拟电路中的欧姆定律，可建立电机热量 A 和温差之间的关系。将 A 比作电流，θ 比作电位差，则

$$A=\Lambda\theta \tag{9－12}$$

式中　Λ——热导。

$R_T=\frac{1}{\Lambda}$代入式(9－12)，得

$$AR_T=\theta \tag{9－13}$$

式中　R_T——热阻。

式(9－13)就是热路的欧姆定律，计算电机各部温升时，可利用此公式进行。式中 A 可以从电动机的损耗求得，如果能算出该部分的热阻，则其温升 θ 便很容易地计算出来。但是在实际电机中，由于各部分发热不均匀，热能流动无法精确估计，以及热阻 R_T 不容易计算精确等，所以计算的温升也不十分准确。牵引电机热计算的目的，主要是用来作为设计时的初步校验，电机的实际温升通常是根据电机型式试验测得的数据来确定的。

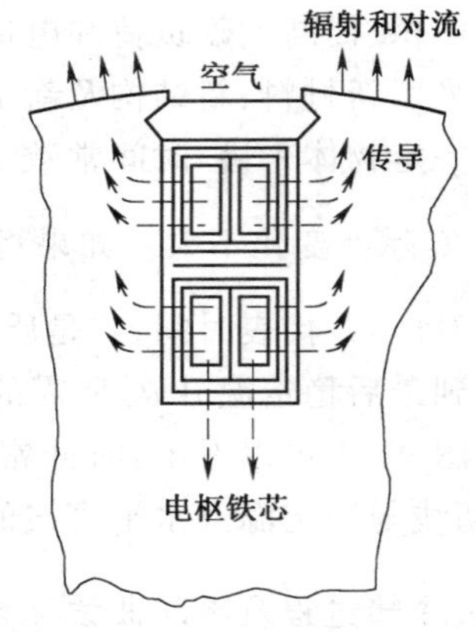

图 9－3　热能传导和散发情况

下面分别研究绝缘层热的传导作用与表面层热的散发作用。

一、绝缘层热的传导作用

设有一绕组的绝缘层，如图 9－4 所示，其绝缘层的两边温差为 $\theta_{12}=\theta_1-\theta_2$，通过绝缘层的热能为 A，则 A 与 θ_{12} 的关系根据式(9－13)可以写成

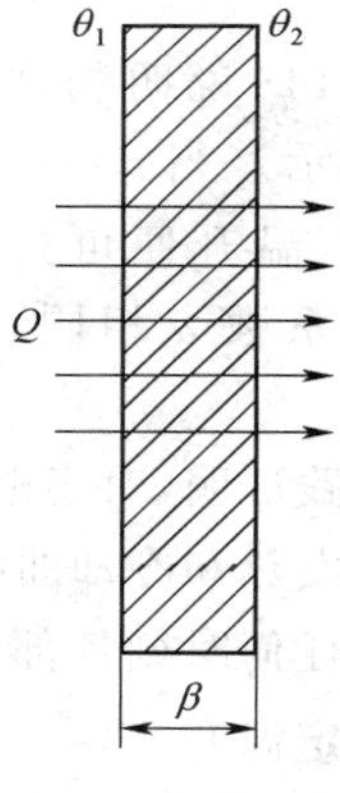

$$A=\frac{1}{R_\beta}\theta_{12} \tag{9－14a}$$

式中　R_β——绝缘层的热阻。

绝缘层的热阻 R_β 可由下式计算，即

$$R_\beta=\frac{\beta}{\lambda S} \tag{9－14b}$$

式中　β——绝缘层的厚度，cm；

S——绝缘层的面积，cm；

λ——导热系数，当绝缘层两表面间的温度差为 1 ℃时，经过 1 cm厚的绝缘层单位面积(1 cm^2)的热流，W/(℃ · cm)。

图 9－4　绝缘层的热传导

为了减少热传导的热阻，在电机设计时，通常选择导热系数较大，厚度较薄的绝缘材料。将式(9－14b)代入式(9－13)，可得

$$A=\lambda\frac{S}{\beta}\theta_{12} \tag{9－15}$$

显然，通过绝缘层的热流 A 的大小，与绝缘层的面积有关，面积愈大，则 A 愈大。另外，如绝缘层愈厚，则热流 A 愈不易通过。绝缘层两边之温差愈大，则通过的热流也愈大。导热系数 λ 的大小，取决于所用的绝缘材料，主要电工材料导热系数见表 9－1。从表中可以看出，空气是不良的导热体，其导热系数 λ 最低，约 0.000 25 W/(℃ · cm)，所以当导体外包几层绝缘时应力求包紧并提高浸漆烘干的质量，否则绝缘层间出现空气夹层，将使导热效果显著下降。

表 9—1　电工材料导热系数

材料名称	λ[W/(℃・cm)]	材料名称	λ[W/(℃・cm)]
紫铜	3～3.85	很薄的静止空气层	0.000 25
黄铜	1.3	很薄的氧气层	0.001 7
铝	2～2.05	软橡皮	0.001 86
钢	0.63	硅橡胶	0.003
硅钢片： 横向隔层不涂漆 横向隔层涂漆	 0.425 0.012	玻璃丝云母	0.001 6
		漆玻璃带	0.002 2
		人造树脂	0.003 3
云母	0.003 6	热弹性绝缘	0.002 5
云母带	0.002 4	油浸电工纸板	0.002 5
胶合云母套筒	0.001 2～0.001 5	*A* 级绝缘(平均)	0.001～0.001 5
石棉板	0.002	*B* 级绝缘(平均)	0.001 2～0.001 6
层压板	0.001		

二、表面层热的散发作用

由散热表面散发的热流 A 与表面对空气的温差 θ 之间的关系，可以写成

$$A=\alpha S\theta \tag{9—16}$$

式中　S——散热表面的面积，cm；

α——散热系数，W/(℃・cm)。

α 与散热面的性质、表面对空气的温差及周围空气的状态有关。物体在平静的大气中所被带走的热能要比空气流动时带走的热量少。α 的大小可就以下三种不同的情况进行讨论：

1. 发热物体在平静的大气中。此时 α 仅与散热表面对空气的温差及表面性质有关。根据实验，在实际计算中对于涂漆表面的散热系数 α 取 1.33×10^{-3} W/(℃・cm)。

2. 发热体放在空气对发热体有相对运动的大气中。例如，当机车运行时，电动机机座表面受到鼓风作用，此时的表面散热系数显然比在平静的大气中大，α_0 表示为

$$\alpha_0=\alpha(1+\rho_0\sqrt{v}) \tag{9—17}$$

式中　α——在平静的大气中表面的散热系数；

v——空气对表面的相对速度；

ρ_0——鼓风强度系数。

ρ_0 的大小与表面状态有关，其数值可在设计手册中查到。

3. 发热物体放在有限空间内，空气对发热物体有相对运动。

这种情况相当于电机内部的通风作用，这时的散热能力介于平静大气和自由空间两种状态之间。散热系数 α_v 可用下式表示，即

$$\alpha_v=\alpha(1+\rho_0\sqrt{v})\left(1-\frac{1}{2}\alpha\right) \tag{9—18}$$

式中 α——空气加热系数，与通风作用强弱有关。独立通风时，$\alpha=0.17\sim0.21$；自通风时，$\alpha=0.3\sim0.33$。

由 α_v 的关系可知，通风作用愈强，v 愈大，空气加热系数 α 愈小，表面散热系数就愈大。也就是说在同样的热流 A 下，发热物体的温升 θ 也就愈低。这就是通风作用对电机温升所起的影响。

若空气在各风路中的分配及风路各段的截面积为已知，则主极和换向极线圈风路各段上的风速为

$$v_v=\frac{Q}{S}(\text{m/s})$$

式中 Q——某段风路中的空气流量，m^3/s；

S——该段风路的截面积，m^2。

对于电枢绕组，空气的相对速度等于通风空气本身的速度与电枢圆周速度之向量和，由于两速度之方向差小于 90°，则通风空气对电枢绕组之相对速度约为

$$v=\sqrt{v_a^2+1.5v'^2}(\text{m/s})$$

式中 v_a——电枢圆周速度；

v'——空气本身的速度。

第四节　稳定温升的计算

实际上电机的发热和散热是很复杂的，它并不是简单地只有一个发热体发热，也并不是只由一个散热表面散热。通常它可以是一个发热体通过不同的散热面散热，或者是由数个发热体靠同一个散发面来散发热量，这时在电机内部就有热量的相互传导。对于热能的流动和散发过程，如果仅用前面讲到的电机某一部分热能的传导和散发的概念，还不能将电机某一部分的温升计算出来。如果将热能流动和散发过程用一个等值热路图来分析，则可以使这类问题很方便的解决，同时也能得到比较符合实际的结果。

今以 ZQDR-410 型牵引电动机电枢发热为例，分析等值热路图的画法，并扼要地介绍该发热体稳定温升的计算步骤。在等值热路图中，将热阻比做电阻，由损耗产生的热流比做电流，温度差比做电位差。在分析和计算时，将直接应用热路的欧姆定律和有关电路的一些知识。

图 9－5 所示为该发热体热能散发的路径。电枢线圈中由损耗产生的热能，一部分由绕组端节部分流到电枢外表面和电枢前后压圈的内表面，然后散发到冷却空气中去，另一部分进入电枢铁芯中，与磁损耗产生的热能汇合在一起，再由电枢齿表面和电枢铁芯的通风孔道散发到冷却空气中去。

该发热体的等值热路图如图 9－6 所示。

各部分的热阻 R_1、R_2、R_3、R_4 及 R_β 可以根据该部分绝缘材料的导热系数 λ、散热面积 S、散热系数 α 及散热状态求出。将上述热路图按并联电路的方法简化后，得如图 9－7 所示的热路图，其中

$$R_{\text{I}}=\frac{R_1R_2}{R_1+R_2}$$

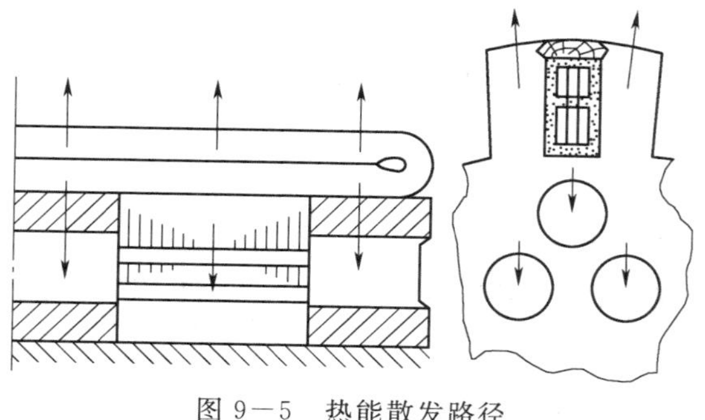

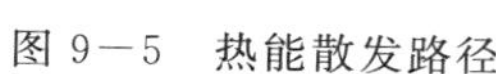
图 9－5　热能散发路径

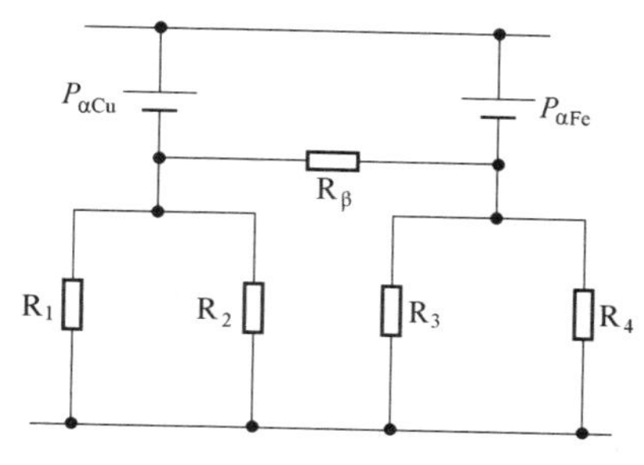

图 9－6　电枢发热等值热路

$P_{\alpha Cu}$—电枢铜耗产生的热流；$P_{\alpha Fe}$—电枢铁耗产生的热流；R_β—槽绝缘的热阻；R_1—绕组端部与电枢表面通风空气间的热阻；R_2—电枢绕组与前后压圈间的热阻；R_3—电枢铁芯与电枢表面通风空气间的热阻；R_4—电枢铁芯与电枢通风孔中空气间的热阻

和

$$R_{\mathrm{II}}=\frac{R_3R_4}{R_3+R_4}$$

根据图 9－7 所示的热路图可列下面的方程式，即

$$(P_{\alpha Cu}-P_\beta)R_{\mathrm{I}}=P_\beta R_\beta+(P_{\alpha Fe}+P_\beta)R_{\mathrm{II}}$$

则

$$P_\beta=\frac{P_{\alpha Cu}R_{\mathrm{I}}-P_{\alpha Fe}R_{\mathrm{II}}}{R_{\mathrm{I}}+R_{\mathrm{II}}+R_\beta} \tag{9-19}$$

所以，电枢绕组铜导体对于通风空气的稳定温升为

$$\theta_{\alpha\infty}=(P_{\alpha Cu}-P_\beta)R_{\mathrm{I}} \tag{9-20}$$

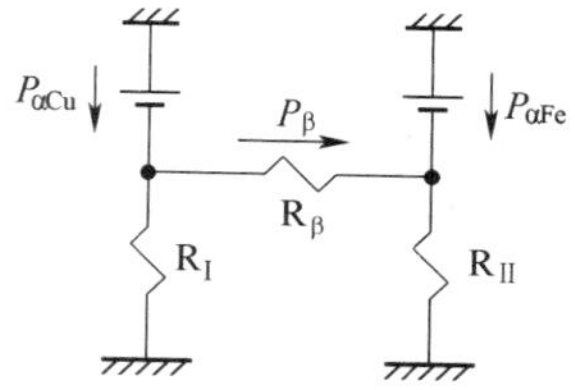

图　9－7

式中　$P_{\alpha Cu}$和 $P_{\alpha Fe}$——电枢绕组的铜耗和电枢铁芯的铁耗。

根据上述的原则和方法也可以计算出主极、换向极绕组以及换向器对空气的稳定温升。

第五节　牵引电动机的通风方式

电机的冷却决定了电机的散热能力，而散热能力决定了电机的温升，温升又直接影响电机的寿命和额定容量，由此可见冷却问题也是电机运行中的一个重要问题。现代牵引电动机都用通风来进行电机的冷却，即通过鼓风作用，将电机热量排除出去，以增加电机的散热能力，提高电机的利用功率。

通风冷却的方法很多，可以从不同的角度对通风方法进行分类。

1. 根据冷却空气进入电机内部所依靠的力，分为：

独立通风——由单独设计的通风机给电机鼓风，通风机由另外的原动机带动。这种通风方法的优点是，送入电机的风量、风压与电机的运转情况无关；缺点是需要增设通风机、拖动机械、管道等设备，并且占据的空间位置较多。

自通风——由装在电机转轴上的离心式风扇鼓风。它的特点是，不需要附加设备，但风量和风压随电机本身的转速变化而变化。

2. 根据通风器(通风机、风扇)安装位置的不同,分为:

强迫通风——通风器装在空气的入口端,由通风器将空气压入电机内部,这时,电机内部的空气压力一般来说大于大气压。

诱导通风——通风器装在空气的出口端,由通风器将电机内部的空气抽出。

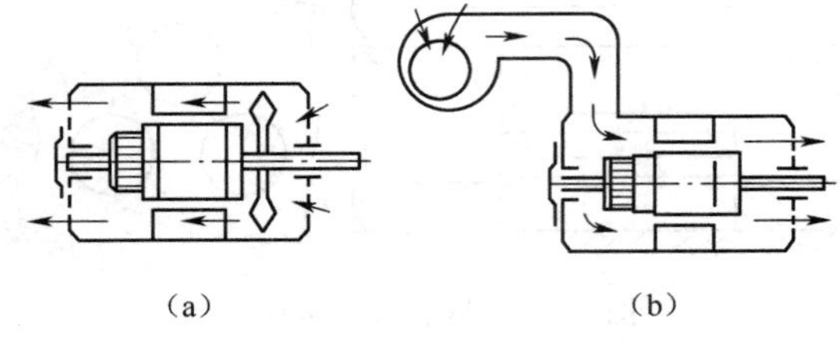

图 9—8　强迫通风

自通风和独立通风时的强迫通风简图如图 9—8 所示。图 9—8(a)为自通风式,图 9—8(b)为独立通风式。

自通风和独立通风时的诱导通风简图如图 9—9 所示。图 9—9(a)为自通风式,图 9—9(b)为独立通风式。

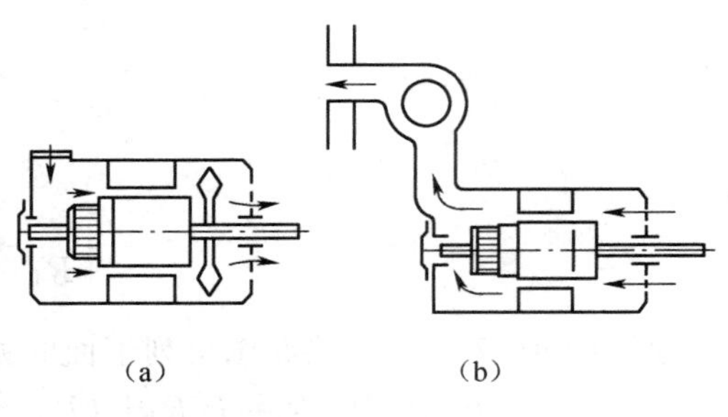

图 9—9　诱导通风

3. 根据电机转子内部通风路径的不同,分为:

径向通风——空气进入电机内部,沿着转子的径向风道流通。这种径向风道是在压装电机铁芯时,每隔一定数量的冲片放置一片风道齿构成的。

轴向通风——空气在电机内部是沿着转子铁芯轴向通风道孔流通的。

上面简要地介绍了通风冷却的各种方式,至于采用哪种通风方式,应该根据电机的结构特点和运行要求,全面分析和比较后加以选用。

第六节　牵引电动机的通风结构

电力机车和电传动内燃机车上使用的牵引电动机,通常都采用强迫式独立通风,且风道是沿轴向布置的,其理由是:

1. 牵引电动机的功率较大,尺寸又受到空间地位限制,因而它的电磁负荷选得较高,发热也比较严重。因此,必须用强压的冷却空气加强散热,使电机各部分温度不超过容许的极限值。

2. 牵引电动机的负载性质是断续的。在机车起动和牵引时,电流增加使电机迅速发热,然后,机车惰行和停站,电机不取电流,是电机的散热间隙。独立通风可以充分利用此间隙将电机冷却,给下一区间电机运行创造良好的条件。

3. 牵引电动机轴向长度受到限制,径向通风和自通风都会增加电机的轴向长度,使电机在轴向布置困难。

地铁电动车组和电车上的牵引电动机,由于功率较小(大约在 100 kW 以下),而且这种车辆启动加速度较大,因此都采用诱导式自通风。

内燃机车上的牵引发电机、励磁机、辅助发电机和电力机车上的辅助电机,由于它们均为恒速运转,同时又不经常起动,也都采用诱导式自通风。

近年来,在干线电力机车上采用自通风式的牵引电动机也引起人们的注意。因为根据机车运行特点,满风量并不是长时间需要的,即电机的实际温度达不到试验台上持续极限温度;

另外，随着换向器氩弧焊的应用，H 级绝缘结构的完善，电机能承受较大的热过载能力。虽然在启动时自通风对电机散热不利，但如果实现机车按电机温度来进行控制，并在电机结构上正确地布置风道，牵引电动机采用自通风方式不是不可能的。

图 9—10 表示机车牵引电动机采用的通风系统。冷却空气由换向器端进入电机，然后沿轴向分为两路：一路冲洗换向器表面，并通过极间的间隙以及极面和电枢表面的空气隙，然后由电机后端盖排风孔流出。另一路经过换向器的内腔及电枢铁芯内部的通风孔道，再由电机后端流出。

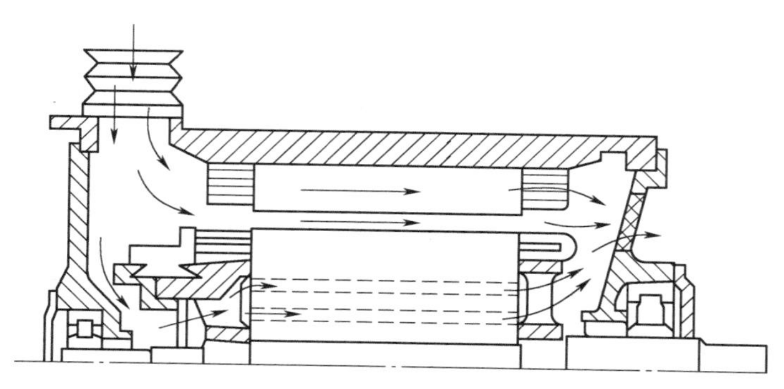

图 9—10 机车牵引电动机采用的通风系统

强迫式独立通风的进风口一般总是开在换向器端，以利用换向器处的空间，使进入电机内部的平行气流分布均匀。但是，由电刷磨下的炭粉，容易堆积在电机各线圈的缝隙里，使绕组的绝缘电阻降低。

采用强迫式独立通风电机内部的空气压力，一般是大于大气压力的。但由于电枢旋转，电枢绕组后端的"鼻部"起了自通风的风扇作用，结果，靠近后端盖内下方的局部空间内，其压力低于大气压，即产生所谓负压。这时，传动齿轮和电机轴承里的润滑、油脂就可能因压差而窜流到电机内部。目前，我国产生的 ZQ650-1 型牵引电动机都在后端盖上加一个漏斗式的扇孔，使产生负压的空间和大气相通，防止了轴承窜油，提高了电机运行的可靠性。

第七节 牵引电动机的通风计算

为了使电机运行时其绝缘材料的温升不超过允许温升，必须引进一定的风量对电机进行冷却。引进风量太多，将大大增加通风设备的容量；引进的风量过小，又达不到预期的散热效果。因此，引进风量的多少，是牵引电动机通风计算需要解决的第一个问题。

要使一定的风量以一定的速度吹拂发热体的表面，还必须在风量的入口处建立一定的风压（又称压力头），以用来补偿电机内部的风压降（压头损失）。因此，确定电机的风压是通风计算中需要解决的另一个问题。

风量和风压的关系与电机风道结构有关，故称它为通风道特性。通风计算的目的是通过计算电机所需要的风量和风压来确定通风设备（通风机）的容量和参数。

一、通风量的确定

通风量 Q 是以电动机在持续定额运行时、温升达到稳定值以后，该风量所能带走的热量等于电动机的损耗为依据而确定的，即。

$$\sum P_{\infty}=QC\theta_{B} \tag{9-21}$$

式中　Q——通风空气流量，m^3/s；

$\sum P_{\infty}$——持续状态下电机的损耗，kW；

C——空气的比热；

θ_B——经过电机后空气的温升，通常限制在 20～25 ℃范围内。

则

$$Q=-K\frac{\sum P_{\infty}}{C\theta_{B}} \tag{9-22}$$

式中　K——考虑到电机各部分送出热能的不均匀性及空气在各部分流通的不均匀性而采用的系数，通常取 1.3。

二、压力头的意义

为了解释风压的物理意义，需从流体力学中的一些基本原理谈起。

图 9－11 表示一个盛满流体的窗口，其高为 h，在容器的最低处开一个孔，流体从孔中喷出，其速度为 v (m/s)。由能量守恒原理可知，如果忽略能量损失，则流体所储存的位能将全部变为流体喷出时的动能，即 mgh (流体位能)$=\frac{1}{2}mv^2$(流体动能)

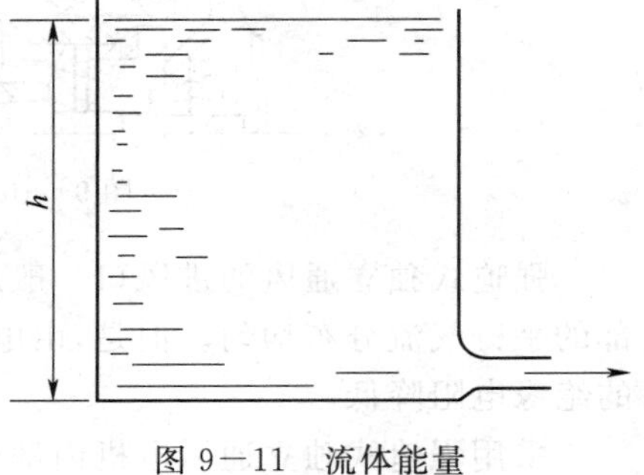

图 9－11　流体能量

式中　g——重力加速度，取 9.81 m/s^2；

m——单位时间内由容器流出流体的质量，kg。

则

$$h=\frac{1}{2g}v^2$$

式中 h 为容器中流体的高度，它也可以理解为压力，所谓压力是指单位面积上受到的力。当容器无喷口时，流体压力为$\frac{hS\gamma}{S}=h\gamma$，$\gamma$ 为流体的密度，S 为容器的面积(m^2)。可见 h 以压力的形式表示时，需乘以流体的密度 γ。即

$$h(\text{压力})=\gamma\frac{1}{2g}v^2 \tag{9-23}$$

因为面积为 1 m^2、高为 1 mm 时的水重为 1 kg。用水柱表示的压力，又称为压力头。

实践说明，通风风路中的风压可以仿照式(9－23)列出，由于空气在电机内部流通时，有风压损失，即风路中将产生风压降，它和风道的形状和结构有关。因此在决定风压时，在式(9－23)的右边还要乘一个产生风压降的原因系数，则风压(风压降)H 为

$$H=\xi\frac{\gamma}{2g}v^2 \tag{9-24}$$

式中　ξ——流体流阻系数。

流体流阻系数 ξ 反映了压力头损失的原因，在风路中压力头的损失实际上是能量损失。

压头损失与风道的几何形状及表面粗糙程度有关。因为流体流动时和风道管壁有摩擦，流体层之间也有摩擦，摩擦便产生能量损失。另外，风道截面突然变化时，以及风道转弯，在这些地方流体本身将产生涡流，都会产生局部能量损失。这些能量损失体现为压力头损失，形成了风压降，ξ的数值由流体力学中的实验结果确定，列入表9－2。

表9－2　ξ值

风道结构	示意图	ξ	风道结构	示意图	ξ
突缘入口		0.8～1.0	风路转弯90°		1.13
平口入口		0.5	风路转弯135°		0.5
圆弧入口		0.2～0.1	铁芯风道摩擦		$0.1\dfrac{l}{D}$
截面突然扩大	S_1　S_2	$\left(1-\dfrac{S_1}{S_2}\right)^2$	光滑风道摩擦		$0.025\dfrac{l}{D}$
截面突然缩小	S_2　S_1	$\left(1-\dfrac{S_1}{S_2}\right)$			

注：l——风道长度；D——风道直径；S——风道截面

三、风量和风压的关系

根据式(9－24)可以确定风压H和风量Q之间的关系。因为空气流量Q与空气流速v有如下关系，即

$$Q=Sv \tag{9-25}$$

式中　S——通风管道的截面，m^2；

Q——风量，单位m^3/s，单位时间内流过的空气体积。

将式(9－25)代入式(9－24)，得

$$H=\xi\frac{\gamma}{2gS^2}Q^2 \tag{9-26}$$

式中　$\xi\dfrac{\gamma}{2gS^2}$为风阻，用Z表示。

于是得最后的关系式如下：

$$H=ZQ^2 \tag{9-27}$$

式(9－26)中的空气密度为1.23 kg/m^3，$g=9.81\ m/s^2$，则

$$Z=\xi\frac{\gamma}{2g}\frac{1}{S^2}=\frac{\xi}{S^2}\times\frac{1.23}{2\times9.81}=\frac{0.0627\xi}{S^2} \tag{9-28}$$

Z代表风道中的风阻，又称为空气动力常数。在设计电机时，应尽可能使风阻Z减小，如果风道截面一定，即尽可能使ξ减小。这就要求在设计风道时，尽量避免采用突缘进风口，避

免风路转角过大，而尽可能采用风路转弯较小、风道表面光滑以及呈流线形的管道结构。因为风阻小，所需风压降低，在一定通风量的情况下，在进风口所需的压力便可以减小。

从以上的讨论可知，风路和电路有相似之处，风路中的各量(风压、风量、风阻)和电路中的各量(电压、电流、电阻)彼此相互对应，其三个量关系也有相似之处。电路中有欧姆定律，风路中风压和风量不是线性关系，这一点和电路欧姆定律是不同的。

四、风阻的计算

在得出风压 H 和风量 Q 的关系后，还必须解决风路中风阻 Z 的计算问题，风阻 Z 和通风路径及风道结构形式有关。电路中电阻有串联、并联及串并联情况，风路中风阻也有类似关系。

图 9－12 所示为串联的通风管道，在管道中有一流量为 Q 的空气流过，它可以用一个等效的风路图表示，如图 9－13 所示，Z_1 为入口风阻，Z_2 为截面扩大风阻，Z_3 为风路转弯风阻，Z_4 为截面缩小风阻，Z_5 为出口风阻。

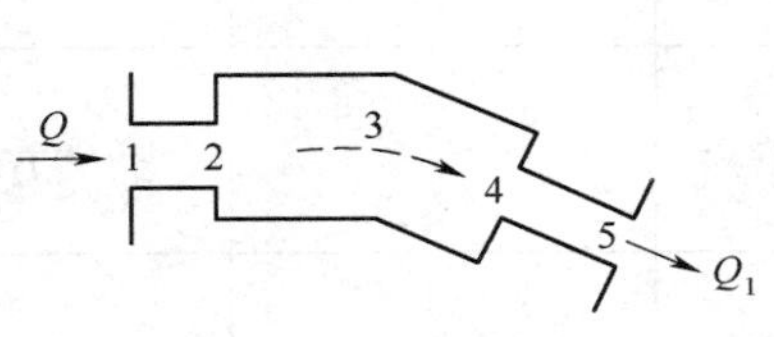

图 9－12　串联风道

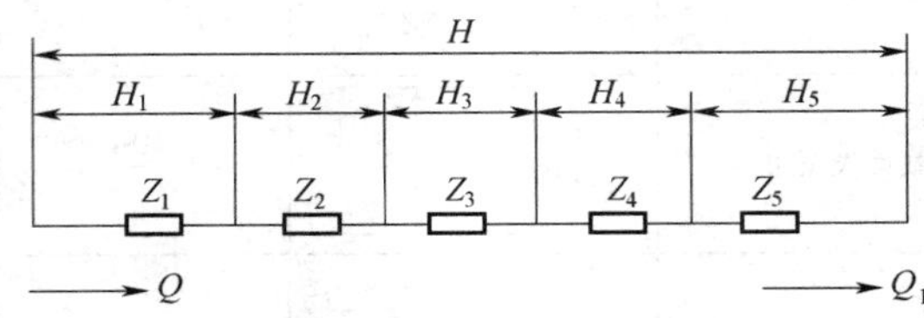

图 9－13　串联风道等效风路

在这个串联风道中，总的风压降 H 为各段风压降之和，即

$$\begin{aligned} H &= H_1 + H_2 + H_3 + H_4 + H_5 \\ &= Z_1 Q_1^2 + Z_2 Q_2^2 + Z_3 Q_3^2 + Z_4 Q_4^2 + Z_5 Q_5^2 \end{aligned} \tag{9-29}$$

因为

$$Q_1 = Q_2 = Q_3 = Q_4 = Q_5 = Q$$

则

$$H = Z_C Q^2 \tag{9-30}$$

式中　Z_C——串联风道的总风阻，其值为各段风阻的代数和。

当风道为并联时，如像在轴向通风的牵引电动机中那样(见图 9－14)，也可以用一并联等效风路图来表示，如图 9－15 所示。

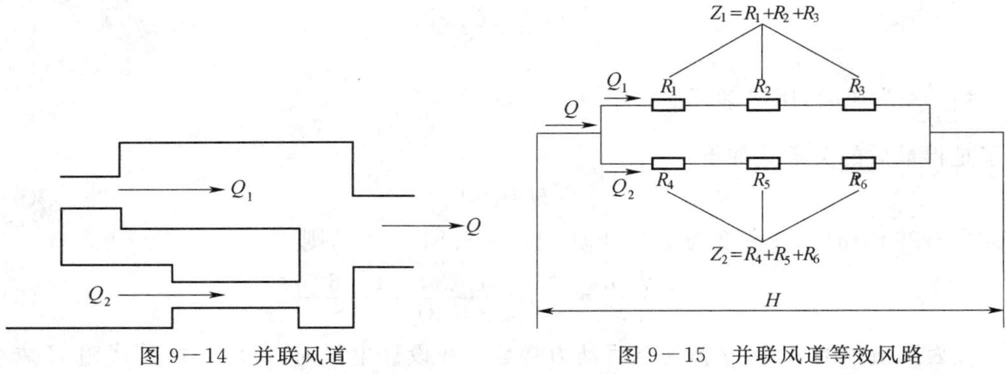

图 9－14　并联风道　　图 9－15　并联风道等效风路

并联风道入口处的风压是一样的，它们出口处的风压也是一样的，则各并联支路风压降相

同，即

$$H_1=H_2=H_3=\cdots$$

如令：Z_1 为第一支路风阻；

Z_2 为第二支路风阻；

……

且

$$H_1=Z_1Q_1^2$$
$$H_2=Z_2Q_2^2$$
$$\cdots\cdots$$

则

$$Q=Q_1+Q_2=\sqrt{\frac{H_1}{Z_1}}+\sqrt{\frac{H_2}{Z_2}}=\sqrt{H}\left(\frac{1}{\sqrt{Z_1}}+\frac{1}{\sqrt{Z_2}}\right)$$

$$H=\frac{Q^2}{\left(\frac{1}{\sqrt{Z_1}}+\frac{1}{\sqrt{Z_2}}\right)^2}=Z_pQ^2 \tag{9—31}$$

$$Z_p=\left(\frac{1}{\sqrt{Z_1}}+\frac{1}{\sqrt{Z_2}}\right)^2 \tag{9—32}$$

Z_p 为两风道并联时的等效风阻，如风道为 n 个管道并联时，则总风阻为

$$Z_{pn}=\frac{1}{\left(\sum_1^n\frac{1}{\sqrt{Z_n}}\right)^2} \tag{9－33}$$

图 9—16 所示为牵引电动机通风系统典型等效风路图。

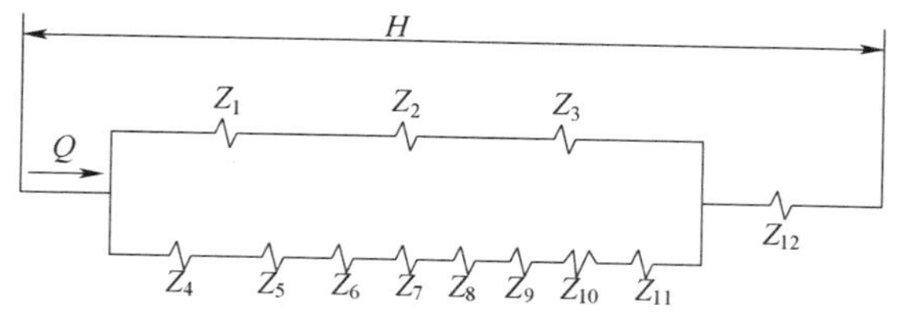

图 9—16　牵引电动机等效风路

Z_1—定子入口风阻；Z_2—定子线圈风道风阻；Z_3—定子线圈出口风阻；Z_4—电枢入口风阻；Z_5—换向器压圈进口风阻；Z_6—换向器内腔风阻；Z_7—换向器套筒转角风阻；Z_8—换向器套筒内腔风阻；Z_9—进入铁芯通风孔风阻；Z_{10}—铁芯出口风阻；Z_{11}—电枢鼻子与后端盖间风阻；Z_{12}—出风口风阻

归纳上面所讨论的内容，牵引电动机的风阻计算可按下面的步骤进行：

1. 根据电机总装图，首先求出风道中各部分的面积，为了避免计算繁杂，可以只计算风道变化较大的部分。

2. 根据公式 $Z=\frac{0.0627\xi}{S^2}$，求出各部分的风阻 Z。

3. 根据风道的实际结构，按风道串、并联的关系求出总的等效风阻。

4. 最后根据 $H=ZQ^2$ 公式，即可求出牵引电动机进风口的风压 H。

通过以上讨论，可看出：牵引电动机通风系统的计算，是一项十分复杂的工作，它不仅需要应用流体力学中的一些基本知识，而且要计算通风道各部分的实际尺寸，同时还要考虑风道结构、形状及风道表面状态等诸多因素，计算结果也不十分准确。因此，牵引电动机所需的通风风量和进风口的风压，常常是以制成的实际电机所需的风量和风压为参考来确定的。

现代持续容量为 600～800 kW 的牵引电动机，所需风量大致在 1.75～2 m^3/s 的范围内，其进风口的压力头约为 110 mm 水柱。

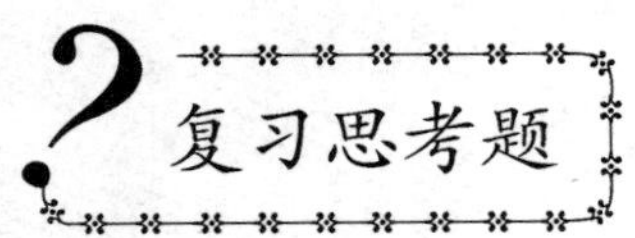

1. 电机绝缘材料的作用是什么？对它有哪些要求？
2. 什么叫温升？牵引电动机的温升高低与哪些因素有关？温升过高对电机有哪些影响？
3. 电机的散热能力指的是什么？散热能力与哪些因素有关？如何提高牵引电动机的散热能力？
4. 电机的通风方式有哪些种类？牵引电动机通常采用哪种方式？为什么？
5. 牵引电机中都用到哪些材料？各有什么作用？

第十章 牵引电动机的试验

第一节 牵引电动机的试验内容

牵引电动机由近两千个零部件组成，这些零件大多是各种金属和柔韧可曲的绝缘材料，它们要承受来自线路的动力负荷和尘土、风雪潮湿的影响。在牵引电动机长期紧张的运用情况下，特别是随着牵引电动机绝缘材料和设计制造工艺的发展，牵引电动机一些零部件的允许温升已提到很高的水平，在这样高利用率的条件下，只要在制造或检修时，由于个别环节的疏忽，都会引起牵引电动机某些零部件失去原有的性能，甚至严重到损坏电机，影响机车安全运行。

显然，为了使机车具有优良的牵引性能，保护牵引电动机具有良好的质量是一个关键环节；因此，要求在牵引电动机的制造和检修过程中，在每一工序之后都要进行检查性的测量和试验。

电机组装就绪准备送出成品时，还要将电机固定在特备的试验台上，按照国家对该类型电机的技术要求，作一次严格的试验来评定该电机的装配质量及其技术性能。

根据我国"电力和热电机车车辆直流牵引电机基本技术条件"标准的规定，牵引电动机(包括直流牵引电动机和脉流牵引电动机)应作两类试验，即检查试验和型式试验，其试验结果均应满足标准中规定的要求，现分别将试验内容扼要说明如下。

一、检查试验

在工厂中一般称检查试验为出厂试验，这是每一台出厂电机都必须进行的试验，其目的是确定该电机制造、修理和装配质量，并确定其工作特性与技术条件是否符合；根据我国"电力热电机车车辆直流牵引电机基本技术条件"的规定，检查试验应按下列项目进行：

1. 电机外观检查及其外形尺寸和安装尺寸的检查(这些尺寸必须与电机外形图相符)，并检查各零件的连接强度，磁极线圈安装准确性，换向器工作表面的情况以及测量电刷弹簧的压力等。

2. 绕组在实际冷状态下直流电阻的测定。电机每部分的温度与冷却空气温度之差不超过 3 ℃时，即称为电机的实际冷状态。

3. 1 h 温升试验。目的是为了核对电机各绕组、换向器及轴承在小时制定额下，运转 1 h，上述电机各部分的温升(指各部分的温度与冷却介质温度之差)均应不超过国家标准所规定的允许范围，对应于不同部件及不同绝缘等级，其温升容许范围如表 10－1 所示。

4. 超速试验：每台电机在热状态下应能承受 2 min 超速试验，试验后电机各转动部件(如电枢线圈、扎线、槽楔及换向器等)应无任何影响电机正常运转的机械损伤和永久变形，并在试验后仔细检查换向器状态及其工作面跳动量。

表 10－1　牵引电动机部件的允许温升

定　额	部件	测量方法	不同绝缘级的允许温升(℃)			
			E级	B级	F级	H级
连续、小时和断续	电枢绕组	电阻法	105	120	140	160
	定子绕组	电阻法	115	130	155	180
	换向器	温度计法	105	105	105	105

由于牵引电动机运用状况不同，我国规定了不同的超速试验转速数值：

(1)在起动时串联、正常运行时并联或全部固定并联连接，或单台电机拖动整台机车时，电机的超速转速为最大工作转速的 1.25 倍；

(2)当两台电机固定串联连接时为最大工作转速的 1.35 倍；

(3)数台电机安装于同一机车上，有自动保护装置防止过速或有机械联锁装置防止各电动机间发生转速差异时，则超速转速为最大工作转速的 1.2 倍。

上述牵引电动机的最大工作转速是指与机车车辆正常运行时的最大速度相应的电动机转速(应按机车车辆轮箍处于半磨耗状态进行换算)。

5.换向试验：牵引电动机在换向试验时，应无机械损坏、闪络、环火及永久性损伤。其火花等级定为：在额定磁场和各磁场削弱级上，从额定电流点到相应于最大工作转速时电流之间的所有情况下，火花应不超过 $1\frac{1}{2}$级，而在其他情况下应不超过 2 级。同时，在进行此项试验时，电动机应处于热状态下，并且每一项试验都需在正、反两个旋转方向上进行。在开始第二方向换向试验之前，允许先在第二方向上运转 5 min，使电刷获得较好的接触面，此时电压为额定值，电流可小于或等于额定值。

由于电力机车与热电机车的运用条件不同，我国对运用于此二类机车的牵引电动机的检查性换向试验规定如下：

(1)对于电力机车的牵引电动机：换向试验时应在最高工作电压(对直接从接触网受电的牵引电动机，其最高工作电压为额定电压的 1.2 倍；对于通过车上变压器——整流器供电的脉流牵引电动机，其最高工作电压为额定电压的 1.1 倍)、最深削弱磁场级(若没有削弱磁场级，则为额定磁场级)特性上的最大电流、额定电流及最大工作转速三个工作点进行换向试验。此最大电流应根据牵引电动机特性曲线使用范围内的最大值来确定，如无特殊规定则最大电流为额定电流的 2 倍，试验应在两个旋转方向上各运转 30 s。对用于再生制动或电阻制动的牵引电动机，则应选择制动特性上换向条件最困难的工作点来进行。

(2)对用于热电机车的牵引电动机：换向试验应按 10－2 表中的四个工作点进行。

表 10－2　牵引电动机换向试验的要求

序号	电压	电流	转速	磁场级	允许火花等级
1	额定值	额定值	/	最深削弱	$1\frac{1}{2}$
2	以达到规定转速为准	最大电流	最大工作转速的$\frac{1}{2}$	额定	2
3	发电机额定高电压值下的电动机电压	以达到规定转速为准	最大工作转速	最深削弱	$1\frac{1}{2}$
4	发电机额定高电压值下的电动机电压	与电压的乘积等于额定功率	保证的恒功率最高转速	以达到保证的恒功率转速为准	$1\frac{1}{2}$

同样，表 10－2 中的最大电流应根据电机特性曲线使用范围内的最大值来确定，如无特殊规定，则最大电流为连续额定电流的 1.7 倍。

6. 速率特性曲线绘制：在检查试验中，应测定额定磁场级和最深削弱磁场级下的速率特性，每条特性曲线至少应测取 4～5 点。

7. 电枢绕组匝间绝缘介电强度试验：对用于电力机车的牵引电动机，应施加 1.3 倍额定电压进行 5 min 过压试验；对用于热电机车的牵引电动机，则应施加 1.3 倍额定高电压进行 5 min过压试验；此时匝间绝缘不应击穿。在进行此项试验时，电机可作空载发电机运行，强迫通风的电机应在额定通风量下进行。

8. 绕组对机壳及绕组相互间绝缘电阻的测定：当电机在热状态时，对于额定电压 500 V 以下的电机采用 500 V 兆欧表，额定电压 500 V 以上的电机采用 1 000 V 兆欧表对上述绕组进行绝缘电阻的测定，其值均不应低于下式所求得的数值，即

$$R=\frac{U}{1\,000+\frac{P_N}{100}}(\mathrm{M\Omega})$$

式中　R——电机绕组的绝缘电阻，MΩ；

U——额定工作情况下电机的对地电压或他激绕组的端电压，V；

P_N——电机额定功率，kW。

9. 绕组对机壳及绕组相互间绝缘介电强度试验：此项试验应在电机热状态下进行，试验时间为 1 min，试验电压的频率为 50 Hz，波形为实际正弦波。标准试验电压的数值规定为：对于电力机车，则当额定工况下对地电压小于 600 V 或由机车自备电源供电的牵引电动机，其试验电压为 $2U+1\,000$ V（最小 1 500 V）；额定工况下对地电压大于 600 V 的牵引电动机，其试验电压为 $2.25U+2\,000$ V。以上电压 U 系指：

（1）直接由接触网供电的电机为接触网额定电压；

（2）车上自备电源的电机，为自备电源的最高电压；

（3）通过车上变压器——整流器组供电的脉流电动机则为电动机的额定电压。对于热电机车则为 $2U+1\,000$ V（最小 1 500 V），此时 U 则相应于牵引发电机“高电压连续定额”的额定电压（V）。此“高电压连续定额”系指牵引发电机温升试验时，在额定输入功率和较高的端电压下连续运转而温升未超过表 10－1 中的限值时的最高电压。

应该指出，在作上述试验时电机的工作特性、换向以及绝缘的介电强度都与温度有关，因此首先做电机的温升试验，再做电机在热状态下的其他试验项目。另外按我国标准规定，对于同一型号的脉流牵引电动机，假如其温升、换向和速率特性在直流和脉流下的差别已由电动机的型式试验确定时，这些电动机的检查试验可以在直流下进行。

二、型式试验

型式试验又称鉴定试验，按照我国标准规定，牵引电动机凡遇有下列情况之一者均应进行型式试验。

1. 新产品试制完成时；

2. 电机设计或工艺上的变更足以引起某些特性和参数发生变化时，则应进行有关的型式试验项目；

3. 当检查试验结果与以前进行的型式试验结果发生不容许的偏差时也应进行型式试验。

总之，型式试验的目的是对该类型电机作较深入的研究，以鉴定试验的结果与设计的数据是否相符，从而对改进该电机的结构参数、工艺等提供试验数据，每次型式试验的电机不得少于两台，而且当电机大量生产时，每隔半年或定期再进行抽试。

型式试验除包括检查试验中所有试验外，还包括下列试验内容：

1. 对管道通风式电机，需测定换向器室内空气静压力头与通风空气量的关系。

2. 电机在连续定额下的温升试验，其目的是检查在连续定额下电机各绕组、换向器、轴承等元件的温升情况，以便核对电机连续定额的设计正确程度，试验时应该在正常的通风条件下进行，对于脉流牵引电动机不论小时定额温升试验或连续定额温升试验均应在脉流下进行。

3. 启动试验：在电机热状态时，将转子堵住，通入最大电流（不得小于 1.7 倍额定电流），维持 30 s（电压不作规定），连续进行 4 次，每两次的间隔时间为 5 min，每次试验后电机应顺同一方向转动 1/4 极距。电机应无任何机械损坏、变形、环火和对地飞弧或影响到试验后电机正常运转的损伤，换向器上应无烧伤痕迹。

4. 无火花换向区域的测定，通过此试验进一步确定换向极补偿特性的品质以及电机的换向稳定性。

5. 绘制牵引电动机的特性曲线：电机处于热状态下在额定磁场和各削弱磁场级上，并在额定电压（对于热电机车牵引电动机则相应在牵引发电机额定低电压时的电动机电压）下制取。

(1)电枢转速与电流关系的速率特性(取两个方向的平均值)；

(2)效率与电枢电流关系的效率特性；

(3)空载特性曲线。

此外，对于电力机车的牵引电动机还应制取输出转矩与电枢电流的转矩电流特性。

6. 电机重量的测定。

7. 发热及冷却曲线簇绘制：每一型式的牵引电动机仅做一台，但当电机设计或工艺上的变更足以引起绕组温升发生变化时，则应再次进行此曲线簇的绘制。作此试验时，牵引电动机在额定磁场级下，各绕组的发热曲线应于最大电流值以下，不少于 5 个电流值进行测绘；对于电力机车电机则应保持额定电压，对于热电机车的电机则应保持输入功率为额定值，而所有试验车辆的过程均应保持额定通风量。

8. 对于电力机车车辆的牵引电动机除以上试验项目外，还须增加一项断开和接上电源电压的试验（仅对由接触网直接供电或经变压器——整流器组供电的具有串激或复激特性的电动机进行）。此时，电动机工作于小时额定电流下，用手动或自动开关将电源电压断开 0.5～1 s 后，再重新接上，每隔 3～5 min 断开和接上一次，共重复进行 6 次，试验时电机的转速应尽可能保持不变，当重新接上前的瞬间，电机的端电压至少应等于额定电压的 1.2 倍。电机在承受此项试验后应无任何机械损伤、变形、环火和对地飞弧或者影响到试验后正常运转的损伤。

除了解牵引电动机的检查试验和型式试验的内容与要求外，还应指出这些试验所用设备的特性，特别是电抗器，应尽可能和车上设备相似。在本章中我们将对几个试验项目的方法及其参数计算作较详细的叙述，其他试验项目的具体要求可参阅我国“电力和热电机车车辆直流牵引电机基本技术条件”的规定标准。

第二节　直流牵引电动机的试验线路

对于容量较小的直流牵引电动机，可以采用如图 10－1 所示的直接负载法。此时，被试电动机 D 拖动一个发电机 F 作为它的负载，通过调节发电机 F 的励磁或负载电阻 R 来调节被试电动机的负载。

这种直接负载试验线路，无论在调节或计量试验参数时都是非常方便的，特别是对于脉流牵引电动机，由于这种线路与电机的实际运行状态完全相符，至今仍得到采用。这种线路的主要缺点是耗费大量的电能（消耗于负载电阻 R 中）同时也增加了大容量电源设备的投资。对于大容量的直流牵引电动机来说，采用能量消耗仅为其本身损耗的反馈线路，即可测试其全部技术性能的真实数据，因而大多数厂、段均已不采用这种直接负载试验线路了。

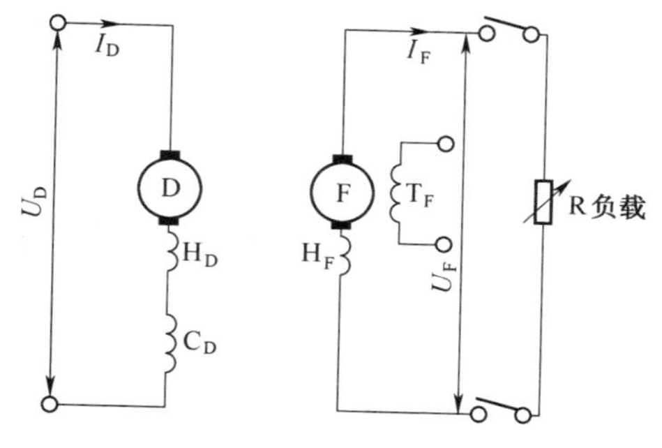

图 10－1　直流牵引电动机的直接负载试验线路

目前，广泛采用的是牵引电动机反馈试验线路，把两个同类型的牵引电动机在电方面和机械方面都耦合起来，使其中一个作为电动机运行，而另一个作为发电机运行，这时电动机发出的机械能拖动发电机运转，使发电机作为它的负载，而发电机发出的电能，通过线路的连接，又供给电动机使用。因此这两台同型的电机互为能源，互为负载，而在试验时所消耗的电能仅为两个电动机本身的损耗之和，此方法远比直接负载的方法经济得多。反馈试验线路一般可分为两种类型，即带有升压机的反馈试验线路和不带升压机的反馈试验线路，现按各种线路的特点分别叙述如下。

一、带有升压机的反馈试验线路

带有升压机的反馈试验线路如图 10－2 所示，将受试电机 D 与另一同型牵引电动机 F(称为陪试电机）在机械方面用联轴器耦合，两电机在电方面也按反馈线路连接，升压机 S 在线路中和在发电机状态下运行的电机 F 串联。

图 10－2 中，U_1 为电源电压；C_D 及 C_F 分别为电机 D 及 F 的串励绕组；H_D 及 H_F 分别为电机 D 及 F 的换向极绕组，升压机 S 为一个他励发电机，其励磁绕组为 T_S；U_D 为受试电动机端压（包括主极、换向极和补偿绕组）；U_S 为升压机端电压。

当升压机 S 没有励磁，则其电势 $E_S=0$，这时 D 与 F 都是在电网电压 U_1 下空载运行的电动机，由电源输送空载电流 I_0 及 I'_0（如图虚线所示方向），由于 D 与 F 两电机机械耦合，其转速相同，而且其励磁绕组串于同一支路，励磁电流相等，因此，两电机电势 E_D 与 E_F 相等，且小于电网电压 U_1。

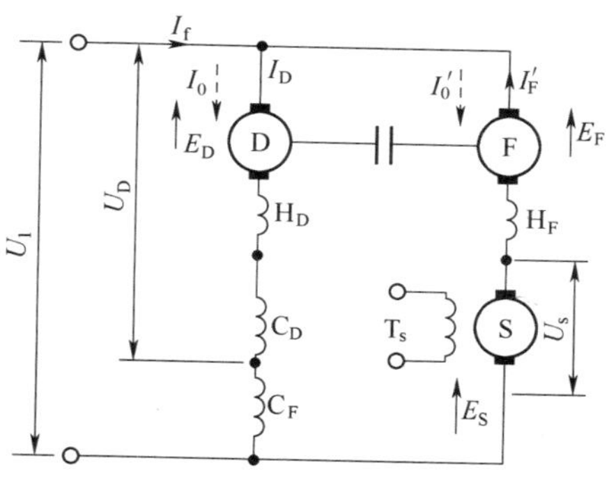

图 10－2　有升压机的反馈试验线路

如将升压机给予励磁，并按其发出的电势 E_S 与 E_F

同向且二者之和大于U_1，则E_S在电机F及D的回路中输送了电流I，这时在电机F的支路中总电流为

$$I_F = I - I'_0$$

而在电机D的支路中总电流为

$$I_D = I + I_0$$

I_F与I_D的电流方向如图10－2所示，按照图中所示的极性，I_D的方向与E_D的方向相反，D作为电动机运转；I_F的方向与E_F的方向相同，电机F作为发电机运转。因此决定该电机负载(制动力)的大小的电流I_F为

$$I_F = \frac{(E_S + E_F) - U_1}{R_F + R_S}$$

式中　R_F——发电机F的电枢、换向极及补偿绕组的电阻；

R_S——升压机S的电枢及换向极绕组的电阻。

如上所述，此线路的升压机S的作用可归结为：

1. 如没有升压机，则作为负载电机(陪试电机)的F就不可能作为发电机运转。

2. 当升压机过低励磁时，可能使$E_S + E_F \leqslant U_1$，这时电机D与F就是处于空载状态下的串励电动机，处于飞速状态，因此，在试验过程中，过分降低升压机的励磁是不允许的。

3. 升压机的励磁愈强，则E_S及I_F(发电机制动电流)愈大，于是受试电动机D将在更大负载条件下运行；因此，要调节受试电动机D的负载，只要改变升压机S的励磁即可，而这种调节是非常简便的，因为升压机S是一个他励发电机，在设计其励磁绕组时，可以使升压机的励磁电流I_{TS}取得很小。

另外，如试验线路中的电源电压是由一个可以调节的电源来供馈(比如并励或他励直流发电机等)，则电机在起动时可以不用外加变阻器，只需调节发电机的励磁即可在低压下起动。

升压机S的容量、电压及电流的参数，可由下述方式确定。

在电机D及F的回路中，可写出下面的平衡方程式，即

$$U_1 = E_D + I_D(R_D + R_{CD} + R_{CF})$$

及

$$U_1 = E_F + E_S + I_F(R_F + R_S)$$

由此得

$$E_F + E_S - E_D = I_F(R_F + R_S) + I_D(R_D + R_{CD} + R_{CF}) \quad (10-1)$$

式中　R_D——电动机D的电枢、换向极及补偿绕组的电阻；

R_{CD}——电动机D的串励绕组电阻(包括固定分路电阻)；

R_{CF}——发电机F的串励绕组电阻(包括固定分路电阻)。

假定电机D和F的各绕组电阻均相等；在同一励磁电流下两电机产生的磁通相等，因此两电机的电势应相等，即$E_D = E_F$。式(10－1)可改写为

$$E_S = I_F(R_F + R_S) + I_D(R_D + 2R_{CD}) \quad (10-1)$$

或

$$E_S - I_F R_S = I_F R_F + I_D(R_D + 2R_{CD})$$

所以

$$U_S = (I_F + I_D)R_D + 2I_D R_{CD} \quad (10-2)$$

由此，从电压的关系来看，升压机是起补偿受试电动机D及陪试电机F的绕组电压降的作用，为使说明简化，假设两电机的励磁损耗及机械损耗可以略去不计，即略去I_0及I'_0，则此时$I_D = I_F$，于是式(10－2)改写为

$$U_S = 2I_D(R_D + R_{CD}) \quad (10-3)$$

通常在连续定额状态下，牵引电动机绕组中的电压降约为额定端电压 U_N 的 5%；同时应考虑到受试电机要作短时期的过载试验，此时最大电流值 $I_{Dmax}=2I_N$，即为小时定额电流的 2 倍；因此升压机的电压应为 $U_S=2(2\times0.05U_N)=0.2U_N$。

显然，升压机 S 的电流也应与被试电机 D 的电流配合起来考虑，即应该与受试电机的连续额定电流接近，并且也应该允许在短时过载电流 $I_{Dmax}=2I_N$ 的情况下持续 1～2 min，以便检查受试电机的换向情况。

综上所述，升压机 S 的容量在连续定额下应具有 $P_{SN}=2\times0.05U_N\times I_N=0.1P_N$，而在短时过载状态下应能发挥 $P_{Smax}=2(2\times0.05U_N)\times2I_N=0.4P_N$，由式(10－3)可得

$$P_{SN}=U_{SN}I_{SN}=2I_N^2(R_D+R_{CD}) \tag{10-4}$$

由式(10－4)可以看出，升压机的容量由电动机 D 及发电机 F 的电损耗来决定。

从图 10－2 中可知：当开断电源电压 U_1 时，升压机 S 产生电势 E_S，在电机 D 与 F 的回路中流过的电流相等，此时两电机由于磁通方向相同而电流方向相反，于是电机 D 与 F 产生大小相等方向相反的两个力矩，使电机无法驱动起来，只有电网供给电源后，才能使电机 D 的力矩大于 F 的力矩(因为 $I_D>I_F$)，使电机转动，故升压机仅供给两电机的电损耗，而此两电机的定值损耗必须由电网供给。

考虑到上述的诸种假定，以及实际上电机 D 与 F 的特性不可能完全相等，因此在选择升压机 S 的功率时，要适当地提高一些。

如上所述，带有升压机的反馈试验线路具有下列优点：

1. 只要稍微改变升压机的激磁电流，就能简单平滑地调节受试电动机的负载。

2. 试验时所消耗的能量，仅为直接负载法所耗能量的 20%左右。

3. 各种损耗可以直接由线路电源和升压机的输出功率来确定，因此能很方便地确定牵引电动机的效率。

在试验时，可以装上转换开关 ZK，来对调受试电机的位置，使两个同型电机都能在电动机状态下受试，而不必在试验台上移动，如图 10－3 所示。但是采用带有升压机的反馈试验线路需要一个特殊的发电机——升压机，它是一个低电压大电流的电机；另外还要一个高压直流电源，这些都是不易解决的。

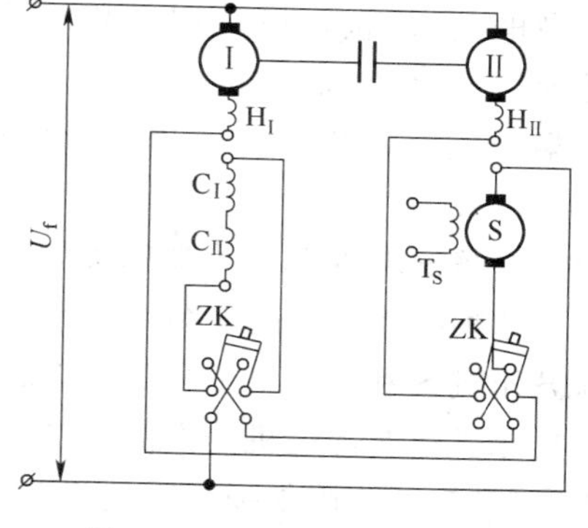

图 10－3　受试电机与陪试电机的位置转换

二、不用升压机的反馈试验线路

这种线路的特点是对在发电机状态下的陪试电机的主极绕组进行加馈。根据反馈试验原理可知，如果要使电机反馈，必须使发电机 F 支路内的电势大于电动机 D 支路内的电势；为此，在发电机的主极绕组 C_F 两端并联一个加馈励磁机 J，如图 10－4 所示。励磁机 J 是一个他励或并励发电机，由异步电动

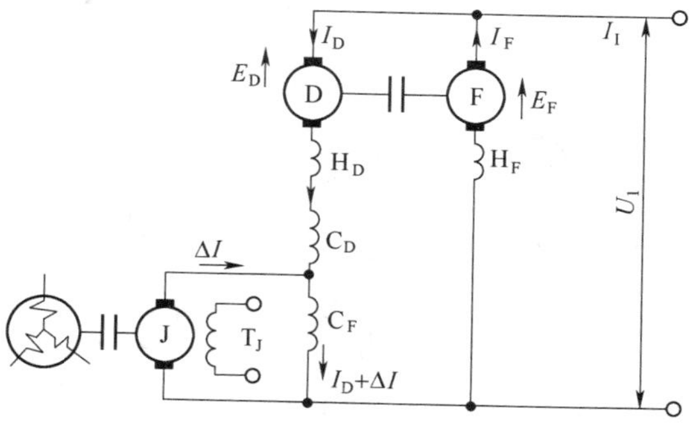

图 10－4　带加馈激磁机的试验线路

机拖动，若要增加发电机 F 的电势 E_F，只要调节励磁机 J 的励磁，使 F 的主极绕组 C_F 加馈一个电流 ΔI 即可，这时 $E_F > E_D$，从而达到电能反馈。励磁机 J 的容量是较小的，因为它只是补偿主极绕组 C_F 中由加馈电流所引起的电损耗，加馈电流大小约等于(1/5～1/3)I_D，因此即使试验大功率的牵引电动机，其容量仅为 3～5 kW。这种线路有两个较严重的缺点：

1. 发电机 F 的主极绕组由于加馈，其发热情况严重，因此只允许短时间的负载。

2. 当负载较大，主极磁路处于饱和时，即使加强激磁也不能将受试电机 D 的负载提高到要求的范围。

由于这些缺点，这种线路在实际中应用的并不多。

三、不用高压电源的反馈试验线路

当一些厂、段不易得到直流高压电源时，可以采用下述线路。

1. 具有辅助电动机的反馈线路

图 10－5 所示为以辅助电动机 FD 带动电机 D 和电机 F 的反馈线路，这时辅助电动机 FD 由低压电源供馈，它和电机 D 及 F 装在同一轴上，以机械耦合的形式驱动电机。

升压机在线路中所起的作用仍与前述相同，即供给线路中的电损耗并通过它调节受试电机 D 的负载，而辅助电动机 FD 的作用则与前述的线路电源一样，提供试验电机的定值损耗，其容量约为受试电机 12%～15%左右；为便于调节受试电机的转速，FD 可以采用直流串激电动机，也可以采用三相整流子电机，后者只要移动电刷就能在广阔的范围内调节转速，且不需要特备的低压直流电源而只要 220 V 或 380 V 的三相电源供馈即可；但是如果受试电动机是仅有单端轴伸的单边传动牵引电动机，则应设法解决它们的机械耦合装置。

2. 陪试电机 F 改为他励磁的反馈线路

这种线路原理图如图 10－6 所示，此时陪试电机 F 由单独的励磁机进行他励磁，只要调节升压机 S 和陪试机 F 的励磁，就可以广泛地调节被试电机 D 的负载。采用这种线路时，升压机除供给两部电机的大部分电损耗外，还提供全部定值损耗。又由于此两电机的励磁电流不等，其铁耗与附加损耗因之各不相等，因而在求取受试电机的效率时，就十分复杂和困难；同时要保持受试电机在某一恒定端电压下调节负载时，又必须同时调节陪试电机 F 及升压机 S 的励磁，从而增加了调节的复杂性。但是由于省去了直流高压电源，在不需要精确测定电机效率及仅作一般性检查试验的情况下，这种线路仍得到采用。

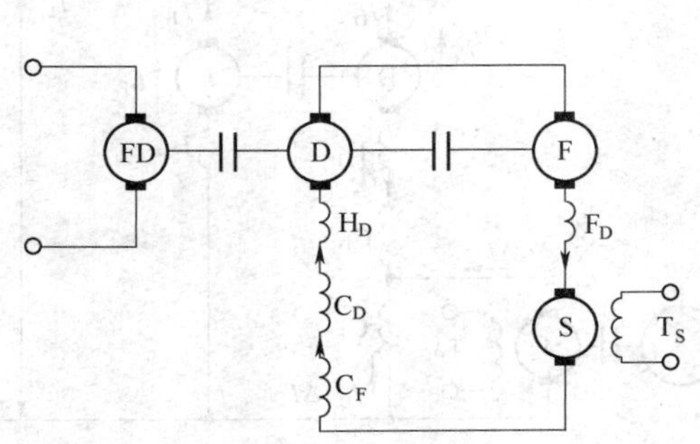

图 10－5　具有辅助机的反馈线路

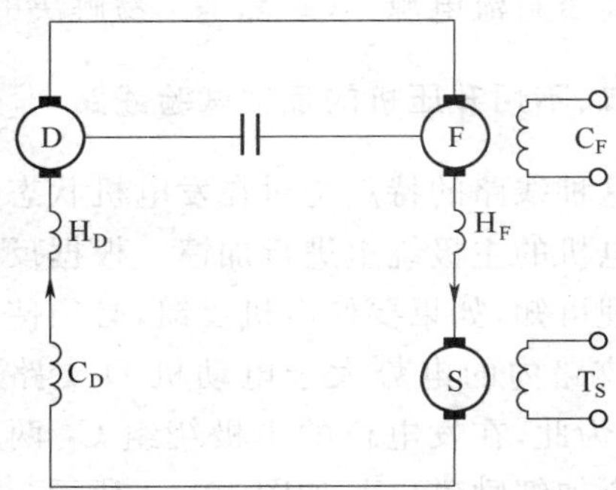

图 10－6　陪试机改为他激的反馈线路

四、采用可控硅供电的反馈试验线路

前面我们讲述的反馈试验线路的电源和升压机都是较大容量的直流发电机，如果加上其他辅助电机以及各个励磁机组、控制电源等，所需要旋转机组的数量就更庞大了，这些数量众多的交、直流旋转电机不仅给设备投资、试验耗电量以及维修等增加了费用，而且整个试验台都将充满了噪声，这对于试验是非常不利的。基于这些原因，近来一些厂、段已采用了由可控硅供电装置代替一些直流电机的反馈试验线路，就现有厂、段的运营情况来看，采用可控硅供电装置与原有旋转机组相比，无论在节省试验耗电量、减少试验台占地面积、节省投资和大量金属以及改善劳动条件等方面都显示出它的优越性。下面我们将结合它的原理线路图作一简要的叙述。

图 10－7 所示为采用可控硅供电系统的反馈线路方框图，可控硅供电装置取代前述的电源线路发电机和直流升压发电机，图中 SCR_1 为线路机组供给电网电源 U_1，SCR_2 则作为升压机组的电源。

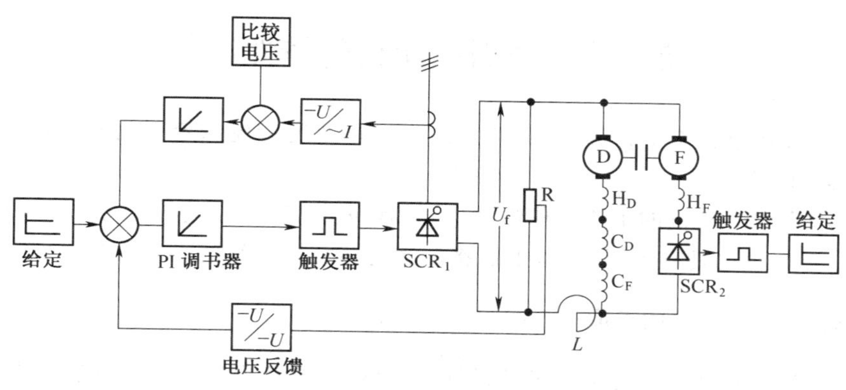

图 10－7　可控硅供电装置的反馈线路

在这个系统中，线路机组 SCR_1 系统采用了电压负反馈以使电机在试验时保持某一恒定的电机端电压，而为了防止电机直接起动时过大的冲击电流，在系统中引入了电流截止负反馈，因此 SCR_1 供电装置是一个闭环自动调节系统；对于升压机 SCR_2 装置则只要求改变其端电压以调节负载，无其他特殊要求，为使线路简化，采用开环控制。

提供线路电源的 SCR_1 系统是由 PI 调节放大器、触发器、电压负反馈、电流截止负反馈等环节组成，在试验时此系统输出端电压 U_1，当负载变化或因其他干扰而波动时，通过电压负反馈环节，使反馈电压与给定电压相比较后，得到偏差电压 ΔU，经调节放大器放大去控制触发器的移相脉冲，改变可控硅的导通角，使输出电压 U_1 维持某一恒定值，达到自动调节的目的，因此只要改变给定电压的大小，即可实现此系统输出电压的调节。这个系统的电流截止反馈环节信号，取自交流侧电流互感器，经变换成直流信号电压后与一比较电压相比较，当主回路电流超过某一允许值时，电流反馈电压大于比较电压，这时电流截止反馈环节就有输出，因而使触发脉冲后移，SCR_1 的导通角随之减小，输出电压 U_1 也就降低，从而使电机电流不再上升，达到自动保护的目的。至于作为升压机组的 SCR_2 系统则为开环系统，欲调节受试电机的负载，仅需改变给定电压的大小，使触发脉冲移相以改变 SCR_2 可控硅的导通角，从而改变

SCR_2 输出电压的数值达到调节负载的目的。

线路的其他工作情况与前述的相同，通常线路机 SCR_1 均采用三相半控桥整流线路，虽然电压的脉动系统远比单相整流线路小，但为了使受试电机电流接近于直流，在线路中接入了较大的铁芯电抗器 L。至于升压机组 SCR_2 则因属于低压大电流，一般采用带有平衡电抗器的双反星形可控整流线路，以形成一个六相整流电路，这时一方面易于选择可控硅元件，同时电压脉动系数大为减少，在回路中固有电抗的作用下，其脉动电流分量已很小，故可以不加限流电抗器。但是为了使受试电机接近于实际直流情况，在试验时必须检查电流脉动系数，务必使电机在各种负载下仍接近实际直流状态。

如上所述，采用可控硅供电的反馈试验线路有一系列优点，但是过载能力差，即使是瞬时的过电压和过电流，也可能导致元件的损坏，因而必须采用硒堆和阻容吸收装置进行过电压保护，采用快速熔断器及自动开关作为短路保护等等，这些都增加了试验线路的复杂性。然而，这些问题将随着电子技术的不断发展逐一得到完善的解决，可以预见，采用可控硅的试验线路将会得到更多的采用和进一步的改进。

第三节　牵引电动机的特性试验

我们知道，在作电机牵引计算时，必须先给出机车速度和轮缘牵引力对于机车电流 I_L 的函数特性曲线，即 $V=f(I_L)$、$F_L=f(I_L)$特性；显然，这些特性系由牵引电动机的工作特性计算得出，因而在牵引电动机的主要工作特性中，转速 n、力矩 M 以及效率 η 特性，即 $n=f(I)$、$M=f(I)$及 $\eta=f(I)$均具有重要意义，下面将叙述这些特性曲线的求取方法。

一、速率特性 $n=f(I)$的求取

试验速率特性的目的，是为了核定新设计试制的、新制待出厂的或检修后待出厂的牵引电动机 $n=f(I)$特性是否符合要求，另外也是为了选择速率特性相同的牵引电动机安装于同一机车上，使机车负载能在各牵引电动机中均匀分配。特别是对于新设计试制的牵引电动机，按我国标准规定，应对其最初试制的 6 至 10 台电机制取该类型牵引电动机的“典型速率特性”，此典型速率特性是在额定电压下，在额定磁场以及各削弱磁场级下，进行正、反转试验后求取平均值制成；典型速率特性不仅提供了该类型牵引电动机作为机车牵引特性的依据，而且对以后制造或修理出厂的牵引电动机提供了试验鉴定标准。

规定指出：

1. 对于功率超过 100 kV 的牵引电动机，在额定磁场级时，典型速率特性上的转速对设计预定的速率特性上相同电流值的转速允差不超过±4％；

2. 在检查试验时，电动机在额定电压和给定的输入电流下，在任一旋转方向上测出的转速对典型速率特性上相同电流值时的转速允差为：在额定磁场时不超过±3％，在削弱磁场时不超过±4％，而削弱磁场级小于 50％时不超过±6％；

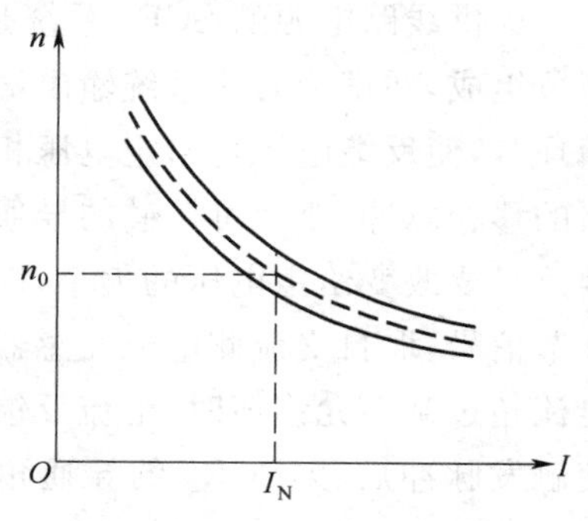

图 10－8　牵引电动机速率特性的正、反转差值

3. 在额定电压额定电流和额定磁场时，牵引电动机正、反转向的转速差值，对此两方向转速的算术平均值的百分

数不许超过4%，如图10—8所示。

在进行试验时，可按图10—2所示的反馈试验线路进行，此时只需调节升压机的激磁，即可读取在各种状态下的$n=f(I)$曲线。

由于温度对电机电阻的影响也会影响到电机的转速，这由转速公式

$$n=\frac{U_D-I_D(R_D+R_{CD})}{C_e\Phi}$$

即可看出，因此在作速率特性试验时，电机绕组的实际温度应该和保证特性的基准工作温度相当，对于不同的绝缘等级，其基准工作温度规定如下：A、E级绝缘——75 ℃；B、F、H级绝缘——110 ℃。

因此，在特性试验的前后，应核对绕组的温度。为了符合实际情况，在试验时应控制轴承在正常的发热温度。

二、力矩特性 M＝$f(I)$的求取

在作速率特性试验时，图10—2中电动机的输出功率为

$$P=U_1I_D-I_D^2(R_D+2R_{CD})-\frac{1}{2}U_1I_1$$

根据电动机轴上输出功率P的大小中，即可按$M=9\ 740P/n$(N·m)的公式计算出电动机轴上的输出力矩，式中P以kW表示，n则为电机每分钟的转速。

如果电动机的效率曲线$\eta=f(I)$已经求出，则可按下式求出$M=f(I)$特性。

$$M=9\ 740\frac{P_{输入}\eta}{n} \tag{10—5}$$

式中　$P_{输入}$——电机的输入功率，$P_{输入}=U_DI_D$kW。

三、效率特性 $\eta=f(I)$的求取

确定电机的效率基本上采用下述两种方法，即反馈法和损耗分析法。

1.用反馈线路测定效率

其试验线路如图10—2所示。D、F仍为两台同型的牵引电动机，一台作为受试电动机D运行，而另一台则运行于发电机状态，全部损耗均由升压机及电源供给。

在测定效率时，电机各绕组的基本铜耗应换算到对应于绕组绝缘等级的基准工作温度时的数值，绕组直流电阻的换算公式如下

$$R_w=\frac{235+t_w}{235+t_Z}R_z \tag{10—6}$$

式中　R_w——基准工作温度时的绕组电阻，Ω；

t_w——基准工作温度，℃；

t_z——测量时的绕组温度，℃；

R_z——绕组温度为t_z时电阻的，Ω。

式中引用了铜导体的电阻温度系数：$\alpha_t=\frac{1}{235+t}$，如为铝导体其电阻温度系数则为$\alpha_t=\frac{1}{245+t}$，因此当绕组为铝导体时，应采用245代替式(10—6)中的常数235；另外除基本铜耗

外，其他损耗不作任何温度换算。

在计算电动机D的效率时，我们假定按图10－2所示反馈试验线路，两电机D及F除I^2R损耗及电刷接触损耗$E_{DS} \cdot I$外，其余损耗相同；对于不带刷尾的电刷取每一电机的电刷接触压降E_{DS}为3 V，带刷尾的电刷为2 V。

根据上述假定，必须对$\frac{1}{2}(U_S I_F + U_1 I_1)$的假设$I^2R$及$E_{DS} \cdot I$损耗进行修正，即必须以电动机D的绕组在基准工作温度下的损耗$I_D^2(R'_D + R'_{CD})$取代原假设的$\frac{1}{2}(I_D^2 R_D + I_D^2 R_{CF} + I_D^2 R_{CF} + I_F^2 R_F)$，其中$R'_D$及$R'_{CD}$分别为电动机电枢绕组、换向极绕组、补偿绕组以及串励绕组由测量值R_D及R_{CD}归算到基准工作温度的电阻；另外对于电动机D来说，电流I_D比发电机F的电流I_F大，因此其电刷接触损耗相应增大$\frac{1}{2}(I_D - I_F)E_{DS} = \frac{1}{2}I_1 E_{DS}$。因而换算到基准工作温度后，电动机的效率$\eta$为

$$\eta = 1 - \frac{U_S I_F + U_1 I_1 + I_D^2(2R'_D + 2R'_{CD} - R_D - R_{CD} - R_{CF}) - I_F^2 R_F + E_{DS} I_1}{2U_D I_D} \quad (10-7)$$

再假定两电机各相同绕阻的电阻相等，并处在相同的温度下，则$R_D = R_F$，$R_{CD} = R_{CF}$。此时式(10－7)可简化为

$$\eta = 1 - \frac{U_S I_F + U_1 I_1 + R_D(I_D^2 - I_F^2) + E_{DS} I_1}{2U_D I_D} - (R'_D + R'_{CD} - R_D - R_{CD})\frac{I_D}{U_D} \quad (10-8)$$

采用式(10－8)计算结果，其偏差小于试验误差，因而对于一般性试验是可采用的。在作此试验时，必须对正、反两个转向读取两套读数，然后取两套读数的算术平均值作为电动机的效率。

事实上每一台电机由于工艺、材料的差别，以及磁路系统不完全相同，其机械损耗、磁损耗也就各异，因而作为新试制产品的型式试验，最好用更为准确的试验方法，根据我国目前制造厂的情况，均已采用损耗分析法进行效率特性的试验。

2. 用损耗分析法测定效率

损耗分析法能够求出各种损耗的数值及各种损耗比，这样便于同设计数值比较。我国标准规定，在额定工况下，所测得的电机总损耗不应超过规定值的10%，在总损耗求出后即可算出电机的效率。

(1)电枢和定子绕组铜耗P_{Cu}

如前所述，$P_{Cu} = I_D^2(R'_D + R'_{CD})$，即所有绕组电阻均应归算到基准工作温度，并且当主极绕组有分路电阻时，其铜耗也应包括在P_{Cu}内。

(2)机械损耗P_w

机械损耗包括电刷磨擦耗、轴承磨擦耗以及自通风电机的风扇损耗等，这些损耗的测量方法是，使电机在低电压、低励磁下(串励)作空载运行，此时电枢电流很小，其铜耗与铁耗都略去不计，认为全系机械损耗，缓加电压使电机在不同转速下运行，测出机械损耗P_w与转速n的关系曲线。

(3)空载铁损耗P_{Fe}

它是与机械损耗合成一项总损耗而测定，测定时电机作为他励电动机空转，每次固定某一励磁电流作出铁耗与机械损耗之和对转速的关系曲线，即$P_w + P_{Fe} = f(n)$曲线，此时应在最深

削弱磁场系数乘以 0.75～1.75 倍额定电枢电流（不超过最大电流）值的励磁电流间作一簇 $P_w + P_{Fe} = f(n)$ 曲线，从这些损耗曲线中减去机械损耗 P_w 即为空载铁损耗 P_{Fe}。

如需更进一步精确测量 P_{Fe} 的损耗，最好以一已知效率特性的辅助电动机拖动此受试电动机，使受试电机分别在不励磁或各励磁电流下由辅助电动机拖动，测出受试电机的 $P_w = f(n)$ 及 $P_w + P_{Fe} = f(n)$ 曲线，从而排除电枢电流的影响，使机械损耗及空载铁损耗较为准确。

（4）电刷接触损耗 P_d

此损耗为电枢电流 I 与固定的接触压降 E_{DS} 的乘积，即 $P_d = I \cdot E_{DS}$，按我国标准规定，每一电机的电刷压降对具有刷尾的电刷取 $E_{DS} = 2\text{V}$，对不带刷尾的电刷取为 3 V。

（5）负载时的杂散附加损耗 P_Δ

按我国规定，杂散损耗 P_Δ 由表（10—3）计算：

表 10—3　杂散损耗对空载铁损耗的百分比

电流对额定值的百分比％	20	60	80	100	130	160	200
杂散损耗对空载铁损耗的百分比％	22	23	26	30	38	48	65

所分析之损耗和 $\sum P$ 为

$$\sum P = P_{Cu} + P_w + P_{Fe} + P_d + P_\Delta$$

效率为

$$\eta = 1 - \frac{\sum P}{P_{输入}} = 1 - \frac{\sum P}{U_D I_D} \qquad (10-9)$$

第四节　无火花换向区域及换向极补偿特性的测定

在型式试验中，为了确定新设计试制的牵引电动机换向品质，除了要进行检查试验中规定的换向试验项目外，还要对换向极的补偿特性作进一步鉴定，以便核对换向极的有关设计参数，必要时还要调整换向极下第二气隙值的大小或换向极绕组的匝数，这些通常是采用测定无火花换向区域的方法进行。在较简便的条件下，也有用电刷接触压降曲线来检查换向极的补偿特性的，但前一方法较为直观而且准确。

一、无火花换向区域的测定

试验时采用图 10—2 所示的反馈试验线路，只是在电动机 D 的换向极绕组 H_D 的两端并接一个加馈发电机 J，如图 10—9 所示。试验在额定电压及正常通风和电机接近正常工作温度的状态下进行，对于内燃机车，除了做上述条件下的无火花区域外，还应做在恒功条件下改变电机端电压及电枢电流的无火花换向区；火花的大小可借助于火花指示器或凭直接观察，以 $1\frac{1}{4}$ 级为宜，如果有困难可以 $1\frac{1}{2}$ 级为限。

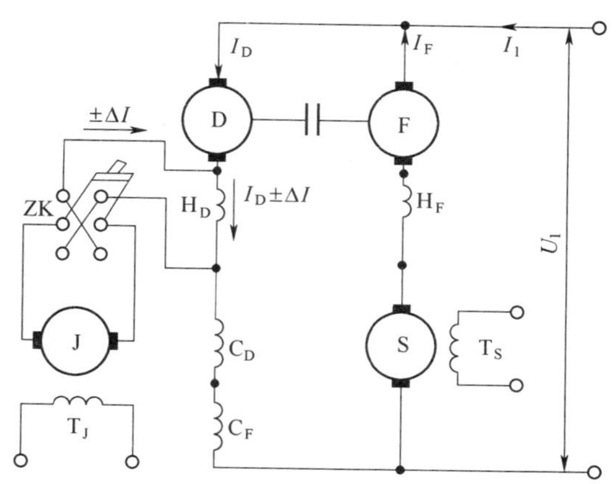

图 10—9　接有加馈发电机的反馈试验线路

试验步骤如下：先调节受试电动机 D 的负载，使电枢有一定的负载电流，然后合上转换开关

ZK(合此开关之前应调节加馈机空载电压,使之等于受试电机换向极绕组 H_D 的电压降,以避免电流的冲击),增加加馈机 J 的励磁,使电机 D 的换向极绕组 H_D 增加某一电流 ΔI,以使电刷下达到 $1\frac{1}{4}$ 级火花,记下此时的加馈电流 $+\Delta I$;其后倒换开关 ZK 位置,改变加馈电流的方向,使电刷下也达到 $1\frac{1}{4}$ 级火花,再记下此时的加馈电流 $-\Delta I$ 值。如此再调节电机 D 的负载,变更电枢电流,使电机在额定电压下由接近最大电流至接近最大转速的电流下,选择4～5 个电流点作出每一旋转方向的 $\frac{\pm\Delta I}{I_D}\%=f(I_D)$ 关系曲线,如图 10－10 的所示(I_D 为电机 D 的电枢电流)。

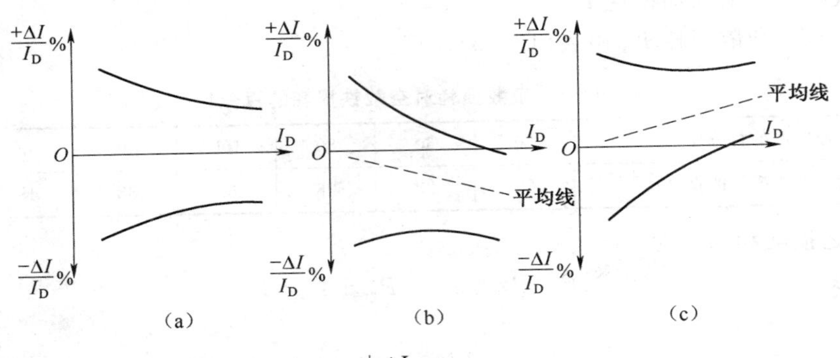

图 10－10 $\frac{\pm\Delta I}{I_D}\%=f(I_D)$ 关系曲线

为了研究图 10－10 中各种曲线的成因,特画出电机换向元件内的电抗电势 e_r、换向电势 e_k 的波形图(如图 10－11),图中 b_a 表示沿电枢圆周电枢元件进行换向的区域,在某一枢流下其电抗电势 e_r 为图中阶梯波形,而换向电势 e_k 则由所设计的换向极绕组匝数及第二气隙值大小而定,图中所示的三种 e_r 波形(近似梯形波)分别表示了正确、过补偿和欠补偿(波形 1、2、3)的三种情况。在进行无火花区域试验时,我们假设所可能由机械方面引起电刷下火花原因已在检查试验中予以消除,因而可以认为电刷下的火花是由未补偿的电势 $e_k-e_r=\pm\Delta e$ 造成的,基于图 10－10 及图 10－11 可得出下列几种补偿特性:

1. 正确补偿情况

此时其换向元件内的电抗电势 e_r 与换向电势 e_k 基本平衡相消,如图 10－11 中 e_k波形 1,因此当换向极增加一个 $+\Delta I$ 加馈电流,而出现 $1\frac{1}{4}$ 级火花时的未补偿电势 $+\Delta e$,必然和增加一个 $-\Delta I$ 加馈电流出现 $1\frac{1}{4}$ 级火花时的未补偿电势 $-\Delta e$ 相等,即在同一枢流下其 $|+\Delta e|=|-\Delta e|$,从而得出图 10－10(a)中的曲线,由此得出结论:如果换向极补偿正确,则发生一定火花的 $\frac{\pm\Delta I}{I_D}\%=f(I_D)$ 曲线其特征为上下两边界曲线之平均线与横坐标重合。

2. 过补偿情况

此时在某一枢流下,换向极未加馈时所产生的换向电势 e_k 已大于电抗电势 e_r,如图 10－11 所示的 e_k 波形之 2,因此当加馈电流 $+\Delta I$ 或 $-\Delta I$ 达到 $1\frac{1}{4}$ 级火花时,必然是 $|+\Delta I|<|-\Delta I|$,由此得出图 10－10(b)中的曲线,其结论为试验中如两边界曲线的平

均值位于横坐标轴下方时，则电动机为过补偿换向。

3.欠补偿情况

此时如图 10—11 所示 e_k 波形之 3，其对应之无火花区边界曲线如图 10—10(c)，显然其平均线位于横坐标上方而为欠补偿换向。

综上所述，根据无火花区域(两边界曲线所包之区域)的曲线形状，就能确定换向极的补偿品质，最后可修正换向极的匝数及第二气隙值的大小，以达到使电机换向正确补偿，提高电机质量的目的。另外，试验时如果所有的电刷在加馈时的换向特征都相互吻合，就可以断定电刷均已正确的安装在几何中线上；事实上由于电机在制造或修理时工艺和材质上的差别，这些特性总是有些差异的，这也就是为什么型式试验必须对两台以上同型电机进行试验的原因。

二、由电刷接触压降曲线确定换向极补偿特性

前面，我们曾指出电机可能具有的三种换向形式，即直线换向、延迟换向和超前换向。由于换向形式的不同，沿电刷宽度闭合的换向电流也就各异，因此，沿电刷宽度的电流分布或电流密度的分布是各不相同的。由于沿电刷和换向器接触面上任何一点的接触压降 ΔU_s 是由该点的电流密度决定的，因此我们可以用接触压降在电刷宽度上的分布情况来研究电机的换向性质以及换向极的补偿特性。

测定沿电刷宽度的电刷接触压降可按图 10—12 的方式进行，图中炭精棒数目视电刷宽度可取 3～5 根，它们相互绝缘地置于一特制小长方木中，同时也与工作电刷绝缘，将电压表一端接于工作电刷的项端，另一端接于不同位置的炭精棒上，这样就可测出当电机 D 在某一 I_D 下的电刷电压降沿电刷宽度的分布曲线，如图 10—13 所示。

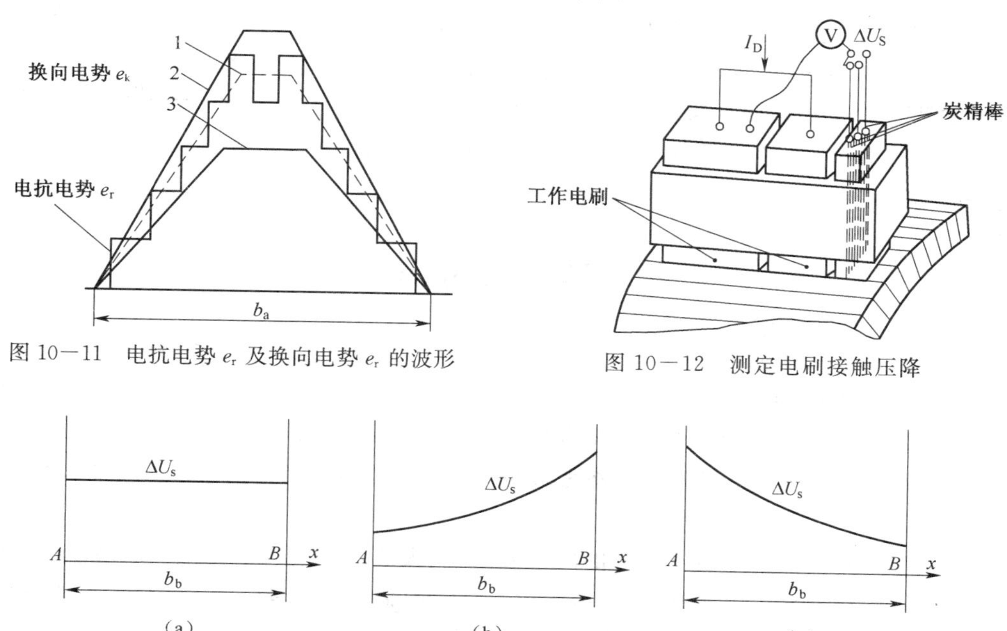

图 10—11　电抗电势 e_r 及换向电势 e_r 的波形

图 10—12　测定电刷接触压降

图 10—13　电刷电压降沿电刷宽度的分布曲线

换向元件对应于电刷宽度位置及换向时的环流 i_y 示于图 10—14 中。图中 b_b 为电刷宽度，A 点为后刷尖位置，B 点为前刷尖位置。从换向原理知道，如果是直线换向，则此时 $i_y=0$，

图 10—14 中电流 i_1 和 i_2 与电刷宽度 x 和 (b_b-x) 成正比，如图 10—15 所示。显然，此时沿电刷点的电流密度相等，沿电刷宽度方向的接触压降 ΔU_s 呈直线，如图 10—13(a) 所示，称为直线换向，也说明换向电势 e_k 与电抗电势 e_r 相互平衡，正确地补偿。

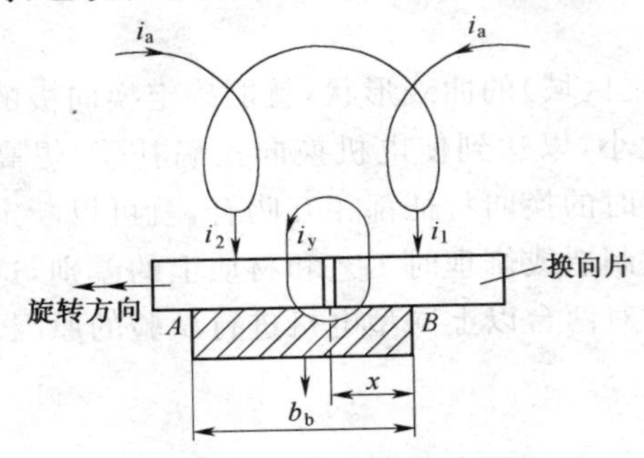

图 10—14　换向元件的环流

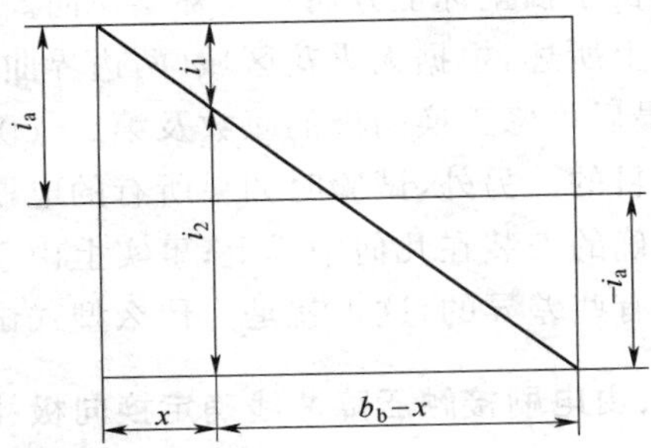

图 10—15　直线换向时电流的变化

如果是延迟换向，则电抗电势 e_r 产生的环流永远阻止 i_1 的增长和 i_2 的减少，如图 10—16 所示。此时前刷尖 B 的电流密度小于后刷尖 A 的电流密度，所以沿电刷宽度的电压降 ΔU_s 按图 10—13(b) 分布，是为延迟换向情况，也即电抗电势 e_r 大于换向电势 e_k 的欠补偿情况。

同理，当超前换向时，沿电刷宽度的电压降 ΔU_s 曲线则按图 10—13(c) 的分布曲线，即换向电势 e_k 大于电抗电势 e_r 的过补偿情况。

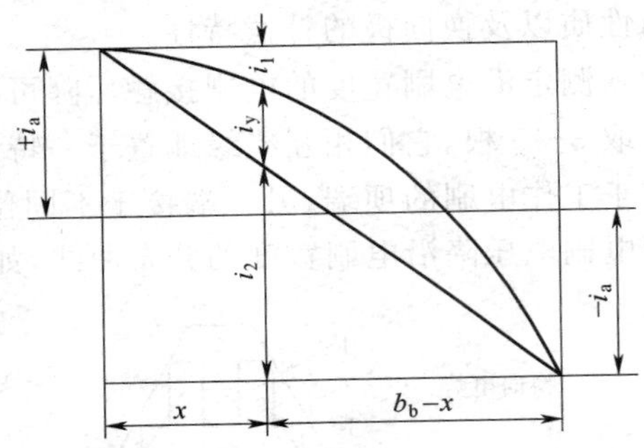

图 10—16　延迟换向时电流的变化

综上所述，利用沿电刷宽度电刷接触压降曲线的形状也可测定换向极的补偿特性，但是往往由于炭精棒及工作电刷的接触压力不均匀，加上电机的旋转与振动，给测量 ΔU_s 曲线带来一定的误差和困难，也不如测定无火花换向区域方法来得更直观、准确。因此目前均已广泛地应用测定无火花区来确定换向极的补偿品质。

第五节　温升试验

在本章第一节中我们对温升试验的内容、要求及其标准作了扼要的叙述。温升试验不仅可以检查电机制造和装配的工艺质量，而且可以核定电机的小时和连续定额是否合乎设计要求。通过温升试验，我们可以发现电机各部分电磁结构参数以及通风冷却方式是否合适，从而为改进电机设计和制造提供参考数据。下面我们将较详细地讲述温升的测量及其试验方法。

温升试验主要是检查牵引电动机的电枢绕组、主极绕组、补偿绕组、换向级绕组、换向器及轴承等部件的发热情况。由于这些部件所处位置不同，温升的测量方法也各异，上述各部件的温度通常采用电阻法或用温度计来测定，即对于换向器、轴承和机壳等用各种温度计进行测量，而各绕组的温度则采用测量电阻的方法来确定，因为金属导体的电阻随温度的变化而改变，并可用下式表示，即

$$R_H=R_0[1+\alpha_t(t_H-t_0)] \tag{10—10}$$

式中　R_H——导体的热电阻；

R_0——导体的冷电阻；

t_H——导体发热时的温度；

t_0——测定电阻 R_0 时的温度；

α_t——温度系数。

对于铜导体 $\alpha_t=\dfrac{1}{235+t_0}$；以 α_t 值代入式(10－10)，得

$$R_H=R_0\left(1+\frac{t_H-t_0}{235+t_0}\right)$$

由此可以求出绕组的温度

$$t_H=\frac{R_H-R_0}{R_0}(235+t_0)+t_0 \tag{10-11}$$

或

$$t_H-t_0=\frac{R_H-R_0}{R_0}(235+t_0)$$

而 t_H-t_0 即为绕组的温升，以 θ 代之得

$$\theta=t_H-t_0=\frac{R_H-R_0}{R_0}(235+t_0) \tag{10-12}$$

如在试验前开始测得冷电阻 R_0，此时绕组的温度为周围空气温度，电机在运转后测得热电阻 R_H，按式(10－12)即可算出电机在热状态下对冷却空气之温升 θ。

利用电阻温度系数测量出的温升为铜绕组的平均温升，并不能反应绕组最热点的温升，绕组绝缘的寿命是根据最高温度来确定的，因此在我国“电机基本标准”中规定，对于大容量或铁芯长度 1 m 以上的电机，须采用埋置热发送器(检温计)测出绕组最热点的温度，而对于目前用于机车车辆的牵引电动机来说，由于轨距限制，其铁芯长度一般很少长于 0.45 m，其最热点与平均温度相差甚少，除仅在一些特殊研究中采用埋置热发送器测得最高温度方法外，目前均普遍采用测量绕组平均温升方法作为鉴定电机绕组发热的标准。

绕组电阻的测量可以用电桥测量，也可用伏安计法测量，在试验台上后者比较方便适用，得到广泛的采用。但是如用伏安计法测量电阻时，必须保证伏安计的引线和绕组出端的接触良好，以免因接触电阻引起误差，同时伏安计的内阻应选择得尽可能大，测量的仪表精度不应低于 1 级。总之所有测量小电阻时的一切规则都必须严格遵守，因为在测量时只要很小的误差，对于牵引电动机极小的电阻来说，都将是很可观的。

另外，在进行温升试验时，还要对冷却空气的温度进行测定。此时对于自通风电机，其周围空气的温度可用几只温度计分布在电机四周进行测定。温度计应安置在距电机 1～2 m 处，液球部所处的位置约为电机高度的一半，应不受外来辐射热及气流的影响；对于强迫通风的电机，应在电机的进风口测量冷却空气的温度。又由于大型电机的温度不能随冷却空气的变化而迅速地相应变化，应采取适当的措施以减少这些变化引起的误差；冷却空气的温度值也应采用试验过程中最后 1 h(对小时定额其温度即以温升试验 1 h)内几个相等时间间隔温度计读数的平均值。

在上述准备工作做好后，即可按图 10－2 所示的反馈线路进行温升试验，在整个试验过程

中，对于强迫通风电机应保持额定通风量不变，起动电机并调受试电机 D 至要求的负载值，在第一分钟时即用伏安计法在工作电流下核对定子绕组的电阻，此时要测量有关电流及各绕组的电压降数值，并记下各温度指示器所示的温度；由于在试验前已测下各绕组的冷电阻值，此后再测量其运转时的发热电阻值即可按式(10－11)算出各个时期中的温度 t_H，或按式(10－12)算出对于冷却空气的温升 θ。如在试验过程中，空气温度由 t_0 变为 t'_0 则应按下式(10－13)予以修正，即

$$\theta=\frac{R_H-R_0}{R_0}(235+t_0)+(t_0-t'_0) \tag{10－13}$$

在做小时温升试验时，最好每隔 10～15 min 测量一次，在做连续定额温升试验时，电阻的测量在开始时也是每隔 10～15 min 测量一次，当温升上升缓慢后，可以每隔半小时测量一次，直到电机各部达到实际稳定温度时为止，此实际稳定温度系指：电机各部分的温度在 1 h 内的变化不超过 1 ℃时，则此时的温度即称为电机各部分实际稳定温度。图 10－17 所示为主极绕组和换向极绕组温升曲线的形状。

一般在连续定额电流下，电机绕组的温升要 3 h 左右才达到稳定温升，为了节省时间，绕组的稳定温升可按下面的图解法求取。

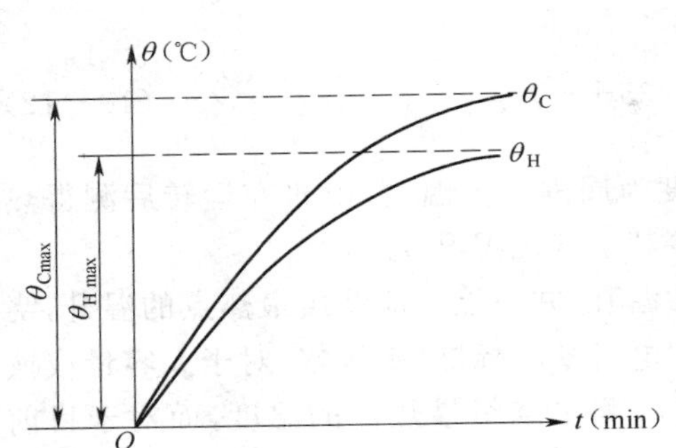

图 10－17　主极绕组和换向极绕组温开曲线

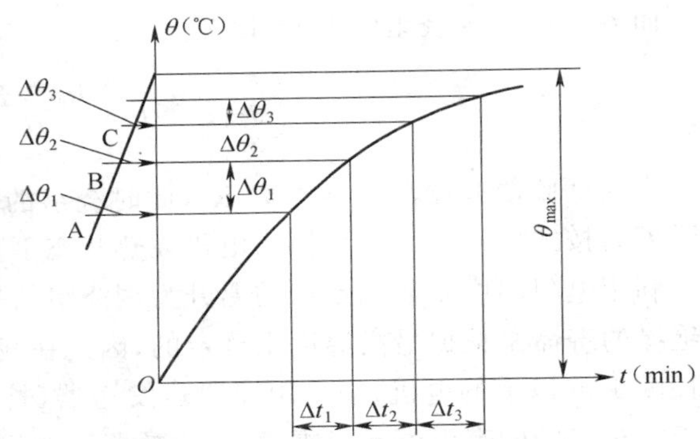

图 10－18　温升的图解求取稳定

当电机温度达到预料的稳定温度的 85%～95%时即停止试验，根据试验记录可画出一段温升曲线，如图 10－18 所示，通过各个相等的时间间隔(即 $\Delta t_1=\Delta t_2=\Delta t_3$)所量取的温升 $\Delta\theta$ 的增量，定出纵坐标各点，并在横坐标上截取相应的 $\Delta\theta$ 线段如 A、B、C 诸点，再将连结这些点的直线延长，和纵轴相交点即为所求温升终值，即该绕组的稳定温升 θ_{max}。

如前所述，电机定子部分的主极、换向极及补偿绕组的温升曲线，在电机运行中可用伏安法直接求取它们的热电阻而换算出来。至于电枢绕组，因为它是旋转体，为了要得到它的温升曲线，必须在一定时间间隔内将电机停下来，以便测取它的电阻，这时为了不致使换向器和电枢绕组冷却，必须尽快地在 1 min 内测完，为了急速的制停电机，可以在去除电源 U_1 后增加升压机的励磁；同时立即停止通风空气。在测量结束后应很快地起动电机，并迅速恢复原来的工作状态。这里还需指出，当用电阻法测量电枢绕组冷态和热态电阻时，每次都应在相同的两换向片上进行，这两片间所相隔换向片数应为每极换向片数的 1/2～2/3 之间，测量时各次通入的电枢电流值最好相等，以不大于额定电流的 20%为宜。

如果要精确地测量电枢绕组的最高温升，在停机后应延续测量 15 min，共取 4～5 个读数，头三个读数应在停机后每隔 45～60 s 读取一次，从这些测量所得的结果，就能画出电枢的

冷却曲线，如图10—19所示，将曲线延长和纵轴相交，就能测定在电流开断瞬间电枢绕组的温升。

同样，换向器的温升是在停机后用较灵敏的表面温度计或点温计测量，并按图10—19所示用冷却曲线的方法求取换向器的最大温升数值。

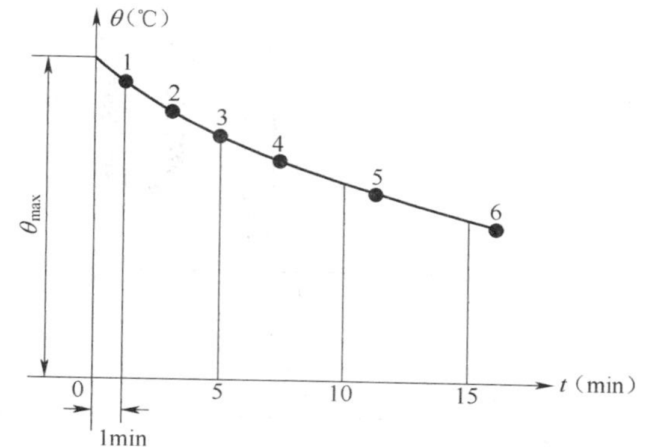

图10—19　电枢的冷却曲线及最高温升的求取

当用温度计测量机壳和轴承的温升时，机壳温度计放置于机壳顶部和侧面，轴承温度计则粘牢于前后轴承盖上，最好用油灰裹住温度计的液球，并牢固地粘在所测部位，一方面紧紧接触被测部位的表面，另一方面可减少温度计向冷却空气泄漏热量；同时应注意，在其他受交变磁场影响的位置不能用水银温度计，以免引起测量误差。装置好温度计后就可和其他部件的温度测量一样，于相同的间隔时间内读取各温度计的数值，从而作出机壳和轴承的温升曲线。

最后，对于脉流牵引电动机的温升试验，必须在规定的脉动系数的脉流下进行，其试验方法与温升标准和直流牵引电动机相同，这里就不再叙述了。

第六节　通风试验

牵引电动机的通风效能对其工作能力的影响很大，因为在很大程度上牵引电动机的连续定额功率依赖于通风冷却的效果。通常我们采用通风系数(连续定额功率对小时定额功率的百分比)来衡量通风作用的强度，显然，通风的效能不仅取决于冷却空气量Q的大小，而且与冷却空气吹拂发热体表面的速度以及电机风道结构有关；尽管在设计电机时对电机通风量以及内部各风道的分配比作了选择和估算，但是由于气体动力过程复杂，通风系统真实特性只能用试验的方法来检查。

从整台机车的牵引电动机通风系统的比较中可知，自通风式牵引电动机具有简化辅助设备、减少噪音和便于维护等优点，并在一些机车上也得到了采用，但是自通风式电机不能连续长期地运行于低速重载情况，即影响了机车的过载能力，因而目前机车上仍广泛地采用具有强迫通风的牵引电动机，在本节中我们仅讲述强迫通风电机的通风试验方法。

在型式试验项目中，规定了牵引电动机的通风试验必须测定换向器室内空气静压力H_j与通风空气量Q的关系，即$H_j=f(Q)$曲线；一方面检验新设计制造的牵引电动机的通风特性是否满足设计要求，另一方面在以后做运行试验时，只要测量出电机在同一位置处的静压力H_j，就可方便地得知通入电动机的通风空气量Q。

测量通风管道的空气动力特性，通常采用U形水测压计，这时的空气压力用毫米水柱表示，表示每平方米上气体压力的公斤数值。如图10—20所示，在被测定的空间5装置金属管1，该管有两个不同的端头，当测量通风道的静压力H_j时，装上图10—20(a)所示的端头，该端头是密封的，仅沿着侧面按螺旋形钻有直径1 mm的若干个小孔2，然后在管子外端以胶皮管3连接到压力计4上，这个压力计就指示出了该空间的静压力H_j。

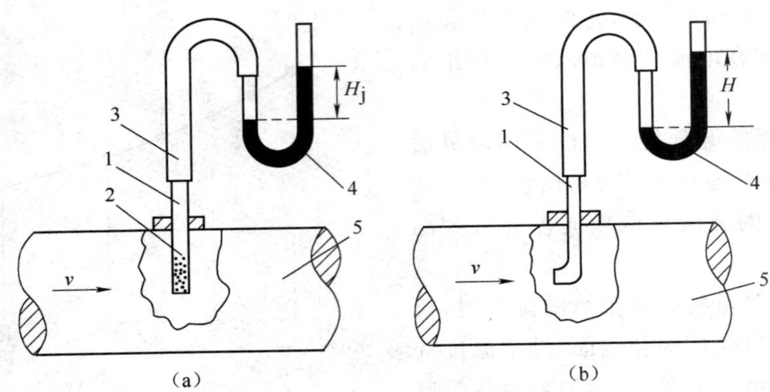

图 10—20　采用 U 形水测压计测量通风管道空气动力特性

1—金属管；2—小孔；3—胶管；4—压力计；5—被测空间

如果测量全压力 H 时，则将金属管 1 换成如图 10—20(b)所示的端头，该端头是开通的，此时将端头对准气流放在通风道中，压力计 4 上显示的毫米水注即代表了通风空气的全压力 H，根据全压力和静压力之差，就能测定通风系统的气体动力特性，基于这个原理制成了可以分别测量通风道中静压力、全压力和动压力的测压管(一般称为皮托管，如图 10—21 所示)，该管有两个管道，中央管道 1 的一端有一个开孔 2，对准气流而放置；外管道 3 在对准气流的顶端是密闭的，在它的圆周表面上钻有细孔 4。如将气压计接到外管道 3 上，则所显示的是风道内气流的静压力 H_j，内孔道 2 测出的不仅是静压力 H_j，也包括了动压力 H_d，即测出的是全压力 H

$$H=H_d+H_j \tag{10—14}$$

如将内、外孔端头与气压计联接起来，则液面之差即等于动压力 H_d

$$H_d=H-H_j$$

上述各种连接法均示于图 10—22(a)及(b)中。

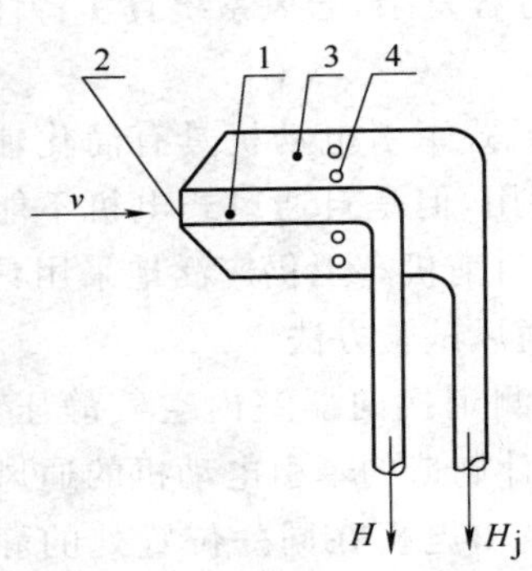

图 10—21　测压管

1—中央管道；2—孔；3—外管道；4—细孔

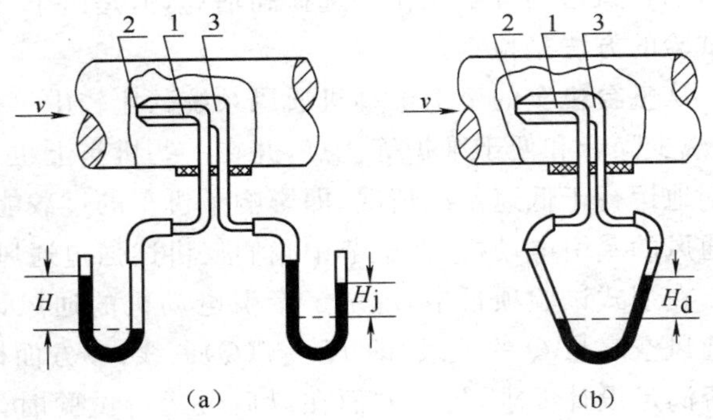

图 10—22

1—中央管道；2—孔；3—外管道

通风空气在动压头 H_d 的作用下以速度 v 流动，有

$$H_d=\gamma\frac{v^2}{2g} \tag{10—15}$$

式中　v——空气的运动速度，m/s；

g——重力加速度，等于 9.81 m/s^2；

γ——空气的密度，在标准状态下为 1.29 kg/m^3，在一般情况下取 1.2 kg/m^3。

因此可以决定空气运动的速度 v 为

$$v=\sqrt{\frac{2g}{\gamma}H_d} \tag{10-16}$$

如果测量压力 H_d 处的导管的截面 S 为已知，则送入的空气量 Q 可求出如下

$$Q=Sv=S\sqrt{\frac{2g}{\gamma}H_d} \tag{10-17}$$

式中 S 为空气导管的截面积(m^2)，此截面积的选择最好从测量压力时最有利的条件去考虑，该压力是由空气的运动速度决定的，图 10－23 提供了选择通风空气管道直径的参考尺寸，此直径 D_T 与单位时间内输入的空气量 Q 有关。

由于空气沿管道不同点的流速并不完全相等，因此应沿管道的直径对动压力 H_d 作多次测量，而按下式计算其平均值作为计算动压力，即

$$H_d=\left(\frac{\sqrt{H_{d1}}+\sqrt{H_{d2}}+\cdots\sqrt{H_{dn}}}{n}\right)^2 \tag{10-17}$$

式中 H_{d1}，…，H_{dn} 为在第 1～n 个位置所测得的动压力，n 为测量位置的总数。

在求得 H_d 之后，可按式(10－16)及(10－10)算出通风空气的流速 v 及空气量 Q。对于直径 D_T＝380 mm 的管道测量点如图 10－24 所示。

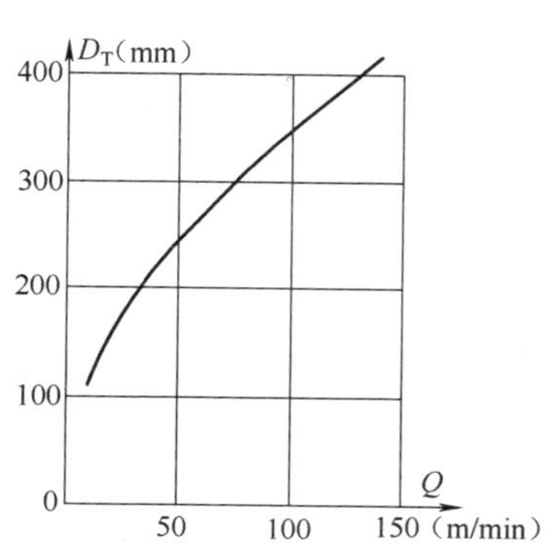

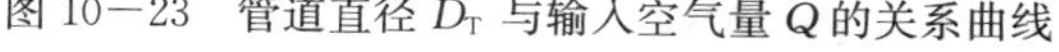

图 10－23　管道直径 D_T 与输入空气量 Q 的关系曲线

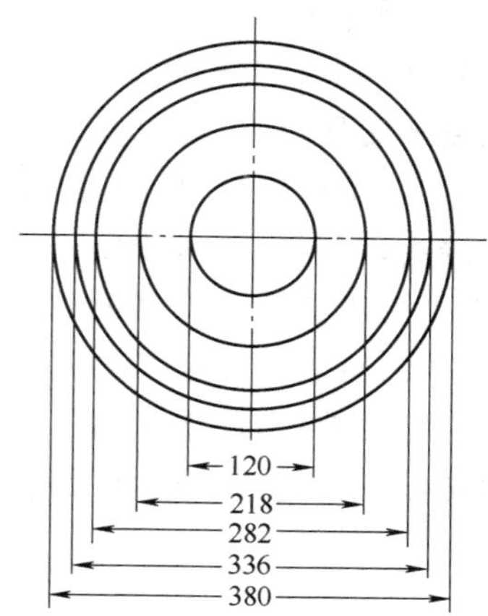

图 10－24　直径 D_T＝380 mm 的管道测量点

由中心算起各测量点处的半径：第一环 R_1＝60 mm；第二环 R_2＝109 mm；第三环 R_3＝141 mm；第四环 R_4＝168 mm；第五环 R_5＝190 mm。

在测量换向器室内空气静压力 H_j 时，需要在换向器的检查盖上开一小孔，将 U 形管插入孔内，并连接到气压计上，这样就可以测得换向器室中的静压力 H_j，只要调节输入电机的风量 Q(改变风门大小或改变鼓风机的转速)，就可以测出 $H_j=f(Q)$ 曲线。图 10－25 所示为我国 ZQDR-410 型直流牵引电动机的 $H_j=f(Q)$ 曲线。

为了保证有平行的气流及消除涡流起见，试验时引入电机的通风圆管道其直线长度 l_T 不

能小于管道直径 D_T 的 7～10 倍，如图 10－26 所示。

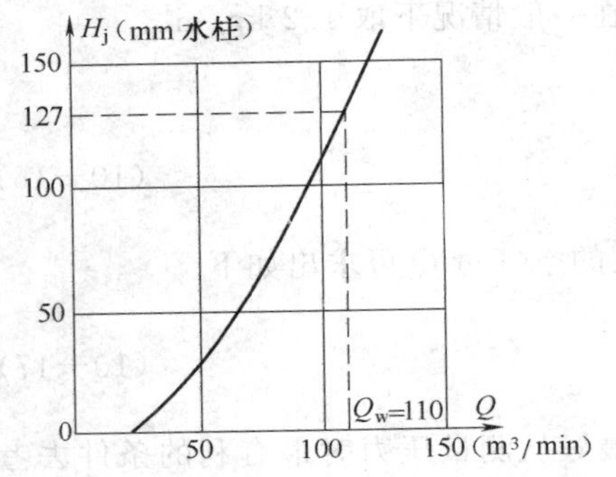

图 10－25　ZQDR－410 型直流牵引电动机的 $H_i = f(Q)$ 曲线

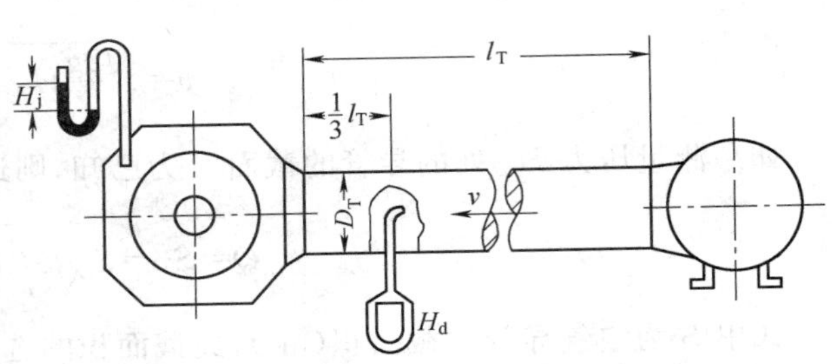

图 10－26　电机试验时的通风管理装置

在通风试验中不仅要测出换向器室内 $H_j = f(Q)$ 的特性，而且应与温升试验结合起来以便核对原设计的通风量 Q 是否满足电机的要求，这时应在连续定额电流 I_C 下，通入电机不同的风量 Q，测出电机的各部温升。一个正确的 Q 值应该是：当比 Q 值减少时会导致电机各部件温升的急剧增加，而当比 Q 值增大时并未产生明显的通风效果，则此时的 Q 值是设计得合理的。图 10－27 所示为当电机温升为某一恒值时的 $H_j = f(I_C)$ 曲线，由此可以看出，用增大通风强度的方法(即增加 Q 以增大 H_j)，可以提高电机的连续定额电流 I_C，但是这个方法仅是在达到某一限度以前显得有利，超过该限度则 H_j 值以及如图 10－25 的 Q 值将增大到不可接受的程度，此时通风机的容量远远超出了一般范围。

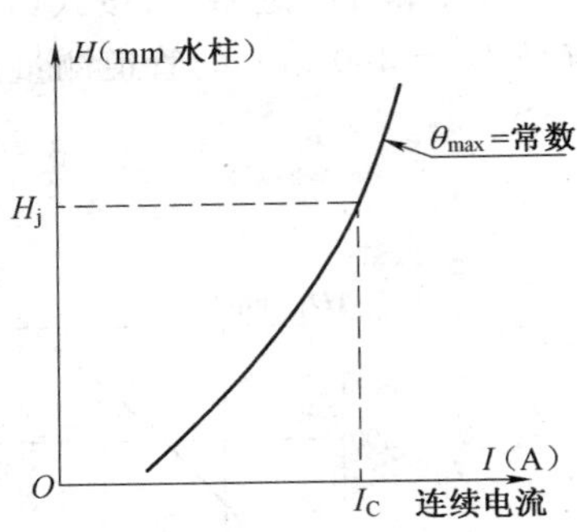

图 10－27　当电机温升为某一恒值时的 $H_j = f(I_C)$ 曲线

如果要进一步研究电机的通风道特性，检查电机各部分风道的风量分配是否合适，除了间接地从观察电机各部件温升来估量外，还应在相应的机座位置钻孔，以便置入水测压计的金属管端头，分别直接测出定子磁极绕组空间以及电机的空气量，再由总风量减去上述两部分则得出电枢轴向通风道的空气量，从试验中得出这些通风道的空气量分配比后，即可进一步改进电机结构，使电机每一部件的温升都能达到最高的利用程度，这些测试方法及其原理均与上述相同，不再一一叙述。

第七节　脉流牵引电动机的试验

目前，脉流牵引电动机已成为铁路牵引动力的重要型式，这里我们将对其试验线路及试验方法作一介绍。该类型电机的检查试验与型式试验的项目及要求和直流牵引电动机基本上是相同的，但是由于工作电源性质不同，特别是对于由可控硅供馈的脉流牵引电动机进行斩波调速的脉流牵引电动机，其供馈电压乃至电流都具有较复杂的高次谐波，因此对于一些试验项目如：速率特性、换向试验等不仅要在直流工况下进行，而且还要在脉流工况下进行试验，而对于温升试验及效率的测定按我国的规定，必须在相当于运用条件下的脉动电流进行试验。现将

该类电机试验的有关问题简述如下。

一、脉流牵引电动机的试验线路

1. 直接负载试验线路

在本章第二节中我们曾提到由于这种线路耗费巨大的电能并需要大功率的电源设备，在直流牵引电动机的试验中已不予采用，但对于脉流牵引电动机来说，直接负载线路较其他反馈试验线路更接近真实运动情况，调试方法也较为简便，因此在需要详细分析脉流牵引电动机的特性与参数时，目前仍采用直接负载试验线路，其原理电路如图 10－28 所示。

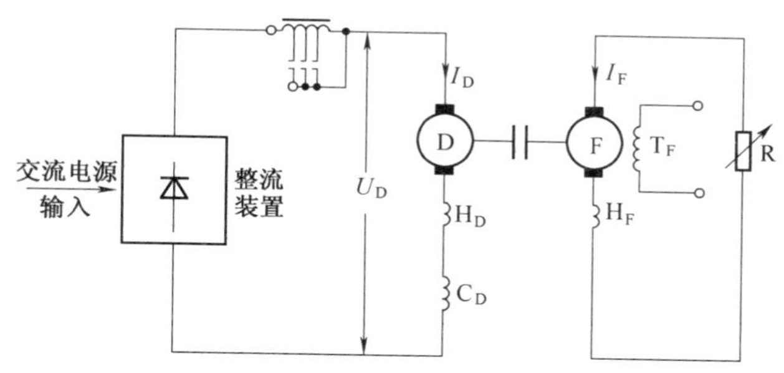

图 10－28　直接负载的试验线路

图中输入的交流电源可以是有级调节的单相变压器（对应于图中不可控硅整流装置），这时受试电动机 D 的端电压则由变压器相应的调节级决定，电流脉动系数 k_i 的大小由带抽头调节的铁芯电抗器 L 进行调节，其负载发电机可以是同类型的另一台电动机，也可以是试验台用发电机或制动发电机，此时发电机 F 采用直流他激方式，并以可变负载电阻或试验台的一台适当的电机作为其负载。

如整流装置为半控桥或全控桥可控硅整流装置，则输入的交流电源为一不带抽头的固定单相变压器或三相变压器即可，这时电动机 D 的端电压由可控硅的导通角大小而定，电流脉动系数由铁芯电抗器 L 的抽头调节。

试验时电机 D 在某一端压下，只要调节可变电阻 R（通常采用水电阻）或改变发电机 F 的励磁电流，即可方便地进行负载调节。由于受试电动机 D 的电源性质（电压与电流）与运行中完全一致，因而试验数据符合实际并且易于计算其效率。

2. 具有升压机电源的反馈试验线路

这种反馈线路如图 10－29 所示。图中采用硅整流装置代替直流牵引电动机的反馈试验线路中的升压发电机，它们可以是不可控硅整流装置（如图 SR_1 及 SR_2），也可以是可控硅整流装置，视受试电机 D 在机车上的工况而定，这两个整流装置输入的交流电源也应与机车上实际工作状态一致，可以是单相或三相交流电源。同样，电流脉动系数 k_i 通过抽头电抗器 L 进行调节，其工作原理与直流牵引电动机的反馈线路基本是一样的，这里不再重复。显然，采用这种线路可以对受试电机 D 进行检查试验和型式试验规定的各个项目，但是由于受试电机 D 与陪试电机 F 的平均电流及其脉动电流大小均不相等，磁特性与杂散附加损耗均不相同，因而采用这种线路难以精确测定其损耗数值与效率。

从图 10－29 中，硅整流装置 SR_1 的输出电压应能达受试电机 D 额定电压的 1.2 倍，因此是一个高电压装置，在一些厂、段中由于并不需要对电机作整套的型式试验项目，也可采用发电机 F 改为他励取消高压硅整流装置 SR_1 的反馈试验线路，如图 10－30 所示。

这种线路和前述直流牵引电动机采用他励的反馈线路是相同的，其脉流的获得是采用硅整流装置 SR 取代直流升压发电机，受试电机 D 的恒定端压必须通过 T_F 及 SR 的同时调节方能达到。其调节较为困难，其损耗与效率也难以测定。

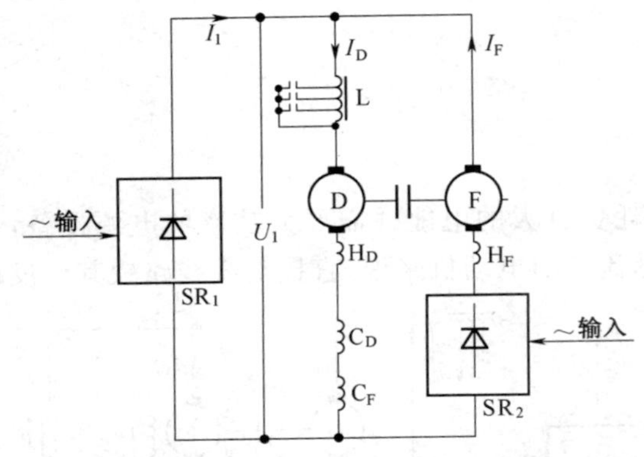

图 10—29　具有升压机电源的反馈试验线路图

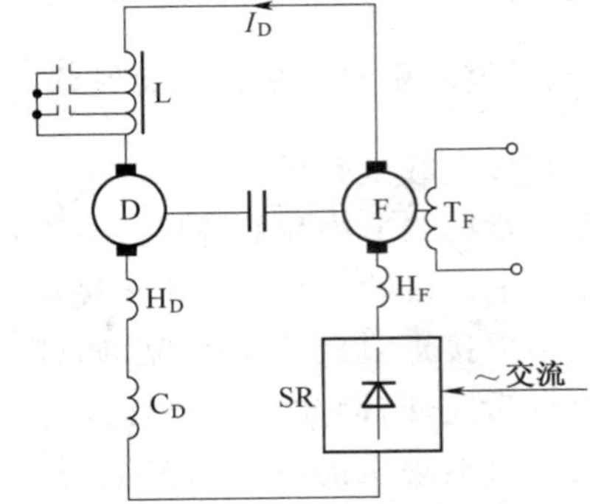

图 10—30　发电机为他励的反馈试验线路

3. 采用叠加法的反馈试验线路

在脉流牵引电动机的工作原理一章中，我们曾提到在实际运行中脉流电机的电源主要是直流分量和频率为电网频率 2 倍的交流分量，特别是对于不可控整流电压下工作的脉流牵引电动机，其余高次谐波的影响是很小的。所以只要在直流试验线路的基础上叠加一个频率为 100 Hz 的交流电源，即可对受试电机 D 进行模拟实际电源的试验，其线路原理图如图 10—31 所示。

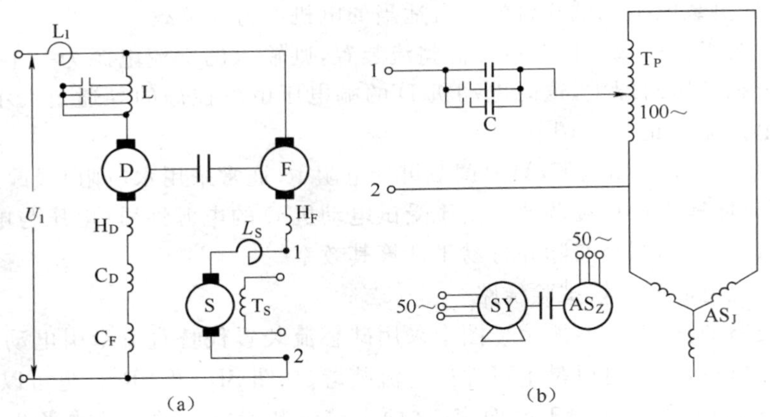

图 10—31　采用叠加法的试验线路

图 10—31(a)中除了加入调节受试电机 D 和电源支路的电流脉动系数 k_i 的电抗 L 和 L_1 以及在升压机 S 支路内串入塞流电抗器 L_s 及 L_1 外，与直流牵引电动机的反馈试验线路完全相同，其 U_1 仍为高压的直流电源。100 Hz 交流电源分量的加入则由图 10—31(b)图来实现，其中 SY 为三相同步电动机，AS_Z 为三相绕线式感应电动机的转子，AS_J 为其定子。如在 AS_Z 中供馈 50 Hz 的交流电，则转子在静止状态时，其定子 AS_J 的三相绕组也感应出相应的50 Hz 的交流电。当同步电动机 SY 以同步速率拖动三相感应电动机的转子 AS_Z 并使其沿转子 AS_Z 的旋转磁场方向转动时，则在感应电动机的定子 AS_J 三相绕组中将感应出100 Hz的交流电，这时我们只要将 AS_J 的两相接入调压器 T_p，通过调节 T_p 即可在 1、2 端头得到所需要的 100 Hz电压数值，图(b)中电容器 C 是起到隔直流的作用，使直流电源不致进入调压器 T_p。

试验时我们只要调节升压机 S 的励磁即可改变受试电机 D 的负载，调节调压器 T_p 及铁芯电抗器 L 抽头即可改变受试电机 D 的交流分量，线路的调试是简便的。叠加法线路虽属模拟性质的，但对于一些不需要精测数值（如损耗、效率等）的性能试验已能满足要求，在专门研究 100 Hz 交流分量对脉流牵引电动机的性能影响时，此线路的优点是显然的。上面我们简述了常用的脉流试验线路，还有一些线路其原理基本相同，这里不再叙述。

二、脉流牵引电动机效率的测定

按照规定，脉流牵引电动机型式试验的一些项目如温升、换向和特性试验应在脉流下进行，其原因是这些试验在直流与脉流下其试验结果是不相同的，仅当在检查试验时，对于同一型号的电机，如这些项目在直流和脉流下的差别已由型式试验确定，则允许仅在直流下进行试验，其脉流工况下的结果可由已知差别中查出。

关于脉流工况下的温升、换向与特性试验，其方法标准与直流工况相同，仅对于无火花换向区的测定通常仍在直流工况下进行，其原因是脉流牵引电动机的换向首先必须保证在不同的直流工况下电机有满意的换向，另外当对换向极进行直流或脉流加馈时，换向极下换向元件的各种交流分量的数值与相位难以做到与实际吻合而失去意义。下面我们将简述脉流工况下效率的测定方法。

如前所述，效率的精确测定最好采用图 10－28 的直接负载试验线路，为了测量输入受试电动机 D 的脉动电流交流分量的功率 P_a，我们可采用图 10－32 所示测量电路。

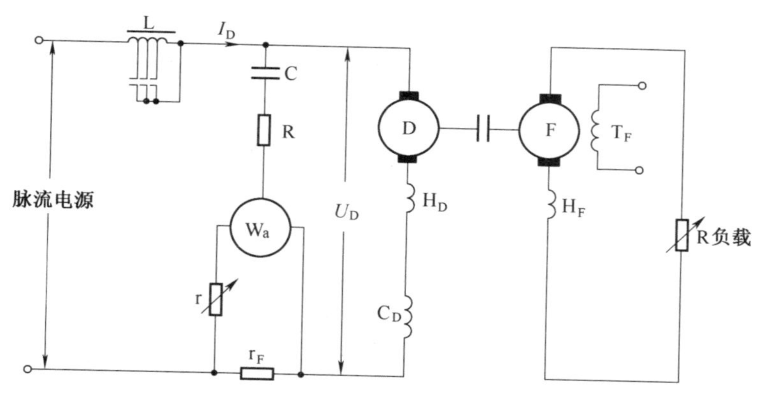

图 10－32　测量脉动电流交流分量功率 P_a 的线路

按图 10－32 所示的试验线路，我们令 U_D、I_D 为电动机端电压及电流的平均值，则

$$P_D=U_D T_D+P_a \tag{10－18}$$

P_D 为电动机 D 的输入功率。并令 P_d 及 η_d 为电动机 D 在直流运行时测得的损耗和效率，P_m 及 η_m 为脉流工况下电机的损耗和效率，并假设输入的交流分量功率 P_a 不产生转矩，全部变为损耗，则得

$$P_m=P_d+P_a \tag{10－19}$$

由式(10－18)及式(10－19)可得电动机 D 的效率 η_m 为

$$\eta_m=\frac{P_D-P_m}{P_D}=\frac{U_D I_D+P_a-(P_d+P_a)}{U_D I_D+P_a}$$

或

$$\eta_m = \frac{\eta_d}{1+\frac{P_a}{U_D I_D}} \tag{10-20}$$

在直流工况下已测出效率 η_d，当 P_a 测出后则脉流下的效率 η_m 即可按式(10－20)求出。

图 10－32 中 P_a 的测量系采用一个标准瓦特表 W_a，其电流回路附加一个电阻 r，以使流过瓦特表的电流降至一个适当的数值，此 r 值选择应足够大使瓦特表回路总电阻(包括 r)在 200 Hz 以下为一高阻抗。其电压回路附加一隔直流的电容 C，C 值也应足够大，使在 200 Hz 以下的阻抗比回路阻抗要小以致可忽略不计。r_F 为一特殊分流器，当电动机的电流流过分流器 r_F 时所产生的压降，应大于瓦特表流过满量程的压降。平均电压 U_D 及平均电流 I_D 则用精度不小于 1 级的磁电式仪表进行测量。

另外还应指出，对于脉动电源特别是可控硅输出或通过斩波器后输出的电压和电流，它们的交流分量的有效值及电功率的测量是十分复杂的，一般简单的直测仪表已难完成测量任务，通常在静态下可借助于波形分析仪测出各次谐波分量进行计算，在动态下则仅有借助于示波器拍照的方法进行分析计算。

第八节　交流异步牵引电动机的试验

一、交流牵引电动机的试验内容

在电机生产制造过程中，电机试验主要分为半成品试验及成品试验两个阶段。

半成品试验主要是针对电工元件的试验。如绕组的匝间耐电压试验、三相绕组定子的三相电流平衡试验、定子及绕线转子绕组介电强度试验以及铸铝转子的质量检查等。

成品试验则是对组装成整机后的电机进行的部分或全部的性能试验。根据 IEC 60349—2 和 GB 1032—2005，交流牵引电机成品试验又分为型式试验和检查试验两大类。

(一)检查试验

检查试验一般称为出厂试验。它是在该类电机定型批量生产时，对每台组装为成品的电机进行的部分性能简单的检查。检查的项目中，有的能够直观地反映出被试电机的某些性能，如耐电压、绝缘电阻、噪声振动等；有的则不能直接反映出被试电机的性能，而只能在与合格样机相应的试验参数相比较后，才能粗略判断被试电机是否符合要求，如用空载电流、堵转电流、空载损耗和堵转损耗来判定异步电动机的功率因数及效率等性能指标水平。

1. 电动机外观检查及外形安装尺寸检测

(1)按图检查电动机的外形及安装尺寸；

(2)转动转子，检查轴承转动是否灵活以及是否有不正常声响；

(3)检查接线是否牢靠；

(4)检查所有紧固零件是否已经安装到位；

(5)检查铭牌数据是否正确；

(6)检查电机相序是否正确。

2. 定子绕组直流电阻的测量

用温度计测定子绕组温度。试验前电机应在室内放置一段时间，用温度计测量定子绕组

端部表面的温度。当所测温度与环境空气温度之差不超过 4 K 时，将所测值作为实际冷状态下的绕组温度。测量时，采用双臂电桥在实际冷状态下测量（当采用自动检测装置或数字微欧计等仪表测量绕组端电阻时，通过被测绕组的试验电流应不超过其正常运行时电流的 10%，通电时间不应超过 1 min。若电阻小于 0.01 Ω，则通过被测绕组的电流不宜太小），每一电阻测量 3 次，每次读数与 3 次读数的平均值之差应在平均值的 0.5% 范围内，取其平均值作为电阻的实际值。测量时，电动机的转子静止不动。定子绕组端电阻应在电机的出线端上测量。

如果各线端间的电阻值与三个线端电阻的平均值之差，对星形接法的绕组，不大于平均值的 2%，对三角形接法的绕组，不大于平均值的 1.5%，则相电阻按照相关公式计算。

例行试验时，每一电阻可仅测量一次。

3. 堵转试验

在电机接近实际冷态下进行试验，给电机施加工频堵转电压（该电压在头 2 台电机进行试验时确定，为堵转时电机达到额定电流时的电压值），记录堵转时的电压、电流和电功率。堵转电流典型值为头 4 台电机的平均值，偏差±5%。堵转电流设计值为电机的额定电流。

4. 空载试验

给电机施加工频额定电压空载运行。测量前，电动机应空载运行一段时间，读取并记录试验数据之前输入功率应稳定，输入功率相隔半个小时的两个读数之差应不大于前一个读数的 3%。然后测量空载输入功率和空载电流，空载电流典型值为头 4 台电机的平均值，偏差±10%。

5. 绝缘电阻的测量

电机空载试验或温升试验后应立即用 1 000 V 兆欧表测量定子绕组热态绝缘电阻。如各相绕组的始末端均引出机壳外，则应分别测量每相绕组对机壳及其相互间的绝缘电阻；如三相绕组已在电动机内部连接仅引出三个出线端时，则测量所有绕组对机壳的绝缘电阻。测量后，应将绕组对地放电。

6. 耐压试验

电动机热态时，定子绕组对机座应按表 10—4 施加电压，历时 1 min，而不发生闪络、绝缘击穿。

表 10—4　电机耐压试验标准

绕组	试验电压	
所有绕组	交流试验	$2\times U_{dc}+1\ 000$，或 $2\times U_{rp}/\sqrt{2}+1\ 000$，或 $U_{rpb}/\sqrt{2}+1000$
	直流试验	$3.4\times U_{dc}+1\ 700$，或 $2.4\times U_{rp}+1\ 700$，或 $1.2\times U_{rpb}+1\ 700$

注：U_{dc}——接触系统处于最大电压、电机处于运行状态时，施加到中间直流环节的最大对地平均电压。

U_{rp}——接触系统处于最大电压、电机处于运行状态时，施加到电机绕组上的最大对地重复峰值电压。

U_{rpb}——电机制动时，电机绕组上会出现的最大对地重复峰值电压。

7. 振动试验

电机安装在试验台上，从 1 000 r/min 到最高转速（每增加 500 r/min，测量一次）测量振动速度。允许振动值：≤3.5 mm/s。

8.试验后检查

试验后将传动端端盖上的磁性螺塞取出，清洗干净，将润滑油排干，并检查磁性螺塞安装孔的清洁状况。

在非传动端安装好运输保护装置。

(二)型式试验

型式试验是指那些能够较准确地得到被试电机的有关性能参数的试验，也称鉴定试验。按照国家标准规定，下述情况下应进行型式试验。

1.新设计试制的产品；

2.经鉴定定型后小批量试投产的产品；

3.设计或工艺上的变更足以引起电机某些特性和参数发生变化的产品；

4.检查试验结果与以前进行的型式试验结果发生不可容许的偏差的产品；

5.产品自定型投产后的定期抽试。

总之，型式试验的目的是对该类型电机作一较详细的深入研究，以鉴定试验的结果与设计的数据是否相符，从而对改进电机的结构参数、工艺等提供试验数据，每次型式试验的电机不得少于2台，而且当电机大量生产时，每隔半年或定期再进行抽试。

对于交流牵引电机，其试验电源有以下要求：

1.变频器供电的型式试验。如果一台逆变器给一台电机供电，最好是采用在列车中给该电机供电的变频器来进行试验，也可以采用在波形和谐波组成与列车变频器的输出波形接近的电源；如果一台变频器给几台电机供电，则型式试验应该采用在波形和谐波组成与列车变频器的输出波形接近的电源。

2.工频电源供电的型式试验。这种型式试验为电机的特性提供一个参考，包括由厂家确定的额定参数的温升试验。电压值、频率、转矩、风量和测试持续时间可以根据厂家提供的值来确定，但是测试至少要持续1 h以上并且不能超过设备的额定值。

型式试验除了包括例行试验中所有试验之外，还包括下列试验内容：

1.冷却风量与静压的关系曲线。应在电动机的进风口处测量空气静压力头(风压)与通风空气量(风量)，并绘出这两个量之间对应关系的表格和曲线。测量方法按TB/T1704执行。

2.空载特性(冷态)。正弦波供电，在下述条件下测量输入电功率、电压与空载电流的关系曲线，测量每条曲线开始时和结束时的环境温度和绕组直流电阻(试验时按电流从大到小的顺序进行，如绕组电阻值显示绕组温度高于60 ℃，则电机须冷却到环境温度时再继续试验)：

3.堵转特性(冷态)试验。正弦波供电，在下述条件下测量输入电功率、电压与空载电流的关系曲线，测量每条曲线开始时和结束时的环境温度和绕组直流电阻(试验时按电流从大到小的顺序进行，如绕组电阻值显示绕组温度高于60 ℃，则电机须冷却到环境温度时再继续试验)。

4.温升试验。试验时应使电机处于额定工作状态。电动机采用强迫通风，对电动机温升有影响的所有电动机部件均应组装到位。

(1)温度测量

①定子绕组温度应该用电阻法测量；

②铁芯、轴承、鼠笼转子用电子温度计测量；

③进、出口冷却空气温度用温度计测量。

(2)电阻的测量

定子绕组热态电阻测量应在断电后 45 s 内测出定子绕组第一个电阻值并以此读数计算电动机的温升。每个绕组逐次测量的时间间隔，在最初 3 min 内应不超过 20 s，此后间隔30 s，试验结束时的定子绕组温升采用对数坐标的外推法求得。

(3)温升值计算

试验结束时的定子温升由下式确定：

$$温升=t_2-t_a=\frac{R_2}{R_1}(235+t_1)-(235+t_a)$$

式中　t_1——绕组的初始温度，℃；

t_a——试验结束时的冷却空气温度，℃；

t_2——试验结束时的绕组温度，℃；

R_1——温度为 t_1 时的绕组电阻，Ω；

R_2——试验结束时的绕组电阻，Ω。

试验时，如果冷却空气的温度在 10 ～40 ℃之间，测定的温升不必修正。如果冷却空气的温度在此范围之外，按下式予以修订：

$$修订温升=测量温升\times\left(1-\frac{t-25}{500}\right)$$

式中　t——试验时的冷却空气温度。

(4)温升限值

电动机强迫通风，冷却空气温度在 10 ～40 ℃之间的环境条件下，由 PWM 逆变器供电进行各种定额的温升试验，其温升值不超过表 10－5 规定。

当冷却空气温度在 10～40 ℃之外，则可对所测温升进行修正，修正后的温升值不应超过表 10－5 规定。

初始冷态电阻的测量应该采用和随后做热态电阻测量相同的仪表来完成。

正弦波供电采用与逆变器供电额定点等效损耗原则确定定额。

①正弦波供电持续温升试验

采用工频电源供电，给牵引电机施加电压，使其达到 50 Hz 条件下的额定输入功率。同时给电机通以额定通风量进行冷却。

②逆变器供电持续温升试验

采用逆变器供电，给牵引电机施加额定电压，使其输出额定负载转矩。同时给电机通以额定通风量进行冷却。

表 10－5　连续以及其他额定的温升限值

电动机部件	测量方法	绝缘等级					
		B	F	H	200	220	250
定子绕组 同步电机的旋转励磁绕组	电阻法	130 K	155 K	180 K	200 K	220 K	250 K
滑环	电子温度计法	120 K	120 K	120 K	120 K	120 K	120 K
鼠笼型转子和阻尼绕组	温升不应危及邻近绕组或其他部件						

(5)短时过载试验

如果需要进行短时过载试验，则要按以下方法进行一个以上的试验加以确认。

表10－6给出短时过载试验开始和结束时的温升。短时过载试验应该在温升试验结束后进行，通过连续绘制关键线圈的冷却曲线，并将曲线外推到离上一次测量不超过5 min的时间，如果温升能够达到表10－6所给开始温度，就开始短时过载试验。试验时，应该给正常通风的电机加上指定负载，持续规定的时间，并测量相关部位温升。

如果测量的温升与表10－6所给最终值相差在20 K之内，则可以通过调整额定电流或者试验持续时间来达到表10－6所给的温升值。如果测量的温升与表10－6的温升值相差超过20 K，那么这个试验应该用修订后的电流值或持续时间重做。

表10－6　短时过载温升额定值

电动机部件	测量方法	绝缘等级					
		B	F	H	200	220	250
定子绕组 同步电机的旋转励磁绕组	试验开始时	85 K	100 K	120 K	130 K	140 K	155 K
	试验终止时	130 K	155 K	180 K	200 K	220 K	250 K

注：1. 对于全封闭电机，温升值增加10 K；

2. 如果制造商和用户达成协议，可以采用其他方法获得初始温升值；

3. 如果制造商和用户达成协议，可以测量电机其他部位的温升。

5. 特征曲线及容差

(1)电动机的特性应为变流器供电下的变频特性，特性为电动机整个工作范围内，电动机的线电压、电流、频率、转差频率、平均转矩、功率因数和效率跟电动机转速的关系曲线。电压曲线要用基波分量的均方根值表示。电流曲线要用基波分量的和总电流的均方根值表示。绕组的温度应换算到基准工作温度。

试验只需按一个旋转方向进行。

(2)容差

电机在最大转矩和90%的最大转速之间运行时，实测转矩不应小于规定值的95%。

在保证功率状态下的电机损耗不能超过规定特性曲线推导值的15%。

采用正弦波供电进行型式试验时，温升值不能超过标准值的8%或者10 K(取最大值)。

6. 噪声试验

在靠近电机前、后、左、右、上(从电机传动端看)1m的地方用噪声计分别测量电机噪声。

噪声值在空载时测定，在两个转向上测量噪音。

试验时，电动机应组装完成，所有盖板均应到位，且电动机不与任何其他设备相连接。噪声限值应满足GB/T 10069标准。

7. 超速试验

所有逆变器供电的电机都应该进行超速试验。测量要在试验前和试验后进行，以确定转子的变形程度；该试验也可以在转子装入定子前进行，只要保证有适当方法能将转子加热到接近额定试验终了的同一温度，程序如下：

(1)转子尺寸测量(冷态)；

(2)电动机组装；

(3)热态下超速；

(4)电动机转子尺寸测量(完成超速试验后，在冷态下)。

电动机在热态下，以最高工作转速的1.2倍运转2 min，应无任何影响电动机正常运行的机械损伤和永久变形。

测量结果反馈设计，由相关设计人员判定是否合格。

8. 电机重量的测定。将电动机的所有零部件安装好，进行称重。

二、异步牵引电机试验路线

交流电机进行试验时，有一些试验如温升试验、负载试验等会耗费大量的能量。如何利用试验过程中交流电动机发出的能量，降低对试验系统电源容量的要求，减少试验过程中的能量消耗，提高试验效率是必须考虑的问题。反馈试验系统能通过一系列的变换，将被测试电机发出的机械能最终转换成电能，或反馈回电网，或反馈给被试电机，从而使能量得到充分的利用。目前，比较常用的反馈试验方案有直流电机—三相同步机组方案(如图10—33所示)和双逆变器—电机方案。

(一)直流电机—三相同步机组方案

1. 试验平台

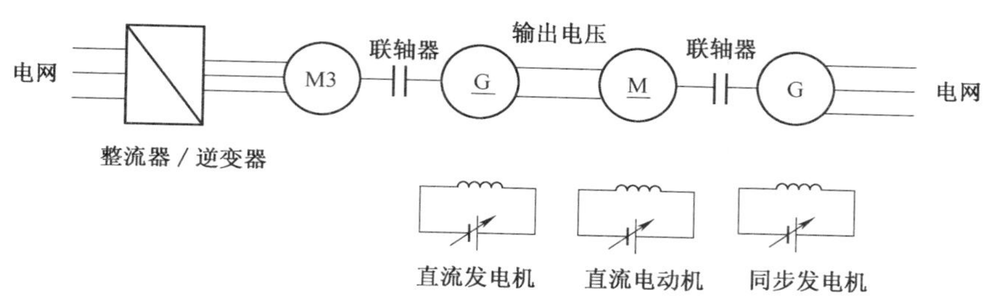

图10—33　直流电机—三相同步机组反馈方案

直流电机—三相同步机组反馈法是在被试的电动机输出轴上对接一个“直流发电机—直流电动机—交流同步发电机”机组构成能量反馈系统，把电能反馈给50 Hz的电网。通过联合调节“直流发电机—直流电动机—交流同步发电机”能量反馈系统的三个他励电机的励磁来调节它的输出转矩，即被试电机的阻转矩，并维持同步发电机的输出电压和频率能符合电网电压和频率的要求。

2. 能量传递原理及馈网

当需要调节被试电机的负载时，可以调节直流发电机磁通、直流电动机的磁通。如要增大被试电机的功率，可以调节直流发电机磁通使之增大、调节直流电动机的磁通使之减小，系统会发生下述变化：直流发电机的输出电压升高，直流电动机反电势降低→直流电机的电流增大→直流电动机的输出转矩增大，同步发电机的输入转矩增大→同步发电机的功率角增大，同步发电机的输出功率增大。

试验系统的能量流程如图10—34所示。图中P_0为被试电机的输出功率、P_{11}为直流发电机的输入功率、P_{21}为直流发电机的输出功率、P_{12}为直流电动机的输入功率、P_{31}为三相同步发电机的输入功率、P_{22}为直流电动机的输出功率、P_{32}为三相同步发电机的输出功率。

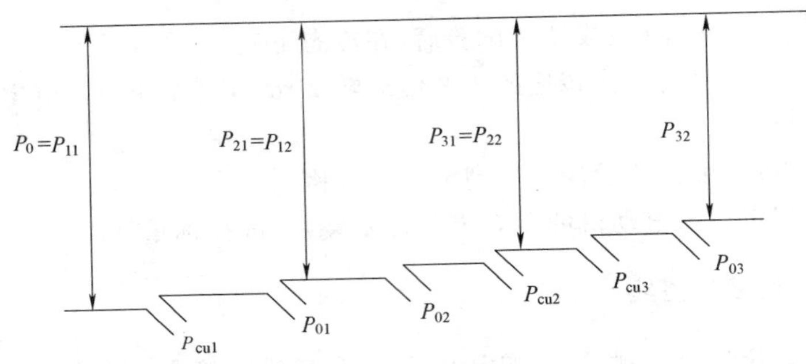

图 10－34　直流电机一同步发电机组功率图

从上述分析可见，该试验系统具有以下特点：

(1)试验系统只需要从电网吸收较小部分的能量以抵消试验系统的附加功率损耗，被试电机的能量能够得到充分的利用；

(2)当需要调节被试电机的转速及负载时，可以通过调节直流发电机、直流电动机的励磁电流来实现，从而具有较大的灵活性；

(3)由于系统中除了被试电机以外，还用到了三台电机，这三台电机的励磁损耗、空载损耗、铜耗之和将是一个比较大的值，因此系统的能量消耗仍然比较大；

(4)当需要调节被试电机的负载时，由于需要陪试电机主磁通的联调，因此控制难度比较大；

(5)由于系统使用的设备比较多，因此成本较高，占用场地较大；

(6)一次只能进行一台电机的试验。

(二)双逆变器一电机方案

1.试验平台

双逆变器一电机方案主要有两种，如图 10－35 所示。

方案 1 是由四象限脉冲变流器(4qs)、逆变器和异步牵引电机构成能量反馈系统。陪试电机 2 作发电机运行，将被试电机的机械能转化为电能并由逆变器 2 通过整流使之变成直流，最后经由 4qs 逆变成交流电回馈给电网。

方案 2 与方案 1 的不同点在于陪试电机 2 发出的电能经过逆变器 2 整流后是直接和逆变器 1 的整流环节相并联的，从而将被试电机的机械能转换为电能直接输入逆变器 1 的输入端进行能量循环。相对于方案 1，方案 2 具有控制简单、电源系统容量要求低、中间环节少、节能更显著等优点，因此在实际中应用的更加广泛。下面对方案 2 进行介绍。

交流传动互馈试验系统的结构如图 10－35(b)所示。四象限变流器 REC 将电网三相交流电整流成直流电，再经逆变器 INV1 变换成可变压变频的三相交流电，供给异步牵引电机 M1，使其运行于电动状态，M1 运行后带动联轴的异步牵引电机 M2 一起旋转。按照一定的控制策略，对逆变器 INV2 适当控制，使异步牵引电机 M2 的定子频率低于转速频率，符合异步牵引电机发电条件，作发电状态运行。发出的三相交流电经 INV2 按照既定的控制策略控制整流成直流，回馈到直流侧又供给 INV1－M1，使得能量得到充分利用。逆变器 INV2 的工况很有特点，实施的是逆变器控制方式，得到的是整流器的效果。通过控制异步牵引电机 M2 的

转差频率变化，可以改变发电机转矩的大小，从而达到模拟被试电机负载变化的目的。试验过程中，电机 M1、M2 的角色可以互换。

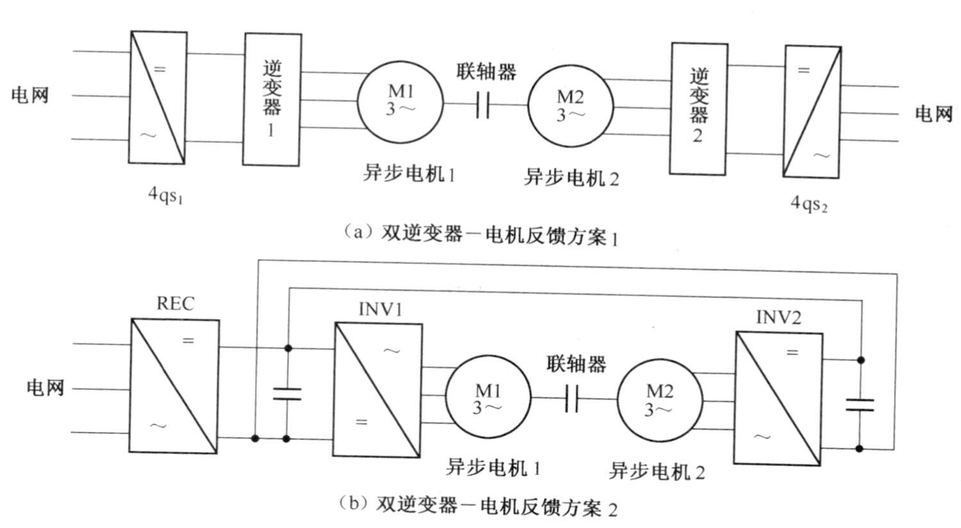

图 10—35　双逆变器—电机方案

2. 试验系统的节能原理

交流传动互馈试验系统节能的关键在于能量互馈，即能量可以在“双逆变器—电机”的内部实现互馈。

以电机 M1、M2 分别工作在电动、发电状态为例，互馈试验系统稳态时的能量流动关系如图 10—36 所示。图中 P_s 为电网输入功率；P_R、P_{11}、P_{12} 分别为四象限变流器 REC、逆变器 INV1 和逆变器 INV2 的开关损耗；P_{in1}、P_{em1}、P_{out1} 分别为电机 M1 的输入电功率、电磁功率和输出机械功率；P_{in2}、P_{em2}、P_{out2} 分别为电机 M2 的输出电功率，电磁功率和输入机械功率；P_{Fe1}、P_{Fe2} 分别为电机 M1 和 M2 的铁芯损耗；P_{Cu11}、P_{Cu12} 分别为电机 M1 和 M2 的定子铜耗；P_{Cu21}、P_{Cu22} 分别为电机 M1 和 M2 的转子铜耗；P_{Z1}、P_{Z2} 分别为电机 M1 和 M2 的机械损耗和附加损耗之和。图中电机 M1 的输入电功率 P_{in1} 经过一系列损耗后传递到轴端输出机械功率 P_{out1}，

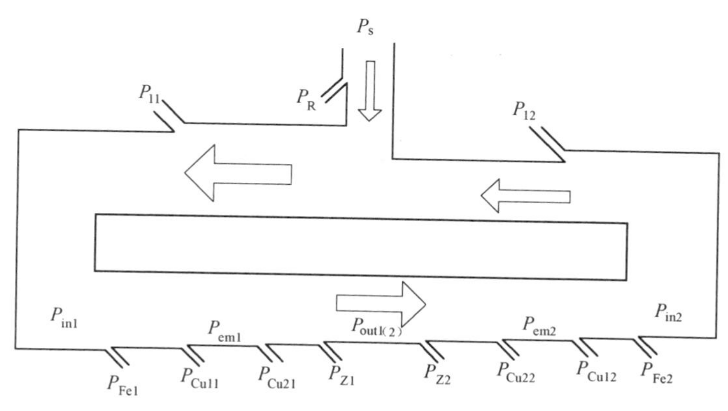

图 10—36　交流传动互馈试验系统的能量流程图

由于两电机同轴联接，因此 $P_{out1}=P_{out2}$，实现了能量从 M1 到 M2 的传递，而 P_{out2} 又经过一系列损耗后流回到公共直流母线侧，完成了能量回馈。令 $P_{SW}=P_R+P_{11}+P_{12}$，$P_{MW}=P_{in1}-P_{in2}$，从图中可以看出，P_{SW} 为变流器的开关损耗总和，P_{MW} 为两电机的损耗总和，且有 $P_S=P_{SW}+P_{MW}$，即电网输入的能量只是用来克服变流器的开关损耗和两电机的损耗。通常 P_{SW}、P_{MW} 值都很小，因此系统只需要从电网吸收很少的能量就可以完成大功率等级的试验任务，这就是该试验系统节能的原因所在。

该试验系统用异步牵引电机来充当模拟负载的角色，它具有以下优点：

(1)由于采用直流能量互馈方式，使得整个系统的能量消耗仅仅是电机内部的损耗和各种开关器件的损耗，能量利用率得到很大的提高；

(2)由于整个系统的能量消耗只是被试电机功率的一部分，所以采用这种方式能够利用小功率等级的电源试验大功率等级的牵引电机，而不需要对供电电源进行扩容改造；

(3)系统试验的高速度只与被试异步牵引电机的参数有关，而不受直流电机换向器的影响，可以满足机车牵引试验高转速的要求；

(4)两套完全相同的"逆变器—异步牵引电机"装置的功能和角色可以互换，可以互为被试件，一次安装就可以完成两套装置的测试，提高了试验的工作效率；

(5)如果采用高性能的控制方式对被试电机和陪试电机进行联合调节，就可以模拟实际负载的各种动静态特征。

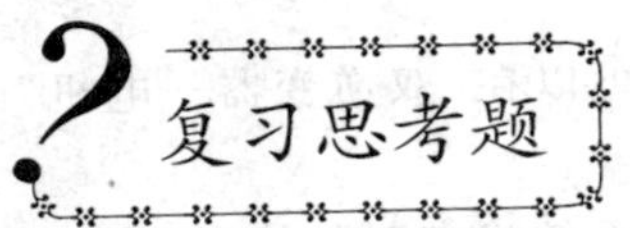

1. 交流牵引电动机有哪些试验内容？

2. 异步牵引电机试验线路有何特点？

3. 直流牵引电机换向试验的目的和要求是什么？换向试验应在哪几个工况下进行？火花等级应怎样判别？

4. 脉流牵引电动机的型式试验有何特殊要求？常用的脉流牵引电动机反馈试验线路有何特点？

第十一章 牵引电动机的绝缘及绝缘结构

第一节 绝缘材料的性能及发展

一、绝缘材料的性能

材料能提供各种技术应用的原因是由于它在不同外加作用下能够产生预期的响应。绝缘材料是相对于金属材料和半导体材料而区分的。金属材料的性质主要是由其中的集体所有化的自由电子的运动状态所决定，即决定于金属键的特有性质。金属键使得金属材料具有特殊的力学、导电、导热等各方面的性能。半导体材料的性质主要决定于其中的自由载流子的迁移运动，以及少数载流子和多数载流子的注入或扩散规律。

1. 直流电场下绝缘材料的现象

如果在中间为真空的两平行板电极上加上电压 V，那么在电极极板上就有密度为 σ 的电荷积存，因而就会在两电极间产生 $E=V/d$ 的电场。但是当两电极间存在电介质时，介质外表面就会出现极化强度为 $\pm p$ 的极化电荷，在电极极板上就会有密度为 $\pm\sigma'$ 的电荷积存。显然可以通过电荷量 $\pm(\sigma'-p)$ 使得介质内的电场 E 不变。

2. 交流电场下绝缘材料的现象

因为极化是由正负电荷向相反方向位移而引起的，所以形成极化的过程就需要一定的时间。电介质在交流电场作用下，其电荷的位移方向随交流电场每隔半个周期改变一次，故当交流电场频率增大，电荷的位移跟不上电场变化时，极化强度 p 就要减少。频率达到某一数值时，介电常数发生减小的现象称为介电分散。

当介电材料上加有一交流电场 E 时，极化强度 p 就会以与电场相同的频率发生变化。但是，因为形成极化需要一定的时间，故当交流频率高于某一频率后，p 就要比 E 滞后一个相位。

二、电机绝缘材料的要求与性能

近年来，国际上变频调速传动装置以每年 13%～16%的增长率发展，为了适应高速铁路的发展，铁路机车牵引电动机也从最初的直流电动机转变为现在普遍采用的交流电动机，正在逐渐向大功率化、小型轻量化、快速化、高速化方向发展。直流电动机是电动机的主要类型之一，直流电动机以其良好的起动性能和调速性能著称。但它结构较复杂，成本较高，维护不便，可靠性稍差，尤其是存在换向问题，容量无法提高，根据功率与速度之间的关系 $P=F\cdot v$ 可知，直流电动机提速存在困难，使得它的发展应用受到很大限制。而交流变频异步牵引电动机是一种新型的变频调速电机，与传统的大型直流电动机相比，交流传动机车对于提高牵引、制动性能和实现高速度，以及减轻簧下重量、改善动力学性能、提高机车运行经济性来说，具有传统直流传动机车难以企及的优越性。

然而，绝缘对牵引电动机寿命和可靠性具有决定性作用。绝缘是牵引电动机中负荷最繁重的元件之一，它同时受到电应力、热应力和机械应力的作用。一旦绝缘出故障，电动机将失去其运行能力。在电动机中，绝缘材料所占比重相当大，其费用约占 20%～30%左右。因而采用质优而价格适宜的绝缘材料，对降低电动机制造成本，有不可忽视的作用。

随着电力机车向重载、高速发展，对牵引电动机的功率要求越来越大，对其体积要求越来越小，对其可靠性要求也越来越高。经验表明，在同等体积(或重量)下，电机绝缘系统每上升一个绝缘等级，电机的输出功率将要提高 10%～15%左右。同时，国外牵引电动机发展的历史与经验表明，采用新型的绝缘材料和绝缘结构以及先进的绝缘工艺，是提高电机技术经济指标与运行可靠性的重要途径之一，可以说牵引电动机的发展在很大程度上取决于绝缘系统的进步。作为牵引电动机关键组成部分的绝缘系统，一直朝着厚度薄、耐温高、散热好、介电性能高、结构紧密以及耐环境性能好的方向发展。

绝缘材料是电机的关键材料，ABB 公司对牵引电机用绝缘材料提出下列要求：

(1)电性能：介电强度高，耐电晕能力强，泄漏电流小；

(2)耐热性：F 级能承受 150 ℃；H 级 180 ℃；200 级 200 ℃(定子)；220 级 220 ℃；250 级 250 ℃，并能承受－50 ℃低温；散热好，能承受过热负荷不致损坏；

(3) 机械强度：耐冲击振动，高抗磨能力，高抗张、抗压、抗剪切强度，对铜黏着性好；

(4) 环境：对温度、大气污染、酸碱溶液、碳氢化合物不敏感。

在国外著名牵引电动机(包括直流、交流异步电动机)制造公司如法国 ALSTOM、瑞士 ABB 公司、德国 SIEMENS、日本 HITACHI 等公司，B、F 级绝缘已基本被淘汰，而普遍采用 H 级与 200 级，并已陆续采用全 220(220 ℃以上)级绝缘，通过提高牵引电动机的最高允许工作温度来达到提高电动机输出功率和电动机运行可靠性、延长电动机绝缘寿命的目的。交流异步牵引电动机因取消了温升“瓶颈”——换向器，使电动机的允许温升更高，因而提高绝缘耐热性对于实现电动机大功率化和小型轻量化的价值就更大。我国先后从法国 ALSTOM 公司引进的 TAO649D 型(8K 型机车驱动用)和从日本 HITACHI 公司引进的 HS14263-02R 型(SS6B 型机车驱动用)牵引电动机，其定子和转子全都采用 220 级绝缘，它们的功率系数分别为 0.290 kW/kg 和 0.230 kW/kg。尽管 HS14263-02R 型牵引电动机的功率系数不很高，但运行情况表明，其优良的绝缘系统为确保电动机运行可靠和提高绝缘寿命提供了保障。

我国在交流传动牵引电动机基础性技术研究方面起步较晚，尤其在核心的绝缘技术方面，受材料制造技术和相关检测、试验技术等的制约程度还很大。我国异步牵引电动机基本上沿袭了 20 世纪 90 年代初期欧洲 ABB 公司与美国 DUPONT 公司共同研制的、采用以 Kapton-FCR 耐电晕薄膜为主的 Veridur-Plus 绝缘体系，其基本思路是借助于 Kapton-FCR 聚酰亚胺薄膜优异的耐电晕性能和优良的综合性能，并且国产异步牵引电动机的对地绝缘也使用了 Kapton CR 薄膜材料。因而一般绝缘选择：

(1)匝间绝缘是变频异步牵引电动机绝缘系统的最薄弱环节，加强匝间绝缘是关键，因此，异步牵引电动机优先考虑使用耐高温和耐局放性能优良的 Kapton 150FCR 薄膜。

(2)匝间经受高频高压电压冲击的同时，也会对主绝缘带来一定的冲击，因此，对地主绝缘结构也引入了具有高度耐电晕能力的云母材料和耐电晕聚酰亚胺薄膜。

(3)定子在线圈嵌入后整体真空压力浸漆处理并配套采用旋转烘焙工艺，以提高定子整体抗电晕能力、导热能力和机械强度。

我国机车牵引电动机技术发展迅速，电动机的绝缘等级由B级已发展到200级，并已经形成200级绝缘结构牵引电动机的研制能力，电动机的轴输出功率也从700 kW提高到了1 000 kW，见表11—1。

表11—1　国产电力机车牵引电动机绝缘系统的变迁

电机型号	绝缘等级(电枢/定子)	绝缘特点	持续功率(kW)	电机净重(kg)	功率系数(kW/kg)
ZD101	B/F	云母—玻璃基材多胶环氧整浸	700	4 000	0.175
ZD103	F/H	云母—玻璃基材聚酯多胶整浸	800	4 090	0.196
ZD105	F/H	云母—玻璃基材耐热聚酯多胶整浸	850	3 970	0.214
ZD115	H/H	耐热薄膜—云母耐热树脂中胶 VPI	900	3 550	0.254
ZD118	200/200	耐热薄膜—云母耐热树脂中胶 VPI	1 000	3 550	0.282

近年来，在高新技术的发展中，特别是航天航空工业，电气电子产业和信息产业的发展，聚酰亚胺薄膜发挥了非常大的作用。聚酰亚胺薄膜是目前变频电机中最重要的绝缘材料。聚酰亚胺是重复单元中含有聚酰亚胺基团的芳杂环高分子聚合物。由于聚酰亚胺分子中具有十分稳定的芳杂环结构单元，使它具有其他高聚物无法比拟的优异性能。

(1) 聚酰亚胺的耐热性非常好，由联苯二酐和对苯二胺合成的聚酰亚胺，热分解温度达到600 ℃，是迄今聚合物中热稳定最高的品种之一，它能在短时间耐受555 ℃高温而基本保持其各项物理性能，可在333 ℃以下长期使用。

(2) 聚酰亚胺可耐极低温，如在－269 ℃的液态氦中仍不会脆裂。

(3) 聚酰亚胺机械强度高，未填充的塑料的抗拉强度都在150 MPa以上，均苯型聚酰亚胺的薄膜(Kapton)为170 MPa，而联苯型聚酰亚胺(IJPIlex S)达到400 MPa。作为工程塑料，弹性模量通常为3～4 GPa，纤维可达到200 GPa，据理论计算，由均苯二酐和对苯二胺合成的纤维可达500 GPa，仅次于碳纤维。

(4) 聚酰亚胺化学性质稳定，一些品种不溶于有机溶剂，对稀酸稳定，耐水解，经得起120 ℃，500 h的水煮。

(5) 聚酰亚胺抗蠕变能力强，在较高温度下，它的蠕变速度甚至比铝还小。

(6) 聚酰亚胺耐辐照性好，在高温、高真空及辐照下稳定，挥发物少，一种聚酰亚胺纤维经1×10^{10} rad快电子辐照后其强度保持率90%。

(7) 聚酰亚胺摩擦性能优良，在干摩擦下与金属对摩时，可以向对摩面转移，起自润滑作用，并且静摩擦系数与动摩擦系数很接近，防止爬行的能力好。

(8)聚酰亚胺介电性能优异，介电常数为3.4左右，介电损耗10^{-3}，介电强度为100～200 kV/mm。这些性能在宽广的温度范围和频率范围内仍能保持较高水平。

(9)聚酰亚胺为自熄性聚合物，发烟率低。

(10)聚酰亚胺在极高的真空下放气量很少。

(11)聚酰亚胺无毒，可用来制造餐具和医用器具，并经得起数千次消毒。一些聚酰亚胺还具有很好的生物相容性。例如，在血液相容性试验中为非溶血性。体外细胞毒性试验为无毒。

当将聚酰亚胺用于变频电机时，由于变频调速技术不可避免要产生高频电脉冲，其所带来的副作用会对聚酰亚胺的绝缘性能产生巨大的影响。故是否能够找到一种新型耐局部放电材料以取代传统绝缘材料，将成为影响变频电机能否继续推广与发展的关键因素。

20 世纪 90 年代初，美国 DUPONT 公司在聚酰亚胺薄膜 Kapton HN 的基础上开发出耐电晕聚酰亚胺 Kapton CR，通过 ABB、SIEMENS 等电气公司的研究和开发，并在欧洲高速电力机车上得到了广泛应用。目前国际上出售的耐电晕聚酰亚胺仅由 DUPONT 公司独家生产。我国 1995 年后已相继由株洲机车研究所，哈尔滨大电机所分别应用在高速电力机车电机绝缘及高压核电主泵 F 级电动机新型绝缘结构上。目前国内已有多个厂家可生产耐电晕薄膜导线，为今后耐电晕绕包线的生产提供了良好条件。

为解决此类问题，美国 DUPONT 公司着手为高性能变频电机及变压器开发特种的 Kapton 聚酰亚胺薄膜，旨为改良其耐局部放电能力。此项开发计划由 DUPONT 公司与瑞士 ABB Industrie AG 及德国 SIEMENS AG 合作进行，终于在 1994 年推出了一种名为 Kapton CR(CR 即耐电晕)的新型绝缘薄膜，它是经过纳米技术改良后的绝缘薄膜。DUPONT、ABB 与 SIEMENS 于开发期间进行的试验显示，Kapton CR 薄膜的耐局部放电能力比普遍 Kapton 强得多，Kapton CR 在 50 Hz 交流电、20 MV/m 的电压强度下，其寿命可超过 100 000 h(超过 11 年半)。相对而言，普通的聚酰亚胺薄膜则只有 200 h。在其他额定电压下，Kapton CR 薄膜也显示出类似的优异性能。

Kapton CR 具有显著改进的耐电晕性能外，其导热性亦比普通聚酰亚胺薄膜高出一倍以上，CR 级薄膜材料仍保留 Kapton 的其他优越特性。最明显的是其极佳的电绝缘特性，优越的耐化学性，以及可在高达 240 ℃的温度下持续工作的能力。其他受欢迎的特性包括符合 UL94V-0 可燃性指标，以及在燃烧时只发出少量烟雾。一般 CR 级薄膜厚度分为 25 μm，50 μm及 75 μm 三种，而 150FCR 可热封型薄膜由 25 μm Kapton CR 和 12.5 μm Teflon FEP 薄膜复合而成，厚度为 37.5 μm。

图 11－1 所示为 25 μm 厚的普通聚酰亚胺薄膜(100HN 型)与同样厚度的新型耐局部放电薄膜(100CR)的耐局部放电能力对比。图中的数据是三家公司的代表性数据，即 DUPONT 公司、ABB 公司和 SIEMENS 公司。显然，试验不会进行100 000 h(超过 11 年半)。实际试验时间大约 40 天，按照外推法获得图 11－1 中的数据，即在 20 MV/m 的电压强度下，两种薄膜的寿命差距超过两个数量级。由此可见，通过纳米技术对普通聚酰亚胺的改性，可以大大提高普通聚酰亚胺材料的绝缘性能。

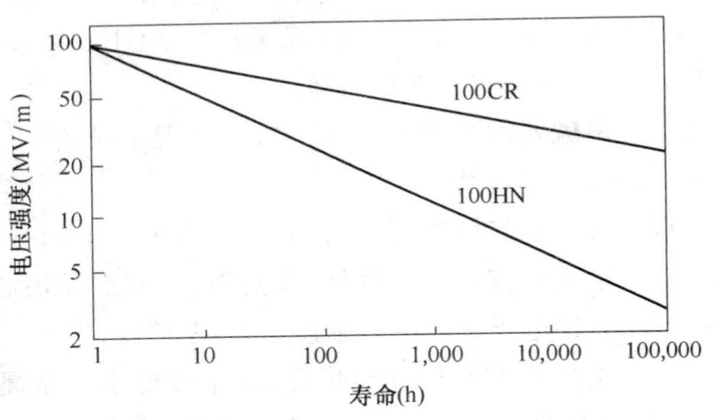

图 11－1　100CR 与 100HN 耐局部放电能力的比较

在 JD116 和 JD117 型变频电机中，匝间绝缘材料采用的是耐电晕聚酰亚胺薄膜 KAPTON CR 薄膜(厚度为 25 μm)和具有高温粘结作用的 TEFLON FEP 薄膜(厚度为 12 μm)复合绝缘材料。这种新型材料的耐电晕性能表现在：添加的无机填料，具有紫外线屏蔽作用；具有良好的耐热性能；填料的介电常数高，在介质中形成无机粉末绝缘层，初始电场强度大的气隙可以被无机材料填充；电压分布特性得到改善，使电应力对于绝缘的破坏的速度减慢；电子

屏蔽作用使高能电子、离子对绝缘层的直接破坏作用减弱。

对含有机械损伤(包含磨损、掺入杂质、气泡和弯折)的电磁线试样进行的绝缘试验表明，视绝缘材料承受的机械损伤程度不同，绝缘性能受到的影响程度不同。与正常试样相比，绝缘性能的下降主要表现为击穿场强的明显下降，其中杂质的存在，破坏了介质局部电场分布的均匀性，导致绝缘性能大大下降。在随机截取的 100 m 试验用电磁线中，即发现了两处绝缘嵌入金属杂质。因此，在生产、加工流程中应严格控制生产环境的洁净程度，杜绝杂质(尤其是金属杂质)混入，这种情况将导致匝间绝缘层过早破坏，大大缩短了电机绝缘的寿命。

第二节　牵引电动机的绝缘结构

一、牵引电动机绝缘结构

在电机中使用多种绝缘材料，由绝缘材料适当组合加工而成的结构称为绝缘结构。电机中绝缘材料和绝缘结构有两方面作用：

1. 将带电部件与机壳、铁芯等接地部件隔开；

2. 将电位不同的各带电部件隔开。

如果电机中带电部件与机壳、铁芯等对地部件的绝缘状态被破坏，就叫做电机“接地”；如果电机中电位不同的带电部件的绝缘状态被破坏，就叫做“短路”。接地和短路都是故障状态，严重的绝缘损坏将导致整个电机的烧损。

牵引电机的绝缘主要包括：定子和转子绕组(槽部和端部)绝缘、与其相关联的连接线和引出线绝缘、换向器绝缘、铁芯冲片绝缘、支架和绑扎绝缘等。电机的对地绝缘(对铁芯、机壳)，称为主绝缘；不同绕组之间的绝缘，称为相间绝缘；不同导线层之间的绝缘，称为层间绝缘；同一绕组中导线之间的绝缘，称为匝间绝缘，也称纵绝缘。

牵引电动机的绝缘结构主要有以下几个方面：

1. 匝间绝缘和层间绝缘：其作用是将电机中电位不同的带电部分隔开，以免发生匝间短路或层间短路。属于这一类的有电枢绕组匝间绝缘，主、换向极线圈匝间和层间绝缘，换向片片间绝缘等。因为匝间的电位差不大，因此匝间绝缘包扎的层数也不多。在一般情况下，匝间绝缘只需包扎一层或仅靠导线本身带有的绝缘结构(如漆包线，单、双丝高强度漆包线及薄膜导线等)即可。但是匝间绝缘是电机绝缘结构中较薄弱的环节，因此，在包扎成型和嵌线装配时，必须保证它没有机械损伤。

2. 对地绝缘：其作用是把电机中带电部分和机壳、铁芯等对地部分隔开。对地绝缘是电机的主绝缘，它的电性能和热性能必须满足电机运行状态所提出的要求。对地绝缘的包扎层数或厚度，取决于绝缘材料本身的电气性能和电机的额定工作电压。在绝缘材料具有一定的电气强度条件下，电机的额定工作电压愈高，对地绝缘包扎的层数(或厚度)也要求愈多。

3. 外包绝缘：其作用主要是保护对地绝缘免受机械损伤并使整个线圈结实平整，同时也起到对地绝缘的作用。

4. 填充及衬垫材料：填充材料用于填补线圈的空隙，使整个线圈充实、平整，常用石英粉与热固性漆调和而成，这种材料称为填充泥。衬垫材料的主要作用是保护绝缘结构在工艺操作时免受机械损伤。比如，ZQDR-410 型牵引电动机的电枢绕组，为了避免嵌线时损伤绝缘，在槽底和槽楔下面各垫一层 0.2 mm 的 3240 层压板，作为衬垫绝缘。

5.换向器绝缘:换向器绝缘包括换向片片间绝缘和换向片组对地绝缘。换向器的主绝缘是换向片组和压圈间的云母环及云母套筒。它们通常由优质云母板用多元酸树脂粘贴后,经烘焙压制而成,其厚度也取决于电机的额定电压。

牵引电机悬挂在机车转向架上,并随机车运动,使牵引电机的绝缘工作在相当恶劣的条件下。牵引电机绝缘结构必须考虑以下一些问题:

1.电力机车机械冲击和振动很大,要求绝缘材料和结构具有足够的机械强度、耐磨性和弹性。

2.牵引电机挂在车体下面,尺寸有限,很容易受潮、受污,受大气的温度、湿度变化影响,要求绝缘结构具有很高的电气强度、良好的防尘、防潮能力和耐寒、耐腐蚀性能。

3.负荷变化大。当电力机车起动、爬坡时,电机在大电流情况下工作,加上由单相整流供电,电流脉动大,换向困难,电机发热大。要求绝缘材料和结构具有良好的导热系数、耐热性和化学稳定性。膨胀系数也应与相邻金属的接近,以免在热的作用下发生变形和机械损伤。

选用绝缘材料和拟定绝缘结构是电机设计制造中一项很重要的工作。在选用绝缘材料时,除了对它的电气性能、导热性能、机械性能及防湿性能认真考虑外,还要求绝缘材料用得经济合理,为此应注意下面两点:

1.注意解决绝缘材料中介电性和导热性的矛盾。因为在某些绝缘材料中和实际的绝缘结构中,两者往往是矛盾的。比如:某些介电性能较好的绝缘材料它的导热性能可能较差;为了增加介电强度而采用较厚的绝缘结构,它又会给电机的散热带来困难等。因此,要求在保证同样电气强度的条件下,希望绝缘材料越薄越好,以及要求在同样厚度绝缘层情况下,绝缘材料的热阻越小越好。近年来,粉云母带的平均厚度已从 0.13 mm 减少到 0.1 mm,聚酰亚胺薄膜材料的开发及应用,也可使电机槽绝缘厚度减少了一半,改善了电机的导热能力。减小绝缘层热阻的办法是使绝缘层中的空气夹层减小或用浸渍的方法把绝缘层中的空气挤掉,使绝缘结构连成一体。目前,我国使用的无溶剂环氧云母带(用作 ZQ650-1 型牵引电动机电枢的对地绝缘)和无溶剂环氧树脂漆,都能增加电机的导热能力。

2.防止绝缘的热老化作用。电机中绝缘材料和绝缘结构的寿命,与它的工作温度有很大的关系。在热作用下,绝缘材料容易老化,也就是说,会逐渐失去它的机械强度和绝缘性能。因此,在使用电机时,电机的温度不能超过电机绝缘等级所规定的极限温度,否则要缩短电机的使用寿命。

近年来,国内外直流牵引电机的技术发展和经济指标的提高,是与绝缘材料的发展和改进分不开的。过去牵引电动机的绝缘主要是以环氧玻璃云母带为主的 B 级绝缘,并以环氧树脂为浸渍材料,现在已有用聚酰和聚酰亚胺薄膜及其复合绝缘取代的趋势。由 H 级绝缘材料取代 B 级绝缘材料后,在电动机尺寸相同的情况下,电动机功率可提高 15%～20%。属于 H 级绝缘的聚酰亚胺薄膜,具有厚度薄、耐热性好、介电强度高、机械强度及耐磨性都很高等优点。目前,绝缘材料的试制研究工作还在继续进行,牵引电动机的经济技术性能也必将随着新型绝缘材料的应用而得到进一步的提高。

二、变频牵引电机 200 级绝缘

为了说明变频牵引电机的绝缘工艺及特点,下面对高速异步牵引电动机 200 级耐电晕绝缘电磁线制造过程及工艺进行说明。

株洲电力机车研究所电机厂研制的一种 200 级耐电晕高速交流异步牵引电机,其主要技

术参数见表 11—2。

表 11—2　高速交流异步牵引电机主要技术参数

最大功率	1 100 kW	工 作 制	连续
连续定额	1 020 kW	绝缘等级	200 级
额定电压	1 950 V(有效值)	定子绕组接法	Y
额定电流	384 A(有效值)	额定转差	1.263%
额定转速	3 300 r/min	最大电流(起动)	616 A
起动转矩	6 000 Nm	最大工作转速	4 000 r/min
传动方式	万向轴传动装置	质量	1 125 kg

该电机在持续和起动两种工况下的电机单位重量的转矩与功率(为 0.98 kW/kg)达到国际先进水平，其主绝缘的厚度仅 0.97 mm，200 级耐电晕绝缘结构由耐电晕 200 级薄膜电磁线，耐电晕 200 级 CR 复合云母带及与这几种材料化学、物理相溶性好的 200 级 TJ1160 无溶剂浸渍漆构成，其特性是通过 VPI 浸渍工艺，使电磁线、复合带、浸渍漆及电机铁芯牢固地粘结在一起，具有耐电晕、耐 PWM 供电方式的共峰脉冲，耐高温的优良性能，满足了异步牵引电动机苛刻的工件(IEC 349—2)要求。从而对牵引电机的减重，起到了很大的作用。该电机绝缘结构如图 11—2 所示。其主要绝缘部件及制作方法如下：

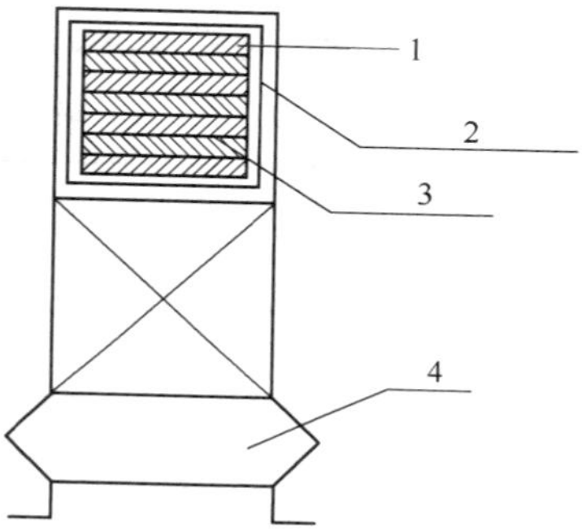

图 11—2　线圈绝缘结构

1—电磁线；2—线圈对地绝缘；3—匝间绝缘；4—槽楔

1. 匝间绝缘

电磁线采用专用 150FCR 薄膜导线，该线是以 150FCR 薄膜 2/3 叠包绝缘厚度以 0.21 mm 计算，击穿电压 5 600 V。

2. 线圈

线圈两端半圆处第二、四、六、八层导线用 0.025×15 100CR 薄膜半叠包 1 次，长度比半圆长 20 mm(每边 10 mm)。

3. 引线绝缘

引线上自鼻端处 15 mm 起，至斜边上 30 mm 止，用 0.025×15 100CR 薄膜半叠包 2 次，再用 0.11CR 薄膜云母带半叠包 2 次，外包 0.1×25 玻璃丝带半叠包 1 次。

4. 对地绝缘

线圈对地绝缘首先用 0.075CR 薄膜云母带半叠包 2 次，0.11CR 薄膜云母带半叠包 1 次。线圈对地绝缘的击穿电压设计值为 56.5(KV)。

5. 外包绝缘

直线部分用 0.06×15 无碱玻璃丝带平包 1 次。斜线部分用 0.06×15 无碱玻璃丝带半叠包 1 次。引线处外包绝缘半叠包将引线包在里面，至引线离斜线部分时，须 3/4 叠包以扣紧引线。

6. 槽部绝缘

槽内先垫一张 0.05 聚酰亚胺膜作为嵌线保护，宽度为每边比铁芯长 20 mm。在槽楔下垫 0.5 mm 二苯醚玻布板，垫条比槽窄 0.5 mm，每边伸出铁芯 20 mm。层间垫条用

0.35 mmNHN复合箔，垫条比槽窄 0.5 mm，每边伸出铁芯 20 mm。槽底垫条用 0.35 mmNHN复合材料，垫条比槽窄 0.5 mm，每边伸出铁芯 20 mm。槽楔：用 3 mm 二苯醚玻布板，每边伸出铁芯 15 mm。

7.连接线绝缘

线圈间连接、极间连接、引线连接均采用本线连接，先用 0.025×15 100CR 薄膜自粘带半叠包 4 次，再用 0.11CR 薄膜云母半叠包 2 次，最后用 0.1×25 无碱玻璃丝带半叠包 1 次。

8.端箍绝缘

采用玻璃纤维绳作软端箍，浸漆后形成坚硬的玻璃钢结构。

9.定子浸漆

采用 VPI 工艺浸 200 级无溶剂漆 2 次。

槽内及端部绝缘厚度、线圈及槽形尺寸详见表 11—3。

表 11—3 槽内及端部绝缘厚度线圈及槽形尺寸

名称		规格	形式	宽度(mm)	高度(mm)
	导线	1.7×7.1 FCR 薄膜导线	2/3 叠包	7.1	22.76
	匝间绝缘	100CR 薄膜	2/3 叠包	0.21	4.2
槽内	对地绝缘	0.11CR 云母带	半叠包 2 次	0.44	0.88
		0.075CR 薄膜云母带	半叠包 1 次	0.6	1.2
	外包绝缘	0.06×15 无碱玻璃丝带	平包 1 次	0.12	0.24
	嵌线间隙			0.18	0.28
	线圈公差			+0.2 −0.1	+0.2 −0.3
	槽形公差			0.15	−0.15
	楔下垫条	0.5 mm 二苯醚玻布板			0.5
	层间垫条	0.35NHN			0.35
	槽底垫条	0.35NHN			0.35
	嵌线保护			0.1	0.15
	槽楔	3 mm 二苯醚玻布板			3
	槽齿口				1.5
	线圈绝缘厚度			0.685	0.685
	线圈绝缘尺寸			6.97	19.26
	槽形尺寸			7.6	45
槽外	对地绝缘	0.11CR 云母带	半叠包 2 次	0.44	0.88
		0.075CR 薄膜云母带	半叠包 1 次	0.6	1.2
	外包绝缘	0.06×15 无碱玻璃丝带	平包 1 次	0.24	0.48
	线圈绝缘尺寸			7.09	19.38

三、变频牵引电机绝缘工艺

变频牵引电机绝缘主要采用漆包线和绕包线两种作为主要的绝缘，其中低压电机广泛采用漆包线而高压电机大多采用绕包线绝缘。现分别对两种产品进行说明。

1. 防电晕漆包技术

近年来国外交流电机变频调速技术正在迅速发展，在冶金、矿山、机电、石化、铁路、等诸多领域都需应用。因为它比传统机械变速、可控直流调速等使用方便，调速范围大，转速稳定可靠；节能30%左右；变速系统所占体积小，噪音小。但因在高频下产生脉冲高电压，使匝间线圈很容易击穿，从而电机寿命很短，为此需要研制新的防电晕漆包线。

最近国内外只有少数技术先进国家报道了开发该种漆包线，其中美国 Phelps Dodge 公司开发带有屏蔽层的三层结构的漆包线(TZQS)，德国 Heberts 公司也透露正在研制防电晕漆包线。用这些防电晕漆包线可使牵引电机的寿命提高数10倍以上。

2. 高性能绕包技术

目前国内外生产的纤维绕包线主要有玻璃纤维绕包线、合成纤维绕包线及天然纤维绕包线等。其中玻璃包线的产量最大，品种上、技术上有如下改进：

(1)黏结漆向耐热型发展

近来国内外相继研制 F 级、H 级及 C 级黏结漆，而 B 级黏结漆已逐步淘汰，而国内大部分仍然用的是 B 级醇酸树脂漆，这与国外有较大的差距，上海电缆研究所及一些绝缘材料厂研制成多种 F 级黏结漆，上海电缆研究所又相继研制了 H 级二苯醚黏结漆、H 级自黏性改性有机硅黏结漆。F 级应用增加较快，而 H 级用在一些特种高温电机电器上，但产量不大，应进一步降低成本，加强推广应用。

(2)玻璃纤维合成纤维掺和绕包

一般玻璃丝包线绝缘厚度大，机械强度差，采用玻璃丝与涤纶纤维合成绕包，一方面可减少绝缘厚度，另一方面在高温烘培过程中，涤纶纤维熔融，把玻璃纤维之间粘得更牢固，大幅度提高了绝缘层的附着力及机械强度。上海电缆研究所为我国30万～60万 kW 发电机研制的玻璃丝涤纶丝包空芯内冷导线就是采用这种混合纤维绕包制线法，达到美国西屋公司的技术条件，现已批量生产。国内不少厂家也逐步采用这项技术生产包线，取得了良好的效益。

(3)各种薄膜、绝缘带及纤维合绕包线

随着高压电机、牵引电机、特种电机的发展，用各种绝缘薄膜、绝缘带及纤维单一或复合制造的绕包线日益增多，主要用的薄膜及绝缘带有：聚酯薄膜、Q 薄膜、聚酰亚胺薄膜、聚酰胺亚胺薄膜、芳香聚酰胺纤维带(Nomex 纸)、各种云母带及复合带制的绕包线，主要有如下几种类型(B 级、F 级、H 级、C 级)。

☆聚酯或 Q 薄膜绕包线；

☆聚酯或 Q 薄膜玻璃丝绕包线(漆黏结)；

☆聚酰亚胺薄膜烧结包线；

☆聚酰亚胺 F46 薄膜烧结绕包线；

☆聚酰胺亚胺 F46 薄膜烧结玻璃包线；

☆Nomex 纤维带绕包线；

☆云母带绕包线；

☆云母带/玻璃丝绕包线(漆黏结)；
☆各种复合绕包线(漆黏结)。

第三节　变频牵引电机绝缘破坏机理

一、变频电机绝缘的特殊性

变频电机广泛的采用了PWM调制驱动，其输出波形为不同脉宽的方波，对电压进行调制使电机绕组内通过的电流波形接近正弦电流，如图11－3所示。其载波频率范围几百赫兹到几千赫兹，最高可达到20 kHz。变频调速电机绝缘要不断地承受高频率不同脉宽的方波电压冲击，在电机转子中由于高频电流所引起的集肤效应可使转子电阻增大，则转子导体的铜耗也随之增加，导致电机绕组发热增大，对电机绝缘不利也降低了电机利用效率。高频谐波磁通所引起的负载杂散损耗的某些分量也将增大。当普通异步电动机采用变频器供电时，会使由电磁、机械、通风等因素引起的震动和噪声变得更加复杂。变频电源含有的各次谐波相比于电动机固有空间谐波相互干涉，形成各种电磁激振力。当电磁力波的频率与电动机机体的固有振动频率一致或者接近时，将产生共振现象，从而加大噪声。由于电动机工作频率范围宽，转速变化范围大，各种电磁力波的频率很难避开电动机的各部件的固有震动频率。因此，变频电机在运行中轴承的机械磨损非常严重。

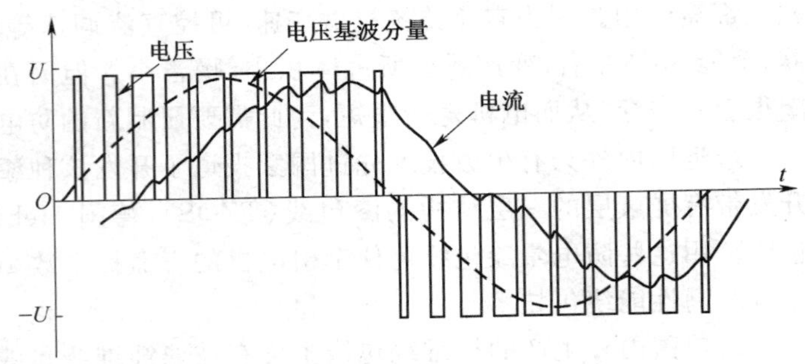

图11－3　PWM变频电源输出电压和电流示意图

PWM调制驱动一般都采用了IGBT作为功率驱动元件，IGBT的开关速度可以达到50 ns，则PWM输出电压方波的上升时间将短至10 kV/us，当具有如此快上升时间的电压施加到电机的绕组时，将在绕组产生不均匀的匝间电压分布。同时，会在电机端部产生电压波的折反射现象，导致端部过电压的出现。图11－4所示为变频器输出电压为480 V，变频器到电机电缆长度为46 m时电机端部电压峰值与上升时间的关系图。

总的来说变频电机工作在高频陡上升沿方波电压下，与传统的电压形式截然不同，所面临的问题远比传统电机复杂苛刻。这就使变频电机的绝缘系统相对于传统电机绝缘有了很大的特殊性。

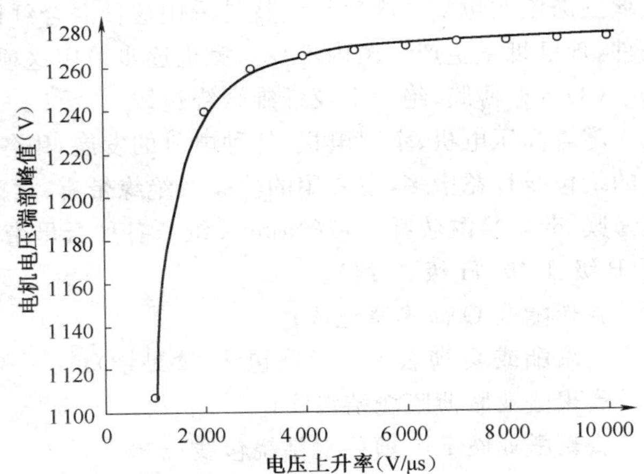

图11－4　电机端部电压峰值与上升时间的关系图
(变频器输出电压为480 V；电缆长度为46 m)

二、变频电机绝缘的过早失效

在脉冲输入条件下，绕组绝缘失效

的主要原因是电压应力过高引起绝缘局部击穿。异步牵引电动机的输入电压是以 PWM 形式供电，PWM 驱动脉冲波形有二种频率，其一是开关频率，尖峰电压的重复频率与开关频率成正比。另一是基本频率，直接控制电机的转速。在每一个基本频率开始时，脉冲极性从正到负或从负到正，这一时刻，电机绝缘承受着一个 2 倍于尖峰电压值的全幅电压。在此全幅电压作用下，绕组匝间会产生表面局部放电。因而在运行中，交变电压特别是峰值电压将导致线圈绝缘层产生局部放电，其放电产生的能量及生成物将逐渐腐蚀绝缘层。同时由于电离作用，在气隙中又会产生空间电荷，从而形成一个与外加电场反向的感应电场。当电压极性改变时，这个反向电场与外加电场方向一致。这样，在开关器件的电压升高率 dV/dt 及电路等因素作用下，电机端电压波形中存在尖峰，其峰值可达电压额定值的 2～5 倍(是变流器直流中间环节电压的 1.5～2 倍)，它会导致局部放电的数量增加，最终引起击穿。

另外，电机与调速装置之间电缆较长，电磁波沿长电缆传播时，在电缆两端产生波的反射和折射。由于电动机的波阻抗显著大于电缆的波阻抗，致使电机会受到约两倍的脉冲前沿电压，在运行中将导致变频电机线圈绝缘层发生局部放电，又由于变频器的输出频率远大于普通工频，这也会使局部放电显著增强。研究表明，当 PWM 脉冲瞬时电压超过 700 V 时，局部放电(PD)现象开始出现，且脉冲电压越高，PD 程度越强。对于额定电压为 380 V 的电机来说，PWM 脉冲电压平均幅值一般超过 500 V，在长电缆传输时，由于 PWM 脉冲在电机端发生反射，产生接近于两倍直流侧电压的幅值，此时电机端瞬间电压最大可达 1 200 V。而且逆变器的载波频率越高，加在电机端的过电压冲击次数越多，经长时间重复性电压应力的作用使得电机绕组匝间绝缘过早击穿，并在绕组内产生局部放电，大大缩短了电机的正常使用寿命。因此，对额定电压超过 1 kV 的电机来说，绝缘结构尤其是匝间绝缘更需要具备完善的防局部放电措施，具有良好的抗局部放电能力。

三、绝缘老化机理

聚酰亚胺薄膜是目前变频电机中最重要的绝缘材料，当将聚酰亚胺用于变频电机时，由于变频调速技术不可避免要产生高频电脉冲，其所带来的副作用会对聚酰亚胺的绝缘性能产生巨大的影响。有文献报道对耐电晕聚酰亚胺薄膜在 250 ℃下热老化，然后进行击穿试验，击穿电压并没有明显下降，进行的电磁线试验也表明温度对电磁线失效影响较小。因此，温度不是导致绝缘破坏的主要因素，它只是加速了局部放电和空间电荷对绝缘的破坏作用。介质损耗变化趋势已说明高压方波脉冲对材料内部的破坏作用大于交流电压；局部放电的对比分析说明高压方波脉冲作用下的局部放电对绝缘缺陷更加敏感，容易形成放电通道，最终导致绝缘击穿。

高压方波脉冲下绝缘老化、失效的过程，可以分为两种情况进行讨论。一种情况是无局部放电，电荷通过电极不断注入和抽出，从而引发绝缘的内部缺陷，并最终引发静电击穿；脉冲频率越高，电荷注入和抽出越频繁，对绝缘损伤越大。同时，高压方波脉冲正负极电压转换速度快，偶极子可能来不及翻转，在绝缘材料内部形成极性基团，增强了捕获电荷的能力，使得老化加速。另一种情况是有局部放电发生，绝缘材料破坏主要是局部放电形成的击穿通道造成的。局部放电产生的高能粒子轰击绝缘表面、局部高温使材料裂解以及放电生成的酸性物质都会腐蚀绝缘介质。同时，局部放电会向绝缘介质内部注入电子，形成空间电荷；空间电荷脱陷会造成分子键断裂，促使放电通道向前延伸，频率越高这种作用就越强，绝缘击穿的时间就越短。

局部放电对脉冲电压下绝缘破坏起着主导作用，但空间电荷对脉冲电压下局部放电行为产生较大影响。在持续脉冲电压作用下，高能量的放电导致部分气隙迅速发展，最终导致形成贯穿性放电通道。频率、电压、温度、上升时间的改变，导致了局部放电参量的变化，从而导致不同电压参数下绝缘寿命的差异。

脉冲电压下绝缘快速失效机理如图 11－5 所示，在有局部放电情况下，局部放电对绝缘的破坏起着主导作用，电压参数、温度等外在条件主要影响局部放电参数的变化，从而导致绝缘失效时间的变化。空间电荷的存储效应对局部放电行为也产生较大的影响，在高频率和快速的上升时间作用下，导致样本中部分电荷来不及运动，当电压极性改变时，形成电场叠加和表面电位差，从而增强局部放电。在没有局部放电情况下，绝缘的破坏主要由电荷注入和脱陷释放能量引起，导致分子链断裂，其失效时间往往比有 PD 情况长很多。

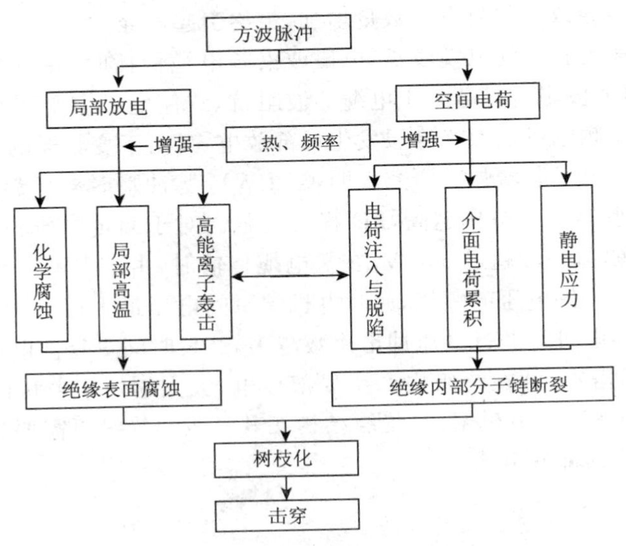

图 11－5　脉冲电压下绝缘快速失效机理

电介质的破坏是由于其耐电晕性能差所致，提高变频电机使用寿命的方法之一就是提高绝缘材料高温条件下的耐局部放电能力。耐电晕聚酰亚胺薄膜是一个三层结构，在上下两个表层中含有较多的 Al－无机化合物，是无机－有机复合结构。耐电晕聚酰亚胺薄膜之所以耐电晕，可能是由于无机物质集中在表面层，高的热导率可以消散电晕产生的热量，减小热击穿的危险，同时电晕放电作用在无机物上，无机材料具有更好的耐电晕性和耐受电晕产物腐蚀的能力。中间层是有机材料，可以保持复合薄膜的机械强度。纳米耐电晕聚酰亚胺薄膜的应用，大大提高了变频电机绝缘的耐电晕放电能力。

复习思考题

1. 牵引电机对绝缘材料的要求是什么？
2. 简述变频电机绝缘的结构。
3. 牵引电机绝缘为什么会过早失效？
4. 阐述牵引电机过早失效机理。

参 考 文 献

[1] A. Б 郁飞. 牵引电机. 北京中国出版社,1959.

[2] 纳霍得金. 牵引电机设计. 北京中国铁道出版社,1983.

[3] 沈本荫. 直流脉流电机换向. 北京中国铁道出版社,1986.

[4] 王秀和. 永磁电机. 北京中国电力出版社,2007.

[5] Kwan-Chi Kao, Wei Hwang. Electrical Transport in Solids, Pergamon Press, New York, 1981.

[6] 科埃略. 电介质材料及其介电性能. 北京:科学出版社,2000.

[7] 吴广宁. 电气设备状态监测的理论与实践. 北京:清华大学出版社,2005.

[8] A. K. Jonscher. Dielectric Relaxation in Solids. Chelsea Dielectrics Press, London, 1983.

[9] M. Kaufhold, G. Borner, M. Eberhardat, et al. Failure mechanism of the interturn insulation of low voltage electric machines fed by pulse-controlled inverters, IEEE Electrical Insulation Magazine, 1996, 12(5):9～12.

[10] 周凯,吴广宁,邓桃,等. PWM 脉冲电压下电磁线绝缘老化机理分析. 中国电机工程学报. 2007,(24):24～29.